2016年贵州省科技进步评价报告

贵州省科学技术情报研究所
（贵州省科技发展战略研究院） 编

科学技术文献出版社
SCIENTIFIC AND TECHNICAL DOCUMENTATION PRESS
·北京·

图书在版编目（CIP）数据

2016年贵州省科技进步评价报告 / 贵州省科学技术情报研究所（贵州省科技发展战略研究院）编. —北京：科学技术文献出版社，2018.10
ISBN 978-7-5189-4785-0

Ⅰ.①2… Ⅱ.①贵… Ⅲ.①技术进步—研究报告—贵州—2018 Ⅳ.① G322.773

中国版本图书馆 CIP 数据核字（2018）第 206181 号

2016年贵州省科技进步评价报告

策划编辑：李 蕊　　责任编辑：李 晴　　责任校对：张吲哚　　责任出版：张志平

出 版 者	科学技术文献出版社
地　　址	北京市复兴路15号　邮编　100038
编 务 部	（010）58882938，58882087（传真）
发 行 部	（010）58882868，58882870（传真）
邮 购 部	（010）58882873
官方网址	www.stdp.com.cn
发 行 者	科学技术文献出版社发行　全国各地新华书店经销
印 刷 者	北京时尚印佳彩色印刷有限公司
版　　次	2018年10月第1版　2018年10月第1次印刷
开　　本	889×1194　1/16
字　　数	434千
印　　张	20
书　　号	ISBN 978-7-5189-4785-0
定　　价	88.00元

版权所有　违法必究

购买本社图书，凡字迹不清、缺页、倒页、脱页者，本社发行部负责调换

《2016年贵州省科技进步评价报告》编委会

主　　编　范　勇　田晓琴

分篇主编　许大英　王　淼　何昀昆　张卓婧

　　　　　　张彦红　石庆义

编　撰　人（排名不分先后）

　　　　　　王　淼　田晓琴　石庆义　许大英　何昀昆

　　　　　　陈金良　张卓婧　张彦红　郝　芳　朱　磊

Preface 序 言

自2015年以来，中共中央、国务院先后出台的《中共中央 国务院关于深化体制机制改革加快实施创新驱动发展战略的若干意见》《国家创新驱动发展战略纲要》、国务院印发的《"十三五"国家科技创新规划》《国务院办公厅关于县域创新驱动发展的若干意见》及科技部印发的《建设创新型省份工作指引》等文件中，提出"建立全国创新调查制度""发布国家、区域、高新区、企业等创新能力监测评价报告""加强国家创新体系建设监测评估""把创新驱动发展成效纳入对地方领导干部的考核范围""加强全国县（市）科技创新能力监测和评价"等工作部署。全面开展科技创新及进步监测是转变政府职能、深化科技体制改革的重点任务，贵州省高度重视科技创新统计监测工作，自2011年以来，贵州省科技创新评价工作作为年度统计监测与研究工作持续至今。

2016年是"十三五"开局之年，是推进供给侧结构性改革攻坚之年，也是贵州省实施创新驱动发展战略大有作为的重要机遇年。全省科技创新工作深入贯彻落实习近平总书记系列重要讲话精神、以大数据为引领实施区域科技创新战略，加强大扶贫科技供给、强化大生态领域科技支撑，加快军民融合领域科技创新，以科技创新推动经济转型发展，科技创新能力明显提升，科技助力发展转型作用明显增强。

《2016年贵州省科技创新评价报告》（以下简称《评价报告》）是以贵州省科技创新能力建设为主题的综合性、连续性的年度研究报告。本报告以科技部《建立国家创新调查制度工作方案》和《中国区域科技创新评价报告》为指导，按照黔党发〔2011〕27号文确定的评价指标体系，基于2016年的统计数据，采用综合指数法分别对全省9个市（州），88个县（市、区、特区），18所高校，33家科研院所，112家产业园区，234家重点企业的综合科技进步水平进行评价，综合客观地展示各监测对象科技进步水平、变动特征、发展态势和最终影响因素。报告内容由市（州），县（市、区、特区），高等院校，科研院所，产业园区、重点企业综合科技进步水平评价6个部分组成，反映的内容与地方科技工作密切联系，为各级科技管理部门提供了依据和"抓手"，为地方政府制定科技战略决策提供了有力支撑。

科技进步统计监测评价是一项较为复杂的工作，在统计数据的收集过程中，课题组尽可能地选取和使用质量可靠、来源清楚、标准规范的指标。即便如此，本报告在编撰过程中仍会存在一些不尽如人意之处，在此恳请读者提出宝贵意见。希望社会各界在本报告的基础上，进行更深入更具体的研究，为贵州省推动科技创新发展、提高创新绩效做出贡献！

《2016年贵州省科技进步评价报告》编委会

2017年10月

目录 Contents

第一部分 市（州）综合科技进步水平评价　　001
一、市（州）科技进步一级指标评价　　002
（一）科技进步环境和基础　　002
（二）科技投入　　003
（三）科技产出　　004
（四）科技促进经济社会发展　　005
二、市（州）科技进步水平评价　　006
（一）贵阳市　　006
（二）六盘水市　　008
（三）遵义市　　010
（四）安顺市　　012
（五）毕节市　　014
（六）铜仁市　　016
（七）黔西南州　　018
（八）黔东南州　　020
（九）黔南州　　022

第二部分 县（市、区、特区）综合科技进步水平评价　　025
一、县（市、区、特区）科技进步一级指标评价　　027
（一）科技进步环境及基础　　027
（二）科技投入　　028
（三）科技进步　　029
二、县（市、区、特区）科技进步水平评价　　029

（一）贵阳市	029
（二）六盘水市	037
（三）遵义市	040
（四）安顺市	051
（五）毕节市	055
（六）铜仁市	061
（七）黔西南州	069
（八）黔东南州	075
（九）黔南州	087

三、分类评价 096

（一）城区方阵	096
（二）县域第一方阵	096
（三）县域第二方阵	097
（四）第三方阵（甲类）	098
（五）第三方阵（乙类）	099

第三部分　高等院校科技创新水平评价　100

一、高等院校科技创新一级指标评价 101

（一）科技创新环境和基础	101
（二）科技投入	102
（三）科技产出	103
（四）创新绩效	105

二、高等院校科技创新水平评价 106

（一）贵州大学	106
（二）贵州师范大学	108
（三）贵州医科大学	109
（四）遵义医学院	111
（五）贵阳中医学院	112
（六）贵州民族大学	114
（七）贵州财经大学	115
（八）遵义师范学院	117
（九）贵州师范学院	118

（十）贵州工程应用技术学院	120
（十一）贵阳学院	121
（十二）凯里学院	123
（十三）铜仁学院	124
（十四）黔南民族师范学院	126
（十五）安顺学院	127
（十六）六盘水师范学院	129
（十七）贵州理工学院	130
（十八）兴义民族师范学院	132

第四部分　科研院所科技创新水平评价　134

一、公益类科研院所综合科技创新水平评价　134
二、公益类科研院所科技创新一级指标评价　135
（一）科技创新环境和基础　135
（二）科技投入　137
（三）科技产出　139
（四）创新绩效　140

三、公益类科研院所科技创新水平评价　142
（一）贵州省环境科学研究设计院　142
（二）贵州省复合改性聚合物材料工程技术研究中心　143
（三）贵州省中科院天然产物化学重点实验室　145
（四）贵州省草业研究所　146
（五）贵州省油菜研究所　148
（六）贵州省旱粮研究所　149
（七）贵州省畜牧兽医研究所　151
（八）贵州省林业科学研究院　152
（九）贵州省山地资源研究所　154
（十）贵州省园艺研究所　155
（十一）贵州省生物技术研究所　157
（十二）贵州省果树科学研究所　158
（十三）贵州省分析测试研究院　160
（十四）贵州省水稻研究所　161

（十五）贵州省植物保护研究所　　163
（十六）贵州省油料研究所　　164
（十七）贵州省生物研究所　　166
（十八）贵州省水产研究所　　167
（十九）贵州省植物园　　169
（二十）贵州省科学技术情报研究所　　170
（二十一）贵州省蚕业（辣椒）研究所　　172
（二十二）贵州省茶叶研究所　　173
（二十三）贵州省劳动保护科学技术研究院　　175
（二十四）贵州省农作物品种资源研究所　　176
（二十五）贵州省水利科学研究院　　178
（二十六）贵州省农业科技信息研究所　　179
（二十七）贵州省山地农业机械研究所　　181
（二十八）贵州省亚热带作物研究所　　182
（二十九）贵州省土壤肥料研究所　　184
（三十）贵州省现代农业发展研究所　　185
（三十一）贵州省科技信息中心　　187
（三十二）贵州省粮油科研设计所　　188
（三十三）贵州省冶金科学研究室　　189

四、开发类科研院所综合科技创新水平评价　　190

五、开发类科研院所科技创新一级指标评价　　192
（一）科技创新环境和基础　　192
（二）科技投入　　193
（三）科技产出　　194
（四）创新绩效　　196

六、开发类科研院所科技创新水平评价　　197
（一）贵州省化工研究院　　197
（二）贵州省矿山安全科学研究院　　199
（三）贵州省冶金设计研究院　　200
（四）贵州省生物技术研究开发基地　　202
（五）贵州省交通科学研究院　　203
（六）贵州省建筑材料科学研究设计院　　205

（七）贵州省冶金化工研究所	206
（八）贵州省新材料研究开发基地	208
（九）贵州省工艺美术研究所	209
（十）贵州省机电研究设计院	211
（十一）贵州省轻工业科学研究所	212
（十二）贵州省新技术研究所	214
（十三）贵州省电子工业研究所	215
（十四）贵州省商业科学研究所	217

第五部分 产业园区科技进步状况评价   219

一、产业园区综合科技进步水平	219
二、产业园区科技进步一级指标评价	220
（一）科技创新环境	220
（二）科技投入	221
（三）创新产出	222
（四）创新绩效	222
三、产业园区科技进步统计监测指数排位	223
（一）产业园区综合科技进步水平指数排位	223
（二）产业园区科技进步统计监测一级指数排位	227

第六部分 重点企业科技进步状况评价   247

一、重点企业综合科技进步水平评价	247
二、重点企业科技进步一级指标评价	248
（一）科技进步条件及基础	248
（二）创新产出	248
（三）创新效益	249
（四）科技投入	250
三、重点企业科技进步统计监测指数排位	250
（一）重点企业综合科技进步水平指数排位	250
（二）重点企业科技进步统计监测一级指数排位	258

附录A 科技进步统计监测指标体系   294

附录B	监测方法	299
附录C	主要指标解释	300

第一部分 市（州）综合科技进步水平评价

根据综合科技进步水平指数，可将全省9个市（州）划分为3类[①]。

第1类：综合科技进步水平指数高于70.00%的地区为贵阳市和遵义市；

第2类：综合科技进步水平指数低于70.00%但高于50.00%的地区为黔东南州；

第3类：综合科技进步水平指数低于50.00%的地区为安顺市、黔南州、六盘水市、黔西南州、铜仁市和毕节市（图1-1）。

2016年贵阳市、遵义市仍位居前2位；黔东南州较上年上升4位，由上年的第7位上升至第3位；黔西南州较上年上升2位，由上年的第9位上升至第7位；安顺市较上年下降1位，由上年的第3位下降至第4位；黔南州较上年下降1位，由上年的第4位下降至第5位；六盘水市较上年下降1位，由上年的第5位下降至第6位；毕节市较上年下降1位，由上年的第8位下降至第9位；铜仁市较上年下降2位，由上年的第6位上升至第8位。

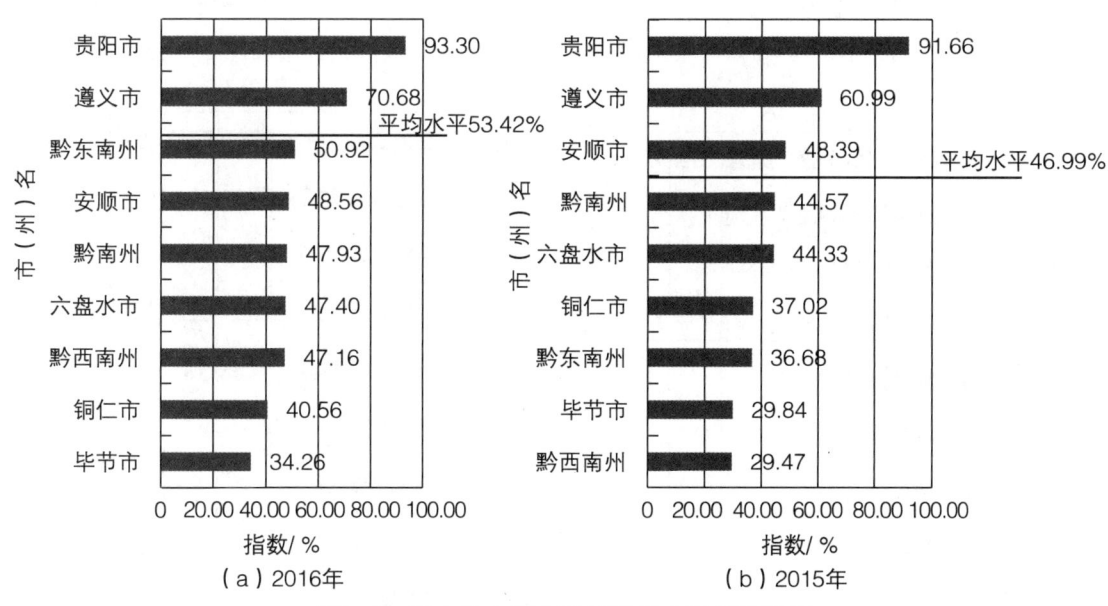

图1-1 市（州）综合科技进步水平指数排序

[①] 该综合科技进步水平指数为2016年正式监测结果，除2项指标（大专以上学历人数、全省财政用于科普的经费投入）采用2015年的数据外，其余均采用2016年全年数据。故该结果与省经济测评小组公布的2016年预报数、2017年上半年监测结果有所区别。

2016年监测结果与2015年的比较，9个市（州）综合科技进步水平指数平均水平也较上年提高6.42个百分点（图1-2）。其中，科技进步环境和基础指数较上年提高了3.67个百分点，科技投入指数较上年提高了10.24个百分点，科技产出指数较上年提高了7.89个百分点，科技促进经济社会发展指数较上年下降了0.40个百分点。

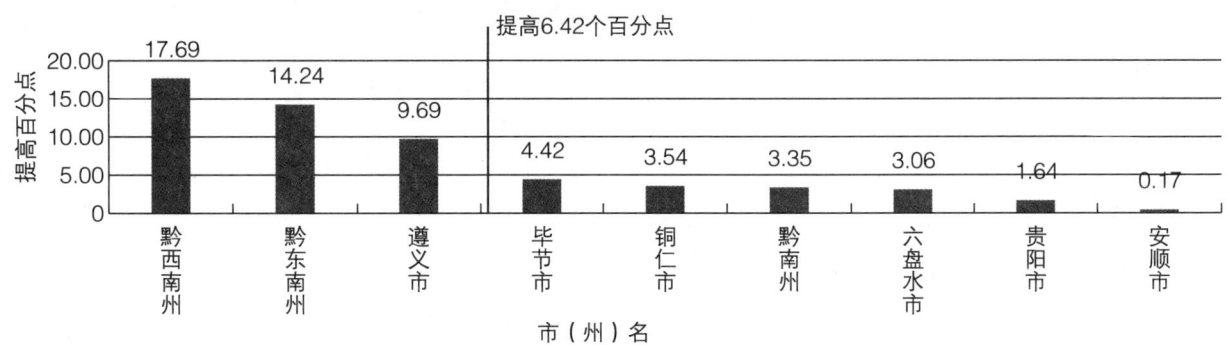

图1-2　市（州）综合科技进步水平指数提高百分点排序

一、市（州）科技进步一级指标评价

（一）科技进步环境和基础

科技进步环境和基础指数高于70.00%的市（州）有2个，即贵阳市和黔东南州，占全部市（州）的22.22%；低于70.00%但高于全省平均水平（55.08%）的市（州）有2个，即遵义市和黔西南州，占全部市（州）的22.22%；其余5个市（州）均低于全省平均水平，占全部市（州）的55.56%（图1-3）。

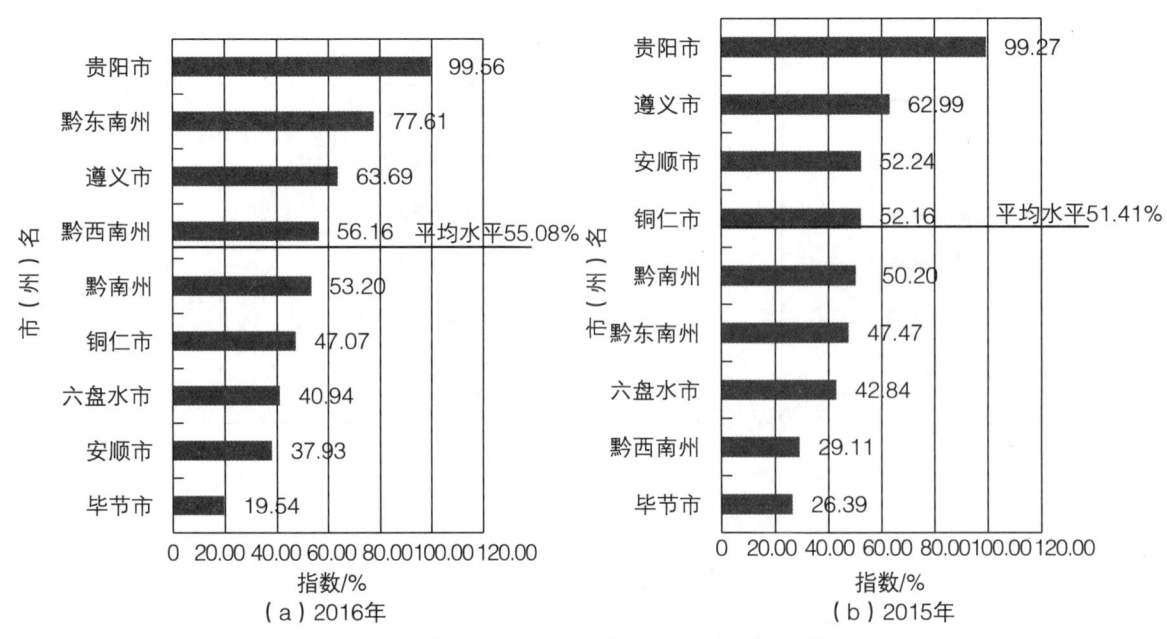

图1-3　市（州）科技进步环境和基础指数排序

2016年监测结果与2015年的相比,科技进步环境和基础指数平均水平较上年上升3.67个百分点,9个市(州)中黔东南州、黔西南州、黔南州、遵义市、贵阳市高于上年水平,其中黔东南州增幅最大(图1-4)。

参照2015年科技进步环境和基础指数排序,黔东南州、黔西南州位次较上年有所上升,其中黔东南州位次上升最快(上升4位);遵义市、铜仁市、安顺市位次下降,其中安顺市位次下降最快(下降5位);贵阳市、黔南州、六盘水市、毕节市位次不变。

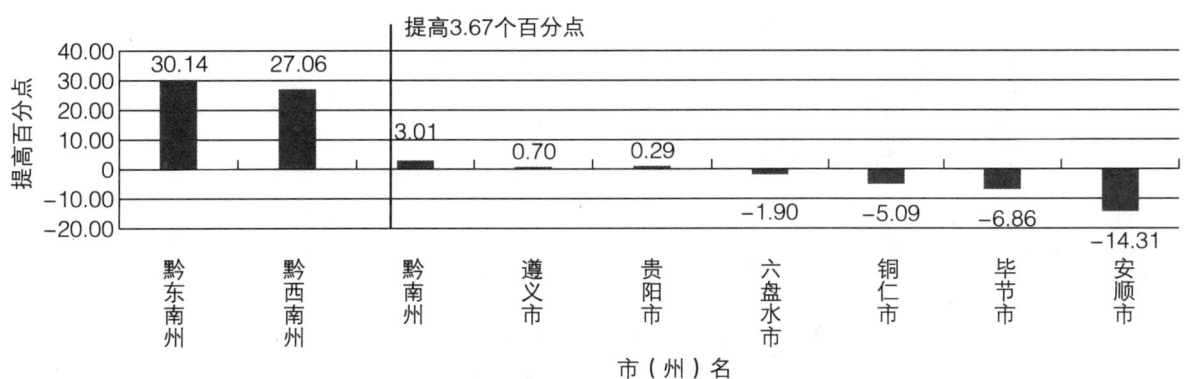

图1-4 市(州)科技进步环境和基础指数提高百分点排序

(二)科技投入

科技投入指数高于70.00%的市(州)有2个,即贵阳市和遵义市,占全部市(州)的22.22%;低于70.00%但高于全省平均水平(59.09%)的市(州)有1个,即六盘水市,占全部市(州)的11.11%;其余6个市(州)均低于全省平均水平,占全部市(州)的66.67%(图1-5)。

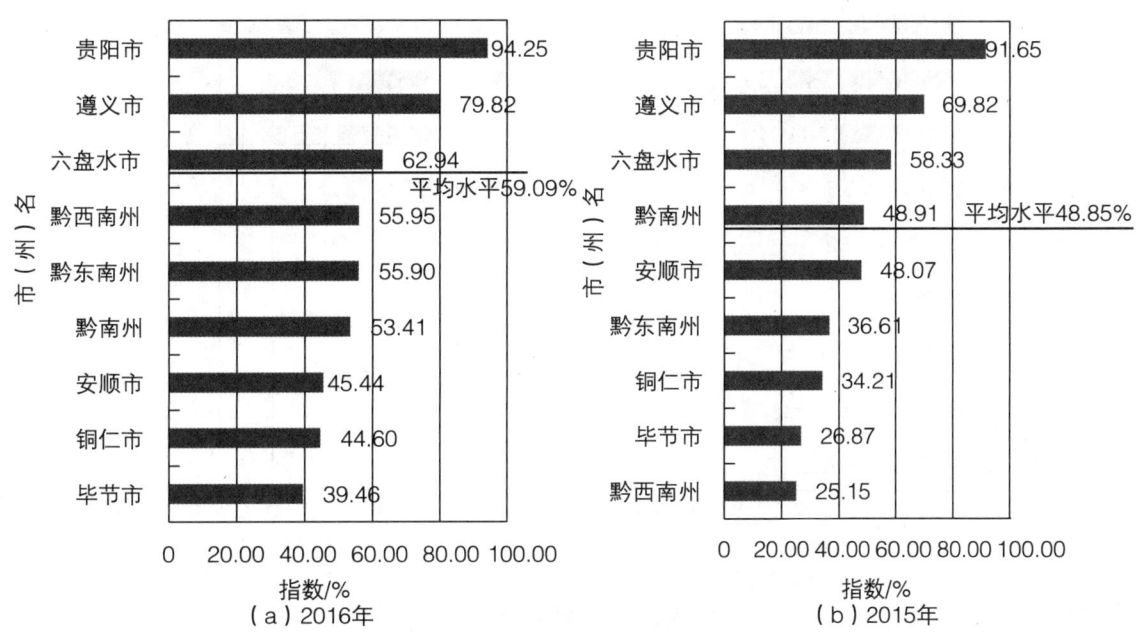

图1-5 市(州)科技投入指数排序

2016年监测结果与2015年的相比较，科技投入指数平均水平较上年上升了10.24个百分点，除安顺市外其余市（州）均高于上年水平，其中黔西南州增幅最大，其次是黔东南州和毕节市（图1-6）。

参照2015年科技投入指数排序，黔西南州、黔东南州位次较上年有所上升，其中黔西南州位次上升最快（上升5位）；安顺市、黔南州、铜仁市、毕节市位次下降，其中安顺市和黔南州位次下降较快（下降2位）；贵阳市、遵义市、六盘水市位次不变。

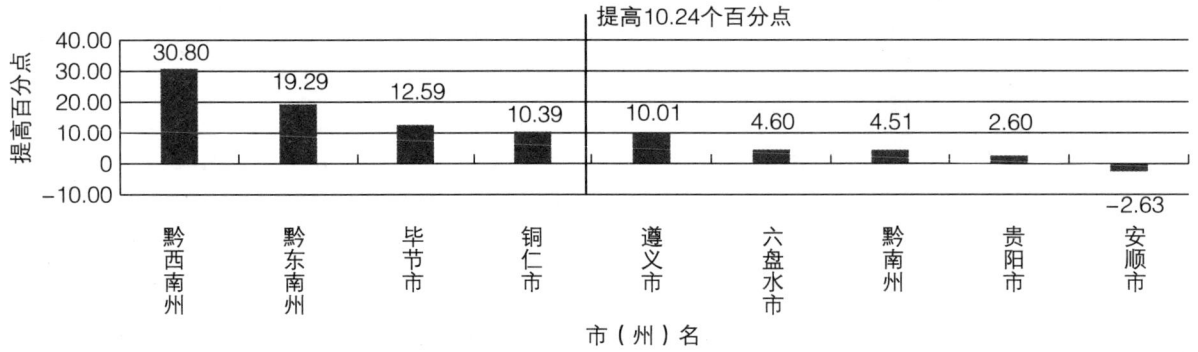

图1-6　市（州）科技投入指数提高百分点排序

（三）科技产出

科技产出指数高于70.00%的市（州）有1个，即贵阳市，占全部市（州）的11.11%；低于70.00%但高于全省平均水平（33.91%）的市（州）有2个，即遵义市和安顺市，占全部市（州）的22.22%；其余6个市（州）均低于全省平均水平，占全部市（州）的66.67%（图1-7）。

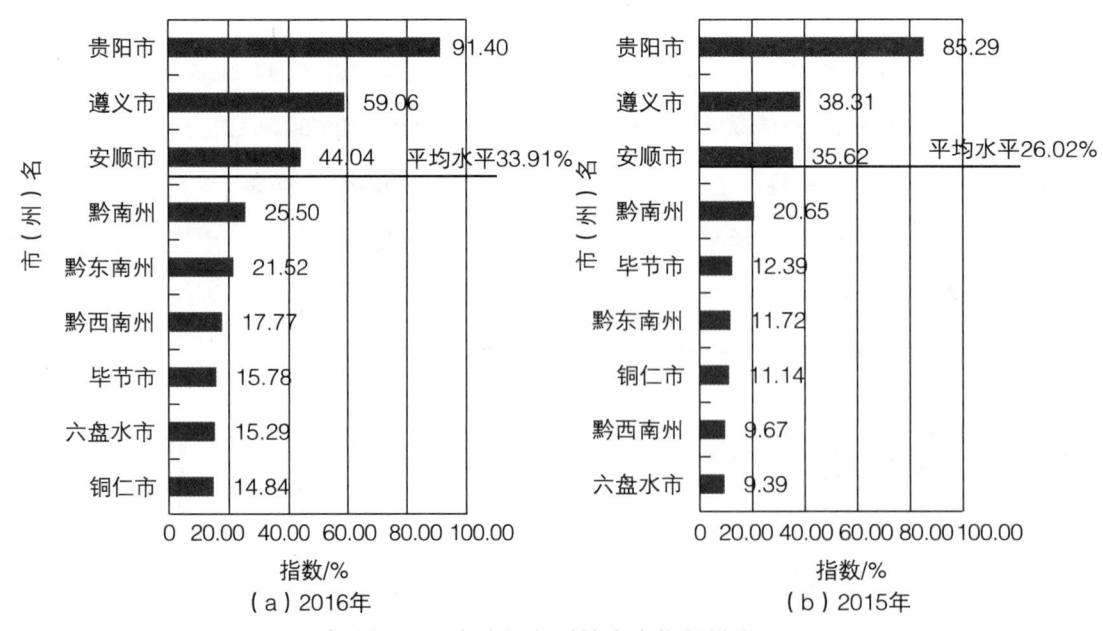

图1-7　市（州）科技产出指数排序

2016年监测结果与2015年的相比,科技产出指数平均水平较上年上升7.89个百分点,9个市(州)均高于上年水平。其中,遵义市增幅最大,其次是黔东南州和安顺市(图1-8)。

参照2015年科技产出指数排序,黔东南州、黔西南州和六盘水市位次较上年有所上升,其中黔西南州上升较快(上升2位);毕节市和铜仁市位次下降,均下降2位;贵阳市、遵义市、安顺市、黔南州位次不变。

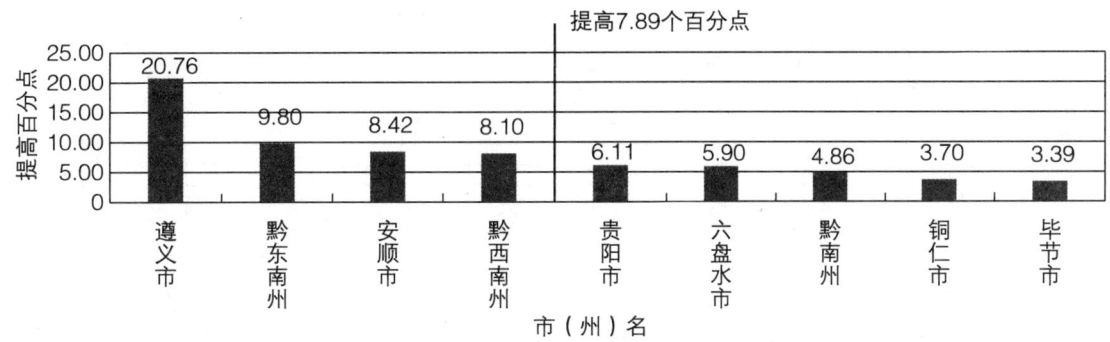

图1-8 市(州)科技产出指数提高百分点排序

(四)科技促进经济社会发展

科技促进经济社会发展指数高于全省平均水平(71.51%)的市(州)有3个,即贵阳市、遵义市和六盘水市,占全部市(州)的33.33%,其余6个市(州)均低于全省平均水平,占全部市(州)的66.67%(图1-9)。

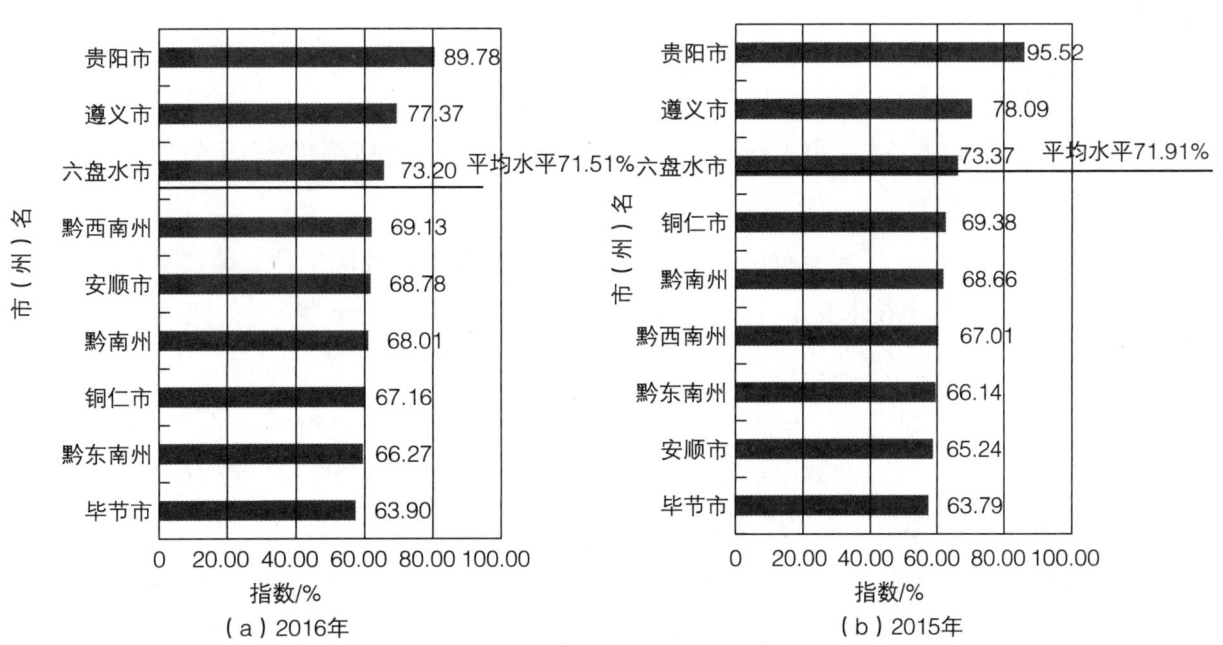

图1-9 市(州)科技促进经济社会发展指数排序

2016年监测结果与2015年的相比,科技促进经济社会发展指数平均水平较上年下降0.40个百分点。六盘水市、黔南州、遵义市、铜仁市和贵阳市较上年下降，其中贵阳市降幅最大；其余4个市（州）较上年上升，其中安顺市增幅最大（图1-10）。

参照2015年科技促进经济社会发展指数排序，黔西南州、安顺市位次较上年有所上升，其中安顺市位次上升最快（上升3位）；黔南州、铜仁市和黔东南州位次下降，其中铜仁市位次下降最快（下降3位）；贵阳市、遵义市、六盘水市和毕节市位次不变。

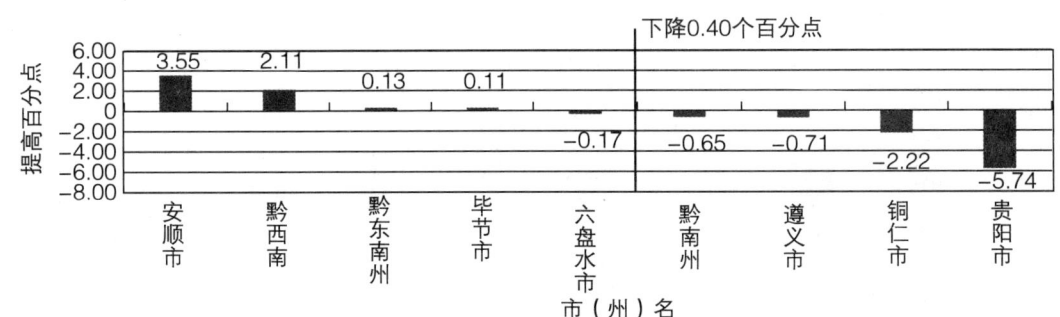

图1-10　2016年市（州）科技促进经济社会发展指数提高百分点排序

二、市（州）科技进步水平评价

（一）贵阳市

年末常住人口462.68万人；地区生产总值3 157.70亿元，居全省第1位；人均GDP 6.72万元，居全省第1位。全社会劳动生产率12.05万元/人，居全省第1位；综合能耗产出率1.44万元/吨标准煤，居全省第2位；新增科技型企业备案750个，居全省第1位。

科技活动人员数42 065人，万人科技活动人员数89.56人，居全省第1位；万人大专以上学历人数1 181.26人，居全省第1位。

人均科普投入6.02元，居全省第6位；全社会R&D经费支出占地区生产总值比重1.14%，居全省第1位；财政支出中科学技术支出占公共财政支出比重3.29%，居全省第1位；规模以上工业企业R&D经费支出和技术改造经费支出占主营业务收入比重1.58%，居全省第2位。

万人发明专利授权量2.63件，居全省第1位；万人发明专利拥有量9.88件，居全省第1位；高新技术企业数占规模以上工业企业数比重41.32%，居全省第1位；万人互联网宽带接入用户数2 633.71户，居全省第1位；百人固定电话和移动电话用户数158.28户，居全省第1位。

贵阳市综合科技进步水平指数为93.30%，居全省第1位，位次不变；高于全省平均水平39.88个百分点，较上年上升1.64个百分点，增幅排第8位。一级指数中，科技进步环境和基础指数为99.56%，高于全省平均水平44.48个百分点，居全省第1位，较上年上升0.29个百分点，位次不变；科技投入指数为94.25%，高于全省平均水平35.16个百分点，居全省第1位，较上年上升2.60个百分点，位次不变；科技产出指数为91.40%，高于全省平均水平57.49个百分点，居全省第1位，较上年上升6.11个百分点，位次不变；科技促进经济社会发展指数为89.78%，高于全省平均水平18.27个百分点，居全省第1位，较上年下降5.74个百分点，位次不变（表1-1）。

表1-1 贵阳市各级监测指标和位次与上年比较

指标名称	三级指标值		位次	
	2016年	2015年	2016年	2015年
综合科技进步水平指数 / %	93.30	91.66	1	1
科技进步环境和基础 / %	99.56	99.27	1	1
科技意识 / %	100.00	100.00	1	1
新增科技型企业备案数 / 个	750	291	1	3
万人发明专利申请量 / 件	8.41	6.67	1	1
科技创新条件及载体 / %	99.38	98.96	1	1
万名就业人员拥有的创新机构数 / 个	0.23	0.23	1	1
规模以上工业企业办科研机构数占规模以上工业企业数的比重 / %	14.78	13.86	3	1
创新园区系数	2.93	2.88	2	2
科技投入 / %	94.25	91.65	1	1
人力投入 / %	100.00	97.04	1	1
万人大专以上学历人数 / 人	1 181.26	992.84	1	1
万人科技活动人员数 / 人	89.56	84.82	1	1
财力投入 / %	91.16	88.75	1	1
人均科普投入 / 元	6.02	6.12	6	6
全社会R&D经费支出占地区生产总值比重 / %	1.14	1.13	1	2
规模以上工业企业R&D经费支出和技术改造经费支出占主营业务收入比重 / %	1.58	1.29	2	5
财政支出中科学技术占公共财政支出比重 / %	3.29	2.89	1	1
科技产出 / %	91.40	85.29	1	1
创新成果 / %	100.00	95.74	1	1
获上级部门科技奖励系数	7.75	7.58	1	1
万人发明专利授权量 / 件	2.63	2.03	1	1
万人发明专利拥有量 / 件	9.88	8.11	1	1
品牌建设 / %	1.00	100.00	1	1
品牌建设系数	1 023.93	1 169.43	1	1
高新技术产业化 / %	82.79	73.99	1	1
高新技术产业产值占工业总产值比重 / %	35.85	35.73	2	1
规模以上工业企业新产品销售收入占主营业务收入比重 / %	9.63	6.72	1	2
高新技术企业数占规模以上工业企业数比重 / %	41.32	34.17	1	1
科技促进经济社会发展 / %	89.78	95.52	1	1

续表

指标名称	三级指标值		位次	
	2016 年	2015 年	2016 年	2015 年
经济发展方式转变 / %	98.49	96.58	1	1
全社会劳动生产率 / (万元/人)	12.05	11.48	1	1
综合能耗产出率 / (万元/吨标准煤)	1.44	1.37	2	1
环境改善 / %	68.21	90.21	6	4
环境质量指数	87.58	84.39	7	6
环境污染治理指数	55.30	94.09	7	2
社会生活信息化 / %	100.00	100	1	1
人均电信业务总量 / 元	3 964.40	2 626.68	1	1
万人互联网宽带接入用户数 / 户	2 633.71	2 513.09	1	1
百人固定电话和移动电话用户数 / 户	158.28	206.34	1	1

（二）六盘水市

年末常住人口292.69万人；地区生产总值1 313.70亿元，居全省第4位；人均GDP 4.52万元，居全省第2位；全社会劳动生产率8.10万元/人，居全省第2位；综合能耗产出率0.82万元/吨标准煤，居全省第9位；新增科技型企业备案49个，居全省第9位。

科技活动人员数8 660人，万人科技活动人员数29.79人，居全省第2位；万人大专以上学历人数443.56人，居全省第7位。

人均科普投入15.85元，居全省第1位；全社会R&D经费支出占地区生产总值比重0.53%，居全省第3位；财政支出中科学技术支出占公共财政支出比重1.72%，居全省第3位；规模以上工业企业R&D经费支出和技术改造经费支出占主营业务收入比重0.90%，居全省第4位。

万人发明专利授权量0.16件，居全省第6位；万人发明专利拥有量0.40件，居全省第8位；高新技术企业数占规模以上工业企业数比重1.61%，居全省第8位；万人互联网宽带接入用户数1 052.67户，居全省第8位；百人固定电话和移动电话用户数103.24户，居全省第2位。

六盘水市综合科技进步水平指数为47.40%，居全省第6位，位次下降1位；低于全省平均水平6.02个百分点，较上年上升3.07个百分点，增幅排第7位。一级指数中，科技进步环境和基础指数为40.94%，低于全省平均水平14.14个百分点，居全省第7位，较上年下降1.90个百分点，位次不变；科技投入指数为62.94%，高于全省平均水平3.85个百分点，居全省第3位，较上年上升4.61个百分点，位次不变；科技产出指数为15.29%，低于全省平均水平18.62个百分点，居全省第8位，较上年上升5.90个百分点，位次上升1位；科技促进经济社会发展指数为73.20%，高于全省平均水平1.69个百分点，居全省第3位，较上年下降0.17个百分点，位次不变（表1-2）。

表1-2 六盘水市各级监测指标和位次与上年比较

指标名称	三级指标值		位次	
	2016年	2015年	2016年	2015年
综合科技进步水平指数/%	47.40	44.33	6	5
科技进步环境和基础/%	40.94	42.84	7	7
科技意识/%	13.28	48.47	8	8
新增科技型企业备案数/个	49	143	9	7
万人发明专利申请量/件	0.64	0.44	8	8
科技创新条件及载体/%	52.80	40.43	4	4
万名就业人员拥有的创新机构数/个	0.04	0.02	5	6
规模以上工业企业办科研机构数占规模以上工业企业数的比重/%	9.86	7.54	4	2
创新园区系数	1.25	1.10	9	9
科技投入/%	62.94	58.33	3	3
人力投入/%	55.72	46.49	3	3
万人大专以上学历人数/人	443.56	402.85	7	7
万人科技活动人员数/人	29.79	27.48	2	2
财力投入/%	66.82	64.71	3	3
人均科普投入/元	15.85	15.94	1	1
全社会R&D经费支出占地区生产总值比重/%	0.53	0.54	3	3
规模以上工业企业R&D经费支出和技术改造经费支出占主营业务收入比重/%	0.90	1.76	4	3
财政支出中科学技术占公共财政支出比重/%	1.72	1.38	3	3
科技产出/%	15.29	9.39	8	9
创新成果/%	6.83	2.54	7	9
获上级部门科技奖励系数	0.13	0.00	4	8
万人发明专利授权量/件	0.16	0.09	6	8
万人发明专利拥有量/件	0.40	0.28	8	7
品牌建设/%	0.34	25.99	4	7
品牌建设系数	170.93	129.93	4	7
高新技术产业化/%	18.28	11.54	8	9
高新技术产业产值占工业总产值比重/%	14.23	7.74	8	8
规模以上工业企业新产品销售收入占主营业务收入比重/%	1.32	1.15	7	6
高新技术企业数占规模以上工业企业数比重/%	1.61	1.96	8	7
科技促进经济社会发展/%	73.20	73.37	3	3
经济发展方式转变/%	81.99	76.88	3	3

续表

指标名称	三级指标值		位次	
	2016年	2015年	2016年	2015年
全社会劳动生产率/（万元/人）	8.10	7.54	2	2
综合能耗产出率/（万元/吨标准煤）	0.82	0.76	9	9
环境改善/%	70.56	87.60	4	6
环境质量指数	91.42	86.03	4	4
环境污染治理指数	56.66	88.64	5	6
社会生活信息化/%	60.55	49.98	4	4
人均电信业务总量/元	2 022.77	1 186.89	6	6
万人互联网宽带接入用户数/户	1 052.67	863.01	8	8
百人固定电话和移动电话用户数/户	103.24	100.02	2	3

（三）遵义市

年末常住人口622.84万人；地区生产总值2 403.94亿元，居全省第2位；人均GDP 3.86万元，居全省第3位；全社会劳动生产率6.79万元/人，居全省第3位；综合能耗产出率1.41万元/吨标准煤，居全省第3位；新增科技型企业备案394个，居全省第4位。

科技活动人员数13 068人，万人科技活动人员数20.98人，居全省第4位；万人大专以上学历人数583.38人，居全省第2位。

人均科普投入8.38元，居全省第5位；全社会R&D经费支出占地区生产总值比重0.37%，居全省第6位；财政支出中科学技术支出占公共财政支出比重1.16%，居全省第6位；规模以上工业企业R&D经费支出和技术改造经费支出占主营业务收入比重1.70%，居全省第1位。

万人发明专利授权量0.53件，居全省第3位；万人发明专利拥有量1.53件，居全省第3位；高新技术企业数占规模以上工业企业数比重9.23%，居全省第2位；万人互联网宽带接入用户数1 247.51户，居全省第3位；百人固定电话和移动电话用户数99.19户，居全省第3位。

遵义市综合科技进步水平指数为70.68%，居全省第2位，位次不变；高于全省平均水平17.26个百分点，较上年上升9.69个百分点，增幅排第3位。一级指数中，科技进步环境和基础指数为63.69%，高于全省平均水平8.61个百分点，居全省第3位，较上年上升0.70个百分点，位次下降1位；科技投入指数为79.82%，高于全省平均水平20.73个百分点，居全省第2位，较上年上升了10.00个百分点，位次不变；科技产出指数为59.06%，高于全省平均水平25.15个百分点，居全省第2位，较上年上升20.75个百分点，位次不变；科技促进经济社会发展指数为77.37%，高于全省平均水平5.86个百分点，居全省第2位，较上年下降0.72个百分点，位次不变（表1-3）。

表1-3 遵义市各级监测指标和位次与上年比较

指标名称	三级指标值		位次	
	2016年	2015年	2016年	2015年
综合科技进步水平指数 / %	70.68	60.99	2	2
科技进步环境和基础 / %	63.69	62.99	3	2
科技意识 / %	90.04	100.00	3	1
新增科技型企业备案数 / 个	394	235	4	5
万人发明专利申请量 / 件	3.51	2.42	3	3
科技创新条件及载体 / %	52.40	47.13	5	3
万名就业人员拥有的创新机构数 / 个	0.04	0.04	4	3
规模以上工业企业办科研机构数占规模以上工业企业数的比重 / %	5.46	4.12	6	5
创新园区系数	3.43	3.20	1	1
科技投入 / %	79.82	69.82	2	2
人力投入 / %	88.85	69.72	2	2
万人大专以上学历人数 / 人	583.38	495.86	2	4
万人科技活动人员数 / 人	20.98	18.50	4	4
财力投入 / %	74.96	69.87	2	2
人均科普投入 / 元	8.38	8.43	5	5
全社会R&D经费支出占地区生产总值比重 / %	0.37	0.40	6	4
规模以上工业企业R&D经费支出和技术改造经费支出占主营业务收入比重 / %	1.70	2.45	1	1
财政支出中科学技术占公共财政支出比重 / %	1.16	0.80	6	8
科技产出 / %	59.06	38.31	2	2
创新成果 / %	43.88	19.88	2	2
获上级部门科技奖励系数	1.13	0.78	2	2
万人发明专利授权量 / 件	0.53	0.38	3	3
万人发明专利拥有量 / 件	1.53	1.06	3	3
品牌建设 / %	1.00	100.00	1	1
品牌建设系数	631.29	735.93	2	2
高新技术产业化 / %	63.02	40.71	3	3
高新技术产业产值占工业总产值比重 / %	25.49	20.10	3	3
规模以上工业企业新产品销售收入占主营业务收入比重 / %	6.12	4.29	2	3
高新技术企业数占规模以上工业企业数比重 / %	9.23	9.62	2	2
科技促进经济社会发展 / %	77.37	78.09	2	2
经济发展方式转变 / %	88.51	81.85	2	2

续表

指标名称	三级指标值		位次	
	2016年	2015年	2016年	2015年
全社会劳动生产率/（万元/人）	6.79	6.27	3	3
综合能耗产出率/（万元/吨标准煤）	1.41	1.31	3	3
环境改善/%	71.74	91.72	1	2
环境质量指数	92.08	83.18	2	7
环境污染治理指数	58.19	97.41	1	1
社会生活信息化/%	64.08	54.96	3	2
人均电信业务总量/元	2 209.24	1 338.80	2	2
万人互联网宽带接入用户数/户	1 247.51	1 079.76	3	3
百人固定电话和移动电话用户数/户	99.19	101.14	3	2

（四）安顺市

年末常住人口232.86万人；地区生产总值701.35亿元，居全省第9位；人均GDP 3.01万元，居全省第6位；全社会劳动生产率5.18万元，居全省第7位；综合能耗产出率1.26万元/吨标准煤，居全省第5位；新增科技型企业备案85个，居全省第7位。

科技活动人员数3 944人，万人科技活动人员数16.94人，居全省第5位；万人大专以上学历人数464.54人，居全省第5位。

人均科普投入5.23元，居全省第7位；全社会R&D经费支出占地区生产总值比重0.47%，居全省第4位；财政支出中科学技术支出占公共财政支出比重0.87%，居全省第8位；规模以上工业企业R&D经费支出和技术改造经费支出占主营业务收入比重0.78%，居全省第5位。

万人发明专利授权量0.61件，居全省第2位；万人发明专利拥有量1.95件，居全省第2位；高新技术企业数占规模以上工业企业数比重7.63%，居全省第3位；万人互联网宽带接入用户数1 211.03户，居全省第4位；百人固定电话和移动电话用户数90.78户，居全省第7位。

安顺市综合科技进步水平指数为48.56%，全省第4位，位次下降1位。低于全省平均水平4.86个百分点，较上年上升0.17个百分点，增幅排第9位。一级指数中，科技进步环境和基础指数为37.93%，低于全省平均水平17.15个百分点，居全省第8位，较上年下降14.31个百分点，位次下降5位；科技投入指数为45.44%，低于全省平均水平13.65个百分点，居全省第7位，较上年下降2.63个百分点，位次下降2位；科技产出指数为44.04%，高于全省平均水平10.13个百分点，居全省第3位，较上年上升8.42个百分点，位次不变；科技促进经济社会发展指数为68.78%，低于全省平均水平2.73个百分点，居全省第5位，较上年上升3.54个百分点，位次上升3位（表1-4）。

表1-4 安顺市各级监测指标和位次与上年比较

指标名称	三级指标值		位次	
	2016年	2015年	2016年	2015年
综合科技进步水平指数 / %	48.56	48.39	4	3
科技进步环境和基础 / %	37.93	52.24	8	3
科技意识 / %	46.46	80.08	7	5
新增科技型企业备案数 / 个	85	165	7	6
万人发明专利申请量 / 件	3.22	2.02	4	4
科技创新条件及载体 / %	34.28	40.31	7	5
万名就业人员拥有的创新机构数 / 个	0.03	0.03	8	4
规模以上工业企业办科研机构数占规模以上工业企业数的比重 / %	4.24	5.83	7	4
创新园区系数	1.63	1.63	7	7
科技投入 / %	45.44	48.07	7	5
人力投入 / %	36.18	35.86	7	4
万人大专以上学历人数 / 人	464.54	439.33	5	6
万人科技活动人员数 / 人	16.94	21.64	5	3
财力投入 / %	50.43	54.64	7	5
人均科普投入 / 元	5.23	5.26	7	7
全社会R&D经费支出占地区生产总值比重 / %	0.47	1.26	4	1
规模以上工业企业R&D经费支出和技术改造经费支出占主营业务收入比重 / %	0.78	1.91	5	2
财政支出中科学技术占公共财政支出比重 / %	0.87	0.90	8	7
科技产出 / %	44.04	35.62	3	3
创新成果 / %	22.81	9.83	3	3
获上级部门科技奖励系数	0.13	0.00	4	8
万人发明专利授权量 / 件	0.61	0.40	2	2
万人发明专利拥有量 / 件	1.95	1.37	2	2
品牌建设 / %	0.25	25.50	8	8
品牌建设系数	127.07	127.50	8	8
高新技术产业化 / %	64.75	58.28	2	2
高新技术产业产值占工业总产值比重 / %	38.54	30.54	1	2
规模以上工业企业新产品销售收入占主营业务收入比重 / %	5.39	9.24	3	1
高新技术企业数占规模以上工业企业数比重 / %	7.63	6.80	3	3
科技促进经济社会发展 / %	68.78	65.24	5	8
经济发展方式转变 / %	72.35	65.53	8	7

续表

指标名称	三级指标值		位次	
	2016年	2015年	2016年	2015年
全社会劳动生产率/（万元/人）	5.18	4.69	7	7
综合能耗产出率/（万元/吨标准煤）	1.26	1.14	5	5
环境改善/%	71.60	81.78	2	9
环境质量指数	91.92	79.89	3	9
环境污染治理指数	58.06	83.04	2	9
社会生活信息化/%	58.98	44.85	7	7
人均电信业务总量/元	1 923.90	1 149.34	8	8
万人互联网宽带接入用户数/户	1 211.03	960.45	4	5
百人固定电话和移动电话用户数/户	90.78	76.10	7	7

（五）毕节市

年末常住人口664.18万人；地区生产总值1 625.79亿元，居全省第3位；人均GDP 2.45万元，居全省第9位；全社会劳动生产率4.72万元/人，居全省第8位；综合能耗产出率1.47万元/吨标准煤，居全省第1位；新增科技型企业备案55个，居全省第8位。

科技活动人员数2 462人，万人科技活动人员数3.71人，居全省第9位；万人大专以上学历人数282.9人，居全省第9位。

人均科普投入2.67元，居全省第9位；全社会R&D经费支出占地区生产总值比重0.12%，居全省第9位；财政支出中科学技术支出占公共财政支出比重0.70%，居全省第9位；规模以上工业企业R&D经费支出和技术改造经费支出占主营业务收入比重0.22%，居全省第9位。

万人发明专利授权量0.04件，居全省第9位；万人发明专利拥有量0.21件，居全省第9位；高新技术企业数占规模以上工业企业数比重1.37%，居全省第9位；万人互联网宽带接入用户数648.92户，居全省第9位；百人固定电话和移动电话用户数69.30户，居全省第9位。

毕节市综合科技进步水平指数为34.26%，居全省第9位，位次下降1位；低于全省平均水平19.16个百分点，较上年上升4.42个百分点，增幅排第4位。一级指数中，科技进步环境和基础指数为19.54%，低于全省平均水平35.54个百分点，居全省第9位，较上年下降6.85个百分点，位次不变；科技投入指数为39.46%，低于全省平均水平19.63个百分点，居全省第9位，较上年上升12.59个百分点，位次下降1位；科技产出指数为15.78%，低于全省平均水平18.13个百分点，居全省第7位，较上年上升3.39个百分点，位次下降2位；科技促进经济社会发展指数为63.90，低于全省平均水平7.61个百分点，居全省第9位，较上年上升0.11个百分点，位次不变（表1-5）。

表1-5　毕节市各级监测指标和位次与上年比较

指标名称	三级指标值		位次	
	2016年	2015年	2016年	2015年
综合科技进步水平指数 / %	34.26	29.84	9	8
科技进步环境和基础 / %	19.54	26.39	9	9
科技意识 / %	9.92	25.75	9	9
新增科技型企业备案数 / 个	55	52	8	9
万人发明专利申请量 / 件	0.19	0.26	9	9
科技创新条件及载体 / %	23.66	26.67	9	8
万名就业人员拥有的创新机构数 / 个	0.01	0.01	9	9
规模以上工业企业办科研机构数占规模以上工业企业数的比重 / %	1.95	2.74	9	6
创新园区系数	1.78	1.78	6	5
科技投入 / %	39.46	26.87	9	8
人力投入 / %	35.04	26.25	8	8
万人大专以上学历人数 / 人	282.99	269.13	9	9
万人科技活动人员数 / 人	3.71	3.89	9	9
财力投入 / %	41.84	27.20	9	9
人均科普投入 / 元	2.67	2.68	9	9
全社会R&D经费支出占地区生产总值比重 / %	0.12	0.07	9	8
规模以上工业企业R&D经费支出和技术改造经费支出占主营业务收入比重 / %	0.22	0.16	9	7
财政支出中科学技术占公共财政支出比重 / %	0.70	0.68	9	9
科技产出 / %	15.78	12.39	7	5
创新成果 / %	4.27	3.33	9	6
获上级部门科技奖励系数	0.15	0.08	3	5
万人发明专利授权量 / 件	0.04	0.06	9	9
万人发明专利拥有量 / 件	0.21	0.20	9	9
品牌建设 / %	0.42	39.13	3	3
品牌建设系数	208.93	195.64	3	3
高新技术产业化 / %	19.79	14.29	7	5
高新技术产业产值占工业总产值比重 / %	21.60	18.20	5	5
规模以上工业企业新产品销售收入占主营业务收入比重 / %	0.43	0.22	9	7
高新技术企业数占规模以上工业企业数比重 / %	1.37	1.00	9	9
科技促进经济社会发展 / %	63.90	63.79	9	9
经济发展方式转变 / %	74.48	68.54	4	4

续表

指标名称	三级指标值		位次	
	2016年	2015年	2016年	2015年
全社会劳动生产率/（万元/人）	4.72	4.29	8	8
综合能耗产出率/（万元/吨标准煤）	1.47	1.36	1	2
环境改善/%	67.22	83.98	8	8
环境质量指数	82.16	80.08	8	8
环境污染治理指数	57.26	86.58	4	7
社会生活信息化/%	40.87	31.02	9	9
人均电信业务总量/元	1 501.10	861.33	9	9
万人互联网宽带接入用户数/户	648.92	528.15	9	9
百人固定电话和移动电话用户数/户	69.30	58.79	9	9

（六）铜仁市

年末常住人314.07万人；地区生产总值856.97亿元，居全省第8位；人均GDP 2.73万元，居全省第7位；全社会劳动生产率5.23万元/人，居全省第6位；综合能耗产出率1.28万元/吨标准煤，居全省第4位；新增科技型企业备案141个，居全省第6位。

科技活动人员数2 822人，万人科技活动人员数8.99人，居全省第8位；万人大专以上学历人数444.25人，居全省第6位。

人均科普投入8.60元，居全省第4位；全社会R&D经费支出占地区生产总值比重0.31%，居全省第8位；财政支出中科学技术支出占公共财政支出比重1.00%，居全省第7位；规模以上工业企业R&D经费支出和技术改造经费支出占主营业务收入比重0.42%，居全省第8位。

万人发明专利授权量0.27件，居全省第4位；万人发明专利拥有量0.51件，居全省第5位；高新技术企业数占规模以上工业企业数比重2.12%，居全省第7位；万人互联网宽带接入用户数1 146.24户，居全省第7位；百人固定电话和移动电话用户数86.73户，居全省第8位。

铜仁市综合科技进步水平指数为40.56%，居全省第8位，位次下降2位；低于全省平均水平12.86个百分点，较上年上升3.56个百分点，增幅排第5位。一级指数中，科技进步环境和基础指数为47.07%，低于全省平均水平8.01个百分点，居全省第6位，较上年下降5.09个百分点，位次下降2位；科技投入指数为44.60%，低于全省平均水平14.49个百分点，居全省第8位，较上年上升10.39个百分点，位次下降1位；科技产出指数为14.84%，低于全省平均水平19.07个百分点，居全省第9位，较上年上升3.70个百分点，位次下降2位；科技促进经济社会发展指数为67.16%，低于全省平均水平4.35个百分点，居全省第7位，较上年下降2.22个百分点，位次下降3位（表1-6）。

表1-6 铜仁市各级监测指标和位次与上年比较

指标名称	三级指标值		位次	
	2016年	2015年	2016年	2015年
综合科技进步水平指数 / %	40.56	37.02	8	6
科技进步环境和基础 / %	47.07	52.16	6	4
科技意识 / %	47.50	57.36	6	6
新增科技型企业备案数 / 个	141	63	6	8
万人发明专利申请量 / 件	2.33	1.64	6	6
科技创新条件及载体 / %	46.88	49.94	6	2
万名就业人员拥有的创新机构数 / 个	0.03	0.04	6	2
规模以上工业企业办科研机构数占规模以上工业企业数的比重 / %	6.02	7.16	5	3
创新园区系数	2.28	1.98	4	4
科技投入 / %	44.60	34.21	8	7
人力投入 / %	34.16	28.95	9	6
万人大专以上学历人数 / 人	444.25	496.94	6	3
万人科技活动人员数 / 人	8.99	7.42	8	6
财力投入 / %	50.22	37.04	8	7
人均科普投入 / 元	8.60	8.65	4	4
全社会R&D经费支出占地区生产总值比重 / %	0.31	0.27	8	5
规模以上工业企业R&D经费支出和技术改造经费支出占主营业务收入比重 / %	0.42	0.38	8	6
财政支出中科学技术占公共财政支出比重 / %	1.00	0.95	7	6
科技产出 / %	14.84	11.14	9	7
创新成果 / %	11.19	3.07	5	8
获上级部门科技奖励系数	0.00	0.08	8	5
万人发明专利授权量 / 件	0.27	0.11	4	7
万人发明专利拥有量 / 件	0.51	0.27	5	8
品牌建设 / %	0.24	29.54	9	6
品牌建设系数	118.07	147.71	9	6
高新技术产业化 / %	16.01	13.93	9	6
高新技术产业产值占工业总产值比重 / %	9.41	7.53	9	9
规模以上工业企业新产品销售收入占主营业务收入比重 / %	1.12	2.00	8	5
高新技术企业数占规模以上工业企业数比重 / %	2.12	1.93	7	8
科技促进经济社会发展 / %	67.16	69.38	7	4
经济发展方式转变 / %	73.22	67.78	5	5

续表

指标名称	三级指标值		位次	
	2016年	2015年	2016年	2015年
全社会劳动生产率/（万元/人）	5.23	4.77	6	5
综合能耗产出率/（万元/吨标准煤）	1.28	1.20	4	4
环境改善/%	66.53	92.94	9	1
环境质量指数	80.17	91.65	9	1
环境污染治理指数	57.44	93.80	3	3
社会生活信息化/%	57.01	43.98	8	8
人均电信业务总量/元	1 942.24	1 172.18	7	7
万人互联网宽带接入用户数/户	1 146.24	902.83	7	7
百人固定电话和移动电话用户数/户	86.73	75.57	8	8

（七）黔西南州

年末常住人口283.82万人；地区生产总值929.14亿元，居全省第7位；人均GDP 3.27万元，居全省第4位；全社会劳动生产率5.53万元/人，居全省第4位；综合能耗产出率1.17万元/吨标准煤，居全省第7位；新增科技型企业备案381个，居全省第5位。

科技活动人员数7 681人，万人科技活动人员数27.06人，居全省第3位；万人大专以上学历人数439.68人，居全省第8位。

人均科普投入5.05元，居全省第8位；全社会R&D经费支出占地区生产总值比重0.41%，居全省第5位；财政支出中科学技术支出占公共财政支出比重1.26%，居全省第5位；规模以上工业企业R&D经费支出和技术改造经费支出占主营业务收入比重1.33%，居全省第3位。

万人发明专利授权量0.11件，居全省第8位；万人发明专利拥有量0.41件，居全省第7位；高新技术企业数占规模以上工业企业数比重2.30%，居全省第6位；万人互联网宽带接入用户数1 169.76户，居全省第5位；百人固定电话和移动电话用户数92.70户，居全省第6位。

黔西南州综合科技进步水平指数为47.16%，居全省第7位，位次上升2位；低于全省平均水平6.26个百分点，较上年上升17.69个百分点，增幅排第1位。一级指数中，科技进步环境和基础指数为56.16%，高于全省平均水平1.08个百分点，居全省第4位，较上年上升27.05个百分点，位次上升4位；科技投入指数为55.95%，低于全省平均水平3.14个百分点，居全省第4位，较上年上升30.80个百分点，位次上升5位；科技产出指数为17.77%，低于全省平均水平16.14个百分点，居全省第6位，较上年上升8.10个百分点，位次上升2位；科技促进经济社会发展指数为69.13%，低于全省平均水平2.38个百分点，居全省第4位，较上年上升2.12个百分点，位次上升2位（表1-7）。

表1-7 黔西南州各级监测指标和位次与上年比较

指标名称	三级指标值		位次	
	2016年	2015年	2016年	2015年
综合科技进步水平指数 / %	47.16	29.47	7	9
科技进步环境和基础 / %	56.16	29.11	4	8
科技意识 / %	48.69	53.73	5	7
新增科技型企业备案数 / 个	381	283	5	4
万人发明专利申请量 / 件	1.27	0.60	7	7
科技创新条件及载体 / %	59.37	18.55	3	9
万名就业人员拥有的创新机构数 / 个	0.06	0.01	3	8
规模以上工业企业办科研机构数占规模以上工业企业数的比重 / %	19.13	1.36	2	9
创新园区系数	1.45	1.38	8	8
科技投入 / %	55.95	25.15	4	9
人力投入 / %	51.54	19.58	4	9
万人大专以上学历人数 / 人	439.68	383.73	8	8
万人科技活动人员数 / 人	27.06	4.42	3	8
财力投入 / %	58.32	28.15	5	8
人均科普投入 / 元	5.05	5.08	8	8
全社会R&D经费支出占地区生产总值比重 / %	0.41	0.10	5	7
规模以上工业企业R&D经费支出和技术改造经费支出占主营业务收入比重 / %	1.33	0.15	3	8
财政支出中科学技术占公共财政支出比重 / %	1.26	1.05	5	5
科技产出 / %	17.77	9.67	6	8
创新成果 / %	5.16	3.08	8	7
获上级部门科技奖励系数	0.08	0.08	6	5
万人发明专利授权量 / 件	0.11	0.11	8	6
万人发明专利拥有量 / 件	0.41	0.32	7	6
品牌建设 / %	0.27	22.84	7	9
品牌建设系数	134.21	114.21	7	9
高新技术产业化 / %	26.04	12.30	6	8
高新技术产业产值占工业总产值比重 / %	17.48	12.77	6	6
规模以上工业企业新产品销售收入占主营业务收入比重 / %	2.50	0.04	6	9
高新技术企业数占规模以上工业企业数比重 / %	2.30	2.45	6	6
科技促进经济社会发展 / %	69.13	67.01	4	6
经济发展方式转变 / %	72.75	65.08	6	8

续表

指标名称	三级指标值		位次	
	2016 年	2015 年	2016 年	2015 年
全社会劳动生产率/（万元/人）	5.53	4.84	4	4
综合能耗产出率/（万元/吨标准煤）	1.17	1.08	7	7
环境改善/%	71.29	86.49	3	7
环境质量指数	94.45	90.30	1	2
环境污染治理指数	55.86	83.95	6	8
社会生活信息化/%	60.01	47.12	6	6
人均电信业务总量/元	2 071.74	1 237.95	5	5
万人互联网宽带接入用户数/户	1 169.76	940.25	5	6
百人固定电话和移动电话用户数/户	92.70	83.15	6	6

（八）黔东南州

年末常住人口350.74万人；地区生产总值939.05亿元，居全省第6位；人均GDP 2.68万元，居全省第8位；全社会劳动生产率4.64万元/人，居全省第9位；综合能耗产出率1.15万元/吨标准煤，居全省第8位；新增科技型企业备案457个，居全省第3位。

科技活动人员数3 969人，万人科技活动人员数11.32人，居全省第7位；万人大专以上学历人数544.85人，居全省第4位。

人均科普投入10.99元，居全省第3位；全社会R&D经费支出占地区生产总值比重0.56%，居全省第2位；财政支出中科学技术支出占公共财政支出比重1.53%，居全省第4位；规模以上工业企业R&D经费支出和技术改造经费支出占主营业务收入比重0.70%，居全省第6位。

万人发明专利授权量0.13件，居全省第7位；万人发明专利拥有量0.50件，居全省第6位；高新技术企业数占规模以上工业企业数比重3.62%，居全省第4位；万人互联网宽带接入用户数1 368.54户，居全省第2位；百人固定电话和移动电话用户数95.77户，居全省第4位。

黔东南州综合科技进步水平指数为50.92%，居全省第3位，位次上升4位；低于全省平均水平2.50个百分点，较上年上升14.24个百分点，增幅排第2位。一级指数中，科技进步环境和基础指数为77.61%，高于全省平均水平22.53个百分点，居全省第2位，较上年上升30.14个百分点，位次上升4位；科技投入指数为55.90%，低于全省平均水平3.19个百分点，居全省第5位，较上年上升19.29个百分点，位次上升1位；科技产出指数为21.52%，低于全省平均水平12.39个百分点，居全省第5位，较上年上升9.80个百分点，位次上升1位；科技促进经济社会发展指数为66.27%，低于全省平均水平5.24个百分点，居全省第8位，较上年上升0.13个百分点，位次下降1位（表1-8）。

表1-8 黔东南州各级监测指标和位次与上年比较

指标名称	三级指标值		位次	
	2016年	2015年	2016年	2015年
综合科技进步水平指数 / %	50.92	36.68	3	7
科技进步环境和基础 / %	77.61	47.47	2	6
科技意识 / %	85.79	93.12	4	4
新增科技型企业备案数 / 个	457	433	3	1
万人发明专利申请量 / 件	2.89	1.97	5	5
科技创新条件及载体 / %	74.10	27.90	2	7
万名就业人员拥有的创新机构数 / 个	0.08	0.02	2	7
规模以上工业企业办科研机构数占规模以上工业企业数的比重 / %	28.02	1.53	1	8
创新园区系数	2.75	2.30	3	3
科技投入 / %	55.90	36.61	5	6
人力投入 / %	45.86	27.32	5	7
万人大专以上学历人数 / 人	544.85	460.80	4	5
万人科技活动人员数 / 人	11.32	5.75	7	7
财力投入 / %	61.31	41.61	4	6
人均科普投入 / 元	10.99	11.06	3	3
全社会R&D经费支出占地区生产总值比重 / %	0.56	0.06	2	9
规模以上工业企业R&D经费支出和技术改造经费支出占主营业务收入比重 / %	0.70	0.04	6	9
财政支出中科学技术占公共财政支出比重 / %	1.53	1.32	4	4
科技产出 / %	21.52	11.72	5	6
创新成果 / %	7.09	4.16	6	5
获上级部门科技奖励系数	0.00	0.20	8	3
万人发明专利授权量 / 件	0.13	0.12	7	5
万人发明专利拥有量 / 件	0.50	0.38	6	5
品牌建设 / %	0.28	38.36	6	4
品牌建设系数	138.14	191.79	6	4
高新技术产业化 / %	31.84	12.44	5	7
高新技术产业产值占工业总产值比重 / %	14.31	11.48	7	7
规模以上工业企业新产品销售收入占主营业务收入比重 / %	3.81	0.19	4	8
高新技术企业数占规模以上工业企业数比重 / %	3.62	2.81	4	5
科技促进经济社会发展 / %	66.27	66.14	8	7
经济发展方式转变 / %	65.58	57.89	9	9

续表

指标名称	三级指标值		位次	
	2016年	2015年	2016年	2015年
全社会劳动生产率/(万元/人)	4.64	4.06	9	9
综合能耗产出率/(万元/吨标准煤)	1.15	1.03	8	8
环境改善/%	68.44	90.71	5	3
环境质量指数	88.81	87.56	5	3
环境污染治理指数	54.86	92.82	8	4
社会生活信息化/%	64.91	51.48	2	3
人均电信业务总量/元	2 183.95	1 302.58	3	3
万人互联网宽带接入用户数/户	1 368.54	1 135.59	2	2
百人固定电话和移动电话用户数/户	95.77	85.85	4	4

（九）黔南州

年末常住人口326.12万人；地区生产总值1 023.39亿元，居全省第5位；人均GDP 3.14万元，居全省第5位；全社会劳动生产率5.34万元/人，居全省第5位；综合能耗产出率1.22万元/吨标准煤，居全省第6位；新增科技型企业备案511个，居全省第2位。

科技活动人员数3 909人，万人科技活动人员数11.99人，居全省第6位；万人大专以上学历人数562.27人，居全省第3位。

人均科普投入11.31元，居全省第2位；全社会R&D经费支出占地区生产总值比重0.36%，居全省第7位；财政支出中科学技术支出占公共财政支出比重2.00%，居全省第2位；规模以上工业企业R&D经费支出和技术改造经费支出占主营业务收入比重0.53%，居全省第7位。

万人发明专利授权量0.27件，居全省第5位；万人发明专利拥有量量0.80件，居全省第4位；高新技术企业数占规模以上工业企业数比重2.60%，居全省第5位；万人互联网宽带接入用户数1 159.08户，居全省第6位；百人固定电话和移动电话用户数93.59户，居全省第5位。

黔南州综合科技进步水平指数为47.93%，居全省第5位，位次下降1位；低于全省平均水平5.49个百分点，较上年上升3.36个百分点，增幅排第6位。一级指数中，科技进步环境和基础指数为53.20%，低于全省平均水平1.88个百分点，居全省第5位，较上年上升3.00个百分点，位次不变；科技投入指数为53.41%，低于全省平均水平5.68个百分点，居全省第6位，较上年上升4.50个百分点，位次下降2位；科技产出指数为25.50%，低于全省平均水平8.41个百分点，居全省第4位，较上年上升4.85个百分点，位次不变；科技促进经济社会发展指数为68.01%，低于全省平均水平3.50个百分点，居全省第6位，较上年下降0.65个百分点，位次下降1位（表1-9）。

表1-9 黔南州各级监测指标和位次与上年比较

指标名称	三级指标值		位次	
	2016年	2015年	2016年	2015年
综合科技进步水平指数 / %	47.93	44.57	5	4
科技进步环境和基础 / %	53.20	50.20	5	5
科技意识 / %	100.00	100.00	1	1
新增科技型企业备案数 / 个	511	392	2	2
万人发明专利申请量 / 件	5.07	2.54	2	2
科技创新条件及载体 / %	33.15	28.85	8	6
万名就业人员拥有的创新机构数 / 个	0.03	0.03	7	5
规模以上工业企业办科研机构数占规模以上工业企业数的比重 / %	2.99	2.23	8	7
创新园区系数	2.00	1.78	5	5
科技投入 / %	53.41	48.91	6	4
人力投入 / %	45.20	30.48	6	5
万人大专以上学历人数 / 人	562.27	506.22	3	2
万人科技活动人员数 / 人	11.99	7.88	6	5
财力投入 / %	57.83	58.83	6	4
人均科普投入 / 元	11.31	11.38	2	2
全社会R&D经费支出占地区生产总值比重 / %	0.36	0.11	7	6
规模以上工业企业R&D经费支出和技术改造经费支出占主营业务收入比重 / %	0.53	1.31	7	4
财政支出中科学技术占公共财政支出比重 / %	2.00	1.70	2	2
科技产出 / %	25.50	20.65	4	4
创新成果 / %	12.72	5.90	4	4
获上级部门科技奖励系数	0.08	0.15	6	4
万人发明专利授权量 / 件	0.27	0.19	5	4
万人发明专利拥有量 / 件	0.80	0.58	4	4
品牌建设 / %	0.34	37.44	5	5
品牌建设系数	170.50	187.21	5	5
高新技术产业化 / %	34.01	29.08	4	4
高新技术产业产值占工业总产值比重 / %	25.32	19.05	4	4
规模以上工业企业新产品销售收入占主营业务收入比重 / %	3.11	3.95	5	4
高新技术企业数占规模以上工业企业数比重 / %	2.60	3.02	5	4
科技促进经济社会发展 / %	68.01	68.66	6	5
经济发展方式转变 / %	72.68	65.88	7	6

续表

指标名称	三级指标值		位次	
	2016 年	2015 年	2016 年	2015 年
全社会劳动生产率 /（万元 / 人）	5.34	4.77	5	6
综合能耗产出率 /（万元 / 吨标准煤）	1.22	1.13	6	6
环境改善 / %	67.23	89.63	7	5
环境质量指数	88.35	85.24	6	5
环境污染治理指数	53.15	92.55	9	5
社会生活信息化 / %	60.53	48.51	5	5
人均电信业务总量 / 元	2 128.05	1 280.00	4	4
万人互联网宽带接入用户数 / 户	1 159.08	982.97	6	4
百人固定电话和移动电话用户数 / 户	93.59	84.54	5	5

第二部分 县（市、区、特区）综合科技进步水平评价

根据综合科技进步水平指数，可将全省88个县（市、区、特区）划分为3类（图2-1）。

第1类：综合科技进步水平指数高于全省平均水平（67.67%）的县（市、区、特区）有43个，占全部县（市、区、特区）的48.86%；

第2类：综合科技进步水平指数高于45.00%，但低于全省平均水平的县（市、区、特区）有39个，占全部县（市、区、特区）的44.32%；

第3类：综合科技进步水平指数低于全省平均水平（45.00%）有6个县（市、区、特区），占全部县（市、区、特区）的6.82%（图2-1）。

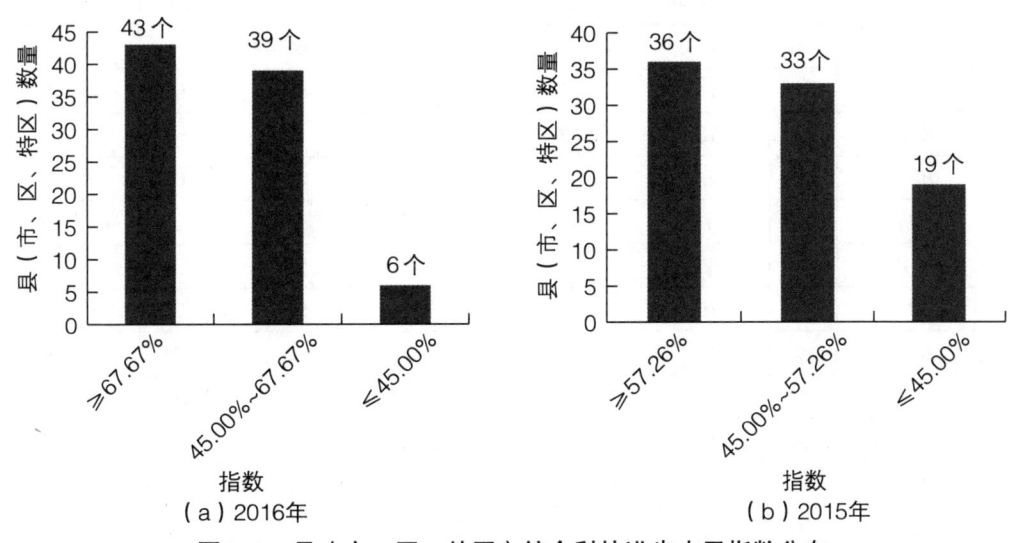

图2-1 县（市、区、特区）综合科技进步水平指数分布

2016年监测结果与2015年的相比，各县（市、区、特区）综合科技进步水平指数较上年均有所提升，其平均水平比上年提高了10.41个百分点，高于这一增幅的有43个县（市、区、特区）。综合科技进步水平指数在45.00%以上的县（市、区、特区）共计82个，占总数的93.18%，较上年增加13个。

参照2016年综合科技进步水平指数排序，云岩区仍居首位；位次上升10位及以上的县（市、区、特区）有17个，其中沿河县上升最快，较上年上升40位；位次下降10位及以上的县（市、区、特区）有18个，其中麻江县下降最多，较上年下降37位（表2-1）。

表2-1 县（市、区、特区）综合科技进步水平指数排位

地区	指数	位次	增降幅		地区	指数	位次	增降幅	
			提高百分点	位次				提高百分点	位次
云岩区	99.52	1	7.09	0	思南县	66.68	45	11.63	-5
南明区	98.33	2	10.59	1	丹寨县	66.61	46	13.85	3
汇川区	93.99	3	13.48	8	清镇市	65.70	47	4.12	-13
观山湖区	91.53	4	6.88	1	罗甸县	65.57	48	11.11	-6
花溪区	91.49	5	1.74	-3	从江县	64.61	49	13.70	5
红花岗区	91.34	6	9.98	2	织金县	64.21	50	18.00	17
白云区	88.50	7	6.67	0	台江县	63.95	51	13.75	5
凯里市	88.48	8	6.07	-2	江口县	63.53	52	23.75	23
都匀市	88.04	9	7.05	1	水城县	63.25	53	9.49	-10
西秀区	87.35	10	9.53	4	万山区	62.41	54	-4.67	-28
乌当区	86.98	11	0.21	-7	余庆县	62.24	55	32.17	32
兴义市	86.50	12	5.22	-3	关岭县	60.90	56	14.95	13
播州区	86.32	13	19.87	14	剑河县	60.19	57	9.60	-2
碧江区	85.68	14	19.48	15	三穗县	60.07	58	6.39	-14
仁怀市	85.09	15	17.01	10	桐梓县	59.47	59	21.48	20
赤水市	83.51	16	14.21	5	石阡县	59.23	60	13.25	8
瓮安县	83.51	17	12.58	2	荔波县	59.16	61	1.98	-24
龙里县	82.75	18	3.79	-6	天柱县	58.79	62	5.23	-16
平坝区	82.00	19	7.14	-4	六枝特区	58.46	63	1.72	-25
福泉市	81.53	20	2.93	-7	安龙县	58.20	64	10.91	1
绥阳县	80.08	21	15.86	9	镇宁县	56.99	65	26.32	21
开阳县	80.07	22	13.73	6	榕江县	56.90	66	4.08	-18
湄潭县	79.77	23	9.27	-3	晴隆县	56.85	67	13.89	5
习水县	79.47	24	15.51	7	赫章县	56.81	68	21.14	14
七星关区	79.03	25	7.33	-7	贞丰县	55.21	69	6.60	-7
钟山区	78.65	26	4.70	-10	三都县	54.62	70	6.33	-7
惠水县	76.75	27	8.62	-3	普定县	53.01	71	1.16	-19
兴仁县	75.74	28	7.43	-5	岑巩县	52.98	72	3.47	-14
息烽县	75.50	29	13.91	4	黔西县	52.06	73	2.63	-14
独山县	74.92	30	25.49	30	锦屏县	51.97	74	10.56	0
凤冈县	74.89	31	28.50	35	施秉县	49.92	75	-1.92	-22
修文县	74.64	32	12.59	0	纳雍县	49.69	76	6.91	-3

续表

地区	指数	位次	增降幅		地区	指数	位次	增降幅	
			提高百分点	位次				提高百分点	位次
黄平县	73.40	33	18.84	8	雷山县	49.64	77	10.00	−1
正安县	73.12	34	25.12	30	紫云县	49.29	78	5.09	−8
长顺县	72.49	35	19.45	12	平塘县	49.24	79	5.64	−8
贵定县	72.19	36	20.11	15	望谟县	47.91	80	9.28	−2
盘县	72.15	37	3.31	−15	德江县	47.18	81	14.78	4
玉屏县	71.73	38	11.00	−3	麻江县	45.51	82	−8.17	−37
金沙县	69.56	39	−2.33	−22	册亨县	44.90	83	11.69	1
镇远县	69.00	40	13.92	−1	威宁县	43.72	84	5.90	−4
松桃县	68.75	41	19.21	16	大方县	41.59	85	11.88	3
务川县	68.19	42	15.98	8	印江县	40.00	86	−8.74	−25
沿河县	67.73	43	32.88	40	道真县	38.14	87	−0.86	−10
黎平县	66.88	44	9.55	−8	普安县	30.08	88	−6.09	−7

一、县（市、区、特区）科技进步一级指标评价

（一）科技进步环境及基础

科技进步环境及基础指数高于全省平均水平（54.01%）的县（市、区、特区）有39个，占全部（市、区、特区）的44.32%；低于全省平均水平但高于45.00%的县（市、区、特区）有14个，占全部（市、区、特区）的15.91%；低于45.00%的县（市、区、特区）有35个，占全部（市、区、特区）的39.77%（图2-2）。

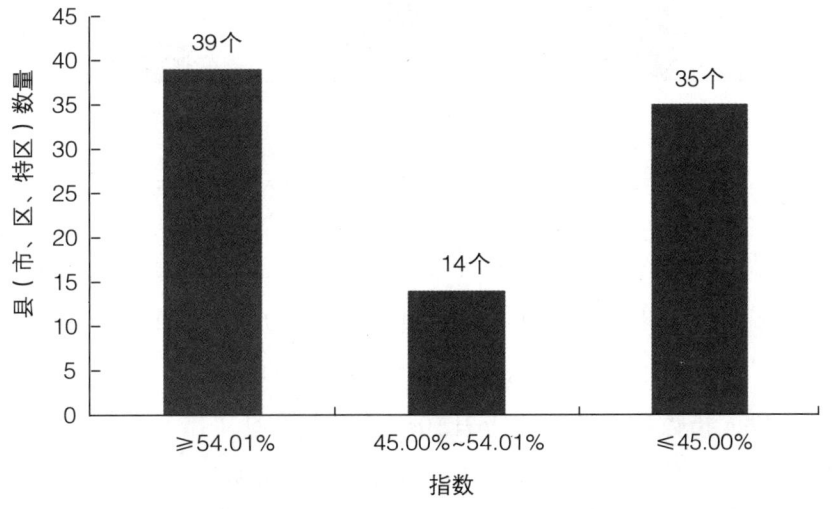

图2-2 县（市、区、特区）科技进步环境及基础指数分布

2016年监测结果与2015年的相比,科技进步环境及基础指数平均水平较上年提高了2.14个百分点,有40个县(市、区、特区)高于这一增幅,其中开阳县增幅最大,达到27.68个百分点;有27个县(市、区、特区)呈现负增长,其中该指标较上年相比下降超过10个百分点及以上的县(市、区、特区)有12个,分别为威宁县、盘县、三都县、湄潭县、六枝特区、望谟县、龙里县、息烽县、天柱县、普定县、水城县、紫云县。

参照2015年科技进步环境及基础指数排序,位次上升10位以上的县(市、区、特区)共计19个,其中上升较快为开阳县,由上年的第72位上升至第26位,上升了46位;位次下降10位以上的县(市、区、特区)共计17个,其中下降较多为水城县,由上年的第28位下降至第72位,下降了44位。

(二)科技投入

科技投入指数高于全省平均水平(76.96%)的县(市、区、特区)有67个,占全部(市、区、特区)的76.14%;高于45.00%但低于全省平均水平的县(市、区、特区)有14个,占全部县(市、区、特区)的15.91%;低于45.00%的县(市、区、特区)有7个,占全部(市、区、特区)的7.95%(图2-3)。

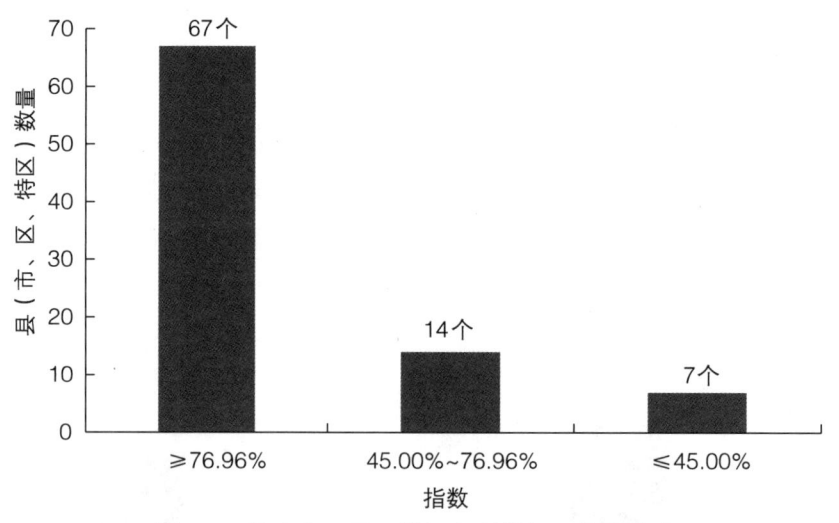

图2-3 县(市、区、特区)科技投入指数分布

2016年监测结果与2015年的相比,科技投入指数平均水平较上年提高了5.45个百分点,有33个县(市、区、特区)高于这一增幅,其中镇宁县增幅最高,为69.13个百分点;有11个县(市、区、特区)低于上年水平,其中万山区下降最多,减少了56.79个百分点。

参照2015年科技投入指数排序,位次上升10位及以上的县(市、区、特区)共计22个,其中位次上升较快为播州区,由上年的第73位上升至第8位,上升65位;位次下降10位以上的县(市、区、特区)共计24个,其中位次下降较多为麻江县,由上年的第16位下降至第82位,下降66位。

（三）科技进步

科技进步指数高于全省平均水平（70.08%）的县（市、区、特区）有38个，占全部（市、区、特区）的43.18%；低于全省平均水平但高于45.00%的县（市、区、特区）有37个，占全部（市、区、特区）的42.05%；低于45%的县（市、区、特区）有13个，占全部（市、区、特区）的14.77%（图2-4）。

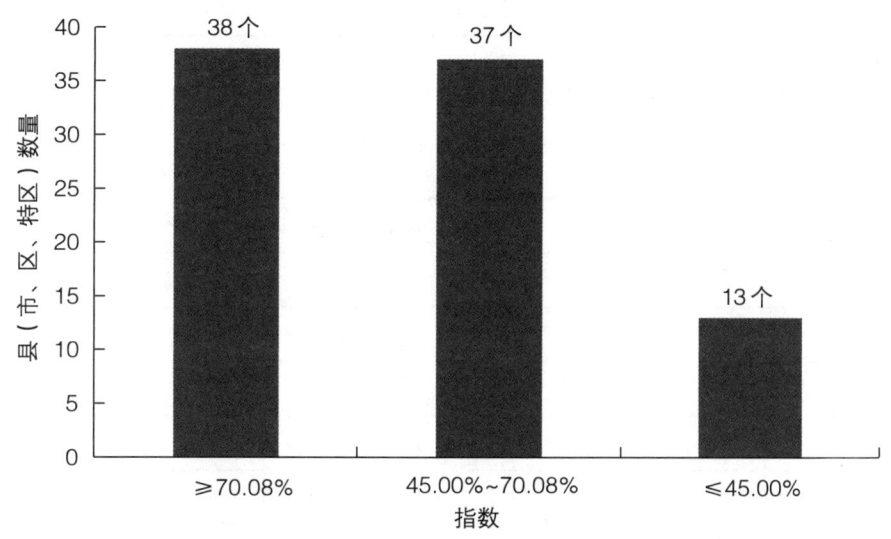

图2-4　县（市、区、特区）科技进步指数分布

2016年监测结果与2015年的相比较，科技进步指数平均水平比上年提高了22.44个百分点，有39个县（市、区、特区）高于这一增幅，其中独山县增幅最大，达到60.17个百分点；有1个县（市、区、特区）呈现负增长，金沙县较上年相比下降9.73个百分点。

参照2015年科技进步指数排序，位次上升10位及以上的县（市、区、特区）共计18个，其中位次上升较快为独山县，由上年的第71位上升至第26位，上升45位；位次下降10位及以上的县（市、区、特区）共计21个，其中位次下降较多为金沙县，由上年的第29位下降至第73位，下降44位。

二、县（市、区、特区）科技进步水平评价

（一）贵阳市

1. 南明区

新增科技型企业备案170个，居全省第2位。财政科技支出11 950万元，居全省第7位，占公共财政支出比重为2.50%，居全省第13位。万人发明专利申请量4.57件，居全省第17位；万人发明专利

授权量2.02件,居全省第7位;万人发明专利拥有量9.45件,居全省第6位。

南明区综合科技进步水平指数为98.33%,居全省第2位,与上年相比监测值提高10.59个百分点,位次上升1位。在3个一级指标中,科技进步环境及基础指数和科技投入指数和较上年分别提高8.85个百分点和3.45个百分点,位次均不变;科技进步指数较上年提高19.23个百分点,位次上升3位(表2-2)。

表2-2 南明区各级监测指标和位次与上年比较

指标名称	二级指标值		位次	
	2016年	2015年	2016年	2015年
综合科技进步水平指数 / %	98.33	87.74	2	3
科技进步环境及基础 / %	99.69	90.84	2	2
科技创新服务体系系数	5.35	5.22	6	4
新增科技型企业备案数 / 个	170	47	2	10
万人大专以上学历人数 / 人	1 516.24	976.32	3	10
科技投入 / %	99.77	96.32	2	2
万人专业技术人员数 / 人	476.87	394.97	7	15
财政支出中科学技术支出占公共财政支出比重 / %	2.50	2.12	13	12
科技进步 / %	95.73	76.50	7	10
规模以上工业能耗产出率 / (万元 / 吨标准煤)	15.06	15.06	2	2
万人发明专利申请量 / 件	4.57	4.89	17	12
万人发明专利授权量 / 件	2.02	2.18	7	6
万人发明专利拥有量 / 件	9.45	9.67	6	4
环境污染治理指数 / %	80.33	80.33	49	49

注:① 在测算过程中将部分监测指标的绝对量纳入计算。
② 下同。

2.云岩区

新增科技型企业备案85个,居全省第5位。财政科技支出8 919万元,居全省第12位,占公共财政支出比重为1.90%,居全省第22位。万人发明专利申请量7.72件,居全省第11位;万人发明专利授权量1.77件,居全省第8位;万人发明专利拥有量9.98件,居全省第5位。

云岩区综合科技进步水平指数为99.52%,居全省第1位,与上年相比,监测值提高7.09个百分点,位次不变。科技进步环境及基础指数和科技投入指数较上年分别提高4.35个百分点和0.37个百分点,位次均不变;科技进步指数较上年提高16.16个百分点,位次上升4位(表2-3)。

表2-3 云岩区各级监测指标和位次与上年比较

指标名称	二级指标值		位次	
	2016年	2015年	2016年	2015年
综合科技进步水平指数 / %	99.52	92.43	1	1
科技进步环境及基础 / %	100.00	95.65	1	1
科技创新服务体系系数	5.74	5.07	4	5
新增科技型企业备案数 / 个	85	44	5	13
万人大专以上学历人数 / 人	1 626.49	1 085.10	2	8
科技投入 / %	100.00	99.63	1	1
万人专业技术人员数 / 人	577.08	462.86	4	9
财政支出中科学技术支出占公共财政支出比重 / %	1.90	1.88	22	15
科技进步 / %	98.64	82.48	1	5
规模以上工业能耗产出率 / (万元/吨标准煤)	3.02	3.02	21	21
万人发明专利申请量 / 件	7.72	3.73	11	14
万人发明专利授权量 / 件	1.77	1.41	8	7
万人发明专利拥有量 / 件	9.98	7.29	5	6
环境污染治理指数 / %	93.20	93.20	13	13

3. 花溪区

新增科技型企业备案88个，居全省第4位。财政科技支出16 005万元，居全省第4位，占公共财政支出比重为2.64%，居全省第8位。万人发明专利申请量21.99件，居全省第3位；万人发明专利授权量4.36件，居全省第2位；万人发明专利拥有量14.61件，居全省第3位。

花溪区综合科技进步水平指数为91.49%，居全省第5位，与上年相比，监测值提高1.74个百分点，位次较上年下降3位。3个一级指标中，科技进步环境及基础指数较上年提高2.12个百分点，位次下降3位；科技投入指数较上年提高3.14个百分点，位次上升1位；科技进步指数与上年持平，位次下降2位（表2-4）。

表2-4 花溪区各级监测指标和位次与上年比较

指标名称	二级指标值		位次	
	2016年	2015年	2016年	2015年
综合科技进步水平指数 / %	91.49	89.75	5	2
科技进步环境及基础 / %	83.20	81.08	10	7
科技创新服务体系系数	6.91	6.64	2	2
新增科技型企业备案数 / 个	88	28	4	27
万人大专以上学历人数 / 人	786.03	668.11	14	19
科技投入 / %	92.42	89.28	7	8
万人专业技术人员数 / 人	408.97	339.28	18	24

续表

指标名称	二级指标值 2016年	二级指标值 2015年	位次 2016年	位次 2015年
财政支出中科学技术支出占公共财政支出比重 / %	2.64	2.22	8	8
科技进步 / %	97.67	97.67	4	2
规模以上工业能耗产出率 /（万元 / 吨标准煤）	12.25	12.25	4	4
万人发明专利申请量 / 件	21.99	13.87	3	3
万人发明专利授权量 / 件	4.36	3.55	2	2
万人发明专利拥有量 / 件	14.61	10.47	3	3
环境污染治理指数 / %	88.33	88.33	26	26

4. 乌当区

新增科技型企业备案48个，居全省第16位。财政科技支出8 501万元，居全省第13位，占公共财政支出比重为3.06%，居全省第4位。万人发明专利申请量7.60件，居全省第12位；万人发明专利授权量3.49件，居全省第3位；万人发明专利拥有量15.99件，居全省第2位。

乌当区综合科技进步水平指数为86.98%，居全省第11位，与上年相比，监测值提高0.21个百分点，位次下降7位。科技进步环境及基础指数较上年下降0.16个百分点，位次下降1位；科技投入指数和科技进步指数较上年分别提高0.73个百分点和0个百分点，位次分别下降12位和2位（表2-5）。

表2-5 乌当区各级监测指标和位次与上年比较

指标名称	二级指标值 2016年	二级指标值 2015年	位次 2016年	位次 2015年
综合科技进步水平指数 / %	86.98	86.77	11	4
科技进步环境及基础 / %	77.71	77.87	13	12
科技创新服务体系系数	7.85	7.85	1	1
新增科技型企业备案数 / 个	48	36	16	15
万人大专以上学历人数 / 人	895.07	922.91	9	12
科技投入 / %	84.13	83.40	31	19
万人专业技术人员数 / 人	412.12	382.63	16	16
财政支出中科学技术支出占公共财政支出比重 / %	3.06	2.46	4	6
科技进步 / %	97.78	97.78	3	1
规模以上工业能耗产出率 /（万元 / 吨标准煤）	11.66	11.66	5	5
万人发明专利申请量 / 件	7.60	7.45	12	9
万人发明专利授权量 / 件	3.49	3.51	3	3
万人发明专利拥有量 / 件	15.99	13.30	2	2
环境污染治理指数 / %	88.88	88.88	23	23

5. 白云区

新增科技型企业备案45个,居全省第18位。财政科技支出43 021万元,居全省第1位,占公共财政支出比重为11.14%,居全省第1位。万人发明专利申请量6.69件,居全省第15位;万人发明专利授权量3.49件,居全省第4位;万人发明专利拥有量10.04件,居全省第4位。

白云区综合科技进步水平指数为88.50%,居全省第7位,与上年相比,监测值提高6.67个百分点,位次不变。科技进步环境及基础指数和科技进步指数较上年分别提高0.56个百分点和15.57个百分点,位次分别下降3位和1位;科技投入指数较上年提高3.01个百分点,位次上升1位(表2-6)。

表2-6 白云区各级监测指标和位次与上年比较

指标名称	二级指标值		位次	
	2016年	2015年	2016年	2015年
综合科技进步水平指数/%	88.50	81.83	7	7
科技进步环境及基础/%	83.92	83.36	7	4
科技创新服务体系系数	3.64	3.91	8	7
新增科技型企业备案数/个	45	15	18	59
万人大专以上学历人数/人	1 476.26	2 662.16	4	1
科技投入/%	85.49	82.48	22	23
万人专业技术人员数/人	433.53	312.36	11	29
财政支出中科学技术支出占公共财政支出比重/%	11.14	10.58	1	1
科技进步/%	95.44	79.87	9	8
规模以上工业能耗产出率/(万元/吨标准煤)	0.86	0.86	56	56
万人发明专利申请量/件	6.69	7.89	15	8
万人发明专利授权量/件	3.49	2.47	4	4
万人发明专利拥有量/件	10.04	7.92	4	5
环境污染治理指数/%	90.70	90.70	18	18

6. 观山湖区

新增科技型企业备案254个,居全省第1位。财政科技支出17 103万元,居全省第2位,占公共财政支出比重为3.43%,居全省第2位。万人发明专利申请量27.11件,居全省第1位;万人发明专利授权量14.49件,居全省第1位;万人发明专利拥有量39.17件,居全省第1位;环境污染治理指数76.18%,居全省第66位。

观山湖区综合科技进步水平指数为91.53%,居全省第4位,与上年相比,监测值提高6.88个百分点,位次上升1位。科技进步环境及基础指数较上年提高5.25个百分点,位次上升1位;科技投入指数较上年提高4.05个百分点,位次不变;科技进步指数较上年提高11.11个百分点,位次较上年下降6位(表2-7)。

表2-7 观山湖区各级监测指标和位次与上年比较

指标名称	二级指标值		位次	
	2016年	2015年	2016年	2015年
综合科技进步水平指数/%	91.53	84.65	4	5
科技进步环境及基础/%	87.33	82.08	4	5
科技创新服务体系系数	5.35	4.42	5	6
新增科技型企业备案数/个	254	83	1	2
万人大专以上学历人数/人	2 114.97	1 376.12	1	3
科技投入/%	91.42	87.37	11	11
万人专业技术人员数/人	853.06	586.32	1	7
财政支出中科学技术支出占公共财政支出比重/%	3.43	3.19	2	2
科技进步/%	95.24	84.13	10	4
规模以上工业能耗产出率/(万元/吨标准煤)	4.45	4.45	15	15
万人发明专利申请量/件	27.11	32.85	1	1
万人发明专利授权量/件	14.49	7.83	1	1
万人发明专利拥有量/件	39.17	33.92	1	1
环境污染治理指数/%	76.18	76.18	68	68

7. 清镇市

新增科技型企业备案5个，居全省第77位。财政科技支出3 740万元，居全省第45位，占公共财政支出比重为1.03%，居全省第55位。万人发明专利申请量0.50件，居全省第72位；万人发明专利授权量0.06件，居全省第60位；万人发明专利拥有量0.64件，居全省第35位。

清镇市综合科技进步水平指数为65.70%，居全省第47位，与上年相比，监测值提高4.12个百分点，位次下降13位。科技进步环境及基础指数和科技进步指数较上年分别提高0.21个百分点和2.40个百分点，位次分别下降5位和29位；科技投入指数较上年提高9.19个百分点，位次上升30位（表2-8）。

表2-8 清镇市各级监测指标和位次与上年比较

指标名称	二级指标值		位次	
	2016年	2015年	2016年	2015年
综合科技进步水平指数/%	65.70	61.58	47	34
科技进步环境及基础/%	50.96	50.75	42	37
科技创新服务体系系数	0.85	1.12	26	19
新增科技型企业备案数/个	5	3	77	75
万人大专以上学历人数/人	692.70	471.06	19	32
科技投入/%	88.64	79.45	15	45
万人专业技术人员数/人	399.85	273.37	20	46

续表

指标名称	二级指标值		位次	
	2016 年	2015 年	2016 年	2015 年
财政支出中科学技术支出占公共财政支出比重 / %	1.03	1.02	55	52
科技进步 / %	55.39	52.99	62	33
规模以上工业能耗产出率 /（万元 / 吨标准煤）	0.17	0.17	86	86
万人发明专利申请量 / 件	0.50	0.88	72	48
万人发明专利授权量 / 件	0.06	0.08	60	47
万人发明专利拥有量 / 件	0.64	0.67	35	25
环境污染治理指数 / %	91.40	91.40	16	16

8. 开阳县

新增科技型企业备案35个，居全省第27位。财政科技支出4 080万元，居全省第40位，占公共财政支出比重为1.34%，居全省第41位。万人发明专利申请量3.50件，居全省第26位；万人发明专利授权量0.13件，居全省第45位；万人发明专利拥有量0.51件，居全省第40位。

开阳县综合科技进步水平指数为80.07%，居全省第22位，与上年相比，监测值提高13.73个百分点，位次上升6位。科技进步环境及基础指数和科技进步指数较上年分别提高27.68个百分点和28.90个百分点，位次分别上升46位和8位；科技投入指数较上年减少13.39个百分点，位次下降37位（表2-9）。

表2-9　开阳县各级监测指标和位次与上年比较

指标名称	二级指标值		位次	
	2016 年	2015 年	2016 年	2015 年
综合科技进步水平指数 / %	80.07	66.34	22	28
科技进步环境及基础 / %	64.31	36.63	26	72
科技创新服务体系系数	0.74	0.74	36	33
新增科技型企业备案数 / 个	35	2	27	78
万人大专以上学历人数 / 人	416.77	360.02	48	56
科技投入 / %	82.68	96.07	40	3
万人专业技术人员数 / 人	267.69	963.16	64	1
财政支出中科学技术支出占公共财政支出比重 / %	1.34	1.33	41	31
科技进步 / %	90.98	62.08	18	26
规模以上工业能耗产出率 /（万元 / 吨标准煤）	1.00	1.00	51	51
万人发明专利申请量 / 件	3.50	1.52	26	33
万人发明专利授权量 / 件	0.13	0.27	45	21
万人发明专利拥有量 / 件	0.51	0.43	40	35
环境污染治理指数 / %	88.04	88.04	29	29

9. 息烽县

新增科技型企业备案13个，居全省第62位。财政科技支出2 511万元，居全省第62位，占公共财政支出比重为1.03%，居全省第56位。万人发明专利申请量2.68件，居全省第39位；万人发明专利授权量0.39件，居全省第22位；万人发明专利拥有量0.60件，居全省第36位。

息烽县综合科技进步水平指数为75.50%，居全省第29位，与上年相比，监测提高13.91个百分点，位次上升4位。3个一级指标中，科技进步环境及基础指数较上年减少15.62个百分点，位次下降18位；科技投入指数较上年提高1.24个百分点，位次下降15位；科技进步指数较上年提高51.89个百分点，位次上升34位（表2-10）。

表2-10 息烽县各级监测指标和位次与上年比较

指标名称	二级指标值		位次	
	2016 年	2015 年	2016 年	2015 年
综合科技进步水平指数 / %	75.50	61.59	29	33
科技进步环境及基础 / %	54.71	70.33	38	20
科技创新服务体系系数	0.80	0.80	31	29
新增科技型企业备案数 / 个	13	21	62	40
万人大专以上学历人数 / 人	402.29	1 028.83	54	9
科技投入 / %	81.17	79.93	54	39
万人专业技术人员数 / 人	285.79	455.84	51	10
财政支出中科学技术支出占公共财政支出比重 / %	1.03	1.02	56	51
科技进步 / %	87.64	35.75	25	59
规模以上工业能耗产出率 /（万元 / 吨标准煤）	1.70	1.70	34	34
万人发明专利申请量 / 件	2.68	2.13	39	28
万人发明专利授权量 / 件	0.39	0.00	22	74
万人发明专利拥有量 / 件	0.60	0.18	36	57
环境污染治理指数 / %	85.62	85.62	33	33

10. 修文县

新增科技型企业备案5个，居全省第77位。财政科技支出4 388万元，居全省第35位，占公共财政支出比重为1.75%，居全省第25位。万人发明专利申请量0.81件，居全省第64位；万人发明专利授权量0.22件，居全省第34位；万人发明专利拥有量2.22件，居全省第13位。

修文县综合科技进步水平指数为74.64%，居全省第32位，与上年相比，监测值提高12.58个百分点，位次不变。科技进步环境及基础指数较上年减少5.71个百分点，位次下降11位；科技投入指数较上年提高24.68个百分点，位次上升52位；科技进步指数较上年提高16.00个百分点，位次较上年下降10位（表2-11）。

表2-11　修文县各级监测指标和位次与上年比较

指标名称	二级指标值		位次	
	2016年	2015年	2016年	2015年
综合科技进步水平指数 / %	74.64	62.06	32	32
科技进步环境及基础 / %	56.69	62.40	36	25
科技创新服务体系系数	1.41	1.41	15	15
新增科技型企业备案数 / 个	5	12	77	62
万人大专以上学历人数 / 人	1 003.18	484.92	7	30
科技投入 / %	86.26	61.40	16	68
万人专业技术人员数 / 人	478.74	275.39	6	44
财政支出中科学技术支出占公共财政支出比重 / %	1.75	0.73	25	68
科技进步 / %	78.41	62.41	35	25
规模以上工业能耗产出率 / (万元 / 吨标准煤)	0.91	0.91	54	54
万人发明专利申请量 / 件	0.81	0.83	64	50
万人发明专利授权量 / 件	0.22	0.60	34	11
万人发明专利拥有量 / 件	2.22	2.10	13	10
环境污染治理指数 / %	91.70	91.70	15	15

（二）六盘水市

1. 钟山区

新增科技型企业备案23个，居全省第49位。财政科技支出9 068万元，居全省第11位，占公共财政支出比重为2.56%，居全省第11位。万人发明专利申请量1.63件，居全省第51位；万人发明专利授权量0.35件，居全省第23位；万人发明专利拥有量1.13件，居全省第23位。

钟山区综合科技进步水平指数为78.65%，居全省第26位，与上年相比，监测值提高4.69个百分点，位次下降10位。科技进步环境及基础指数较上年提高1.82个百分点，位次不变；科技投入指数和科技进步指数较上年分别提高2.29个百分点和9.57个百分点，位次分别下降2位和18位（表2-12）。

表2-12　钟山区各级监测指标和位次与上年比较

指标名称	二级指标值		位次	
	2016年	2015年	2016年	2015年
综合科技进步水平指数 / %	78.65	73.96	26	16
科技进步环境及基础 / %	63.94	62.12	27	27
科技创新服务体系系数	0.51	0.51	50	48
新增科技型企业备案数 / 个	23	63	49	3
万人大专以上学历人数 / 人	845.48	736.64	11	16
科技投入 / %	92.28	89.99	9	7

续表

指标名称	二级指标值 2016 年	二级指标值 2015 年	位次 2016 年	位次 2015 年
万人专业技术人员数 / 人	427.55	373.70	13	17
财政支出中科学技术支出占公共财政支出比重 / %	2.56	1.81	11	17
科技进步 / %	77.64	68.07	36	18
规模以上工业能耗产出率 /（万元 / 吨标准煤）	0.21	0.21	85	85
万人发明专利申请量 / 件	1.63	0.98	51	44
万人发明专利授权量 / 件	0.35	0.23	23	25
万人发明专利拥有量 / 件	1.13	0.95	23	18
环境污染治理指数 / %	94.13	94.13	11	11

2. 六枝特区

新增科技型企业备案10个，居全省第69位。财政支出中科学技术支出6 957万元，居全省第17位，占公共财政支出比重为1.56%，居全省第32位。万人发明专利申请量0.30件，居全省第78位；万人发明专利授权量0.04件，居全省第68位；万人发明专利拥有量0.22件，居全省第58位。

六枝特区综合科技进步水平指数为58.46%，居全省第63位，与上年相比，监测值提高1.72个百分点，位次下降25位。科技进步环境及基础指数较上年减少15.31个百分点，位次下降39位；科技投入指数较上年提高3.16个百分点，位次上升4位；科技进步指数较上年提高14.89个百分点，位次下降19位（表2-13）。

表2-13 六枝特区各级监测指标和位次与上年比较

指标名称	二级指标值 2016 年	二级指标值 2015 年	位次 2016 年	位次 2015 年
综合科技进步水平指数 / %	58.46	56.74	63	38
科技进步环境及基础 / %	33.58	48.89	79	40
科技创新服务体系系数	0.35	0.35	60	57
新增科技型企业备案数 / 个	10	29	69	26
万人大专以上学历人数 / 人	322.39	346.57	74	62
科技投入 / %	84.66	81.50	26	30
万人专业技术人员数 / 人	275.33	243.19	61	56
财政支出中科学技术支出占公共财政支出比重 / %	1.56	1.30	32	33
科技进步 / %	53.59	38.70	66	47
规模以上工业能耗产出率 /（万元 / 吨标准煤）	0.55	0.55	66	66
万人发明专利申请量 / 件	0.30	0.28	78	69
万人发明专利授权量 / 件	0.04	0.12	68	40
万人发明专利拥有量 / 件	0.22	0.20	58	51
环境污染治理指数 / %	79.69	79.69	53	53

3. 盘县

新增科技型企业备案12个，居全省第64位。财政科技支出16 771万元，居全省第3位，占公共财政支出比重为1.68%，居全省第27位。万人发明专利申请量0.43件，居全省第74位；万人发明专利授权量0.12件，居全省第47位；万人发明专利拥有量0.23件，居全省第57位。

盘县综合科技进步水平指数为72.15%，居全省第37位，与上年相比，监测值提高3.31个百分点，位次下降15位。3个一级指标中，科技进步环境及基础指数较上年减少11.66个百分点，位次下降13位；科技投入指数和科技进步指数较上年分别提高2.96个百分点和16.49个百分点，位次分别下降1位和13位（表2-14）。

表2-14　盘县各级监测指标和位次与上年比较

指标名称	二级指标值		位次	
	2016年	2015年	2016年	2015年
综合科技进步水平指数 / %	72.15	68.84	37	22
科技进步环境及基础 / %	57.95	69.61	34	21
科技创新服务体系系数	0.79	0.79	33	30
新增科技型企业备案数 / 个	12	25	64	32
万人大专以上学历人数 / 人	342.96	331.22	66	64
科技投入 / %	90.07	87.12	13	12
万人专业技术人员数 / 人	240.52	231.25	76	68
财政支出中科学技术支出占公共财政支出比重 / %	1.68	1.27	27	35
科技进步 / %	66.38	49.89	50	37
规模以上工业能耗产出率 /（万元/吨标准煤）	0.33	0.33	75	75
万人发明专利申请量 / 件	0.43	0.46	74	65
万人发明专利授权量 / 件	0.12	0.07	47	55
万人发明专利拥有量 / 件	0.23	0.12	57	63
环境污染治理指数 / %	85.16	85.16	37	37

4. 水城县

新增科技型企业备案4个，居全省第79位。财政科技支出9 228万元，居全省第10位，占公共财政支出比重为1.50%，居全省第33位。万人发明专利申请量0.36件，居全省第76位；万人发明专利授权量0.15件，居全省第44位；万人发明专利拥有量0.17件，居全省第65位。

水城县综合科技进步水平指数为63.25%，居全省第53位，与上年相比，监测值提高9.49个百分点，位次下降10位。3个一级指标中，科技进步环境及基础指数较上年减少22.78个百分点，位次下降44位；科技投入指数较上年提高1.82个百分点，位次下降8位；科技进步指数较上年提高44.82个百分点，位次上升31位（表2-15）。

表2-15 水城县各级监测指标和位次与上年比较

指标名称	二级指标值		位次	
	2016年	2015年	2016年	2015年
综合科技进步水平指数/%	63.25	53.76	53	43
科技进步环境及基础/%	37.41	60.19	72	28
科技创新服务体系系数	0.63	0.63	43	38
新增科技型企业备案数/个	4	26	79	31
万人大专以上学历人数/人	338.95	273.93	67	81
科技投入/%	84.33	82.51	30	22
万人专业技术人员数/人	197.83	192.22	87	86
财政支出中科学技术支出占公共财政支出比重/%	1.50	1.34	33	30
科技进步/%	64.32	19.50	53	84
规模以上工业能耗产出率/（万元/吨标准煤）	0.45	0.45	70	70
万人发明专利申请量/件	0.36	0.09	76	85
万人发明专利授权量/件	0.15	0.00	44	74
万人发明专利拥有量/件	0.17	0.01	65	83
环境污染治理指数/%	81.32	81.32	45	45

（三）遵义市

1. 红花岗区

新增科技型企业备案27个，居全省第40位。财政科技支出6 060万元，居全省第21位，占公共财政支出比重为1.05%，居全省第52位。万人发明专利申请量2.93件，居全省第32位；万人发明专利授权量0.63件，居全省第14位；万人发明专利拥有量2.85件，居全省第10位。

红花岗区综合科技进步水平指数为91.34%，居全省第6位，与上年相比，监测值提高9.98个百分点，位次上升2位。科技进步环境及基础指数和科技投入指数分别较上年提高8.91个百分点和4.30个百分点，位次分别上升5位和不变；科技进步指数较上年提高16.57个百分点，位次下降2位（表2-16）。

表2-16 红花岗区各级监测指标和位次与上年比较

指标名称	二级指标值		位次	
	2016年	2015年	2016年	2015年
综合科技进步水平指数/%	91.34	81.36	6	8
科技进步环境及基础/%	87.00	78.09	5	10
科技创新服务体系系数	3.70	3.83	7	8
新增科技型企业备案数/个	27	18	40	53
万人大专以上学历人数/人	817.25	635.76	12	20
科技投入/%	91.67	87.37	10	10

续表

指标名称	二级指标值		位次	
	2016年	2015年	2016年	2015年
万人专业技术人员数/人	316.77	307.30	38	33
财政支出中科学技术支出占公共财政支出比重/%	1.05	1.38	52	29
科技进步/%	94.73	78.16	11	9
规模以上工业能耗产出率/（万元/吨标准煤）	0.89	0.89	55	55
万人发明专利申请量/件	2.93	3.68	32	15
万人发明专利授权量/件	0.63	0.72	14	9
万人发明专利拥有量/件	2.85	2.28	10	9
环境污染治理指数/%	100.00	100.00	1	1

2. 汇川区

新增科技型企业备案19个，居全省第54位。财政科技支出4 506万元，居全省第34位，占公共财政支出比重为1.39%，居全省第39位。万人发明专利申请量8.37件，居全省第8位；万人发明专利授权量2.05件，居全省第6位；万人发明专利拥有量6.76件，居全省第7位。

汇川区综合科技进步水平指数为93.99%，居全省第3位，与上年相比，监测值提高13.48个百分点，位次上升8位。3个一级指标中，科技进步环境及基础指数和科技投入指数较上年提高12.28个百分点和12.85个百分点，位次分别上升10位和15位；科技进步指数较上年提升15.15个百分点，位次不变（表2-17）。

表2-17　汇川区各级监测指标和位次与上年比较

指标名称	二级指标值		位次	
	2016年	2015年	2016年	2015年
综合科技进步水平指数/%	93.99	80.51	3	11
科技进步环境及基础/%	88.73	76.45	3	13
科技创新服务体系系数	6.38	6.52	3	3
新增科技型企业备案数/个	19	16	54	55
万人大专以上学历人数/人	1 335.40	961.32	5	11
科技投入/%	96.27	83.42	3	18
万人专业技术人员数/人	570.94	454.16	5	11
财政支出中科学技术支出占公共财政支出比重/%	1.39	0.84	39	62
科技进步/%	96.24	81.09	6	6
规模以上工业能耗产出率/（万元/吨标准煤）	2.43	2.43	24	24
万人发明专利申请量/件	8.37	8.96	8	5
万人发明专利授权量/件	2.05	2.37	6	5
万人发明专利拥有量/件	6.76	6.61	7	7
环境污染治理指数/%	81.18	81.18	46	46

3. 赤水市

新增科技型企业备案33个,居全省第29位。财政科技支出6 598万元,居全省第19位,占公共财政支出比重为2.56%,居全省第10位。万人发明专利申请量4.34件,居全省第20位;万人发明专利授权量0.33件,居全省第25位;万人发明专利拥有量1.02件,居全省第28位。

赤水市综合科技进步水平指数为83.51%,居全省第16位,与上年相比,监测值提高14.20个百分点,位次上升5位。科技进步环境及基础指数、科技进步指数和科技投入指数较上年分别提高9.11个百分点、2.83个百分点和29.96个百分点,位次分别上升6位、不变和上升8位(表2-18)。

表2-18 赤水市各级监测指标和位次与上年比较

指标名称	二级指标值		位次	
	2016年	2015年	2016年	2015年
综合科技进步水平指数/%	83.51	69.31	16	21
科技进步环境及基础/%	74.29	65.18	17	23
科技创新服务体系系数	0.94	0.80	23	28
新增科技型企业备案数/个	33	19	29	51
万人大专以上学历人数/人	790.05	528.62	13	28
科技投入/%	84.54	81.71	29	29
万人专业技术人员数/人	429.66	303.76	12	34
财政支出中科学技术支出占公共财政支出比重/%	2.56	1.87	10	16
科技进步/%	90.40	60.44	20	28
规模以上工业能耗产出率/(万元/吨标准煤)	1.16	1.16	46	46
万人发明专利申请量/件	4.34	2.77	20	21
万人发明专利授权量/件	0.33	0.33	25	17
万人发明专利拥有量/件	1.02	0.66	28	26
环境污染治理指数/%	68.05	68.05	74	74

4. 仁怀市

新增科技型企业备案50个,居全省第14位。财政科技支出7 697万元,居全省第16位,占公共财政支出比重为1.38%,居全省第40位。万人发明专利申请量4.37件,居全省第19位;万人发明专利授权量0.27件,居全省第29位;万人发明专利拥有量0.68件,居全省第33位。

仁怀市综合科技进步水平指数为85.09%,居全省第15位,与上年相比,监测值提高17.01个百分点,位次上升10位。3个一级指标中,科技进步环境及基础指数和科技投入指数较上年分别提高24.54个百分点和21.09个百分点,位次分别上升20位和46位;科技进步指数较上年提高6.46个百分点,位次下降14位(表2-19)。

表2-19　仁怀市各级监测指标和位次与上年比较

指标名称	二级指标值		位次	
	2016年	2015年	2016年	2015年
综合科技进步水平指数 / %	85.09	68.08	15	25
科技进步环境及基础 / %	77.32	52.78	14	34
科技创新服务体系系数	1.07	1.07	19	21
新增科技型企业备案数 / 个	50	4	14	74
万人大专以上学历人数 / 人	490.52	456.61	32	34
科技投入 / %	85.77	64.68	19	65
万人专业技术人员数 / 人	283.77	237.84	54	61
财政支出中科学技术支出占公共财政支出比重 / %	1.38	0.34	40	79
科技进步 / %	91.06	84.60	17	3
规模以上工业能耗产出率 /（万元 / 吨标准煤）	17.79	17.79	1	1
万人发明专利申请量 / 件	4.37	1.37	19	39
万人发明专利授权量 / 件	0.27	0.16	29	32
万人发明专利拥有量 / 件	0.68	0.45	33	33
环境污染治理指数 / %	78.88	78.88	62	62

5. 播州区

新增科技型企业备案24个，居全省第46位。财政科技支出6 275万元，居全省第20位，占公共财政支出比重为1.32%，居全省第42位。万人发明专利申请量2.89件，居全省第34位；万人发明专利授权量0.60件，居全省第15位；万人发明专利拥有量1.22件，居全省第21位。

播州区综合科技进步水平指数为86.32%，居全省第13位，与上年相比，监测值提高19.87个百分点，位次上升14位。3个一级指标中，科技进步环境及基础指数较上年提高2.46个百分点，位次不变；科技投入指数较上年提高41.71个百分点，位次上升65位；科技进步指数较上年提高12.96个百分点，位次下降12位（表2-20）。

表2-20　播州区各级监测指标和位次与上年比较

指标名称	二级指标值		位次	
	2016年	2015年	2016年	2015年
综合科技进步水平指数 / %	86.32	66.45	13	27
科技进步环境及基础 / %	80.36	77.90	11	11
科技创新服务体系系数	1.41	1.14	16	18
新增科技型企业备案数 / 个	24	21	46	40
万人大专以上学历人数 / 人	595.11	349.23	24	59
科技投入 / %	92.33	50.62	8	73
万人专业技术人员数 / 人	392.60	238.21	22	59

续表

指标名称	二级指标值		位次	
	2016年	2015年	2016年	2015年
财政支出中科学技术支出占公共财政支出比重/%	1.32	0.24	42	80
科技进步/%	85.42	72.45	28	16
规模以上工业能耗产出率/(万元/吨标准煤)	0.46	0.46	69	69
万人发明专利申请量/件	2.89	1.50	34	34
万人发明专利授权量/件	0.60	0.26	15	22
万人发明专利拥有量/件	1.22	0.58	21	28
环境污染治理指数/%	97.33	97.33	4	4

6. 桐梓县

新增科技型企业备案27个，居全省第40位。财政科技支出796万元，居全省第84位，占公共财政支出比重为0.24%，居全省第83位。万人发明专利申请量2.73件，居全省第38位；万人发明专利授权量0.17件，居全省第41位；万人发明专利拥有量0.34件，居全省第47位。

桐梓县综合科技进步水平指数为59.47%，居全省第59位，与上年相比，监测值提高21.47个百分点，位次上升20位。3个一级指标中，科技进步环境及基础指数和科技投入指数较上年分别提高26.75个百分点和5.50个百分点，位次分别上升30位和1位；科技进步指数较上年提高32.93个百分点，位次下降1位（表2-21）。

表2-21 桐梓县各级监测指标和位次与上年比较

指标名称	二级指标值		位次	
	2016年	2015年	2016年	2015年
综合科技进步水平指数/%	59.47	38.00	59	79
科技进步环境及基础/%	72.14	45.39	19	49
科技创新服务体系系数	0.89	1.02	25	22
新增科技型企业备案数/个	27	1	40	84
万人大专以上学历人数/人	457.60	272.84	38	82
科技投入/%	35.88	30.38	84	85
万人专业技术人员数/人	254.18	198.33	69	84
财政支出中科学技术支出占公共财政支出比重/%	0.24	0.23	83	81
科技进步/%	72.21	39.28	46	45
规模以上工业能耗产出率/(万元/吨标准煤)	0.13	0.13	88	88
万人发明专利申请量/件	2.73	0.27	38	72
万人发明专利授权量/件	0.17	0.10	41	45
万人发明专利拥有量/件	0.34	0.23	47	46
环境污染治理指数/%	86.46	86.46	31	31

7. 绥阳县

新增科技型企业备案38个，居全省第25位。财政科技支出2 591万元，居全省第59位，占公共财政支出比重为1.00%，居全省第61位。万人发明专利申请量4.49件，居全省第18位；万人发明专利授权量0.99件，居全省第11位；万人发明专利拥有量1.41件，居全省第18位。

绥阳县综合科技进步水平指数为80.08%，居全省第21位，与上年相比，监测值提高15.86个百分点，位次上升9位。科技进步环境及基础指数、科技投入指数和科技进步指数较上年分别提高8.38个百分点、6.96个百分点和31.17个百分点，位次分别上升6位、17位和14位（表2–22）。

表2–22　绥阳县各级监测指标和位次与上年比较

指标名称	二级指标值		位次	
	2016年	2015年	2016年	2015年
综合科技进步水平指数 / %	80.08	64.22	21	30
科技进步环境及基础 / %	58.63	50.25	33	39
科技创新服务体系系数	0.62	0.49	45	49
新增科技型企业备案数 / 个	38	18	25	53
万人大专以上学历人数 / 人	328.90	325.77	72	67
科技投入 / %	83.05	76.09	38	55
万人专业技术人员数 / 人	276.11	227.29	59	72
财政支出中科学技术支出占公共财政支出比重 / %	1.00	0.95	61	58
科技进步 / %	95.49	64.32	8	22
规模以上工业能耗产出率 /（万元/吨标准煤）	2.01	2.01	27	27
万人发明专利申请量 / 件	4.49	4.96	18	11
万人发明专利授权量 / 件	0.99	0.16	11	33
万人发明专利拥有量 / 件	1.41	0.42	18	37
环境污染治理指数 / %	79.63	79.63	55	55

8. 正安县

新增科技型企业备案44个，居全省第20位。财政科技支出3 793万元，居全省第43位，占公共财政支出比重为1.25%，居全省第45位。万人发明专利申请量2.43件，居全省第43位；万人发明专利授权量0.23件，居全省第31位；万人发明专利拥有量0.34件，居全省第48位。

正安县综合科技进步水平指数73.12%，居全省第34位，与上年相比，监测值提高25.12个百分点，位次上升30位。科技进步环境及基础指数、科技投入指数和科技进步指数较上年分别提高21.40个百分点、6.47个百分点和46.96个百分点，位次分别上升24位、16位和21位（表2–23）。

表2-23 正安县各级监测指标和位次与上年比较

指标名称	二级指标值		位次	
	2016年	2015年	2016年	2015年
综合科技进步水平指数 / %	73.12	48.00	34	64
科技进步环境及基础 / %	42.17	20.77	63	87
科技创新服务体系数	0.17	0.31	83	63
新增科技型企业备案数 / 个	44	3	20	75
万人大专以上学历人数 / 人	452.87	347.16	41	61
科技投入 / %	83.62	77.15	34	50
万人专业技术人员数 / 人	293.44	241.74	47	57
财政支出中科学技术支出占公共财政支出比重 / %	1.25	1.01	45	53
科技进步 / %	89.16	42.20	23	44
规模以上工业能耗产出率 / (万元/吨标准煤)	3.94	3.94	17	17
万人发明专利申请量 / 件	2.43	0.80	43	54
万人发明专利授权量 / 件	0.23	0.05	31	59
万人发明专利拥有量 / 件	0.34	0.21	48	50
环境污染治理指数 / %	84.74	84.74	40	40

9. 凤冈县

新增科技型企业备案8个，居全省72位。财政科技支出2 239万元，居全省第66位，占公共财政支出比重为0.94%，居全省第66位。万人发明专利申请量2.56件，居全省第40位；万人发明专利授权量0.48件，居全省第19位；万人发明专利拥有量0.67件，居全省第34位。

凤冈县综合科技进步水平指数为74.89%，居全省第31位，与上年相比，监测值提高28.51个百分点，位次上升35位。科技进步环境及基础指数、科技投入指数和科技进步指数较上年分别提高5.08个百分点、31.74个百分点和45.34个百分点，位次分别上升5位、15位和23位（表2-24）。

表2-24 凤冈县各级监测指标和位次与上年比较

指标名称	二级指标值		位次	
	2016年	2015年	2016年	2015年
综合科技进步水平指数 / %	74.89	46.38	31	66
科技进步环境及基础 / %	50.15	45.07	45	50
科技创新服务体系数	0.85	0.59	27	41
新增科技型企业备案数 / 个	8	12	72	62
万人大专以上学历人数 / 人	403.87	363.90	53	54
科技投入 / %	80.31	48.57	59	74
万人专业技术人员数 / 人	243.98	231.48	75	67
财政支出中科学技术支出占公共财政支出比重 / %	0.94	0.57	66	73

续表

指标名称	二级指标值		位次	
	2016 年	2015 年	2016 年	2015 年
科技进步 / %	90.66	45.32	19	42
规模以上工业能耗产出率 /（万元 / 吨标准煤）	1.53	1.53	36	36
万人发明专利申请量 / 件	2.56	1.86	40	30
万人发明专利授权量 / 件	0.48	0.13	19	38
万人发明专利拥有量 / 件	0.67	0.22	34	47
环境污染治理指数 / %	80.07	80.07	50	50

10. 湄潭县

新增科技型企业备案11个，居全省第67位。财政科技支出2 984万元，居全省第52位，占公共财政支出比重为1.14%，居全省第50位。万人发明专利申请量2.97件，居全省第31位；万人发明专利授权量0.45件，居全省第21位；万人发明专利拥有量1.08件，居全省第26位。

湄潭县综合科技进步水平指数为79.77%，居全省第23位，与上年相比，监测值提高9.28个百分点，位次下降3位。科技进步环境及基础指数较上年减少12.35个百分点，位次下降14位；科技投入指数较上年提高24.16个百分点，位次上升27位；科技进步指数较上年提高12.92个百分点，位次下降6位（表2-25）。

表2-25 湄潭县各级监测指标和位次与上年比较

指标名称	二级指标值		位次	
	2016 年	2015 年	2016 年	2015 年
综合科技进步水平指数 / %	79.77	70.49	23	20
科技进步环境及基础 / %	60.15	72.50	32	18
科技创新服务体系系数	0.97	0.97	21	24
新增科技型企业备案数 / 个	11	56	67	6
万人大专以上学历人数 / 人	426.27	326.57	46	66
科技投入 / %	82.51	58.35	43	70
万人专业技术人员数 / 人	258.59	223.19	67	76
财政支出中科学技术支出占公共财政支出比重 / %	1.14	0.59	50	71
科技进步 / %	93.84	80.92	13	7
规模以上工业能耗产出率 /（万元 / 吨标准煤）	4.91	4.91	14	14
万人发明专利申请量 / 件	2.97	2.30	31	26
万人发明专利授权量 / 件	0.45	0.26	21	23
万人发明专利拥有量 / 件	1.08	0.77	26	22
环境污染治理指数 / %	88.40	88.40	25	25

11. 余庆县

新增科技型企业备案24个，居全省第46位。财政科技支出1 542万元，居全省第75位，占公共财政支出比重为0.86%，居全省第68位。万人发明专利申请量3.73件，居全省第25位；万人发明专利授权量0.17件，居全省第42位；万人发明专利拥有量0.34件，居全省第49位。

余庆县综合科技进步水平指数为62.24%，居全省第55位，与上年相比，监测值提高32.18个百分点，位次上升32位。科技进步环境及基础指数、科技投入指数和科技进步指数较上年分别提高5.90个百分点、50.87个百分点和36.00个百分点，位次分别上升15位、14位和7位（表2-26）。

表2-26　余庆县各级监测指标和位次与上年比较

指标名称	二级指标值		位次	
	2016年	2015年	2016年	2015年
综合科技进步水平指数 / %	62.24	30.06	55	87
科技进步环境及基础 / %	43.85	37.95	55	70
科技创新服务体系系数	0.27	0.27	70	68
新增科技型企业备案数 / 个	24	16	46	55
万人大专以上学历人数 / 人	351.34	364.66	62	52
科技投入 / %	65.64	14.77	73	87
万人专业技术人员数 / 人	298.07	266.85	46	48
财政支出中科学技术支出占公共财政支出比重 / %	0.86	0.14	68	86
科技进步 / %	74.60	38.60	41	48
规模以上工业能耗产出率 / （万元 / 吨标准煤）	10.47	10.47	6	6
万人发明专利申请量 / 件	3.73	1.43	25	38
万人发明专利授权量 / 件	0.17	0.04	42	62
万人发明专利拥有量 / 件	0.34	0.04	49	77
环境污染治理指数 / %	40.00	40.00	85	85

12. 习水县

新增科技型企业备案31个，居全省第34位。万财政科技支出5 689万元，居全省第25位，占公共财政支出比重为1.43%，居全省第38位。万人发明专利申请量1.44件，居全省第53位；万人发明专利授权量0.08件，居全省第56位；万人发明专利拥有量0.27件，居全省第51位。

习水县综合科技进步水平指数为79.47%，居全省第24位，与上年相比，监测值提高15.51个百分点，位次上升7位。科技进步环境及基础指数较上年提高1.59个百分点，位次下降2位；科技投入指数和科技进步指数较上年分别提高7.26个百分点和35.68个百分点，位次分别上升29和9位（表2-27）。

表2-27 习水县各级监测指标和位次与上年比较

指标名称	二级指标值		位次	
	2016年	2015年	2016年	2015年
综合科技进步水平指数 / %	79.47	63.96	24	31
科技进步环境及基础 / %	63.87	62.28	28	26
科技创新服务体系系数	0.74	0.60	38	40
新增科技型企业备案数 / 个	31	25	34	32
万人大专以上学历人数 / 人	314.80	579.81	75	25
科技投入 / %	85.98	78.72	17	46
万人专业技术人员数 / 人	304.57	235.26	43	62
财政支出中科学技术支出占公共财政支出比重 / %	1.43	1.03	38	50
科技进步 / %	86.33	50.65	27	36
规模以上工业能耗产出率 / (万元 / 吨标准煤)	1.69	1.69	35	35
万人发明专利申请量 / 件	1.44	0.54	53	63
万人发明专利授权量 / 件	0.08	0.12	56	41
万人发明专利拥有量 / 件	0.27	0.25	51	44
环境污染治理指数 / %	100.00	100.00	1	1

13. 道真县

新增科技型企业备案26个，居全省第43位。财政科技支出277万元，居全省第88位，占公共财政支出比重为0.13%，居全省第87位。万人发明专利申请量2.19件，居全省第48位；万人发明专利拥有量0.24件，居全省第54位。

道真县综合科技进步水平指数为38.14%，居全省第87位，与上年相比，监测值减少0.86个百分点，位次下降10位。科技进步环境及基础指数较上年提高0.49个百分点，位次下降5位；科技投入指数较上年减少24.16个百分点，位次下降10位；科技进步指数较上年提高21.28个百分点，位次不变（表2-28）。

表2-28 道真县各级监测指标和位次与上年比较

指标名称	二级指标值		位次	
	2016年	2015年	2016年	2015年
综合科技进步水平指数 / %	38.14	39.00	87	77
科技进步环境及基础 / %	50.87	50.38	43	38
科技创新服务体系系数	0.42	0.42	55	53
新增科技型企业备案数 / 个	26	20	43	45
万人大专以上学历人数 / 人	462.02	406.30	35	43
科技投入 / %	18.69	42.85	87	77
万人专业技术人员数 / 人	380.10	310.78	24	31

续表

指标名称	二级指标值		位次	
	2016 年	2015 年	2016 年	2015 年
财政支出中科学技术支出占公共财政支出比重 / %	0.13	0.48	87	74
科技进步 / %	46.68	25.40	74	74
规模以上工业能耗产出率 /（万元 / 吨标准煤）	0.78	0.78	60	60
万人发明专利申请量 / 件	2.19	1.30	48	40
万人发明专利授权量 / 件	0.00	0.04	74	65
万人发明专利拥有量 / 件	0.24	0.28	54	42
环境污染治理指数 / %	39.91	39.91	88	88

14. 务川县

新增科技型企业备案32个，居全省第33位。财政科技支出5 884万元，居全省第23位，占公共财政支出比重为2.23%，居全省第17位。万人发明专利申请量2.76件，居全省第36位；万人发明专利授权量0.06件，居全省第61位；万人发明专利拥有量0.19件，居全省第63位。

务川县综合科技进步水平指数为68.19%，居全省第42位，与上年相比，监测值提高15.98个百分点，位次上升8位。3个一级指标中，科技进步环境及基础指数较上年提高21.36个百分点，位次上升29位；科技投入指数和科技进步指数较上年分别提高1.54个百分点和25.79个百分点，位次分别下降12位和3位（表2-29）。

表2-29　务川县各级监测指标和位次与上年比较

指标名称	二级指标值		位次	
	2016 年	2015 年	2016 年	2015 年
综合科技进步水平指数 / %	68.19	52.21	42	50
科技进步环境及基础 / %	44.66	23.30	54	83
科技创新服务体系系数	0.28	0.28	69	66
新增科技型企业备案数 / 个	32	6	33	71
万人大专以上学历人数 / 人	338.90	304.89	68	73
科技投入 / %	82.44	80.90	45	33
万人专业技术人员数 / 人	284.99	226.39	52	73
财政支出中科学技术支出占公共财政支出比重 / %	2.23	2.23	17	7
科技进步 / %	74.11	48.32	43	40
规模以上工业能耗产出率 /（万元 / 吨标准煤）	3.24	3.24	19	19
万人发明专利申请量 / 件	2.76	2.31	36	25
万人发明专利授权量 / 件	0.06	0.03	61	70
万人发明专利拥有量 / 件	0.19	0.16	63	58
环境污染治理指数 / %	94.55	94.55	10	10

(四)安顺市

1. 西秀区

新增科技型企业备案23个,居全省第49位。财政科技支出2 168万元,居全省第67位,占公共财政支出比重为0.34%,居全省第80位。万人发明专利申请量3.98件,居全省第23位;万人发明专利授权量0.74件,居全省第13位;万人发明专利拥有量3.50件,居全省第9位。

西秀区综合科技进步水平指数为87.35%,居全省第10位,与上年相比,监测值提高9.54个百分点,位次下降4位。科技进步环境及基础指数和科技进步指数较上年分别提高11.10个百分点和19.56个百分点,位次分别上升10位和1位;科技投入指数上年减少1.83个百分点,位次下降20位(表2-30)。

表2-30 西秀区各级监测指标和位次与上年比较

指标名称	二级指标值		位次	
	2016年	2015年	2016年	2015年
综合科技进步水平指数/%	87.35	77.81	10	14
科技进步环境及基础/%	83.55	72.45	9	19
科技创新服务体系系数	2.55	2.95	9	9
新增科技型企业备案数/个	23	13	49	60
万人大专以上学历人数/人	701.05	674.87	17	18
科技投入/%	83.42	85.25	35	15
万人专业技术人员数/人	373.94	350.42	25	21
财政支出中科学技术支出占公共财政支出比重/%	0.34	0.82	80	64
科技进步/%	94.52	74.96	12	13
规模以上工业能耗产出率/(万元/吨标准煤)	1.08	1.08	48	48
万人发明专利申请量/件	3.98	3.67	23	16
万人发明专利授权量/件	0.74	0.75	13	8
万人发明专利拥有量/件	3.50	2.68	9	8
环境污染治理指数/%	81.80	81.80	43	43

2. 平坝区

新增科技型企业备案39个,居全省第23位。财政科技支出4 603万元,居全省第32位,占公共财政支出比重为1.63%,居全省第30位。万人发明专利申请量7.40件,居全省第13位;万人发明专利授权量1.11件,居全省第10位;万人发明专利拥有量2.00件,居全省第14位。

平坝区综合科技进步水平指数为82.00%,居全省第19位,与上年相比,监测值提高7.14个百分点,位次下降4位。科技进步环境及基础指数和科技投入指数较上年分别减少1.56个百分点和0.09个百分点,位次分别下降2位和22位;科技进步指数较上年提高21.83个百分点,位次下降2位(表2-31)。

表2-31　平坝区各级监测指标和位次与上年比较

指标名称	二级指标值		位次	
	2016年	2015年	2016年	2015年
综合科技进步水平指数 / %	82.00	74.86	19	15
科技进步环境及基础 / %	72.91	74.47	18	16
科技创新服务体系系数	0.94	1.21	22	17
新增科技型企业备案数 / 个	39	47	23	10
万人大专以上学历人数 / 人	519.97	448.30	30	35
科技投入 / %	82.20	82.29	48	26
万人专业技术人员数 / 人	279.68	285.38	57	38
财政支出中科学技术支出占公共财政支出比重 / %	1.63	1.64	30	21
科技进步 / %	89.59	67.76	21	19
规模以上工业能耗产出率 / (万元/吨标准煤)	0.67	0.67	63	63
万人发明专利申请量 / 件	7.40	3.31	13	17
万人发明专利授权量 / 件	1.11	0.22	10	27
万人发明专利拥有量 / 件	2.00	1.03	14	16
环境污染治理指数 / %	80.55	80.55	48	48

3.普定县

新增科技型企业备案6个，居全省第76位。财政科技支出1 130万元，居全省第80位，占公共财政支出比重为0.41%，居全省第79位。万人发明专利申请量2.45件，居全省第41位；万人发明专利授权量0.79件，居全省第12位；万人发明专利拥有量1.40件，居全省第19位。

普定县综合科技进步水平指数为53.01%，居全省第71位，与上年相比，监测值提高1.16个百分点，位次下降19位。科技进步环境及基础指数较上年减少20.31个百分点，位次下降39位；科技投入指数和科技进步指数较上年分别提高5.61个百分点和15.11个百分点，位次分别下降2位和13位（表2-32）。

表2-32　普定县各级监测指标和位次与上年比较

指标名称	二级指标值		位次	
	2016年	2015年	2016年	2015年
综合科技进步水平指数 / %	53.01	51.85	71	52
科技进步环境及基础 / %	26.78	47.09	83	44
科技创新服务体系系数	0.34	0.34	61	58
新增科技型企业备案数 / 个	6	51	76	8
万人大专以上学历人数 / 人	347.19	287.80	64	77
科技投入 / %	48.41	42.80	80	78
万人专业技术人员数 / 人	282.17	210.46	55	81

续表

指标名称	二级指标值		位次	
	2016年	2015年	2016年	2015年
财政支出中科学技术支出占公共财政支出比重 / %	0.41	0.44	79	77
科技进步 / %	80.09	64.98	34	21
规模以上工业能耗产出率 / (万元 / 吨标准煤)	0.17	0.17	87	87
万人发明专利申请量 / 件	2.45	1.15	41	41
万人发明专利授权量 / 件	0.79	0.31	12	19
万人发明专利拥有量 / 件	1.40	0.64	19	27
环境污染治理指数 / %	97.72	97.72	3	3

4. 关岭县

新增科技型企业备案14个,居全省第60位。财政科技支出2 832万元,居全省第56位,占公共财政支出比重为1.22%,居全省第47位。万人发明专利申请量1.37件,居全省第55位;万人发明专利授权量0.32件,居全省第27位;万人发明专利拥有量0.25件,居全省第53位。

关岭县综合科技进步水平指数为60.90%,居全省第56位,与上年相比,监测值提高14.94个百分点,位次上升13位。3个一级指标中,科技进步环境及基础指数较上年减少3.44个百分点,位次下降9位;科技投入指数较上年提高6.11个百分点,位次下降1位;科技进步指数较上年提高39.54个百分点,位次上升23位(表2-33)。

表2-33 关岭县各级监测指标和位次与上年比较

指标名称	二级指标值		位次	
	2016年	2015年	2016年	2015年
综合科技进步水平指数 / %	60.90	45.96	56	69
科技进步环境及基础 / %	34.76	38.20	77	68
科技创新服务体系系数	0.28	0.15	68	85
新增科技型企业备案数 / 个	14	21	60	40
万人大专以上学历人数 / 人	250.91	227.47	86	87
科技投入 / %	80.25	74.14	61	60
万人专业技术人员数 / 人	216.65	169.85	80	87
财政支出中科学技术支出占公共财政支出比重 / %	1.22	1.00	47	54
科技进步 / %	63.97	24.43	54	77
规模以上工业能耗产出率 / (万元 / 吨标准煤)	0.49	0.49	68	68
万人发明专利申请量 / 件	1.37	0.81	55	52
万人发明专利授权量 / 件	0.32	0.11	27	44
万人发明专利拥有量 / 件	0.25	0.21	53	48
环境污染治理指数 / %	79.26	79.26	61	61

5. 镇宁县

新增科技型企业备案1个,居全省第87位。财政科技支出2 870万元,居全省第55位,占公共财政支出比重为1.03%,居全省第54位。万人发明专利申请量1.40件,居全省第54位;万人发明专利授权量0.11件,居全省第51位;万人发明专利拥有量1.75件,居全省第15位。

镇宁县综合科技进步水平指数为56.99%,居全省第65位,与上年相比,监测值提高26.32个百分点,位次上升21位。科技进步环境及基础指数较上年减少1.04个百分点,位次下降1位;科技投入指数较上年提高69.13个百分点,位次上升31位;科技进步指数较上年提高6.97个百分点,位次下降24位(表2-34)。

表2-34 镇宁县各级监测指标和位次与上年比较

指标名称	二级指标值		位次	
	2016年	2015年	2016年	2015年
综合科技进步水平指数/%	56.99	30.67	65	86
科技进步环境及基础/%	21.45	22.49	86	85
科技创新服务体系系数	0.42	0.42	54	53
新增科技型企业备案数/个	1	2	87	78
万人大专以上学历人数/人	327.74	279.27	73	79
科技投入/%	80.55	11.42	57	88
万人专业技术人员数/人	228.72	209.18	79	82
财政支出中科学技术支出占公共财政支出比重/%	1.03	0.08	54	88
科技进步/%	63.89	56.92	55	31
规模以上工业能耗产出率/(万元/吨标准煤)	0.35	0.35	73	73
万人发明专利申请量/件	1.40	0.25	54	76
万人发明专利授权量/件	0.11	0.42	51	14
万人发明专利拥有量/件	1.75	1.69	15	12
环境污染治理指数/%	88.91	88.91	22	22

6. 紫云县

新增科技型企业备案2个,居全省第85位。财政科技支出2 249万元,居全省第65位,占公共财政支出比重为0.94%,居全省第65位。万人发明专利申请量1.17件,居全省第57位;万人发明专利授权量0.18件,居全省第39位;万人发明专利拥有量0.18件,居全省第64位。

紫云县综合科技进步水平指数为49.29%,居全省第78位,与上年相比,监测值提高5.09个百分点,位次下降8位。3个一级指标中,科技进步环境及基础指数较上年减少27.24个百分点,位次下降15位;科技投入指数较上年提高3.90个百分点,位次下降12位;科技进步指数较上年提高33.98个百分点,位次上升18位(表2-35)。

表2-35 紫云县各级监测指标和位次与上年比较

指标名称	二级指标值		位次	
	2016年	2015年	2016年	2015年
综合科技进步水平指数 / %	49.29	44.20	78	70
科技进步环境及基础 / %	8.37	35.61	88	73
科技创新服务体系系数	0.07	0.07	88	88
新增科技型企业备案数 / 个	2	24	85	35
万人大专以上学历人数 / 人	259.56	285.53	84	78
科技投入 / %	80.02	76.12	65	53
万人专业技术人员数 / 人	252.29	224.22	71	75
财政支出中科学技术支出占公共财政支出比重 / %	0.94	1.08	65	43
科技进步 / %	53.64	19.66	65	83
规模以上工业能耗产出率 / (万元 / 吨标准煤)	0.21	0.21	84	84
万人发明专利申请量 / 件	1.17	0.26	57	75
万人发明专利授权量 / 件	0.18	0.00	39	74
万人发明专利拥有量 / 件	0.18	0.04	64	79
环境污染治理指数 / %	83.46	83.46	41	41

（五）毕节市

1. 七星关区

新增科技型企业备案3个，居全省第83位。财政科技支出6 041万元，居全省第22位，占公共财政支出比重为0.95%，居全省第64位。万人发明专利申请量0.43件，居全省第73位；万人发明专利授权量0.12件，居全省第48位；万人发明专利拥有量0.47件，居全省第41位。

七星关区综合科技进步水平指数为79.03%，居全省第25位，与上年相比，监测值提高7.32个百分点，位次下降7位。3个一级指标中，科技进步环境及基础指数较上年减少8.61个百分点，位次下降13位；科技投入指数较上年提高7.08个百分点，位次上升9位；科技进步指数较上年提高21.24个百分点，位次下降5位（表2-36）。

表2-36 七星关区各级监测指标和位次与上年比较

指标名称	二级指标值		位次	
	2016年	2015年	2016年	2015年
综合科技进步水平指数 / %	79.03	71.71	25	18
科技进步环境及基础 / %	55.91	64.52	37	24
科技创新服务体系系数	1.84	1.57	10	12
新增科技型企业备案数 / 个	3	9	83	66
万人大专以上学历人数 / 人	424.87	412.19	47	40
科技投入 / %	93.95	86.87	4	13
万人专业技术人员数 / 人	290.58	259.30	48	50

续表

指标名称	二级指标值		位次	
	2016年	2015年	2016年	2015年
财政支出中科学技术支出占公共财政支出比重 / %	0.95	0.94	64	59
科技进步 / %	83.94	62.70	29	24
规模以上工业能耗产出率 /（万元 / 吨标准煤）	1.01	1.01	50	50
万人发明专利申请量 / 件	0.43	0.46	73	64
万人发明专利授权量 / 件	0.12	0.07	48	54
万人发明专利拥有量 / 件	0.47	0.38	41	38
环境污染治理指数 / %	96.21	96.21	7	7

2. 大方县

新增科技型企业备案4个，居全省第79位。财政科技支出790万元，居全省第83位，占公共财政支出比重为0.17%，居全省第85位。万人发明专利申请量0.22件，居全省第82位；万人发明专利授权量0.03件，居全省第71位；万人发明专利拥有量0.13件，居全省第70位。

大方县综合科技进步水平指数为41.59%，居全省第85位，与上年相比，监测值提高11.88个百分点，位次上升3位。3个一级指标中，科技进步环境及基础指数和科技投入指数较上年分别提高3.29个百分点和16.71个百分点，位次分别上升2位和3位；科技进步指数较上年上升14.40个百分点，位次下降16位（表2-37）。

表2-37 大方县各级监测指标和位次与上年比较

指标名称	二级指标值		位次	
	2016年	2015年	2016年	2015年
综合科技进步水平指数 / %	41.59	29.71	85	88
科技进步环境及基础 / %	36.19	32.90	75	77
科技创新服务体系系数	0.62	0.62	44	39
新增科技型企业备案数 / 个	4	2	79	78
万人大专以上学历人数 / 人	269.35	255.25	82	86
科技投入 / %	36.43	19.72	83	86
万人专业技术人员数 / 人	205.11	194.58	85	85
财政支出中科学技术支出占公共财政支出比重 / %	0.17	0.08	85	87
科技进步 / %	51.37	36.97	70	54
规模以上工业能耗产出率 /（万元 / 吨标准煤）	0.35	0.35	74	74
万人发明专利申请量 / 件	0.22	0.36	82	67
万人发明专利授权量 / 件	0.03	0.04	71	67
万人发明专利拥有量 / 件	0.13	0.11	70	67
环境污染治理指数 / %	89.26	89.26	20	20

3. 黔西县

新增科技型企业备案7个，居全省第74位。财政科技支出3 758万元，居全省第44位，占公共财政支出比重为1.00%，居全省第60位。万人发明专利申请量0.21件，居全省第84位；万人发明专利拥有量0.07件，居全省第80位。

黔西县综合科技进步水平指数为52.06%，居全省第73位，与上年相比，监测值提高2.63个百分点，位次下降14位。3个一级指标中，科技进步环境及基础指数和科技投入指数较上年分别提高2.61个百分点和4.38个百分点，位次分别上升1位和10位；科技进步指数较上年减少0.91个百分点，位次下降24位（表2-38）。

表2-38　黔西县各级监测指标和位次与上年比较

指标名称	二级指标值		位次	
	2016年	2015年	2016年	2015年
综合科技进步水平指数 / %	52.06	49.43	73	59
科技进步环境及基础 / %	34.03	31.42	78	79
科技创新服务体系系数	0.47	0.47	51	50
新增科技型企业备案数 / 个	7	2	74	78
万人大专以上学历人数 / 人	255.21	530.74	85	27
科技投入 / %	84.57	80.19	28	38
万人专业技术人员数 / 人	211.03	214.06	84	78
财政支出中科学技术支出占公共财政支出比重 / %	1.00	1.05	60	46
科技进步 / %	35.01	34.10	85	61
规模以上工业能耗产出率 /（万元 / 吨标准煤）	0.21	0.21	83	83
万人发明专利申请量 / 件	0.21	0.23	84	78
万人发明专利授权量 / 件	0.00	0.03	74	71
万人发明专利拥有量 / 件	0.07	0.13	80	61
环境污染治理指数 / %	96.65	96.65	6	6

4. 金沙县

新增科技型企业备案21个，居全省第52位；财政科技支出4 769万元，居全省第30位，占公共财政支出比重为1.02%，居全省第58位。万人发明专利申请量0.26件，居全省第79位；万人发明专利拥有量0.70件，居全省第31位。

金沙县综合科技进步水平指数为69.56%，居全省第39位，与上年相比，监测值下降2.33个百分点，位次下降22位。3个一级指标中，科技进步环境及基础指数和科技进步指数较上年分别减少0.24个百分点和9.73个百分点，位次分别下降1位和44位；科技投入指数较上年提高3.28个百分点，位次上升4位（表2-39）。

表2-39 金沙县各级监测指标和位次与上年比较

指标名称	二级指标值		位次	
	2016年	2015年	2016年	2015年
综合科技进步水平指数 / %	69.56	71.89	39	17
科技进步环境及基础 / %	74.71	74.95	16	15
科技创新服务体系系数	1.21	1.21	17	16
新增科技型企业备案数 / 个	21	20	52	45
万人大专以上学历人数 / 人	310.92	327.95	76	65
科技投入 / %	85.74	82.46	20	24
万人专业技术人员数 / 人	279.07	250.54	58	55
财政支出中科学技术支出占公共财政支出比重 / %	1.02	1.29	58	34
科技进步 / %	48.98	58.71	73	29
规模以上工业能耗产出率 / (万元/吨标准煤)	0.44	0.44	71	71
万人发明专利申请量 / 件	0.26	0.35	79	68
万人发明专利授权量 / 件	0.00	0.25	74	24
万人发明专利拥有量 / 件	0.70	0.72	31	23
环境污染治理指数 / %	90.77	90.77	17	17

5.织金县

新增科技型企业备案15个，居全省第58位。财政科技支出1 677万元，居全省第71位，占公共财政支出比重为0.33%，居全省第81位。万人发明专利申请量0.01件，居全省第88位；万人发明专利授权量0.05件，居全省第67位；万人发明专利拥有量0.13件，居全省第71位。

织金县综合科技进步水平指数为64.21%，居全省第50位，与上年相比，监测值提高18.01个百分点，位次上升17位。3个一级指标中，科技进步环境及基础指数较上年提高3.50个百分点，位次不变；科技投入指数和科技进步指数较上年分别提高19.21个百分点和29.22个百分点，位次分别上升2位和4位（表2-40）。

表2-40 织金县各级监测指标和位次与上年比较

指标名称	二级指标值		位次	
	2016年	2015年	2016年	2015年
综合科技进步水平指数 / %	64.21	46.20	50	67
科技进步环境及基础 / %	61.30	57.80	31	31
科技创新服务体系系数	0.85	0.85	28	26
新增科技型企业备案数 / 个	15	10	58	65
万人大专以上学历人数 / 人	241.41	446.27	87	36
科技投入 / %	65.26	46.05	74	76
万人专业技术人员数 / 人	200.74	228.38	86	71

续表

指标名称	二级指标值		位次	
	2016年	2015年	2016年	2015年
财政支出中科学技术支出占公共财政支出比重 / %	0.33	0.23	81	82
科技进步 / %	65.64	36.42	51	55
规模以上工业能耗产出率 /（万元 / 吨标准煤）	1.32	1.32	44	44
万人发明专利申请量 / 件	0.01	0.28	88	70
万人发明专利授权量 / 件	0.05	0.06	67	57
万人发明专利拥有量 / 件	0.13	0.08	71	73
环境污染治理指数 / %	79.62	79.62	56	56

6. 纳雍县

新增科技型企业备案3个，居全省第83位。财政科技支出4 149万元，居全省第37位，占公共财政支出比重为0.97%，居全省第63位。万人发明专利申请量0.07件，居全省第86位。万人发明专利授权量0.01件，居全省第72位。万人发明专利拥有量0.01件，居全省第87位。

纳雍县综合科技进步水平指数为49.69%，居全省第76位，与上年相比，监测值提高6.91个百分点，位次下降3位。科技进步环境及基础指数和科技投入指数较上年分别提高2.79个百分点和7.17个百分点，位次分别上升5位和19位；科技进步指数较上年提高10.16个百分点，位次不变（表2-41）。

表2-41　纳雍县各级监测指标和位次与上年比较

指标名称	二级指标值		位次	
	2016年	2015年	2016年	2015年
综合科技进步水平指数 / %	49.69	42.78	76	73
科技进步环境及基础 / %	37.72	34.93	71	76
科技创新服务体系系数	0.72	0.72	41	36
新增科技型企业备案数 / 个	3	1	83	84
万人大专以上学历人数 / 人	263.67	276.76	83	80
科技投入 / %	84.11	76.94	32	51
万人专业技术人员数 / 人	216.62	208.09	81	83
财政支出中科学技术支出占公共财政支出比重 / %	0.97	0.78	63	66
科技进步 / %	25.52	15.36	88	88
规模以上工业能耗产出率 /（万元 / 吨标准煤）	0.26	0.26	82	82
万人发明专利申请量 / 件	0.07	0.03	86	88
万人发明专利授权量 / 件	0.01	0.00	72	74
万人发明专利拥有量 / 件	0.01	0.00	87	84
环境污染治理指数 / %	72.10	72.10	72	72

7. 赫章县

新增科技型企业备案2个，居全省第85位。财政科技支出1 938万元，居全省第69位，占公共财政支出比重为0.54%，居全省第77位。万人发明专利申请量0.21件，居全省83位；万人发明专利授权量0.06件，居全省第63位；万人发明专利拥有量0.24件，居全省第56位。

赫章县综合科技进步水平指数为56.81%，居全省第68位，与上年相比，监测值提高21.14个百分点，位次上升14位。3个一级指标中，科技进步环境及基础指数和科技投入指数较上年分别提高1.70个百分点和39.75个百分点，位次分别上升2位和13位；科技进步指数较上年提高19.19个百分点，位次下降3位（表2-42）。

表2-42　赫章县各级监测指标和位次与上年比较

指标名称	二级指标值		位次	
	2016年	2015年	2016年	2015年
综合科技进步水平指数 / %	56.81	35.67	68	82
科技进步环境及基础 / %	36.64	34.94	73	75
科技创新服务体系系数	0.73	0.73	39	35
新增科技型企业备案数 / 个	2	1	85	84
万人大专以上学历人数 / 人	269.68	259.43	81	85
科技投入 / %	75.43	35.68	69	82
万人专业技术人员数 / 人	213.51	211.03	83	80
财政支出中科学技术支出占公共财政支出比重 / %	0.54	0.22	77	84
科技进步 / %	55.48	36.29	61	58
规模以上工业能耗产出率 /（万元 / 吨标准煤）	0.33	0.33	77	77
万人发明专利申请量 / 件	0.21	0.26	83	74
万人发明专利授权量 / 件	0.06	0.05	63	61
万人发明专利拥有量 / 件	0.24	0.20	56	53
环境污染治理指数 / %	79.72	79.72	52	52

8. 威宁县

新增科技型企业备案0个，居全省第88位。财政科技支出1 255万元，居全省第79位，占公共财政支出比重为0.19%，居全省第84位。万人发明专利申请量0.05件，居全省第87位；万人发明专利授权量0.01件，居全省第73位；万人发明专利拥有量0.04件，居全省第85位。

威宁县综合科技进步水平指数为43.72%，居全省第84位，与上年相比，监测值提高5.90个百分点，位次下降4位。3个一级指标中，科技进步环境及基础指数较上年减少10.17个百分点，位次下降28位；科技投入指数较上年提高12.03个百分点，位次上升1位；科技进步指数较上年提高13.54个百分点，位次下降10位（表2-43）。

表2-43 威宁县各级监测指标和位次与上年比较

指标名称	二级指标值		位次	
	2016年	2015年	2016年	2015年
综合科技进步水平指数/%	43.72	37.82	84	80
科技进步环境及基础/%	36.30	46.47	74	46
科技创新服务体系系数	0.75	0.75	35	32
新增科技型企业备案数/个	0	7	88	67
万人大专以上学历人数/人	209.44	199.38	88	88
科技投入/%	54.71	42.68	78	79
万人专业技术人员数/人	192.15	161.52	88	88
财政支出中科学技术支出占公共财政支出比重/%	0.19	0.16	84	85
科技进步/%	39.09	25.55	83	73
规模以上工业能耗产出率/(万元/吨标准煤)	0.52	0.52	67	67
万人发明专利申请量/件	0.05	0.11	87	84
万人发明专利授权量/件	0.01	0.02	73	73
万人发明专利拥有量/件	0.04	0.02	85	82
环境污染治理指数/%	79.48	79.48	59	59

（六）铜仁市

1.碧江区

新增科技型企业备案16个，居全省第57位。财政科技支出4 586万元，居全省第33位，占公共财政支出比重为1.65%，居全省第28位。万人发明专利申请量4.05件，居全省第21位；万人发明专利授权量0.54件，居全省第18位；万人发明专利拥有量1.27件，居全省第20位。

碧江区综合科技进步水平指数为85.68%，居全省第14位，与上年相比，监测值提高19.48个百分点，位次上升15位。科技进步环境及基础指数和科技进步指数较上年分别提高25.62个百分点和30.07个百分点；科技投入指数较上年提高3.63个百分点，位次不变（表2-44）。

表2-44 碧江区各级监测指标和位次与上年比较

指标名称	二级指标值		位次	
	2016年	2015年	2016年	2015年
综合科技进步水平指数/%	85.68	66.20	14	29
科技进步环境及基础/%	71.67	46.05	20	48
科技创新服务体系系数	0.91	0.77	24	31
新增科技型企业备案数/个	16	2	57	78
万人大专以上学历人数/人	1 135.66	1 216.56	6	6
科技投入/%	89.72	86.09	14	14
万人专业技术人员数/人	615.26	606.48	2	5

续表

指标名称	二级指标值		位次	
	2016年	2015年	2016年	2015年
财政支出中科学技术支出占公共财政支出比重 / %	1.65	1.16	28	39
科技进步 / %	93.64	63.57	14	23
规模以上工业能耗产出率 /（万元/吨标准煤）	0.96	0.96	52	52
万人发明专利申请量 / 件	4.05	4.14	21	13
万人发明专利授权量 / 件	0.54	0.13	18	37
万人发明专利拥有量 / 件	1.27	0.67	20	24
环境污染治理指数 / %	84.89	84.89	39	39

2. 万山区

新增科技型企业备案17个，居全省第55位。财政科技支出444万元，居全省第85位，占公共财政支出比重为0.26%，居全省第82位。万人发明利申请量13.05件，居全省第4位；万人发明专利授权量3.09件，居全省第5位；万人发明专利拥有量3.61件，居全省第8位。

万山区综合科技进步水平指数为62.41%，居全省第54位，与上年相比，监测值减少4.67个百分点，位次下降28位。3个一级指标中，科技进步环境及基础指数科技进步指数较上年分别提高15.39个百分点和30.26个百分点，位次分别上升12位和18位；科技投入指数较上年减少56.79个百分点，位次下降42位（表2-45）。

表2-45　万山区各级监测指标和位次与上年比较

指标名称	二级指标值		位次	
	2016年	2015年	2016年	2015年
综合科技进步水平指数 / %	62.41	67.08	54	26
科技进步环境及基础 / %	67.25	51.86	23	35
科技创新服务体系系数	0.97	0.97	20	23
新增科技型企业备案数 / 个	17	7	55	67
万人大专以上学历人数 / 人	471.50	409.73	34	42
科技投入 / %	22.74	79.53	86	44
万人专业技术人员数 / 人	350.90	287.49	29	37
财政支出中科学技术支出占公共财政支出比重 / %	0.26	2.46	82	5
科技进步 / %	97.93	67.67	2	20
规模以上工业能耗产出率 /（万元/吨标准煤）	1.46	1.46	40	40
万人发明专利申请量 / 件	13.05	9.12	4	4
万人发明专利授权量 / 件	3.09	0.61	5	10
万人发明专利拥有量 / 件	3.61	1.13	8	15
环境污染治理指数 / %	89.64	89.64	19	19

3. 江口县

新增科技型企业备案7个，居全省第74位。财政科技支出1 506万元，居全省第76位，占公共财政支出比重为0.74%，居全省第72位。万人发明专利申请量3.27件，居全省第28位；万人发明专利授权量0.23件，居全省第33位；万人发明专利拥有量0.69件，居全省第32位。

江口县综合科技进步水平指数为63.53%，居全省第52位，与上年相比，监测值提高23.75个百分点，位次上升23位。科技进步环境及基础指数、科技投入指数和科技进步指数较上年分别提高7.38个百分点、27.65个百分点和33.88个百分点，位次分别上升13位、8位和8位（表2-46）。

表2-46 江口县各级监测指标和位次与上年比较

指标名称	二级指标值		位次	
	2016年	2015年	2016年	2015年
综合科技进步水平指数/%	63.53	39.78	52	75
科技进步环境及基础/%	42.75	35.37	61	74
科技创新服务体系系数	0.74	0.74	37	34
新增科技型企业备案数/个	7	2	74	78
万人大专以上学历人数/人	388.82	405.87	55	44
科技投入/%	62.47	34.82	76	84
万人专业技术人员数/人	331.19	326.42	34	27
财政支出中科学技术支出占公共财政支出比重/%	0.74	0.45	72	75
科技进步/%	82.39	48.51	31	39
规模以上工业能耗产出率/（万元/吨标准煤）	12.75	12.75	3	3
万人发明专利申请量/件	3.27	0.81	28	53
万人发明专利授权量/件	0.23	0.23	33	26
万人发明专利拥有量/件	0.69	0.58	32	29
环境污染治理指数/%	79.53	79.53	58	58

4. 石阡县

新增科技型企业备案12个，居全省第64位。财政科技支出3 405万元，居全省第50位，占公共财政支出比重为1.05%，居全省第53位。万人发明专利申请量2.32件，居全省第47位；万人发明专利授权量0.10件，居全省第53位；万人发明专利拥有量0.10件，居全省第77位。

石阡县综合科技进步水平指数为59.23%，居全省第60位，与上年相比，监测值提高13.25个百分点，位次上升8位。科技进步环境及基础指数、科技投入指数和科技进步指数较上年分别提高9.26个百分点、4.50个百分点和25.43个百分点，位次分别上升3位、6位和3位（表2-47）。

表2-47 石阡县各级监测指标和位次与上年比较

指标名称	二级指标值		位次	
	2016年	2015年	2016年	2015年
综合科技进步水平指数 / %	59.23	45.98	60	68
科技进步环境及基础 / %	32.00	22.74	81	84
科技创新服务体系系数	0.26	0.26	74	72
新增科技型企业备案数 / 个	12	6	64	71
万人大专以上学历人数 / 人	381.14	355.42	58	57
科技投入 / %	82.56	78.06	42	48
万人专业技术人员数 / 人	298.53	279.48	45	42
财政支出中科学技术支出占公共财政支出比重 / %	1.05	1.10	53	42
科技进步 / %	59.24	33.81	60	63
规模以上工业能耗产出率 /（万元 / 吨标准煤）	9.84	9.84	8	8
万人发明专利申请量 / 件	2.32	0.75	47	57
万人发明专利授权量 / 件	0.10	0.00	53	74
万人发明专利拥有量 / 件	0.10	0.03	77	81
环境污染治理指数 / %	40.00	40.00	85	85

5. 思南县

新增科技型企业备案15个，居全省第58位。财政科技支出4 107万元，居全省第38位，占公共财政支出比重为0.98%，居全省第62位。万人发明专利申请量0.54件，居全省第70位；万人发明专利授权量0.06件，居全省第64位；万人发明专利拥有量0.26件，居全省第52位。

思南县综合科技进步水平指数为66.68%，居全省第45位，与上年相比，监测值提高11.63个百分点，位次下降5位。科技进步环境及基础指数和科技投入指数较上年分别提高11.12个百分点和5.30个百分点，位次分别上升20位和16位。科技进步指数较上年提高18.40个百分点，位次下降13位（表2-48）。

表2-48 思南县各级监测指标和位次与上年比较

指标名称	二级指标值		位次	
	2016年	2015年	2016年	2015年
综合科技进步水平指数 / %	66.68	55.05	45	40
科技进步环境及基础 / %	49.65	38.53	47	67
科技创新服务体系系数	0.56	0.56	47	43
新增科技型企业备案数 / 个	15	7	58	67
万人大专以上学历人数 / 人	336.73	401.34	69	45
科技投入 / %	85.96	80.66	18	34
万人专业技术人员数 / 人	321.70	344.97	37	22

续表

指标名称	二级指标值		位次	
	2016 年	2015 年	2016 年	2015 年
财政支出中科学技术支出占公共财政支出比重 / %	0.98	0.86	62	61
科技进步 / %	61.99	43.59	56	43
规模以上工业能耗产出率 /（万元 / 吨标准煤）	1.92	1.92	29	29
万人发明专利申请量 / 件	0.54	0.64	70	60
万人发明专利授权量 / 件	0.06	0.18	64	29
万人发明专利拥有量 / 件	0.26	0.20	52	52
环境污染治理指数 / %	46.44	46.44	82	82

6. 德江县

新增科技型企业备案数4个，居全省第79位；财政科技支出1 571万元，居全省第74位，占公共财政支出比重为0.43%，居全省第78位。万人发明专利申请量1.18件，居全省第56位；万人发明专利授权量0.03件，居全省第70位；万人发明专利拥有量0.05件，居全省第81位。

德江县综合科技进步水平指数为47.18%，居全省第81位，与上年相比，监测值提高14.78个百分点，位次上升4位。科技进步环境及基础指数和科技进步指数较上年分别提高5.74个百分点和29.83个百分点，位次分别上升3位和13位；科技投入指数较上年提高7.48个百分点，位次下降4位（表2-49）。

表2-49 德江县各级监测指标和位次与上年比较

指标名称	二级指标值		位次	
	2016 年	2015 年	2016 年	2015 年
综合科技进步水平指数 / %	47.18	32.40	81	85
科技进步环境及基础 / %	23.06	17.32	85	88
科技创新服务体系系数	0.32	0.32	63	60
新增科技型企业备案数 / 个	4	0	79	88
万人大专以上学历人数 / 人	387.60	411.99	56	41
科技投入 / %	63.20	55.72	75	71
万人专业技术人员数 / 人	335.53	311.43	32	30
财政支出中科学技术支出占公共财政支出比重 / %	0.43	0.44	78	76
科技进步 / %	51.84	22.01	69	82
规模以上工业能耗产出率 /（万元 / 吨标准煤）	1.86	1.86	31	31
万人发明专利申请量 / 件	1.18	0.13	56	82
万人发明专利授权量 / 件	0.03	0.00	70	74
万人发明专利拥有量 / 件	0.05	0.05	81	76
环境污染治理指数 / %	76.86	76.86	66	66

7. 沿河县

新增科技型企业备案12个,居全省第64位。财政科技支出4 277万元,居全省第36位,占公共财政支出比重为1.07%,居全省第51位。万人发明专利申请量0.55件,居全省第69位;万人发明专利授权量0.20件,居全省第35位;万人发明专利拥有量0.24件,居全省第55位。

沿河县综合科技进步水平指数为67.73%,居全省第43位,与上年相比,监测值提高32.88个百分点,位次上升40位。科技进步环境及基础指数、科技投入指数和科技进步指数较上年分别提高7.98个百分点、48.00个百分点和39.10个百分点,位次分别提高12位、46位和11位(表2-50)。

表2-50 沿河县各级监测指标和位次与上年比较

指标名称	二级指标值		位次	
	2016年	2015年	2016年	2015年
综合科技进步水平指数/%	67.73	34.85	43	83
科技进步环境及基础/%	39.13	31.15	69	81
科技创新服务体系系数	0.43	0.57	52	42
新增科技型企业备案数/个	12	3	64	75
万人大专以上学历人数/人	300.26	315.95	79	68
科技投入/%	83.10	35.10	37	83
万人专业技术人员数/人	247.95	258.94	72	52
财政支出中科学技术支出占公共财政支出比重/%	1.07	0.22	51	83
科技进步/%	76.87	37.77	39	50
规模以上工业能耗产出率/(万元/吨标准煤)	1.89	1.89	30	30
万人发明专利申请量/件	0.55	0.55	69	62
万人发明专利授权量/件	0.20	0.11	35	43
万人发明专利拥有量/件	0.24	0.07	55	74
环境污染治理指数/%	88.31	88.31	27	27

8. 松桃县

新增科技型企业备案13个,居全省第62位。财政科技支出5 419万元,居全省第28位,占公共财政支出比重为1.44%,居全省第36位。万人发明专利申请量1.02件,居全省第61位;万人发明专利授权量0.08件,居全省第55位;万人发明专利拥有量0.14件,居全省第67位。

松桃县综合科技进步水平指数为68.75%,居全省第41位,与上年相比,监测值提高19.21个百分点,位次上升16位。科技进步环境及基础指数、科技投入指数和科技进步指数较上年分别提高17.59个百分点、4.79个百分点和35.03个百分点,位次分别上升30位、16位和8位(表2-51)。

表2-51　松桃县各级监测指标和位次与上年比较

指标名称	二级指标值		位次	
	2016年	2015年	2016年	2015年
综合科技进步水平指数/%	68.75	49.54	41	57
科技进步环境及基础/%	46.00	28.41	52	82
科技创新服务体系系数	0.54	0.54	48	44
新增科技型企业备案数/个	13	1	62	84
万人大专以上学历人数/人	354.66	386.44	61	47
科技投入/%	84.71	79.92	24	40
万人专业技术人员数/人	280.41	268.35	56	47
财政支出中科学技术支出占公共财政支出比重/%	1.44	1.07	36	45
科技进步/%	72.28	37.25	45	53
规模以上工业能耗产出率/(万元/吨标准煤)	1.51	1.51	38	38
万人发明专利申请量/件	1.02	0.86	61	49
万人发明专利授权量/件	0.08	0.04	55	64
万人发明专利拥有量/件	0.14	0.12	67	64
环境污染治理指数/%	82.86	82.86	42	42

9. 玉屏县

新增科技型企业备案35个，居全省第27位。财政科技支出5 523万元，居全省第27位，占公共财政支出比重为2.90%，居全省第6位。万人发明专利申请量13.01件，居全省第5位；万人发明专利授权量0.58件，居全省第17位；万人发明专利拥有量1.57件，居全省第17位。

玉屏县综合科技进步水平指数为71.73%，居全省第38位，与上年相比，监测值提高10.99个百分点，位次下降3位。科技进步环境及基础指数较上年提高5.11个百分点，位次上升5位；科技投入指数和科技进步指数较上年分别提高0.20个百分点和26.84个百分点，位次分别下降24位和1位（表2-52）。

表2-52　玉屏县各级监测指标和位次与上年比较

指标名称	二级指标值		位次	
	2016年	2015年	2016年	2015年
综合科技进步水平指数/%	71.73	60.74	38	35
科技进步环境及基础/%	49.87	44.76	46	51
科技创新服务体系系数	0.41	0.28	57	67
新增科技型企业备案数/个	35	28	27	27
万人大专以上学历人数/人	552.80	591.02	28	23
科技投入/%	81.11	80.91	56	32
万人专业技术人员数/人	380.23	369.24	23	20

续表

指标名称	二级指标值		位次	
	2016年	2015年	2016年	2015年
财政支出中科学技术支出占公共财政支出比重/%	2.90	2.18	6	10
科技进步/%	81.09	54.25	33	32
规模以上工业能耗产出率/(万元/吨标准煤)	0.38	0.38	72	72
万人发明专利申请量/件	13.01	7.98	5	7
万人发明专利授权量/件	0.58	0.33	17	16
万人发明专利拥有量/件	1.57	0.83	17	20
环境污染治理指数/%	75.46	75.46	69	69

10. 印江县

新增科技型企业备案10个，居全省第69位。财政科技支出422万元，居全省第86位，占公共财政支出比重为0.14%，居全省第86位。万人发明专利申请量0.66件，居全省第67位；万人发明专利授权量0.07件，居全省第57位；万人发明专利拥有量0.42件，居全省第43位。

印江县综合科技进步水平指数为40.00%，居全省第86位，与上年相比，监测值较上年减少8.74个百分点，位次下降25位。科技进步环境及基础指数和科技进步指数较上年分别提高3.92个百分点和27.19个百分点，位次均上升4位；科技投入指数较上年减少55.52个百分点，位次下降38位（表2-53）。

表2-53 印江县各级监测指标和位次与上年比较

指标名称	二级指标值		位次	
	2016年	2015年	2016年	2015年
综合科技进步水平指数/%	40.00	48.74	86	61
科技进步环境及基础/%	35.25	31.33	76	80
科技创新服务体系系数	0.42	0.42	56	55
新增科技型企业备案数/个	10	7	69	67
万人大专以上学历人数/人	370.01	432.48	60	38
科技投入/%	22.99	78.51	85	47
万人专业技术人员数/人	340.17	331.85	31	25
财政支出中科学技术支出占公共财政支出比重/%	0.14	1.05	86	47
科技进步/%	61.08	33.89	58	62
规模以上工业能耗产出率/(万元/吨标准煤)	0.80	0.80	59	59
万人发明专利申请量/件	0.66	1.44	67	37
万人发明专利授权量/件	0.07	0.00	57	74
万人发明专利拥有量/件	0.42	0.25	43	45
环境污染治理指数/%	81.76	81.76	44	44

（七）黔西南州

1. 兴义市

新增科技型企业备案数91个，居全省第3位。财政科技支出12 067万元，居全省第6位，占公共财政支出比重为1.73%，居全省第26位。万人发明专利申请量2.38件，居全省第45位；万人发明专利授权量0.30件，居全省第28位；万人发明专利拥有量1.15件，居全省第22位。

兴义市综合科技进步水平指数为86.50%，居全省第12位，与上年相比，监测值提高5.22个百分点，位次下降3位。科技进步环境及基础指数和科技投入指数较上年分别提高3.25个百分点和3.50个百分点，位次分别上升2位和1位；科技进步指数较上年提高8.62个百分点，位次下降17位（表2-54）。

表2-54　兴义市各级监测指标和位次与上年比较

指标名称	二级指标值		位次	
	2016年	2015年	2016年	2015年
综合科技进步水平指数/%	86.50	81.28	12	9
科技进步环境及基础/%	84.12	80.87	6	8
科技创新服务体系系数	1.57	1.83	13	10
新增科技型企业备案数/个	91	96	3	1
万人大专以上学历人数/人	697.94	553.87	18	26
科技投入/%	93.92	90.42	5	6
万人专业技术人员数/人	369.55	310.42	26	32
财政支出中科学技术支出占公共财政支出比重/%	1.73	1.58	26	24
科技进步/%	81.13	72.51	32	15
规模以上工业能耗产出率/（万元/吨标准煤）	0.33	0.33	76	76
万人发明专利申请量/件	2.38	0.96	45	45
万人发明专利授权量/件	0.30	0.30	28	20
万人发明专利拥有量/件	1.15	0.96	22	17
环境污染治理指数/%	97.24	97.24	5	5

2. 兴仁县

新增科技型企业备案数53个，居全省第13位。财政科技支出5 874万元，居全省第24位，占公共财政支出比重为1.44%，居全省第37位。万人发明专利申请量1.08件，居全省第59位；万人发明专利授权量0.10件，居全省第54位；万人发明专利拥有量0.22件，居全省第59位。

兴仁县综合科技进步水平指数为75.74%，居全省第28位，与上年相比，监测值提高7.42个百分点，位次下降5位。科技进步环境及基础指数较上年提高5.27个百分点，位次上升4位；科技投入指数较上年减少9.03个百分点，位次下降35位；科技进步指数较上年提高25.73个百分点，位次下降3位（表2-55）。

表2-55 兴仁县各级监测指标和位次与上年比较

指标名称	二级指标值		位次	
	2016年	2015年	2016年	2015年
综合科技进步水平指数 / %	75.74	68.32	28	23
科技进步环境及基础 / %	65.36	60.09	25	29
科技创新服务体系系数	0.78	0.52	34	47
新增科技型企业备案数 / 个	53	50	13	9
万人大专以上学历人数 / 人	334.46	780.88	70	15
科技投入 / %	83.03	92.06	39	4
万人专业技术人员数 / 人	259.74	784.06	66	3
财政支出中科学技术支出占公共财政支出比重 / %	1.44	1.07	37	44
科技进步 / %	77.35	51.62	37	34
规模以上工业能耗产出率 / （万元 / 吨标准煤）	7.51	7.51	11	11
万人发明专利申请量 / 件	1.08	0.79	59	56
万人发明专利授权量 / 件	0.10	0.07	54	53
万人发明专利拥有量 / 件	0.22	0.14	59	60
环境污染治理指数 / %	95.23	95.23	8	8

3. 普安县

新增科技型企业备案数30个，居全省37位。财政科技支出324万元，居全省第87位，占公共财政支出比重为0.12%，居全省第88位。万人发明专利申请量0.63件，居全省第68位；万人发明专利拥有量0.04件，居全省第84位。

普安县综合科技进步水平指数为30.08%，居全省第88位，与上年相比，监测值减少6.09个百分点，位次下降7位。3个一级指标中，科技进步环境及基础指数和科技投入指数较上年分别减少8.28个百分点和24.50个百分点，位次分别下降7位和8位；科技进步指数较上年提高14.19个百分点，位次不变（表2-56）。

表2-56 普安县各级监测指标和位次与上年比较

指标名称	二级指标值		位次	
	2016年	2015年	2016年	2015年
综合科技进步水平指数 / %	30.08	36.17	88	81
科技进步环境及基础 / %	40.28	48.56	66	43
科技创新服务体系系数	0.17	0.17	84	83
新增科技型企业备案数 / 个	30	25	37	32
万人大专以上学历人数 / 人	378.63	1 304.34	59	5
科技投入 / %	17.97	42.47	88	80
万人专业技术人员数 / 人	284.51	287.83	53	36

续表

指标名称	二级指标值		位次	
	2016 年	2015 年	2016 年	2015 年
财政支出中科学技术支出占公共财政支出比重 / %	0.12	0.43	88	78
科技进步 / %	33.46	19.27	86	86
规模以上工业能耗产出率 /（万元 / 吨标准煤）	2.67	2.67	23	23
万人发明专利申请量 / 件	0.63	0.23	68	77
万人发明专利授权量 / 件	0.00	0.04	74	66
万人发明专利拥有量 / 件	0.04	0.12	84	66
环境污染治理指数 / %	40.00	40.00	85	85

4. 晴隆县

新增科技型企业备案25个，居全省第44位。财政科技支出2 899万元，居全省第54位，占公共财政支出比重为1.15%，居全省第48位。万人发明专利申请量0.69件，居全省第66位；万人发明专利拥有量0.12件，居全省第74位。

晴隆县综合科技进步水平指数为56.85%，居全省第67位，与上年相比，监测值提高13.88个百分点，位次上升5位。3个一级指标中，科技进步环境及基础指数较上年提高21.27个百分点，位次上升28位；科技投入指数和科技进步指数较上年分别提高3.75个百分点和17.69个百分点，位次分别下降10位和5位（表2-57）。

表2-57　晴隆县各级监测指标和位次与上年比较

指标名称	二级指标值		位次	
	2016 年	2015 年	2016 年	2015 年
综合科技进步水平指数 / %	56.85	42.97	67	72
科技进步环境及基础 / %	43.18	21.91	58	86
科技创新服务体系系数	0.27	0.27	71	69
新增科技型企业备案数 / 个	25	6	44	71
万人大专以上学历人数 / 人	292.85	260.65	80	84
科技投入 / %	80.21	76.46	62	52
万人专业技术人员数 / 人	233.78	239.72	78	58
财政支出中科学技术支出占公共财政支出比重 / %	1.15	1.11	48	41
科技进步 / %	45.22	27.53	75	70
规模以上工业能耗产出率 /（万元 / 吨标准煤）	1.35	1.35	41	41
万人发明专利申请量 / 件	0.69	0.16	66	81
万人发明专利授权量 / 件	0.00	0.12	74	39
万人发明专利拥有量 / 件	0.12	0.12	74	65
环境污染治理指数 / %	79.88	79.88	51	51

5. 安龙县

新增科技型企业备案63个，居全省第8位。财政科技支出2 100万元，居全省第68位，占公共财政支出比重为0.60%，居全省第76位。万人发明专利申请量1.07件，居全省第60位；万人发明专利授权量0.06件，居全省第65位；万人发明专利拥有量0.14件，居全省第68位。

安龙县综合科技进步水平指数为58.20%，居全省第64位，与上年相比，监测值提高10.91个百分点，位次上升1位。3个一级指标中，科技进步环境及基础指数和科技投入指数较上年分别提高0.20个百分点和2.33百分点，位次分别下降3位和7位；科技进步指数较上年提高28.68个百分点，位次上升11位（表2-58）。

表2-58 安龙县各级监测指标和位次与上年比较

指标名称	二级指标值		位次	
	2016年	2015年	2016年	2015年
综合科技进步水平指数/%	58.20	47.29	64	65
科技进步环境及基础/%	43.78	43.58	56	53
科技创新服务体系系数	0.26	0.26	72	70
新增科技型企业备案数/个	63	32	8	21
万人大专以上学历人数/人	306.80	289.96	78	75
科技投入/%	75.99	73.66	68	61
万人专业技术人员数/人	247.16	218.37	73	77
财政支出中科学技术支出占公共财政支出比重/%	0.60	0.75	76	67
科技进步/%	52.78	24.10	67	78
规模以上工业能耗产出率/（万元/吨标准煤）	1.05	1.05	49	49
万人发明专利申请量/件	1.07	1.08	60	42
万人发明专利授权量/件	0.06	0.03	65	72
万人发明专利拥有量/件	0.14	0.08	68	71
环境污染治理指数/%	44.74	44.74	83	83

6. 望谟县

新增科技型企业备案9个，居全省第71位。财政科技支出3 330万元，居全省第51位，占公共财政支出比重为1.31%，居全省第43位。万人发明专利申请量0.25件，居全省第80位；万人发明专利拥有量0.04件，居全省第83位。

望谟县综合科技进步水平指数为47.91%，居全省第80位，与上年相比，监测值提高9.29个百分点，位次下降2位。科技进步环境及基础指数较上年减少15.57个百分点，位次下降23位；科技投入指数较上年提高26.15个百分点，位次上升19位；科技进步指数较上年提高13.72个百分点，位次下降2位（表2-59）。

表2-59 望谟县各级监测指标和位次与上年比较

指标名称	二级指标值		位次	
	2016年	2015年	2016年	2015年
综合科技进步水平指数 / %	47.91	38.62	80	78
科技进步环境及基础 / %	26.13	41.70	84	61
科技创新服务体系系数	0.23	0.23	79	78
新增科技型企业备案数 / 个	9	23	71	37
万人大专以上学历人数 / 人	404.90	289.09	52	76
科技投入 / %	81.27	55.12	53	72
万人专业技术人员数 / 人	287.32	237.99	50	60
财政支出中科学技术支出占公共财政支出比重 / %	1.31	0.61	43	70
科技进步 / %	33.21	19.49	87	85
规模以上工业能耗产出率 / (万元 / 吨标准煤)	0.69	0.69	62	62
万人发明专利申请量 / 件	0.25	0.16	80	80
万人发明专利授权量 / 件	0.00	0.00	74	74
万人发明专利拥有量 / 件	0.04	0.04	83	78
环境污染治理指数 / %	81.05	81.05	47	47

7. 贞丰县

新增科技型企业备案60个，居全省第9位。财政科技支出7 884万元，居全省第15位，占公共财政支出比重为2.28%，居全省第16位。万人发明专利申请量1.13件，居全省第58位；万人发明专利授权量0.03件，居全省第86位。

贞丰县综合科技进步水平指数为55.21%，居全省第69位，与上年相比，监测值提高6.60个百分点，位次下降7位。科技进步环境及基础指数较上年减少0.03个百分点，位次下降2位；科技投入指数和科技进步指数较上年分别提高1.96个百分点和16.93个百分点，位次分别下降8位和5位（表2-60）。

表2-60 贞丰县各级监测指标和位次与上年比较

指标名称	二级指标值		位次	
	2016年	2015年	2016年	2015年
综合科技进步水平指数 / %	55.21	48.61	69	62
科技进步环境及基础 / %	39.80	39.83	67	65
科技创新服务体系系数	0.17	0.17	85	84
新增科技型企业备案数 / 个	60	31	9	23
万人大专以上学历人数 / 人	307.94	311.68	77	70
科技投入 / %	81.63	79.67	51	43
万人专业技术人员数 / 人	260.64	258.69	65	53

续表

指标名称	二级指标值		位次	
	2016年	2015年	2016年	2015年
财政支出中科学技术支出占公共财政支出比重 / %	2.28	1.31	16	32
科技进步 / %	42.00	25.07	80	75
规模以上工业能耗产出率 /（万元 / 吨标准煤）	5.68	5.68	13	13
万人发明专利申请量 / 件	1.13	0.20	58	79
万人发明专利授权量 / 件	0.00	0.00	74	74
万人发明专利拥有量 / 件	0.03	0.00	86	84
环境污染治理指数 / %	61.80	61.80	80	80

8. 册亨县

新增科技型企业备案50个，居全省第14位。财政科技支出1 262万元，居全省第78位，占公共财政支出比重为0.70%，居全省第73位。万人发明专利申请量0.32件，居全省第77位；万人发明专利授权量0.05件，居全省第66位；万人发明专利拥有量0.05件，居全省第82位。

册亨县综合科技进步水平指数为44.90%，居全省第83位，与上年相比，监测值提高11.69个百分点，位次上升1位。3个一级指标中，科技进步环境及基础指数、科技投入指数和科技进步指数较上年分别提高0.13个百分点、13.19个百分点和20.12个百分点，位次分别上升1位、2位和3位（表2-61）。

表2-61 册亨县各级监测指标和位次与上年比较

指标名称	二级指标值		位次	
	2016年	2015年	2016年	2015年
综合科技进步水平指数 / %	44.90	33.21	83	84
科技进步环境及基础 / %	37.96	37.83	70	71
科技创新服务体系系数	0.14	0.14	87	87
新增科技型企业备案数 / 个	50	20	14	45
万人大专以上学历人数 / 人	332.76	311.48	71	71
科技投入 / %	53.35	40.16	79	81
万人专业技术人员数 / 人	255.39	234.66	68	65
财政支出中科学技术支出占公共财政支出比重 / %	0.70	0.57	73	72
科技进步 / %	42.41	22.29	78	81
规模以上工业能耗产出率 /（万元 / 吨标准煤）	3.16	3.16	20	20
万人发明专利申请量 / 件	0.32	0.05	77	87
万人发明专利授权量 / 件	0.05	0.00	66	74
万人发明专利拥有量 / 件	0.05	0.00	82	84
环境污染治理指数 / %	78.64	78.64	64	64

（八）黔东南州

1. 凯里市

新增科技型企业备案56个，居全省第11位。财政科技支出14 469万元，居全省第5位，占公共财政支出比重为2.58%，居全省第9位。万人发明专利申请量4.03件，居全省第22位；万人发明专利授权量0.33件，居全省第24位；万人发明专利拥有量1.09件，居全省第25位。

凯里市综合科技进步水平指数为88.48%，居全省第8位，与上年相比，监测值提高6.07个百分点，位次下降2位。科技进步环境及基础指数、科技投入指数和科技进步指数较上年分别提高2.25个百分点、1.65个百分点和13.75个百分点，位次分别下降2位、1位和10位（表2-62）。

表2-62 凯里市各级监测指标和位次与上年比较

指标名称	二级指标值		位次	
	2016年	2015年	2016年	2015年
综合科技进步水平指数 / %	88.48	82.41	8	6
科技进步环境及基础 / %	83.67	81.42	8	6
科技创新服务体系系数	1.67	1.54	12	13
新增科技型企业备案数 / 个	56	60	11	4
万人大专以上学历人数 / 人	935.54	786.86	8	14
科技投入 / %	92.59	90.94	6	5
万人专业技术人员数 / 人	473.30	431.82	8	13
财政支出中科学技术支出占公共财政支出比重 / %	2.58	2.19	9	9
科技进步 / %	88.49	74.74	24	14
规模以上工业能耗产出率 /（万元/吨标准煤）	0.66	0.66	64	64
万人发明专利申请量 / 件	4.03	3.03	22	19
万人发明专利授权量 / 件	0.33	0.32	24	18
万人发明专利拥有量 / 件	1.09	0.89	25	19
环境污染治理指数 / %	94.00	94.00	12	12

2. 黄平县

新增科技型企业备案33个，居全省第29位。财政科技支出2 500万元，居全省第63位，占公共财政支出比重为1.24%，居全省第46位。万人发明专利申请量7.90件，居全省第10位；万人发明专利授权量0.19件，居全省第37位；万人发明专利拥有量1.10件，居全省第24位。

黄平县综合科技进步水平指数为73.40%，居全省第33位，与上年相比，监测值提高18.84个百分点，位次上升8位。科技进步环境及基础指数较上年提高0.80个百分点，位次下降1位；科技投入指数和科技进步指数较上年分别提高21.91个百分点和31.24个百分点，位次分别上升19位和8位（表2-63）。

表2-63　黄平县各级监测指标和位次与上年比较

指标名称	二级指标值		位次	
	2016年	2015年	2016年	2015年
综合科技进步水平指数/%	73.40	54.56	33	41
科技进步环境及基础/%	45.06	44.26	53	52
科技创新服务体系系数	0.29	0.29	67	65
新增科技型企业备案数/个	33	33	29	19
万人大专以上学历人数/人	386.08	298.67	57	74
科技投入/%	81.72	59.81	50	69
万人专业技术人员数/人	289.52	234.74	49	64
财政支出中科学技术支出占公共财政支出比重/%	1.24	0.79	46	65
科技进步/%	89.37	58.13	22	30
规模以上工业能耗产出率/(万元/吨标准煤)	1.48	1.48	39	39
万人发明专利申请量/件	7.90	7.00	10	10
万人发明专利授权量/件	0.19	0.08	37	51
万人发明专利拥有量/件	1.10	0.80	24	21
环境污染治理指数/%	63.07	63.07	77	77

3. 施秉县

新增科技型企业备案44个，居全省第20位。财政科技支出1 009万元，居全省第81位，占公共财政支出比重为0.69%，居全省第74位。万人发明专利申请量9.19件，居全省第6位；万人发明专利拥有量0.76件，居全省第29位。

施秉县综合科技进步水平指数为49.92%，居全省第75位，与上年相比，监测值减少1.92个百分点，位次下降22位。3个一级指标中，科技进步环境及基础指数和科技进步指数较上年分别提高0.58个百分点和24.22个百分点，位次分别下降4位和3位；科技投入指数较上年减少30.22个百分点，位次下降22位（表2-64）。

表2-64　施秉县各级监测指标和位次与上年比较

指标名称	二级指标值		位次	
	2016年	2015年	2016年	2015年
综合科技进步水平指数/%	49.92	51.84	75	53
科技进步环境及基础/%	43.05	42.47	60	56
科技创新服务体系系数	0.24	0.24	76	75
新增科技型企业备案数/个	44	20	20	45
万人大专以上学历人数/人	561.93	471.18	27	31
科技投入/%	45.16	75.38	81	59
万人专业技术人员数/人	275.91	283.87	60	39

续表

指标名称	二级指标值		位次	
	2016 年	2015 年	2016 年	2015 年
财政支出中科学技术支出占公共财政支出比重 / %	0.69	1.47	74	26
科技进步 / %	60.56	36.34	59	56
规模以上工业能耗产出率 /（万元 / 吨标准煤）	0.28	0.28	80	80
万人发明专利申请量 / 件	9.19	2.52	6	22
万人发明专利授权量 / 件	0.00	0.15	74	35
万人发明专利拥有量 / 件	0.76	0.54	29	31
环境污染治理指数 / %	79.56	79.56	57	57

4. 三穗县

新增科技型企业备案22个，居全省第51位。财政科技支出2 364万元，居全省第64位，占公共财政支出比重为1.49%，居全省第35位。万人发明专利申请量2.43件，居全省第42位；万人发明专利授权量0.06件，居全省第59位；万人发明专利拥有量0.13件，居全省第69位。

三穗县综合科技进步水平指数为60.07%，居全省第58位，与上年相比，监测值提高6.38个百分点，位次下降14位。科技进步环境及基础指数较上年提高5.14个百分点，位次上升9位；科技投入指数和科技进步指数较上年分别提高13.50个百分点和0.34个百分点，位次分别下降3位和36位（表2-65）。

表2-65 三穗县各级监测指标和位次与上年比较

指标名称	二级指标值		位次	
	2016 年	2015 年	2016 年	2015 年
综合科技进步水平指数 / %	60.07	53.69	58	44
科技进步环境及基础 / %	47.46	42.32	48	57
科技创新服务体系系数	0.38	0.24	59	74
新增科技型企业备案数 / 个	22	20	51	45
万人大专以上学历人数 / 人	344.37	373.65	65	49
科技投入 / %	79.86	66.36	67	64
万人专业技术人员数 / 人	272.79	280.67	62	40
财政支出中科学技术支出占公共财政支出比重 / %	1.49	1.14	35	40
科技进步 / %	51.10	50.76	71	35
规模以上工业能耗产出率 /（万元 / 吨标准煤）	9.85	9.85	7	7
万人发明专利申请量 / 件	2.43	1.93	42	29
万人发明专利授权量 / 件	0.06	0.06	59	56
万人发明专利拥有量 / 件	0.13	0.45	69	32
环境污染治理指数 / %	71.90	71.90	73	73

5. 镇远县

新增科技型企业备案33个，居全省第29位。财政科技支出4 790万元，居全省第29位，占公共财政支出比重为2.44%，居全省第14位。万人发明专利申请量3.12件，居全省第29位；万人发明专利授权量0.20件，居全省第36位；万人发明专利拥有量0.54件，居全省第38位。

镇远县综合科技进步水平指数为69.00%，居全省第40位，与上年相比，监测值提高13.93个百分点，位次下降1位。3个一级指标中，科技进步环境及基础指数和科技投入指数较上年分别提高0.67个百分点和0.41个百分点，位次分别下降6位和23位；科技进步指数较上年提高38.80个百分点，位次上升18位（表2-66）。

表2-66 镇远县各级监测指标和位次与上年比较

指标名称	二级指标值		位次	
	2016年	2015年	2016年	2015年
综合科技进步水平指数 / %	69.00	55.07	40	39
科技进步环境及基础 / %	54.12	53.45	39	33
科技创新服务体系系数	0.52	0.52	49	46
新增科技型企业备案数 / 个	33	23	29	37
万人大专以上学历人数 / 人	439.30	355.17	43	58
科技投入 / %	80.14	79.73	64	41
万人专业技术人员数 / 人	253.63	234.28	70	66
财政支出中科学技术支出占公共财政支出比重 / %	2.44	1.60	14	23
科技进步 / %	70.61	31.81	48	66
规模以上工业能耗产出率 / (万元/吨标准煤)	0.26	0.26	81	81
万人发明专利申请量 / 件	3.12	1.47	29	36
万人发明专利授权量 / 件	0.20	0.05	36	60
万人发明专利拥有量 / 件	0.54	0.20	38	54
环境污染治理指数 / %	92.16	92.16	14	14

6. 岑巩县

新增科技型企业备案14个，居全省第60位。财政科技支出4 005万元，居全省第41位，占公共财政支出比重为2.34%，居全省第15位。万人发明专利申请量0.12件，居全省第85位；万人发明专利授权量0.06件，居全省第62位；万人发明专利拥有量0.12件，居全省第73位。

岑巩县综合科技进步水平指数为52.98%，居全省第72位，与上年相比，监测值提高3.47个百分点，位次下降14位。科技进步环境及基础指数较上年减少8.31个百分点，位次下降21位；科技投入指数和科技进步指数较上年分别提高1.17个百分点和15.86个百分点，位次分别下降15位和6位（表2-67）。

表2-67 岑巩县各级监测指标和位次与上年比较

指标名称	二级指标值		位次	
	2016年	2015年	2016年	2015年
综合科技进步水平指数 / %	52.98	49.51	72	58
科技进步环境及基础 / %	33.45	41.76	80	59
科技创新服务体系系数	0.23	0.23	78	77
新增科技型企业备案数 / 个	14	21	60	40
万人大专以上学历人数 / 人	461.32	364.20	36	53
科技投入 / %	82.39	81.22	46	31
万人专业技术人员数 / 人	408.60	344.96	19	23
财政支出中科学技术支出占公共财政支出比重 / %	2.34	2.52	15	4
科技进步 / %	40.31	24.45	82	76
规模以上工业能耗产出率 / (万元/吨标准煤)	0.76	0.76	61	61
万人发明专利申请量 / 件	0.12	0.68	85	58
万人发明专利授权量 / 件	0.06	0.06	62	58
万人发明专利拥有量 / 件	0.12	0.06	73	75
环境污染治理指数 / %	86.98	86.98	30	30

7. 天柱县

新增科技型企业备案数8个，居全省第73位。财政科技支出2 534万元，居全省第61位，占公共财政支出比重为1.02%，居全省第59位。万人发明专利申请量0.53件，居全省第71位；万人发明专利授权量0.11件，居全省第49位；万人发明专利拥有量0.38件，居全省第45位。

天柱县综合科技进步水平指数为58.79%，居全省第62位，与上年相比，监测值提高5.23个百分点，位次下降16位。科技进步环境及基础指数较上年减少17.86个百分点，位次下降41位；科技投入指数较上年提高0.15个百分点，位次下降22位；科技进步指数较上年提高30.09个百分点，位次上升11位（表2-68）。

表2-68 天柱县各级监测指标和位次与上年比较

指标名称	二级指标值		位次	
	2016年	2015年	2016年	2015年
综合科技进步水平指数 / %	58.79	53.56	62	46
科技进步环境及基础 / %	30.82	48.68	82	41
科技创新服务体系系数	0.31	0.31	65	62
新增科技型企业备案数 / 个	8	22	73	39
万人大专以上学历人数 / 人	722.85	709.63	16	17
科技投入 / %	80.47	80.32	58	36
万人专业技术人员数 / 人	236.59	504.10	77	8

续表

指标名称	二级指标值		位次	
	2016年	2015年	2016年	2015年
财政支出中科学技术支出占公共财政支出比重 / %	1.02	0.87	59	60
科技进步 / %	61.09	31.00	57	68
规模以上工业能耗产出率 / （万元 / 吨标准煤）	2.88	2.88	22	22
万人发明专利申请量 / 件	0.53	0.38	71	66
万人发明专利授权量 / 件	0.11	0.12	49	42
万人发明专利拥有量 / 件	0.38	0.31	45	41
环境污染治理指数 / %	51.38	51.38	81	81

8. 锦屏县

新增科技型企业备案20个，居全省第53位。财政科技支出1 583万元，居全省第73位，占公共财政支出比重为0.93%，居全省第67位。万人发明专利申请量1.55件，居全省第52位。

锦屏县综合科技进步水平指数为51.97%，居全省第74位，与上年相比，监测值提高10.56个百分点，位次不变。科技进步环境及基础指数较上年提高6.53个百分点，位次上升14位；科技投入指数和科技进步指数较上年分别提高5.13个百分点和19.43个百分点，位次分别下降5位和1位（表2-69）。

表2-69　锦屏县各级监测指标和位次与上年比较

指标名称	二级指标值		位次	
	2016年	2015年	2016年	2015年
综合科技进步水平指数 / %	51.97	41.41	74	74
科技进步环境及基础 / %	46.51	39.98	50	64
科技创新服务体系系数	0.33	0.33	62	59
新增科技型企业备案数 / 个	20	16	53	55
万人大专以上学历人数 / 人	472.20	395.90	33	46
科技投入 / %	66.80	61.67	72	67
万人专业技术人员数 / 人	303.62	301.30	44	35
财政支出中科学技术支出占公共财政支出比重 / %	0.93	0.99	67	57
科技进步 / %	41.80	22.37	81	80
规模以上工业能耗产出率 / （万元 / 吨标准煤）	2.17	2.17	26	26
万人发明专利申请量 / 件	1.55	0.59	52	61
万人发明专利授权量 / 件	0.00	0.00	74	74
万人发明专利拥有量 / 件	0.00	0.00	88	84
环境污染治理指数 / %	78.81	78.81	63	63

9. 剑河县

新增科技型企业备案30个，居全省第37位。财政科技支出4 101万元，居全省第39位，占公共财政支出比重为2.09%，居全省第19位。万人发明专利申请量2.75件，居全省第37位；万人发明专利拥有量0.17件，居全省第66位。

剑河县综合科技进步水平指数为60.19%，居全省第57位，与上年相比，监测值提高9.59个百分点，位次下降2位。科技进步环境及基础指数和科技进步指数较上年分别提高0.60个百分点和16.37个百分点，位次分别下降4位和14位；科技投入指数较上年提高10.54个百分点，位次不变（表2-70）。

表2-70 剑河县各级监测指标和位次与上年比较

指标名称	二级指标值		位次	
	2016年	2015年	2016年	2015年
综合科技进步水平指数 / %	60.19	50.60	57	55
科技进步环境及基础 / %	43.11	42.51	59	55
科技创新服务体系系数	0.25	0.25	75	73
新增科技型企业备案数 / 个	30	31	37	23
万人大专以上学历人数 / 人	442.90	361.89	42	55
科技投入 / %	80.17	69.63	63	63
万人专业技术人员数 / 人	271.07	279.59	63	41
财政支出中科学技术支出占公共财政支出比重 / %	2.09	0.99	19	56
科技进步 / %	54.86	38.49	63	49
规模以上工业能耗产出率 / （万元 / 吨标准煤）	7.43	7.43	12	12
万人发明专利申请量 / 件	2.75	1.00	37	43
万人发明专利授权量 / 件	0.00	0.00	74	74
万人发明专利拥有量 / 件	0.17	0.11	66	68
环境污染治理指数 / %	85.99	85.99	32	32

10. 台江县

新增科技型企业备案24个，居全省第46位。财政科技支出2 627万元，居全省第58位，占公共财政支出比重为1.63%，居全省第31位。万人发明专利申请量2.33件，居全省第46位；万人发明专利申请量0.18件，居全省第40位；万人发明专利拥有量0.72件，居全省第30位。

台江县综合科技进步水平指数为63.95%，居全省第51位，与上年相比，监测值提高13.75个百分点，位次上升5位。3个一级指标中，科技进步环境及基础指数较上年提高0.79个百分点，位次下降2位；科技投入指数和科技进步指数较上年分别提高10.03个百分点和28.58个百分点，位次分别上升10位和5位（表2-71）。

表2-71 台江县各级监测指标和位次与上年比较

指标名称	二级指标值		位次	
	2016年	2015年	2016年	2015年
综合科技进步水平指数/%	63.95	50.20	51	56
科技进步环境及基础/%	42.51	41.72	62	60
科技创新服务体系系数	0.22	0.22	81	80
新增科技型企业备案数/个	24	34	46	18
万人大专以上学历人数/人	641.32	511.25	23	29
科技投入/%	81.38	71.35	52	62
万人专业技术人员数/人	409.21	373.18	17	18
财政支出中科学技术支出占公共财政支出比重/%	1.63	1.41	31	28
科技进步/%	64.90	36.32	52	57
规模以上工业能耗产出率/（万元/吨标准煤）	4.12	4.12	16	16
万人发明专利申请量/件	2.33	1.80	46	31
万人发明专利授权量/件	0.18	0.09	40	46
万人发明专利拥有量/件	0.72	0.45	30	34
环境污染治理指数/%	75.32	75.32	70	70

11. 黎平县

新增科技型企业备案29个，居全省第39位。财政科技支出2 564万元，居全省第60位，占公共财政支出比重为0.84%，居全省第69位。万人发明专利申请量0.72件，居全省第65位；万人发明专利授权量0.10件，居全省第52位；万人发明专利拥有量0.38件，居全省第44位。

黎平县综合科技进步水平指数为66.88%，居全省第44位，与上年相比，监测值提高9.55个百分点，位次下降8位。科技进步环境及基础指数、科技投入指数和科技进步指数较上年分别提高0.79个百分点、3.81个百分点和22.82个百分点，位次分别下降2位、10位和6位（表2-72）。

表2-72 黎平县各级监测指标和位次与上年比较

指标名称	二级指标值		位次	
	2016年	2015年	2016年	2015年
综合科技进步水平指数/%	66.88	57.33	44	36
科技进步环境及基础/%	47.05	46.26	49	47
科技创新服务体系系数	0.31	0.31	64	61
新增科技型企业备案数/个	29	27	39	29
万人大专以上学历人数/人	406.09	339.71	51	63
科技投入/%	79.87	76.06	66	56
万人专业技术人员数/人	246.51	259.19	74	51
财政支出中科学技术支出占公共财政支出比重/%	0.84	0.84	69	63

续表

指标名称	二级指标值		位次	
	2016年	2015年	2016年	2015年
科技进步 / %	70.90	48.08	47	41
规模以上工业能耗产出率 /（万元 / 吨标准煤）	0.81	0.81	58	58
万人发明专利申请量 / 件	0.72	0.64	65	59
万人发明专利授权量 / 件	0.10	0.21	52	28
万人发明专利拥有量 / 件	0.38	0.28	44	43
环境污染治理指数 / %	89.04	89.04	21	21

12. 榕江县

新增科技型企业备案25个，居全省第44位。财政科技支出2 682万元，居全省第57位，占公共财政支出比重为1.03%，居全省第57位。万人发明专利申请量0.83件，居全省第63位；万人发明专利拥有量0.10件，居全省第75位。

榕江县综合科技进步水平指数为56.90%，居全省第66位，与上年相比，监测值提高4.08个百分点，位次下降18位。科技进步环境及基础指数和科技投入指数较上年提高1.00个百分点和6.53个百分点，位次上升1位和13位；科技进步指数较上年分别提高4.26个百分点，位次下降31位（表2-73）。

表2-73 榕江县各级监测指标和位次与上年比较

指标名称	二级指标值		位次	
	2016年	2015年	2016年	2015年
综合科技进步水平指数 / %	56.90	52.82	66	48
科技进步环境及基础 / %	43.18	42.18	57	58
科技创新服务体系系数	0.23	0.23	77	76
新增科技型企业备案数 / 个	25	27	44	29
万人大专以上学历人数 / 人	410.46	305.73	50	72
科技投入 / %	82.48	75.95	44	57
万人专业技术人员数 / 人	306.53	226.37	42	74
财政支出中科学技术支出占公共财政支出比重 / %	1.03	1.04	57	48
科技进步 / %	43.08	38.82	77	46
规模以上工业能耗产出率 /（万元 / 吨标准煤）	8.34	8.34	9	9
万人发明专利申请量 / 件	0.83	0.80	63	55
万人发明专利授权量 / 件	0.00	0.03	74	68
万人发明专利拥有量 / 件	0.10	0.10	75	69
环境污染治理指数 / %	61.98	61.98	78	78

13. 从江县

新增科技型企业备案46个,居全省第17位。财政科技支出4 744万元,居全省第31位,占公共财政支出比重为1.90%,居全省第21位。万人发明专利申请量3.32件,居全省第27位;万人发明专利申请量0.07件,居全省第58位;万人发明专利拥有量0.10件,居全省第76位。

从江县综合科技进步水平指数为64.61%,居全省第49位,与上年相比,监测值提高13.70个百分点,位次上升5位。科技进步环境及基础指数和科技投入指数较上年分别提高0.78个百分点和3.04个百分点,位次分别下降2位和11位;科技进步指数较上年提高35.46个百分点,位次上升15位(表2-74)。

表2-74 从江县各级监测指标和位次与上年比较

指标名称	二级指标值		位次	
	2016年	2015年	2016年	2015年
综合科技进步水平指数 / %	64.61	50.91	49	54
科技进步环境及基础 / %	42.15	41.37	64	62
科技创新服务体系系数	0.22	0.22	80	79
新增科技型企业备案数 / 个	46	20	17	45
万人大专以上学历人数 / 人	348.85	269.27	63	83
科技投入 / %	80.29	77.25	60	49
万人专业技术人员数 / 人	215.13	212.70	82	79
财政支出中科学技术支出占公共财政支出比重 / %	1.90	1.20	21	37
科技进步 / %	68.19	32.73	49	64
规模以上工业能耗产出率 / (万元 / 吨标准煤)	1.35	1.35	42	42
万人发明专利申请量 / 件	3.32	1.48	27	35
万人发明专利授权量 / 件	0.07	0.03	58	69
万人发明专利拥有量 / 件	0.10	0.03	76	80
环境污染治理指数 / %	88.23	88.23	28	28

14. 雷山县

新增科技型企业备案31个,居全省第34位。财政科技支出1 320万元,居全省第77位,占公共财政支出比重为0.80%,居全省第70位。万人发明专利申请量3.06件,居全省第30位;万人发明专利拥有量0.08件,居全省第78位。

雷山县综合科技进步水平指数为49.64%,居全省第77位,与上年相比,监测值提高10.00个百分点,位次下降1位。3个一级指标中,科技进步环境及基础指数较上年减少2.51个百分点,位次下降9位;科技投入指数较上年提高10.59个百分点,位次下降2位;科技进步指数较上年提高20.12个百分点,位次上升3位(表2-75)。

表2-75 雷山县各级监测指标和位次与上年比较

指标名称	二级指标值		位次	
	2016年	2015年	2016年	2015年
综合科技进步水平指数 / %	49.64	39.64	77	76
科技进步环境及基础 / %	46.16	48.67	51	42
科技创新服务体系系数	0.30	0.30	66	64
新增科技型企业备案数 / 个	31	19	34	51
万人大专以上学历人数 / 人	681.39	1 341.20	20	4
科技投入 / %	58.31	47.72	77	75
万人专业技术人员数 / 人	422.85	831.97	14	2
财政支出中科学技术支出占公共财政支出比重 / %	0.80	0.61	70	69
科技进步 / %	43.95	23.83	76	79
规模以上工业能耗产出率 /（万元 / 吨标准煤）	1.81	1.81	33	33
万人发明专利申请量 / 件	3.06	2.14	30	27
万人发明专利授权量 / 件	0.00	0.00	74	74
万人发明专利拥有量 / 件	0.08	0.09	78	70
环境污染治理指数 / %	61.82	61.82	79	79

15. 麻江县

新增科技型企业备案31个，居全省第34位。财政科技支出866万元，居全省第82位，占公共财政支出比重为0.67%，居全省第75位。万人发明专利申请量2.11件，居全省第49位；万人发明专利授权量0.24件，居全省第30位；万人发明专利拥有量0.57件，居全省第37位。

麻江县综合科技进步水平指数为45.51%，居全省第82位，与上年相比，监测值减少8.16个百分点，位次下降37位。科技进步环境及基础指数和科技投入指数较上年分别减少1.53个百分点和42.73个百分点，位次分别下降11位和66位；科技进步指数较上年提高20.71个百分点，位次下降1位（表2-76）。

表2-76 麻江县各级监测指标和位次与上年比较

指标名称	二级指标值		位次	
	2016年	2015年	2016年	2015年
综合科技进步水平指数 / %	45.51	53.67	82	45
科技进步环境及基础 / %	41.98	43.51	65	54
科技创新服务体系系数	0.21	0.21	82	81
新增科技型企业备案数 / 个	31	24	34	35
万人大专以上学历人数 / 人	572.44	821.28	25	13
科技投入 / %	41.58	84.31	82	16
万人专业技术人员数 / 人	345.37	704.91	30	4

续表

指标名称	二级指标值 2016年	二级指标值 2015年	位次 2016年	位次 2015年
财政支出中科学技术支出占公共财政支出比重 / %	0.67	1.79	75	18
科技进步 / %	52.45	31.74	68	67
规模以上工业能耗产出率 /（万元/吨标准煤）	0.28	0.28	79	79
万人发明专利申请量 / 件	2.11	2.78	49	20
万人发明专利授权量 / 件	0.24	0.08	30	48
万人发明专利拥有量 / 件	0.57	0.33	37	40
环境污染治理指数 / %	79.40	79.40	60	60

16. 丹寨县

新增科技型企业备案11个，居全省第67位。财政科技支出1 605万元，居全省第72位，占公共财政支出比重为1.15%，居全省第49位。万人发明专利申请量2.92件，居全省第33位；万人发明专利授权量0.32件，居全省第26位；万人发明专利拥有量1.05件，居全省第27位。

丹寨县综合科技进步水平指数为66.61%，居全省第46位，与上年相比，监测值提高13.85个百分点，位次上升3位。科技进步环境及基础指数较上年减少7.61个百分点，位次下降10位；科技投入指数较上年提高4.51个百分点，位次下降5位；科技进步指数较上年提高41.57个百分点，位次上升22位（表2-77）。

表2-77 丹寨县各级监测指标和位次与上年比较

指标名称	二级指标值 2016年	二级指标值 2015年	位次 2016年	位次 2015年
综合科技进步水平指数 / %	66.61	52.76	46	49
科技进步环境及基础 / %	52.30	59.91	40	30
科技创新服务体系系数	0.81	0.68	30	37
新增科技型企业备案数 / 个	11	36	67	15
万人大专以上学历人数 / 人	521.25	432.49	29	37
科技投入 / %	68.50	63.99	71	66
万人专业技术人员数 / 人	331.06	325.47	35	28
财政支出中科学技术支出占公共财政支出比重 / %	1.15	1.17	49	38
科技进步 / %	76.98	35.41	38	60
规模以上工业能耗产出率 /（万元/吨标准煤）	1.35	1.35	43	43
万人发明专利申请量 / 件	2.92	2.45	33	24
万人发明专利授权量 / 件	0.32	0.16	26	31
万人发明专利拥有量 / 件	1.05	0.57	27	30
环境污染治理指数 / %	66.74	66.74	75	75

（九）黔南州

1. 都匀市

新增科技型企业备案40个，居全省第22位。财政科技支出9 782万元，居全省第8位，占公共财政支出比重为2.55%，居全省第12位。万人发明专利申请量2.86件，居全省第35位；万人发明专利授权量0.59件，居全省第16位；万人发明专利拥有量1.67件，居全省第16位。

都匀市综合科技进步水平指数为88.04%，居全省第9位，与上年相比，监测值提高7.05个百分点，位次较上年上升1位。科技进步环境及基础指数较上年减少4.12个百分点，位次下降9位；科技投入指数较上年提高1.63个百分点，位次下降3位；科技进步指数较上年提高22.06个百分点，位次上升1位（表2-78）。

表2-78 都匀市各级监测指标和位次与上年比较

指标名称	二级指标值		位次	
	2016年	2015年	2016年	2015年
综合科技进步水平指数/%	88.04	80.99	9	10
科技进步环境及基础/%	80.19	84.31	12	3
科技创新服务体系系数	1.78	1.78	11	11
新增科技型企业备案数/个	40	33	22	19
万人大专以上学历人数/人	785.46	1 111.99	15	7
科技投入/%	90.26	88.63	12	9
万人专业技术人员数/人	461.71	415.76	10	14
财政支出中科学技术支出占公共财政支出比重/%	2.55	2.16	12	11
科技进步/%	92.56	70.50	16	17
规模以上工业能耗产出率/（万元/吨标准煤）	1.19	1.19	45	45
万人发明专利申请量/件	2.86	1.56	35	32
万人发明专利授权量/件	0.59	0.37	16	15
万人发明专利拥有量/件	1.67	1.34	16	14
环境污染治理指数/%	79.64	79.64	54	54

2. 福泉市

新增科技型企业备案55个，居全省第12位。财政科技支出9 498万元，居全省第9位，占公共财政支出比重为3.12%，居全省第3位。万人发明专利申请量8.90件，居全省第7位；万人发明专利授权量0.48件，居全省第20位；万人发明专利拥有量2.24件，居全省第12位。

福泉市综合科技进步水平指数为81.53%，居全省第20位，与上年相比，监测值提高2.93个百分点，位次下降7位。3个一级指标中，科技进步环境及基础指数、科技投入指数和科技进步指数较上年分别提高0.45个百分点、1.67个百分点和6.30个百分点，位次分别下降1位、3位和19位（表2-79）。

表2-79 福泉市各级监测指标和位次与上年比较

指标名称	二级指标值		位次	
	2016年	2015年	2016年	2015年
综合科技进步水平指数 / %	81.53	78.60	20	13
科技进步环境及基础 / %	76.41	75.96	15	14
科技创新服务体系系数	1.52	1.52	14	14
新增科技型企业备案数 / 个	55	42	12	14
万人大专以上学历人数 / 人	665.18	620.04	21	21
科技投入 / %	84.76	83.09	23	20
万人专业技术人员数 / 人	394.74	327.89	21	26
财政支出中科学技术支出占公共财政支出比重 / %	3.12	3.06	3	3
科技进步 / %	82.69	76.39	30	11
规模以上工业能耗产出率 / (万元/吨标准煤)	0.29	0.29	78	78
万人发明专利申请量 / 件	8.90	8.01	7	6
万人发明专利授权量 / 件	0.48	0.44	20	13
万人发明专利拥有量 / 件	2.24	1.81	12	11
环境污染治理指数 / %	94.56	94.56	9	9

3. 荔波县

新增科技型企业备案33个，居全省第29位。财政科技支出3 603万元，居全省第47位，占公共财政支出比重为1.89%，居全省第23位。万人发明专利申请量1.64件，居全省第50位；万人发明专利拥有量0.08件，居全省第79位。

荔波县综合科技进步水平指数为59.16%，居全省第61位，与上年相比，监测值提高1.98个百分点，位次下降24位。科技进步环境及基础指数、科技投入指数和科技进步指数较上年分别提高0.34个百分点、0.21个百分点和5.14个百分点，位次分别下降5位、16位和27位（表2-80）。

表2-80 荔波县各级监测指标和位次与上年比较

指标名称	二级指标值		位次	
	2016年	2015年	2016年	2015年
综合科技进步水平指数 / %	59.16	57.18	61	37
科技进步环境及基础 / %	51.31	50.97	41	36
科技创新服务体系系数	0.43	0.43	53	52
新增科技型企业备案数 / 个	33	21	29	40
万人大专以上学历人数 / 人	651.17	599.69	22	22
科技投入 / %	82.63	82.42	41	25
万人专业技术人员数 / 人	464.72	453.35	9	12
财政支出中科学技术支出占公共财政支出比重 / %	1.89	1.60	23	22

续表

指标名称	二级指标值 2016年	二级指标值 2015年	位次 2016年	位次 2015年
科技进步/%	42.40	37.26	79	52
规模以上工业能耗产出率/（万元/吨标准煤）	8.13	8.13	10	10
万人发明专利申请量/件	1.64	0.94	50	47
万人发明专利授权量/件	0.00	0.08	74	49
万人发明专利拥有量/件	0.08	0.08	79	72
环境污染治理指数/%	74.92	74.92	71	71

4. 贵定县

新增科技型企业备案37个，居全省第26位。财政科技支出3 608万元，居全省第46位，占公共财政支出比重为1.64%，居全省第29位。万人发明专利申请量3.84件，居全省第24位；万人发明专利授权量0.12件，居全省第46位；万人发明专利拥有量0.21件，居全省第61位。

贵定县综合科技进步水平指数为72.19%，居全省第36位，与上年相比，监测值提高20.11个百分点，位次上升15位。科技进步环境及基础指数、科技投入指数和科技进步指数较上年分别提高10.25个百分点、6.25个百分点和42.43个百分点，位次分别上升10位、7位和25位（表2-81）。

表2-81 贵定县各级监测指标和位次与上年比较

指标名称	二级指标值 2016年	二级指标值 2015年	位次 2016年	位次 2015年
综合科技进步水平指数/%	72.19	52.08	36	51
科技进步环境及基础/%	56.89	46.64	35	45
科技创新服务体系系数	0.57	0.44	46	51
新增科技型企业备案数/个	37	16	26	55
万人大专以上学历人数/人	455.02	583.21	40	24
科技投入/%	82.36	76.11	47	54
万人专业技术人员数/人	333.07	278.33	33	43
财政支出中科学技术支出占公共财政支出比重/%	1.64	1.00	29	55
科技进步/%	75.12	32.69	40	65
规模以上工业能耗产出率/（万元/吨标准煤）	1.85	1.85	32	32
万人发明专利申请量/件	3.84	0.96	24	46
万人发明专利授权量/件	0.12	0.04	46	63
万人发明专利拥有量/件	0.21	0.21	61	49
环境污染治理指数/%	85.60	85.60	34	34

5. 瓮安县

新增科技型企业备案60个，居全省第9位。财政科技支出8 156万元，居全省第14位，占公共财政支出比重为2.72%，居全省第7位。万人发明专利申请量8.34件，居全省第9位；万人发明专利授权量0.23件，居全省第32位；万人发明专利拥有量0.54件，居全省第39位。

瓮安县综合科技进步水平指数为83.51%，居全省第17位，与上年相比，监测值提高12.58个百分点，位次上升2位。科技进步环境及基础指数、科技投入指数较上年提高1.21个百分点和2.56个百分点，位次均不变；科技进步指数较上年提高32.35个百分点，位次上升12位（表2-82）。

表2-82　瓮安县各级监测指标和位次与上年比较

指标名称	二级指标值		位次	
	2016年	2015年	2016年	2015年
综合科技进步水平指数/%	83.51	70.93	17	19
科技进步环境及基础/%	70.19	68.98	22	22
科技创新服务体系系数	0.84	0.84	29	27
新增科技型企业备案数/个	60	35	9	17
万人大专以上学历人数/人	568.07	466.38	26	33
科技投入/%	85.62	83.06	21	21
万人专业技术人员数/人	358.79	273.48	27	45
财政支出中科学技术支出占公共财政支出比重/%	2.72	2.06	7	13
科技进步/%	92.82	60.47	15	27
规模以上工业能耗产出率/（万元/吨标准煤）	1.09	1.09	47	47
万人发明专利申请量/件	8.34	2.49	9	23
万人发明专利授权量/件	0.23	0.15	32	34
万人发明专利拥有量/件	0.54	0.36	39	39
环境污染治理指数/%	88.82	88.82	24	24

6. 平塘县

新增科技型企业备案39个，居全省第23位。财政科技支出1 778万元，居全省第70位，占公共财政支出比重为0.78%，居全省第71位。万人发明专利申请量0.25件，居全省第81位；万人发明专利拥有量0.12件，居全省第72位。

平塘县综合科技进步水平指数为49.24%，居全省第79位，与上年相比，监测值提高5.64个百分点，位次下降8位。3个一级指标中，科技进步环境及基础指数和科技进步指数较上年分别提高1.09个百分点和18.73个百分点，位次分别上升1位和3位。科技投入指数较上年减少3.55个百分点，位次下降12位（表2-83）。

表2-83 平塘县各级监测指标和位次与上年比较

指标名称	二级指标值		位次	
	2016年	2015年	2016年	2015年
综合科技进步水平指数 / %	49.24	43.60	79	71
科技进步环境及基础 / %	39.27	38.18	68	69
科技创新服务体系系数	0.14	0.14	86	86
新增科技型企业备案数 / 个	39	32	23	21
万人大专以上学历人数 / 人	438.50	311.90	44	69
科技投入 / %	71.84	75.39	70	58
万人专业技术人员数 / 人	307.65	230.21	41	70
财政支出中科学技术支出占公共财政支出比重 / %	0.78	1.03	71	49
科技进步 / %	35.17	16.45	84	87
规模以上工业能耗产出率 /（万元 / 吨标准煤）	2.30	2.30	25	25
万人发明专利申请量 / 件	0.25	0.08	81	86
万人发明专利授权量 / 件	0.00	0.00	74	74
万人发明专利拥有量 / 件	0.12	0.13	72	62
环境污染治理指数 / %	42.36	42.36	84	84

7. 罗甸县

新增科技型企业备案69个，居全省第7位。财政科技支出4 002万元，居全省第42位，占公共财政支出比重为1.84%，居全省第24位。万人发明专利申请量0.85件，居全省第62位；万人发明专利拥有量0.19件，居全省第62位。

罗甸县综合科技进步水平指数为65.57%，居全省第48位，与上年相比，监测值提高11.10个百分点，位次下降6位。科技进步环境及基础指数较上年提高11.22个百分点，位次上升8位；科技投入指数和科技进步指数较上年分别提高1.88个百分点和20.24个百分点；位次分别下降12位和3位（表2-84）。

表2-84 罗甸县各级监测指标和位次与上年比较

指标名称	二级指标值		位次	
	2016年	2015年	2016年	2015年
综合科技进步水平指数 / %	65.57	54.47	48	42
科技进步环境及基础 / %	65.42	54.20	24	32
科技创新服务体系系数	0.79	0.52	32	45
新增科技型企业备案数 / 个	69	31	7	23
万人大专以上学历人数 / 人	427.34	367.01	45	51
科技投入 / %	82.17	80.29	49	37

续表

指标名称	二级指标值		位次	
	2016 年	2015 年	2016 年	2015 年
万人专业技术人员数/人	312.30	231.09	40	69
财政支出中科学技术支出占公共财政支出比重/%	1.84	1.66	24	20
科技进步/%	49.11	28.87	72	69
规模以上工业能耗产出率/（万元/吨标准煤）	1.93	1.93	28	28
万人发明专利申请量/件	0.85	0.27	62	71
万人发明专利授权量/件	0.00	0.08	74	50
万人发明专利拥有量/件	0.19	0.19	62	55
环境污染治理指数/%	76.28	76.28	67	67

8. 长顺县

新增科技型企业备案27个，居全省第40位。财政科技支出3 565万元，居全省第48位，占公共财政支出比重为2.00%，居全省第20位。万人发明专利申请量6.77件，居全省第14位。

长顺县综合科技进步水平指数为72.49%，居全省第35位，与上年相比，监测值提高19.45个百分点，位次上升12位。科技进步环境及基础指数和科技进步指数较上年分别提高21.71个百分点和35.54个百分点，位次分别上升33位和7位；科技投入指数较上年提高1.42个百分点，位次下降13位（表2-85）。

表2-85 长顺县各级监测指标和位次与上年比较

指标名称	二级指标值		位次	
	2016 年	2015 年	2016 年	2015 年
综合科技进步水平指数/%	72.49	53.04	35	47
科技进步环境及基础/%	61.93	40.22	30	63
科技创新服务体系系数	0.72	0.19	40	82
新增科技型企业备案数/个	27	58	40	5
万人大专以上学历人数/人	416.69	368.17	49	50
科技投入/%	81.11	79.69	55	42
万人专业技术人员数/人	315.52	266.29	39	49
财政支出中科学技术支出占公共财政支出比重/%	2.00	1.45	20	27
科技进步/%	72.92	37.38	44	51
规模以上工业能耗产出率/（万元/吨标准煤）	3.81	3.81	18	18
万人发明专利申请量/件	6.77	3.16	14	18
万人发明专利授权量/件	0.16	0.00	43	74
万人发明专利拥有量/件	0.21	0.00	60	84
环境污染治理指数/%	77.13	77.13	65	65

9. 龙里县

新增科技型企业备案45个，居全省第18位。财政科技支出2 943万元，居全省第53位，占公共财政支出比重为1.28%，居全省第44位。万人发明专利申请量25.95件，居全省第2位；万人发明专利授权量1.43件，居全省第9位；万人发明专利拥有量2.74件，居全省第11位。

龙里县综合科技进步水平指数为82.75%，居全省第18位，与上年相比，监测值提高3.79个百分点，位次下降6位。科技进步环境及基础指数较上年减少15.57个百分点，位次下降20位；科技投入指数和科技进步指数较上年分别提高2.75个百分点和21.43个百分点，位次分别上升1位和7位（表2-86）。

表2-86 龙里县各级监测指标和位次与上年比较

指标名称	二级指标值		位次	
	2016年	2015年	2016年	2015年
综合科技进步水平指数 / %	82.75	78.96	18	12
科技进步环境及基础 / %	63.81	79.38	29	9
科技创新服务体系数	0.69	0.96	42	25
新增科技型企业备案数 / 个	45	53	18	7
万人大专以上学历人数 / 人	880.46	1 586.21	10	2
科技投入 / %	84.64	81.89	27	28
万人专业技术人员数 / 人	577.54	586.85	3	6
财政支出中科学技术支出占公共财政支出比重 / %	1.28	1.22	44	36
科技进步 / %	97.09	75.66	5	12
规模以上工业能耗产出率 / (万元 / 吨标准煤)	1.52	1.52	37	37
万人发明专利申请量 / 件	25.95	17.27	2	2
万人发明专利授权量 / 件	1.43	0.56	9	12
万人发明专利拥有量 / 件	2.74	1.62	11	13
环境污染治理指数 / %	85.47	85.47	35	35

10. 惠水县

新增科技型企业备案17个，居全省第55位。财政科技支出5 613万元，居全省第26位，占公共财政支出比重为2.11%，居全省第18位。万人发明专利申请量2.39件，居全省第44位；万人发明专利授权量0.03件，居全省第69位；万人发明专利拥有量0.42件，居全省第42位。

惠水县综合科技进步水平指数为76.75%，居全省第27位，与上年相比，监测值提高8.62个百分点，位次下降3位。3个一级指标中，科技进步环境及基础指数较上年减少3.21个百分点，位次下降4位；科技投入指数和科技进步指数较上年提高1.94个百分点和25.45个百分点，位次分别下降6位和4位（表2-87）。

表2-87　惠水县各级监测指标和位次与上年比较

指标名称	二级指标值		位次	
	2016年	2015年	2016年	2015年
综合科技进步水平指数/%	76.75	68.13	27	24
科技进步环境及基础/%	70.88	74.09	21	17
科技创新服务体系系数	1.12	1.12	18	20
新增科技型企业备案数/个	17	46	55	12
万人大专以上学历人数/人	495.33	377.39	31	48
科技投入/%	84.07	82.13	33	27
万人专业技术人员数/人	326.62	257.00	36	54
财政支出中科学技术支出占公共财政支出比重/%	2.11	2.02	18	14
科技进步/%	74.47	49.02	42	38
规模以上工业能耗产出率/（万元/吨标准煤）	0.92	0.92	53	53
万人发明专利申请量/件	2.39	0.82	44	51
万人发明专利授权量/件	0.03	0.17	69	30
万人发明专利拥有量/件	0.42	0.42	42	36
环境污染治理指数/%	85.46	85.46	36	36

11. 独山县

新增科技型企业备案85个，居全省第6位。财政科技支出6 805万元，居全省第18位，占公共财政支出比重为2.97%，居全省第5位。万人发明专利申请量5.50件，居全省第16位；万人发明专利授权量0.18件，居全省第38位；万人发明专利拥有量0.37件，居全省第46位。

独山县综合科技进步水平指数为74.92%，居全省第30位，与上年相比，监测值提高25.49个百分点，位次上升30位。3个一级指标中，科技进步环境及基础指数和科技进步指数较上年分别提高11.54个百分点和60.18个百分点，位次分别上升22位和45位。科技投入指数较上年提高2.78个百分点，位次下降1位（表2-88）。

表2-88　独山县各级监测指标和位次与上年比较

指标名称	二级指标值		位次	
	2016年	2015年	2016年	2015年
综合科技进步水平指数/%	74.92	49.43	30	60
科技进步环境及基础/%	50.41	38.87	44	66
科技创新服务体系系数	0.40	0.40	58	56
新增科技型企业备案数/个	85	13	6	60
万人大专以上学历人数/人	460.24	348.23	37	60
科技投入/%	83.30	80.52	36	35
万人专业技术人员数/人	352.38	235.06	28	63

续表

指标名称	二级指标值		位次	
	2016年	2015年	2016年	2015年
财政支出中科学技术支出占公共财政支出比重 / %	2.97	1.78	5	19
科技进步 / %	87.56	27.38	26	71
规模以上工业能耗产出率 /（万元/吨标准煤）	0.82	0.82	57	57
万人发明专利申请量 / 件	5.50	0.26	16	73
万人发明专利授权量 / 件	0.18	0.07	38	52
万人发明专利拥有量 / 件	0.37	0.15	46	59
环境污染治理指数 / %	85.00	85.00	38	38

12. 三都县

新增科技型企业备案4个，居全省第79位。财政科技支出3 532万元，居全省第49位，占公共财政支出比重为1.50%，居全省第34位。万人发明专利申请量0.41件，居全省第75位；万人发明专利授权量0.11件，居全省第50位；万人发明专利拥有量0.33件，居全省第50位。

三都县综合科技进步水平指数为54.62%，居全省第70位，与上年相比，监测值提高6.33个百分点，位次下降7位。3个一级指标中，科技进步环境及基础指数较上年减少11.75个百分点，位次下降9位；科技投入指数较上年提高1.03个百分点，位次下降8位；科技进步指数较上年提高27.12个百分点，位次上升8位（表2-89）。

表2-89 三都县各级监测指标和位次与上年比较

指标名称	二级指标值		位次	
	2016年	2015年	2016年	2015年
综合科技进步水平指数 / %	54.62	48.29	70	63
科技进步环境及基础 / %	20.51	32.26	87	78
科技创新服务体系系数	0.26	0.26	73	71
新增科技型企业备案数 / 个	4	12	79	62
万人大专以上学历人数 / 人	456.09	429.98	39	39
科技投入 / %	84.69	83.66	25	17
万人专业技术人员数 / 人	413.19	370.18	15	19
财政支出中科学技术支出占公共财政支出比重 / %	1.50	1.50	34	25
科技进步 / %	53.79	26.67	64	72
规模以上工业能耗产出率 /（万元/吨标准煤）	0.61	0.61	65	65
万人发明专利申请量 / 件	0.41	0.11	75	83
万人发明专利授权量 / 件	0.11	0.15	50	36
万人发明专利拥有量 / 件	0.33	0.19	50	56
环境污染治理指数 / %	66.60	66.60	76	76

三、分类评价

（一）城区方阵

18个城区方阵综合科技进步水平指数平均水平为87.01%，较上年平均水平（79.32%）提高7.69个百分点，高于全省平均水平19.34个百分点。参照2015年综合科技进步水平指数排序，有2个县（市、区、特区）位次与上年相同，汇川区位次上升较快，由上年的第11位上升至第3位；乌当区位次下降较快，由上年的第4位下降至第11位（表2-90）。

表2-90　18个城区方阵综合科技进步水平指数排位

县（市、区、特区）	2016年		2015年		增降幅	
	指数	位次	指数	位次	指数	位次
云岩区	99.52	1	92.43	1	7.09	0
南明区	98.33	2	87.74	3	10.59	1
汇川区	93.99	3	80.51	11	13.48	8
观山湖区	91.53	4	84.65	5	6.88	1
花溪区	91.49	5	89.75	2	1.74	-3
红花岗区	91.34	6	81.36	8	9.98	2
白云区	88.50	7	81.83	7	6.67	0
凯里市	88.48	8	82.41	6	6.07	-2
都匀市	88.04	9	80.99	10	7.05	1
西秀区	87.35	10	77.81	12	9.53	2
乌当区	86.98	11	86.77	4	0.21	-7
兴义市	86.50	12	81.28	9	5.22	-3
播州区	86.32	13	66.45	17	19.87	4
碧江区	85.68	14	66.20	18	19.48	4
平坝区	82.00	15	74.86	13	7.14	-2
七星关区	79.03	16	71.71	15	7.33	-1
钟山区	78.65	17	73.96	14	4.70	-3
万山区	62.41	18	67.08	16	-4.67	-2

（二）县域第一方阵

22个县域第一方阵综合科技进步水平指数平均水平为71.81%，较上年平均水平（61.81%）提高10.00个百分点，高于全省平均水平4.14个百分点。参照2015年综合科技进步水平指数排序，位次上升5位及以上的县（市、区、特区）有2个，位次下降5位及以上的县（市、区、特区）有2个（表2-91）。

表 2-91　22个县域第一方阵综合科技进步水平指数排位

县（市、区、特区）	2016年		2015年		增降幅	
	指数	位次	指数	位次	指数	位次
仁怀市	85.09	1	68.08	9	17.01	8
赤水市	83.51	2	69.31	6	14.21	4
瓮安县	83.51	3	70.93	4	12.58	1
龙里县	82.75	4	78.96	1	3.79	-3
福泉市	81.53	5	78.60	2	2.93	-3
绥阳县	80.08	6	64.22	11	15.86	5
开阳县	80.07	7	66.34	10	13.73	3
湄潭县	79.77	8	70.49	5	9.27	-3
习水县	79.47	9	63.96	12	15.51	3
兴仁县	75.74	10	68.32	8	7.43	-2
息烽县	75.50	11	61.59	14	13.91	3
修文县	74.64	12	62.06	13	12.59	1
盘县	72.15	13	68.84	7	3.31	-6
玉屏县	71.73	14	60.74	16	11.00	2
金沙县	69.56	15	71.89	3	-2.33	-12
清镇市	65.70	16	61.58	15	4.12	-1
织金县	64.21	17	46.20	20	18.00	3
水城县	63.25	18	53.76	18	9.49	0
桐梓县	59.47	19	38.00	21	21.48	2
六枝特区	58.46	20	56.74	17	1.72	-3
黔西县	52.06	21	49.43	19	2.63	-2
大方县	41.59	22	29.71	22	11.88	0

（三）县域第二方阵

23个县域第二方阵综合科技进步水平指数平均水平为60.39%，较上年平均水平（48.89%）提高11.50个百分点，低于全省平均水平7.28个百分点。参照2015年综合科技进步水平指数排序，位次上升10位及以上的县（市、区、特区）有4个，位次下降10位及以上的县（市、区、特区）有1个（表2-92）。

表2-92　23个县域第二方阵综合科技进步水平指数排位

县（市、区、特区）	2016年		2015年		增降幅	
	指数	位次	指数	位次	指数	位次
惠水县	76.75	1	68.13	1	8.62	0
独山县	74.92	2	49.43	14	25.49	12
凤冈县	74.89	3	46.38	18	28.50	15
正安县	73.12	4	48.00	16	25.12	12
贵定县	72.19	5	52.08	10	20.11	5
镇远县	69.00	6	55.07	3	13.92	-3
松桃县	68.75	7	49.54	12	19.21	5
务川县	68.19	8	52.21	9	15.98	1
黎平县	66.88	9	57.33	2	9.55	-7
思南县	66.68	10	55.05	4	11.63	-6
丹寨县	66.61	11	52.76	8	13.85	-3
余庆县	62.24	12	30.06	23	32.17	11
三穗县	60.07	13	53.69	5	6.39	-8
天柱县	58.79	14	53.56	7	5.23	-7
安龙县	58.20	15	47.29	17	10.91	2
贞丰县	55.21	16	48.61	15	6.60	-1
普定县	53.01	17	51.85	11	1.16	-6
岑巩县	52.98	18	49.51	13	3.47	-5
纳雍县	49.69	19	42.78	19	6.91	0
德江县	47.18	20	32.40	22	14.78	2
麻江县	45.51	21	53.67	6	-8.17	-15
道真县	38.14	22	39.00	20	-0.86	-2
普安县	30.08	23	36.17	21	-6.09	-2

（四）第三方阵（甲类）

15个第三方阵甲类县综合科技进步水平指数平均水平为58.17%，较上年平均水平（46.26%）提高11.91个百分点，与全省平均水平相差9.50个百分点。综合科技进步水平指数高于45%有13个，较上年增加4个，其中综合科技进步水平指数高于50%有11个。参照2015年综合科技进步水平指数排序，位次上升5位及以上的县（市、区、特区）有2个；位次下降5位及以上的县（市、区、特区）有3个（表2-93）。

表2-93 15个第三方阵甲类县综合科技进步水平指数排位

县（市、区、特区）	2016年		2015年		增降幅	
	指数	位次	指数	位次	指数	位次
黄平县	73.40	1	54.56	1	18.84	0
长顺县	72.49	2	53.04	3	19.45	1
沿河县	67.73	3	34.85	14	32.88	11
罗甸县	65.57	4	54.47	2	11.11	-2
从江县	64.61	5	50.91	6	13.70	1
台江县	63.95	6	50.20	7	13.75	1
石阡县	59.23	7	45.98	9	13.25	2
镇宁县	56.99	8	30.67	15	26.32	7
榕江县	56.90	9	52.82	4	4.08	-5
晴隆县	56.85	10	42.97	11	13.89	1
锦屏县	51.97	11	41.41	12	10.56	1
施秉县	49.92	12	51.84	5	-1.92	-7
平塘县	49.24	13	43.60	10	5.64	-3
威宁县	43.72	14	37.82	13	5.90	-1
印江县	40.00	15	48.74	8	-8.74	-7

（五）第三方阵（乙类）

10个第三方阵乙类县综合科技进步水平指数平均水平为54.70%，较上年平均水平（43.32%）提高11.38个百分点，与全省平均水平相差12.97个百分点。综合科技进步水平指数高于45%有9个，较上年增加5个，其中综合科技进步水平指数高于50%有6个。参照2015年综合科技进步水平指数排序，位次上升5位及以上的县（市、区、特区）有1个（表2-94）。

表2-94 10个第三方阵乙类县综合科技进步水平指数排位

县（市、区、特区）	2016年		2015年		增降幅	
	指数	位次	指数	位次	指数	位次
江口县	63.53	1	39.78	6	23.75	5
关岭县	60.90	2	45.96	4	14.95	2
剑河县	60.19	3	50.60	2	9.60	-1
荔波县	59.16	4	57.18	1	1.98	-3
赫章县	56.81	5	35.67	9	21.14	4
三都县	54.62	6	48.29	3	6.33	-3
雷山县	49.64	7	39.64	7	10.00	0
紫云县	49.29	8	44.20	5	5.09	-3
望谟县	47.91	9	38.62	8	9.28	-1
册亨县	44.90	10	33.21	10	11.69	0

第三部分　高等院校科技创新水平评价

根据全省高校综合科技创新水平指数，全省18所高等院校分为3类。

第1类：综合科技创新水平指数高于45.00%的高等院校有3所；

第2类：综合科技创新水平指数低于45.00%，但高于平均水平（30.28%）的高等院校有3所；

第3类：综合科技创新水平指数低于平均水平的高等院校有12所（图3-1）。

2016年与2015年监测结果相比，高等院校综合科技创新水平指数平均水平提高2.47个百分点，贵州理工学院、贵阳中医学院、黔南民族师范学院等8所高校高于这一增幅（图3-2）。

参照2015年高等院校综合科技创新水平指数排序，贵州理工学院较上年上升4位，遵义师范学院、六盘水师范学院、贵州财经大学和铜仁学院较上年分别上升1位；贵州师范学院较上年下降1位、贵州民族大学和贵阳学院较上年分别下降2位，凯里学院较上年下降3位；其余高等院校位次均不变。

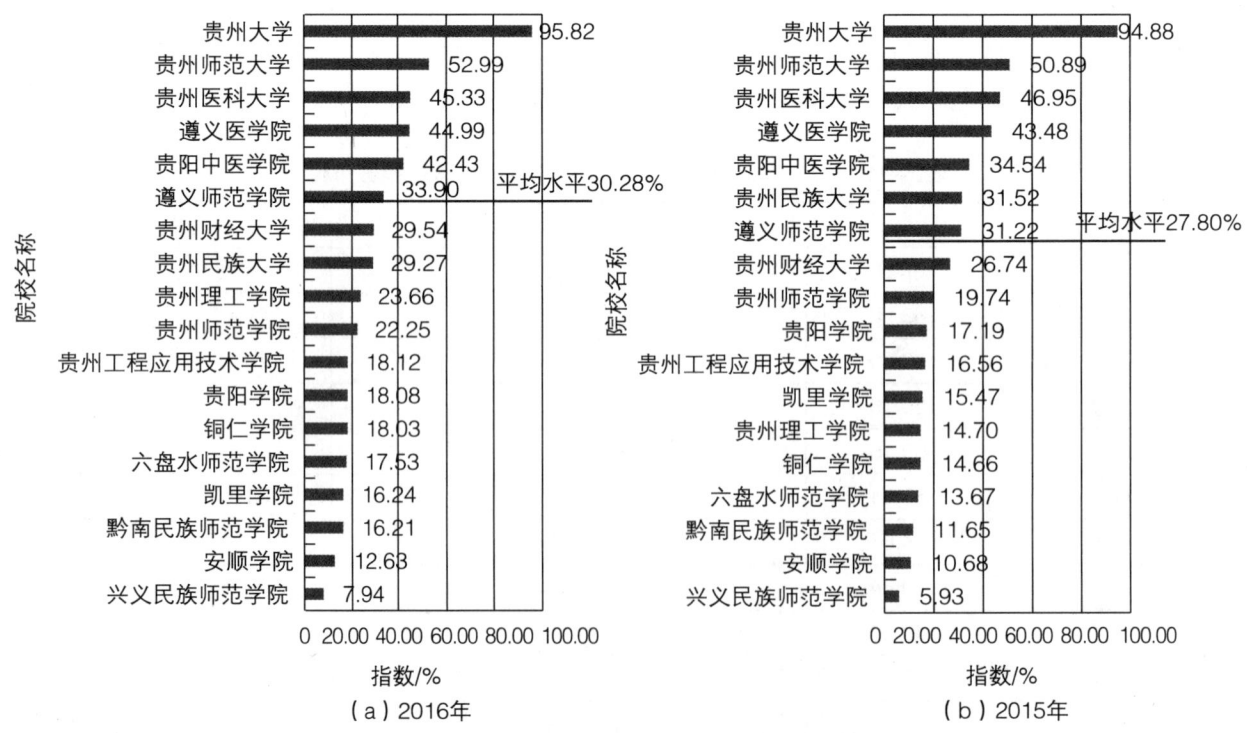

图3-1　高等院校综合科技创新水平指数排序

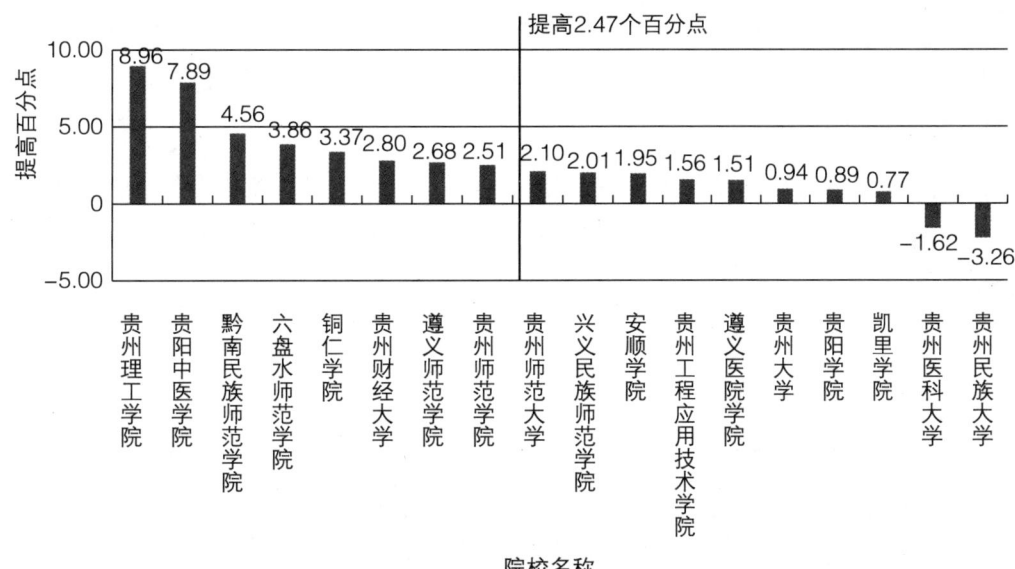

图3-2 高等院校综合科技创新水平指数提高百分点排序

一、高等院校科技创新一级指标评价

（一）科技创新环境和基础

科技创新环境和基础指数高于50%的高等院校有2所，占全部高等院校的11.11%；低于50.00%，但高于平均水平（30.18%）的高等院校有5所，占全部高等院校的27.78%；低于平均水平的高等院校有11所，占全部高等院校的61.11%（图3-3）。

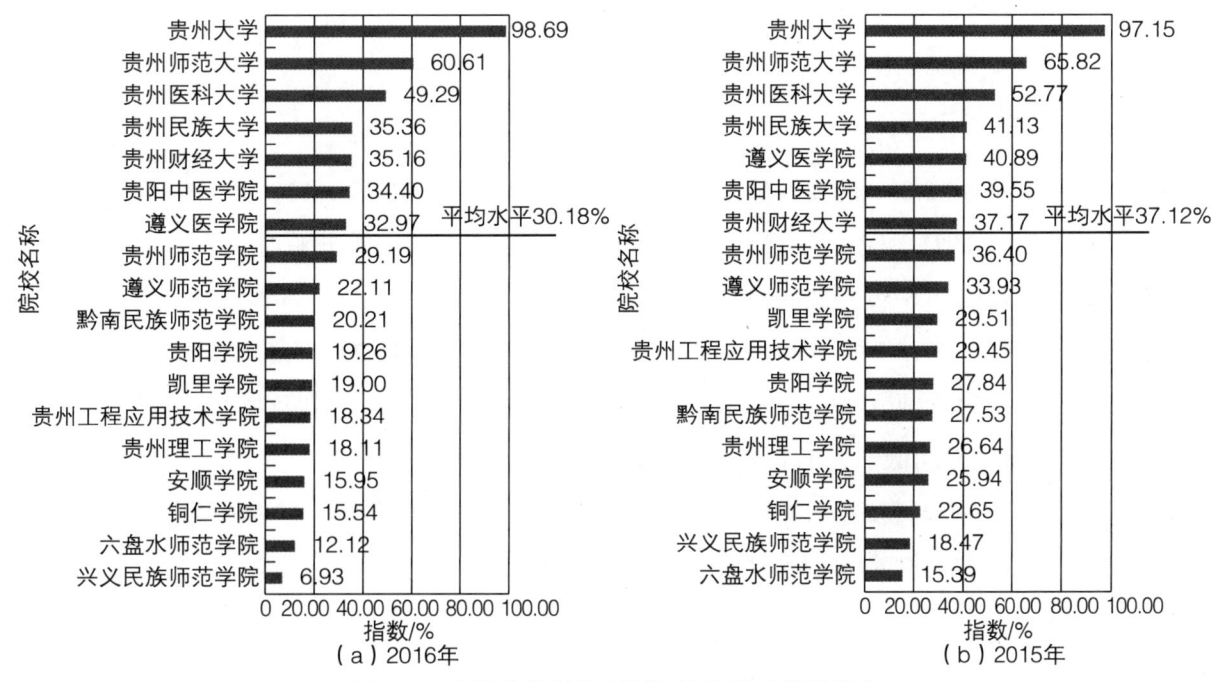

图3-3 高等院校科技创新环境和基础指数排序

2016年监测结果与2015年的相比,科技创新环境和基础指数平均水平下降6.94个百分点,除贵州大学有所上升外,贵州财经大学、六盘水师范学院、贵州医科大学等6所高等院校均低于这一降幅(图3-4)。

参照2015年高等院校科技创新环境和基础指数排序,位次上升较快的是黔南民族师范学院和贵州财经大学,分别上升3位和2位;位次下降较快的是贵州工程应用技术学院、凯里学院和遵义医学院,均下降2位。

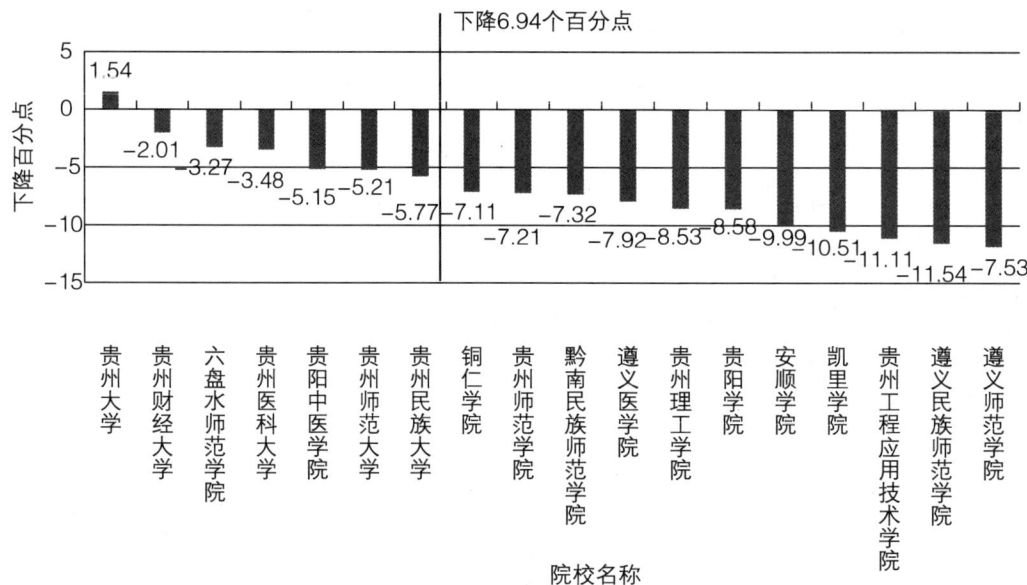

图3-4 高等院校科技创新环境和基础指数提高百分点排序

(二)科技投入

科技投入指数高于50.00%的高等院校有5所,占全部高等院校的27.78%;低于50.00%,但高于平均水平(41.31%)的高等院所有1所,占全部高等院校的5.56%;低于平均水平的高等院校有12所,占全部高等院校的66.67%(图3-5)。

2016年监测结果与2015年的相比,科技投入指数平均水平提高10.74个百分点,贵州理工学院、贵阳中医学院、黔南民族师范学院等12所高等院校均高于这一增幅;贵州医科大学、贵州大学和贵州民族大学3所高等院校均低于上年水平(图3-6)。

参照2015年高等院校科技投入指数排序,位次上升较快的是贵州理工学院,上升7位;位次下降较快的是贵州医科大学和贵州民族大学,均下降3位。

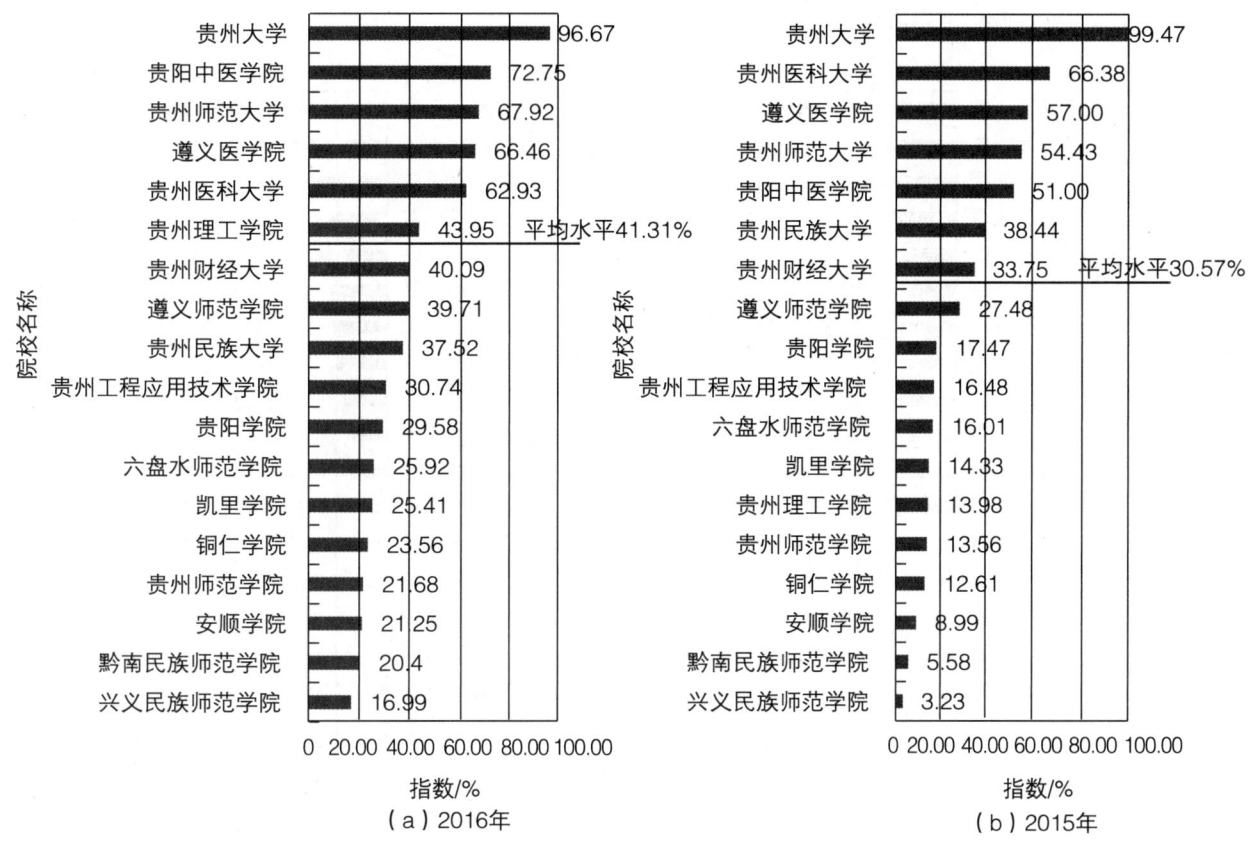

图3-5 高等院校科技投入指数排序

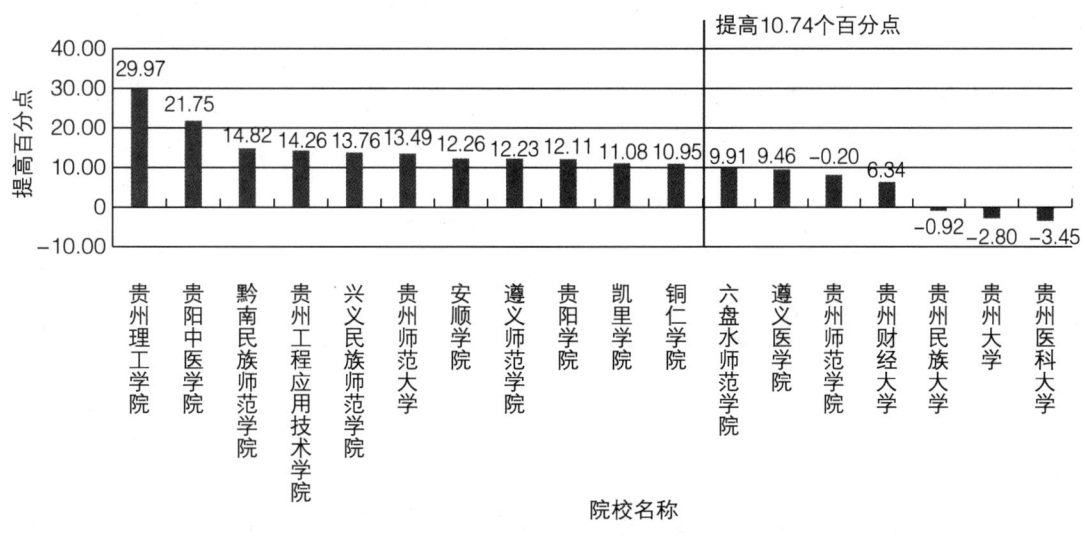

图3-6 高等院校科技投入指数提高百分点排序

（三）科技产出

科技产出指数高于30.00%的高等院校有4所，占全部高等院所的22.22%；低于30.00%，但高于平均水平（22.71%）的高等院所有3所，占全部高等院校的16.67%；低于平均水平的高等院所有11

所，占全部高等院校的61.11%（图3-7）。

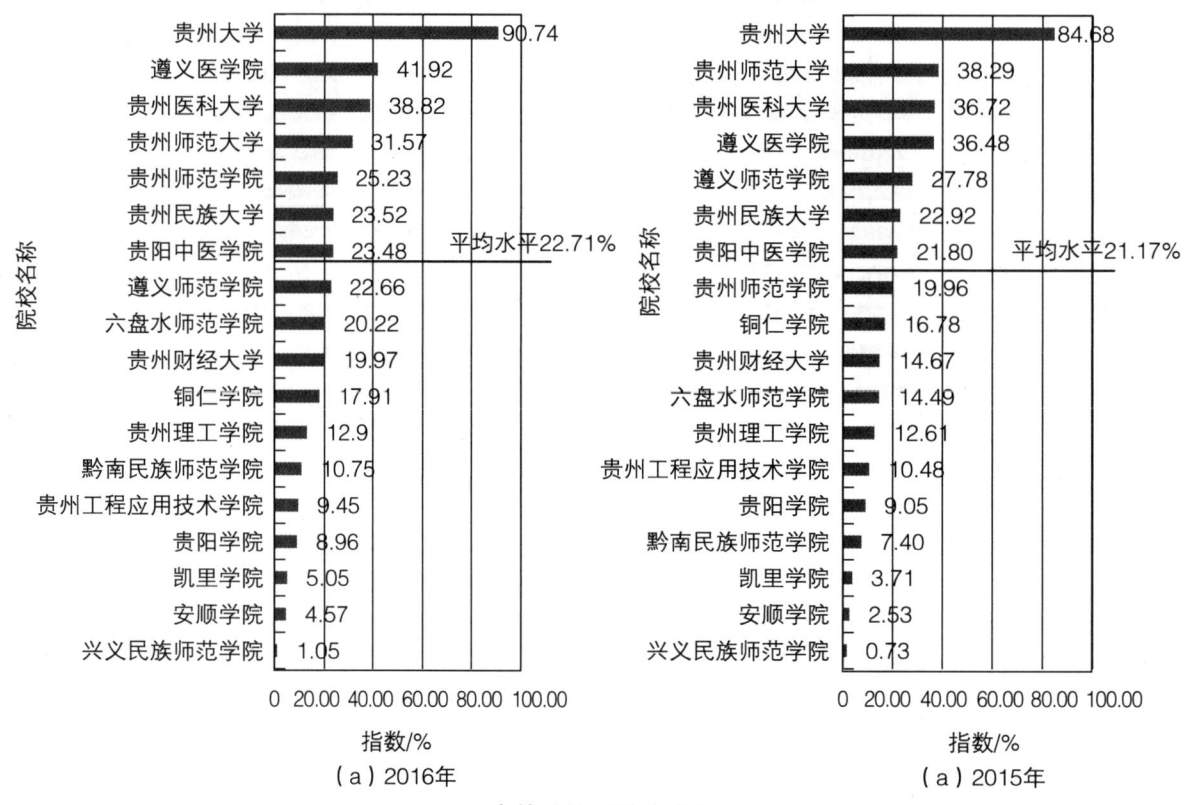

图3-7　高等院校科技产出指数排序

2016年监测结果与2015年的相比，科技产出指数平均水平提高1.54个百分点。贵州大学、六盘水师范学院、遵义医学院等9所高等院校均高于这一增幅，贵州师范大学、遵义师范学院、贵州工程应用技术学院和贵阳学院4所高校均低于上年水平（图3-8）。

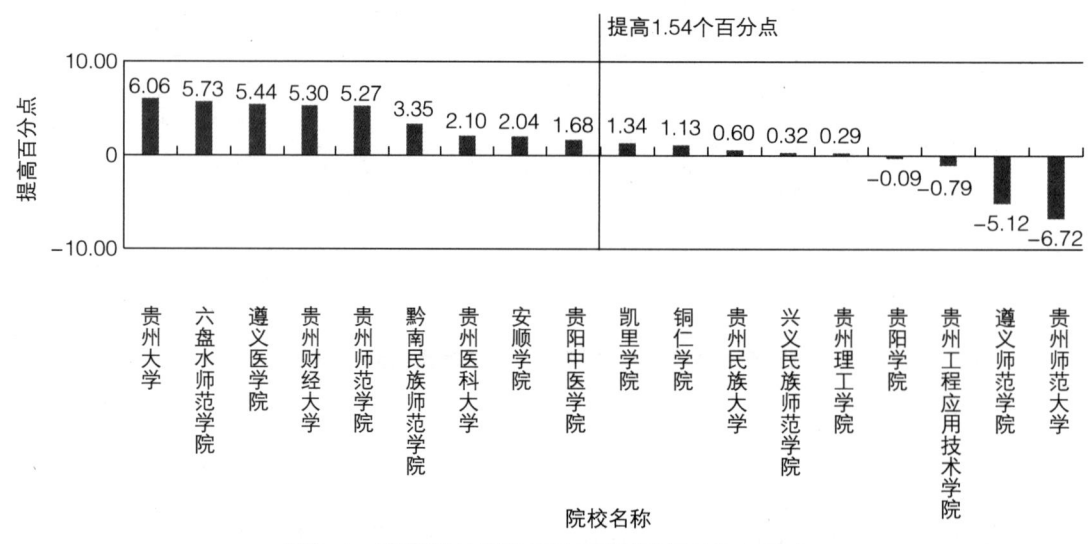

图3-8　高等院校科技产出指数提高百分点排序

参照2015年科技产出指数排序，位次上升较快的是贵州师范学院、遵义医学院、六盘水师范学院和黔南民族师范学院，分别上升3位、2位、2位和2位。位次下降较快的是遵义师范学院、贵州师范大学和铜仁学院，分别下降3位、2位和2位。

（四）创新绩效

创新绩效指数高于50.00%的高等院校有2所，占全部高等院校的11.11%；低于50.00%，但高于平均水平（17.30%）的高等院校有2所，占全部高等院校的11.11%；低于平均水平的高等院校有14所，占全部高等院校的77.78%（图3-9）。

2016年监测结果与2015年的相比，高校创新绩效指数平均水平提高0.43个百分点，遵义师范学院、贵阳中医学院、铜仁学院等7所高等院校均高于这一增幅。贵阳学院、遵义医学院等9所高等院校均低于上年水平（图3-10）。

参照2015年创新绩效指数排序，位次上升较快的是铜仁学院、贵阳中医学院和贵州理工学院，分别上升9位、4位和3位；位次下降较快的是贵阳学院和凯里学院，分别下降5位和4位。

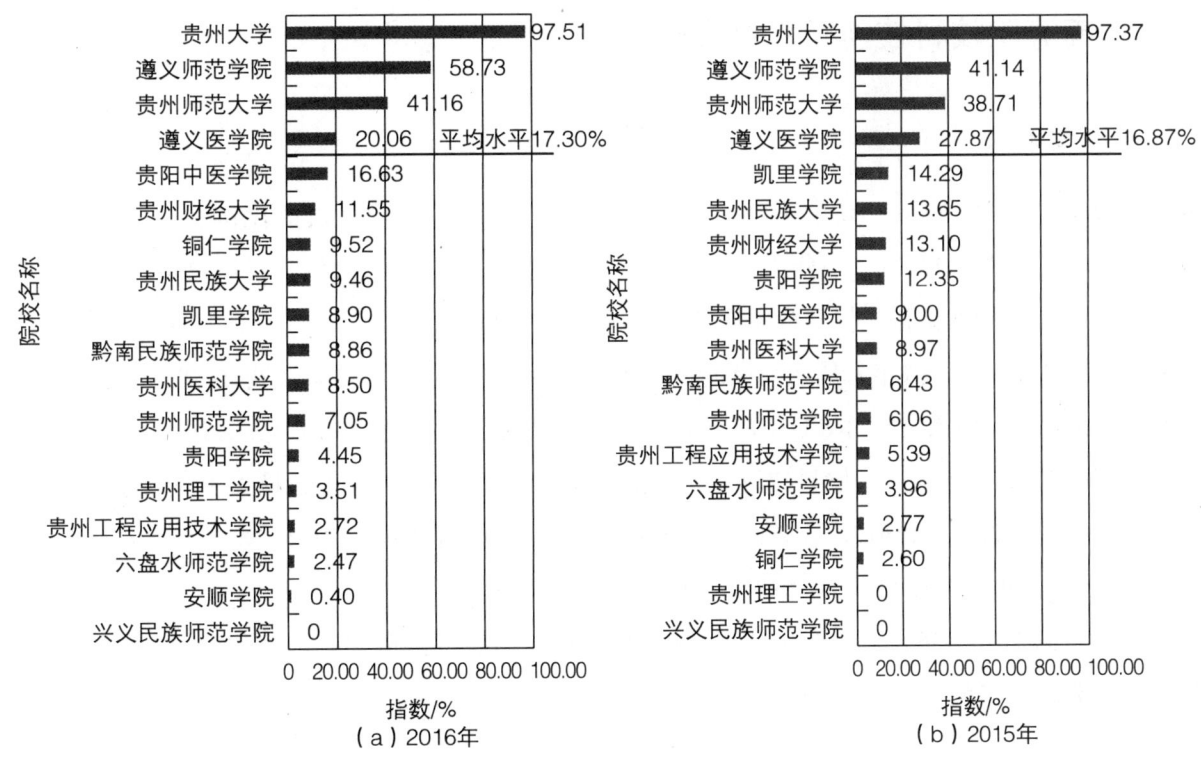

图3-9 高等院校创新绩效指数排序

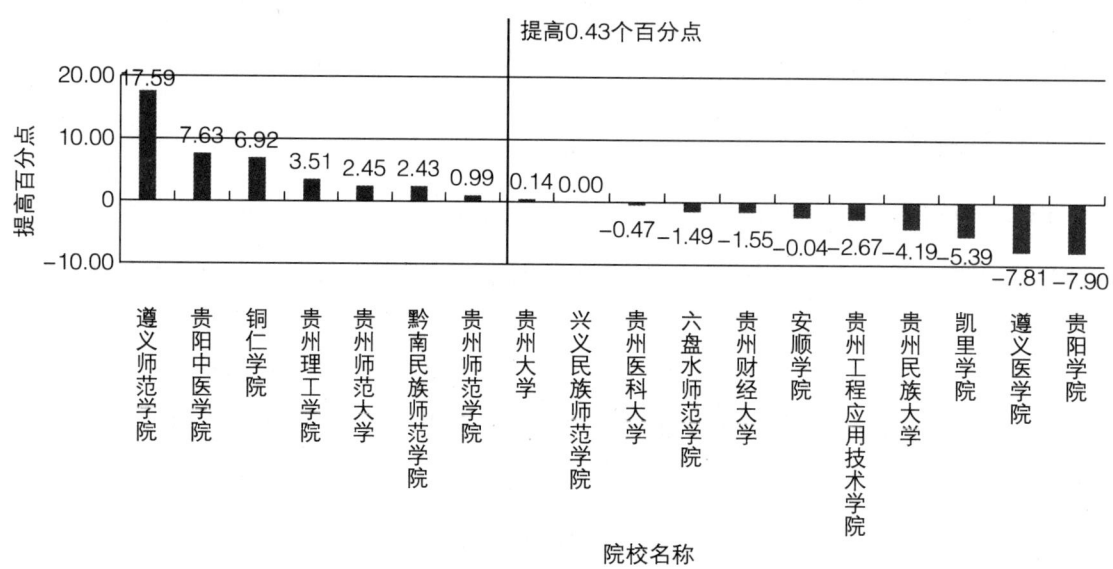

图3-10 高等院校创新绩效指数提高百分点排序

二、高等院校科技创新水平评价

（一）贵州大学

年末从业人员3 968人；高学历以上人员2 331人，占年末从业人员的比例为58.74%，居第7位；高职称以上人员1 721人，占年末从业人员的比例为43.37%，居第7位；科研仪器设备资产原值26 102.00万元，人均大型科学仪器设备原值6.58万元，居第10位。

R&D人员1 931人，占年末从业人员的比重为48.66%，居第4位；科研经费16 507.44万元，人均科研经费4.16万元，居第3位；R&D经费23 707.00万元，人均R&D经费5.97万元，居第1位。

发表科技论文3 949篇（一般科技论文2 001篇、核心期刊1 462篇、三大检索工具收录486篇），科技论文系数为472.63，居第1位；省内合作项目650项，省外合作项目70项，境外合作项目2项，产学研项目719项，项目合作系数为140.41，居第1位。

科技培训人数42 856人，对外科技咨询项数614项，科技特派员137人；科技服务系数为0.37；居第1位。知识产权创造的直接效益103.00万元，技术服务收入6 017.02万元；经济效益系数为1 914.78，居第1位。

贵州大学综合科技创新水平指数为95.82%，居第1位，与上年相比，监测值提高0.94个百分点，位次不变。在4个一级指标中，科技创新环境和基础指数、科技产出指数和创新绩效指数较上年分别提高1.54个百分点、6.06个百分点和0.14个百分点，位次均不变；科技投入指数较上年下降2.80个百分点，位次不变（表3-1）。

表3-1 贵州大学各级监测指标和位次与上年比较

指标名称	三级指标值		位次	
	2016年	2015年	2016年	2015年
综合科技创新水平指数 / %	95.82	94.88	1	1
科技创新环境和基础 / %	98.69	97.15	1	1
人力资源 / %	98.14	97.03	1	1
高层次科技人才系数	8.90	7.88	1	1
高学历以上人员占年末从业人员的比例 / %	58.74	56.63	7	6
高职称以上人员占年末从业人员的比例 / %	43.37	41.54	7	6
创新条件及平台 / %	99.05	97.22	1	1
人均大型科学仪器设备原值 / 万元	6.58	6.08	10	12
省级以上创新平台及载体系数	4.33	3.88	1	1
学科建设系数	16.62	15.88	1	1
研究生在校生人数占总在校生人数的比重 / %	26.19	25.42	1	1
科技投入 / %	96.67	99.47	1	1
人力投入 / %	96.58	100.00	2	1
R&D人员占年末从业人员的比重 / %	48.66	—	4	—
创新人才团队总量系数	21.82	21.18	1	1
经费投入 / %	96.75	98.94	1	1
人均科研经费 / 万元	4.16	4.36	3	2
人均R&D经费 / 万元	5.97	—	1	—
科技产出 / %	90.74	84.68	1	1
知识产出 / %	100.00	100.00	1	1
科技论文系数	472.63	424.63	1	1
知识产权系数	128.56	91.08	1	1
科技奖励 / %	75.19	56.39	1	1
科技成果系数	1.43	1.07	1	1
技术成果市场化水平 / %	100.00	100.00	1	1
人均技术市场成交合同金额 / 万元	1.81	1.89	1	1
科技合作交流 / %	96.16	99.62	1	1
项目合作系数	140.41	149.06	1	1
论文论著合作系数	215.00	235.13	1	1
创新绩效 / %	97.51	97.37	1	1
科技服务 / %	100.00	95.28	1	2
科技服务系数	0.37	0.19	1	2
产学研结合 / %	93.78	95.78	1	1
产学研结合系数	42.20	43.10	1	1
创造效益 / %	100.00	100.00	1	1
经济效益系数	1 914.78	1 945.72	1	1

（二）贵州师范大学

年末从业人员2 556人；高学历以上人员1 306人，占年末从业人员的比例为51.10%，居第10位；高职称以上人员1 059人，占年末从业人员的比例为41.43%，居第8位；大型科学仪器设备原值7 843.34万元，人均大型科学仪器设备原值3.07万元，居第16位。

R&D人员798人，占年末从业人员的比重为31.22%，居第10位；科研经费4 756.13万元，人均科研经费1.86万元，居第6位；R&D经费7 159.00万元，人均R&D经费2.80万元，居第4位。

发表科技论文1 581篇（一般科技论文846篇、核心期刊481篇、三大检索工具收录254篇），科技论文系数为191.05，居第3位；省内合作项目141项，省外合作项目5项，产学研项目141项，项目合作系数为26.35，居第2位。

科技培训人数1400人，对外科技咨询项数141项，科技特派员79人；科技服务系数为0.16，居第2位。技术服务收入2 127.37万元，生产性收入550.00万元；经济效益系数为696.88，居第3位。

贵州师范大学综合科技创新水平指数为52.99%，居第2位，与上年相比，监测值提高2.10个百分点，位次不变。4个一级指标中，科技投入和科技创新绩效指数较上年分别提高13.49个百分点和2.45个百分点，位次分别为上升1位和不变；科技创新环境和基础指数及科技产出指数较上年分别下降5.21个百分点和6.72个百分点，位次分别为不变和下降2位（表3-2）。

表3-2 贵州师范大学各级监测指标和位次与上年比较

指标名称	三级指标值		位次	
	2016年	2015年	2016年	2015年
综合科技创新水平指数 / %	52.99	50.89	2	2
科技创新环境和基础 / %	60.61	65.82	2	2
人力资源 / %	51.37	51.89	3	3
高层次科技人才系数	2.40	2.38	3	3
高学历以上人员占年末从业人员的比例 / %	51.10	55.41	10	7
高职称以上人员占年末从业人员的比例 / %	41.43	40.50	8	10
创新条件及平台 / %	66.77	75.11	2	2
人均大型科学仪器设备原值 / 万元	3.07	2.59	16	15
省级以上创新平台及载体系数	1.58	1.58	2	2
学科建设系数	7.25	6.75	2	2
研究生在校生人数占总在校生人数的比重 / %	9.05	8.09	3	4
科技投入 / %	67.92	54.43	3	4
人力投入 / %	94.94	82.80	3	3
R&D人员占年末从业人员的比重 / %	31.22	—	10	—
创新人才团队总量系数	7.27	6.64	2	2
经费投入 / %	40.90	26.06	4	5
人均科研经费 / 万元	1.86	1.52	6	6

续表

指标名称	三级指标值		位次	
	2016 年	2015 年	2016 年	2015 年
人均 R&D 经费 / 万元	2.80	—	4	—
科技产出 / %	31.57	38.29	4	2
知识产出 / %	69.73	88.81	4	2
科技论文系数	191.05	267.26	3	2
知识产权系数	9.46	11.64	10	4
科技奖励 / %	8.77	16.29	5	5
科技成果系数	0.17	0.31	5	5
技术成果市场化水平 / %	0.00	0.00	7	9
人均技术市场成交合同金额 / 万元	0.00	0.00	7	9
科技合作交流 / %	50.54	39.63	2	3
项目合作系数	26.35	22.00	2	2
论文论著合作系数	140.81	77.06	2	4
创新绩效 / %	41.16	38.71	3	3
科技服务 / %	80.45	100.00	2	1
科技服务系数	0.16	0.20	2	1
产学研结合 / %	16.22	16.44	4	4
产学研结合系数	7.30	7.40	4	4
创造效益 / %	46.46	30.33	3	2
经济效益系数	696.88	454.95	3	2

（三）贵州医科大学

年末从业人员4 833人；高学历以上人员1740人，占年末从业人员的比例为36.00%，居第18位；高职称以上人员1 571人，占年末从业人员的比例为32.51%，居第17位；大型科学仪器设备原值25 709.43万元，人均大型科学仪器设备原值5.32万元，居第13位。

R&D人员760人，占年末从业人员的比重为15.73%，居第16位；科研经费4 950.68万元，人均科研经费1.02万元，居第9位；R&D经费5 944.00万元，人均R&D经费1.23万元，居第10位。

发表科技论文2 739篇（一般科技论文1 628篇、核心期刊823篇、三大检索工具收录288篇），科技论文系数为291.42，居第2位；省内合作项目16项，省外合作项目3项，产学研项目19项，项目合作系数为3.88，居第11位。

科技培训人数1 873人，对外科技咨询项数19项；技术服务收入424.23万元，经济效益系数为130.53，居第8位。

贵州医科大学综合科技创新水平指数为45.33%，居第3位，与上年相比，监测值下降1.62个百分点，位次不变。4个一级指标中，科技产出指数较上年提高2.10个百分点，位次不变；科技创新环境和基础指数、科技投入指数和创新绩效指数较上年分别下降3.48个百分点、3.45个百分点和0.46个百分点,位次分别为不变、下降3位和下降1位(表3-3)。

表3-3 贵州医科大学各级监测指标和位次与上年比较

指标名称	三级指标值 2016年	三级指标值 2015年	位次 2016年	位次 2015年
综合科技创新水平指数 / %	45.33	46.95	3	3
科技创新环境和基础 / %	49.29	52.77	3	3
人力资源 / %	64.88	61.23	2	2
高层次科技人才系数	3.05	2.84	2	2
高学历以上人员占年末从业人员的比例 / %	36.00	34.84	18	18
高职称以上人员占年末从业人员的比例 / %	32.51	30.44	17	16
创新条件及平台 / %	38.90	47.12	3	4
人均大型科学仪器设备原值 / 万元	5.32	6.04	13	13
省级以上创新平台及载体系数	0.75	0.75	3	3
学科建设系数	2.38	2.38	8	8
研究生在校生人数占总在校生人数的比重 / %	9.13	11.15	2	2
科技投入 / %	62.93	66.38	5	2
人力投入 / %	93.48	99.53	4	2
R&D人员占年末从业人员的比重 / %	15.73	—	16	—
创新人才团队总量系数	5.82	5.18	3	3
经费投入 / %	32.37	33.24	5	4
人均科研经费 / 万元	1.02	1.20	9	8
人均R&D经费 / 万元	1.23	—	10	—
科技产出 / %	38.82	36.72	3	3
知识产出 / %	69.00	59.06	5	6
科技论文系数	291.42	239.74	2	3
知识产权系数	5.70	3.33	11	12
科技奖励 / %	26.32	22.56	2	2
科技成果系数	0.50	0.43	2	2
技术成果市场化水平 / %	43.40	43.74	2	2
人均技术市场成交合同金额 / 万元	0.09	0.09	4	4
科技合作交流 / %	1.55	15.71	16	11
项目合作系数	3.88	3.71	11	12
论文论著合作系数	0.00	35.56	16	10
创新绩效 / %	8.50	8.96	11	10
科技服务 / %	2.20	2.44	16	16
科技服务系数	0.00	0.00	16	16
产学研结合 / %	11.44	11.56	6	6
产学研结合系数	5.15	5.20	6	6
创造效益 / %	8.70	9.64	8	7
经济效益系数	130.53	144.56	8	7

（四）遵义医学院

年末从业人员1 375人；高学历以上人员699人，占年末从业人员的比例为50.84%，居第12位；高职称以上人员643人，占年末从业人员的比例为46.76%，居第4位；大型科学仪器设备原值5 109.00万元，人均大型科学仪器设备原值3.72万元，居第14位。

R&D人员799人，占年末从业人员的比重为58.11%，居第2位；科研经费4 774.00万元，人均科研经费3.47万元，居第4位；R&D经费7 390.00万元，人均R&D经费5.37万元，居第3位。

发表科技论文1 772篇（一般科技论文1 202篇、核心期刊436篇、三大检索工具收录134篇），科技论文系数为167.58，居第4位；省内合作项目80项，省外合作项目12项，境外合作项目1项，产学研项目35项，项目合作系数为15.53，居第5位。

科技培训人数12 300人，对外科技咨询项数62项，科技特派员22人，科技服务系数为0.05，居第6位；知识产权创造的直接效益130.00万元，技术服务收入680.00万元，经济效益系数为289.23，居第6位。

遵义医学院综合科技创新水平指数为44.99%，居第4位，与上年相比，监测值提高1.51个百分点，位次不变。4个一级指标中，科技投入指数和科技产出指数较上年分别提高9.45个百分点和5.44个百分点，位次分别下降1位和上升2位；科技创新环境和基础指数及创新绩效指数较上年分别下降7.92个百分点和7.81个百分点，位次分别下降2位和不变（表3-4）。

表3-4 遵义医学院各级监测指标和位次与上年比较

指标名称	三级指标值		位次	
	2016年	2015年	2016年	2015年
综合科技创新水平指数 / %	44.99	43.48	4	4
科技创新环境和基础 / %	32.97	40.89	7	5
人力资源 / %	32.67	35.57	5	4
高层次科技人才系数	1.33	1.88	6	4
高学历以上人员占年末从业人员的比例 / %	50.84	50.42	12	11
高职称以上人员占年末从业人员的比例 / %	46.76	44.34	4	4
创新条件及平台 / %	33.16	44.44	6	7
人均大型科学仪器设备原值 / 万元	3.72	2.38	14	16
省级以上创新平台及载体系数	0.38	0.38	5	5
学科建设系数	2.88	2.63	6	6
研究生在校生人数占总在校生人数的比重 / %	8.68	9.23	4	3
科技投入 / %	66.46	57.01	4	3
人力投入 / %	86.56	79.68	5	4
R&D人员占年末从业人员的比重 / %	58.11	—	2	—
创新人才团队总量系数	2.45	3.73	5	4
经费投入 / %	46.37	34.33	3	2

续表

指标名称	三级指标值 2016 年	三级指标值 2015 年	位次 2016 年	位次 2015 年
人均科研经费／万元	3.47	3.39	4	3
人均 R&D 经费／万元	5.37	—	3	—
科技产出／%	41.92	36.48	2	4
知识产出／%	83.52	74.62	2	3
科技论文系数	167.58	138.63	4	5
知识产权系数	17.66	14.07	3	3
科技奖励／%	26.32	21.30	2	3
科技成果系数	0.50	0.40	2	3
技术成果市场化水平／%	12.97	9.76	5	5
人均技术市场成交合同金额／万元	0.09	0.07	5	5
科技合作交流／%	33.71	31.26	4	6
项目合作系数	15.53	19.76	5	3
论文论著合作系数	68.75	58.38	6	8
创新绩效／%	20.06	27.87	4	4
科技服务／%	26.20	62.71	6	3
科技服务系数	0.05	0.13	6	3
产学研结合／%	17.78	16.33	3	5
产学研结合系数	8.00	7.35	3	5
创造效益／%	19.28	21.99	6	4
经济效益系数	289.23	329.85	6	4

（五）贵阳中医学院

年末从业人员807人；高学历以上人员374人，占年末从业人员的比例为46.34%，居第16位；高职称以上人员312人，占年末从业人员的比例为38.66%，居第11位；大型科学仪器设备原值14 879.30万元，人均大型科学仪器设备原值18.44万元，居第2位。

R&D人员591人，占年末从业人员的比重为73.23%，居第1位；科研经费5 933.4万元，人均科研经费7.35万元，居第1位；R&D经费4 821.00万元，人均R&D经费5.97万元，居第2位。

发表科技论文747篇（一般科技论文559篇、核心期刊166篇、三大检索工具收录22篇），科技论文系数为61.37，居第10位；省内合作项目18项，省外合作项目10项，产学研项目29项，项目合作系数为6.76，居第8位。

科技培训人数208人，对外科技咨询项数256项，科技服务系数为0.05，居第5位；知识产权创造的直接效益20.00万元，技术服务收入1 144.33万元，经济效益系数为364.41，居第4位。

贵阳中医学院综合科技创新水平指数为42.43%，居第5位，与上年相比，监测值提高7.89个百分点，位次不变。4个一级指标中，科技投入指数、科技产出指数和创新绩效指数较上年分别提高

21.75个百分点、1.68个百分点和7.63个百分点,位次分别上升3位、不变和上升4位;科技创新环境和基础指数较上年下降5.15个百分点,位次不变(表3-5)。

表3-5 贵阳中医学院各级监测指标和位次与上年比较

指标名称	三级指标值		位次	
	2016年	2015年	2016年	2015年
综合科技创新水平指数 / %	42.43	34.54	5	5
科技创新环境和基础 / %	34.40	39.55	6	6
人力资源 / %	28.15	22.00	7	8
高层次科技人才系数	1.81	1.04	4	7
高学历以上人员占年末从业人员的比例 / %	46.34	43.14	16	17
高职称以上人员占年末从业人员的比例 / %	38.66	40.75	11	9
创新条件及平台 / %	38.57	51.25	4	3
人均大型科学仪器设备原值 / 万元	18.44	17.71	2	2
省级以上创新平台及载体系数	0.58	0.42	4	4
学科建设系数	2.62	2.63	7	6
研究生在校生人数占总在校生人数的比重 / %	7.30	5.36	5	6
科技投入 / %	72.75	51.00	2	5
人力投入 / %	98.89	67.70	1	5
R&D人员占年末从业人员的比重 / %	73.23	—	1	—
创新人才团队总量系数	3.36	2.73	4	5
经费投入 / %	46.61	34.30	2	3
人均科研经费 / 万元	7.35	6.54	1	1
人均R&D经费 / 万元	5.97	—	2	—
科技产出 / %	23.48	21.80	7	7
知识产出 / %	44.68	34.46	11	10
科技论文系数	61.37	58.05	10	10
知识产权系数	9.72	6.86	8	8
科技奖励 / %	13.78	20.05	4	4
科技成果系数	0.26	0.38	4	4
技术成果市场化水平 / %	2.28	0.57	6	8
人均技术市场成交合同金额 / 万元	0.02	0.01	6	8
科技合作交流 / %	32.01	28.89	6	7
项目合作系数	6.76	3.29	8	13
论文论著合作系数	73.25	68.94	5	5
创新绩效 / %	16.63	9.00	5	9
科技服务 / %	27.00	19.03	5	8
科技服务系数	0.05	0.04	5	7
产学研结合 / %	3.78	4.67	11	11
产学研结合系数	1.70	2.10	11	11
创造效益 / %	24.29	8.31	4	8
经济效益系数	364.41	124.62	4	8

（六）贵州民族大学

年末从业人员1 474人；高学历以上人员977人，占年末从业人员的比例为66.28%，居第3位；高职称以上人员725人，占年末从业人员的比例为49.19%，居第2位；大型科学仪器设备原值1 508.60万元，人均大型科学仪器设备原值1.02万元，居第17位。

R&D人员341人，占年末从业人员的比重为23.13%，居第15位；科研经费1 204.80万元，人均科研经费0.82万元，居第11位；R&D经费656.00万元，人均R&D经费0.44万元，居第16位。

发表科技论文950篇（一般科技论文402篇、核心期刊355篇、三大检索工具收录193篇），科技论文系数为128.11，居第6位；省内合作项目14项，省外合作项目6项，产学研项目20项，项目合作系数为4.59，居第10位。

科技培训人数602人，对外科技咨询项数311项，科技特派员3人，科技服务系数为0.07，居第4位；技术服务收入75.60万元，经济效益系数为23.26，居第12位。

贵州民族大学综合科技创新水平指数为29.27%，居第8位，与上年相比，监测值下降2.25个百分点，位次下降2位。4个一级指标中，科技产出指数较上年提高0.60个百分点，位次不变；科技创新环境和基础指数、科技投入指数和创新绩效指数较上年分别下降5.77个百分点、0.92个百分点和4.19个百分点，位次分别为不变、下降3位和下降2位（表3-6）。

表3-6 贵州民族大学各级监测指标和位次与上年比较

指标名称	三级指标值		位次	
	2016年	2015年	2016年	2015年
综合科技创新水平指数 / %	29.27	31.52	8	6
科技创新环境和基础 / %	35.36	41.13	4	4
人力资源 / %	31.97	33.65	6	6
高层次科技人才系数	0.58	1.08	8	6
高学历以上人员占年末从业人员的比例 / %	66.28	63.62	3	3
高职称以上人员占年末从业人员的比例 / %	49.19	42.64	2	5
创新条件及平台 / %	37.62	46.12	5	6
人均大型科学仪器设备原值 / 万元	1.02	1.68	17	17
省级以上创新平台及载体系数	0.12	0.13	8	7
学科建设系数	4.88	4.38	3	3
研究生在校生人数占总在校生人数的比重 / %	4.48	2.71	7	7
科技投入 / %	37.52	38.44	9	6
人力投入 / %	66.91	55.15	7	7
R&D人员占年末从业人员的比重 / %	23.13	—	15	—
创新人才团队总量系数	1.64	1.64	7	6
经费投入 / %	8.13	21.73	13	7
人均科研经费 / 万元	0.82	1.33	11	7

续表

指标名称	三级指标值 2016 年	三级指标值 2015 年	位次 2016 年	位次 2015 年
人均 R&D 经费 / 万元	0.44	—	16	—
科技产出 / %	23.52	22.92	6	6
知识产出 / %	69.99	66.37	3	5
科技论文系数	128.11	169.26	6	4
知识产权系数	13.31	9.76	4	7
科技奖励 / %	0.00	0.00	7	6
科技成果系数	0.00	0.00	7	6
技术成果市场化水平 / %	0.00	1.40	7	6
人均技术市场成交合同金额 / 万元	0.00	0.01	7	7
科技合作交流 / %	16.84	18.23	11	10
项目合作系数	4.59	11.94	10	7
论文论著合作系数	37.50	33.63	11	11
创新绩效 / %	9.46	13.65	8	6
科技服务 / %	35.30	55.69	4	4
科技服务系数	0.07	0.11	4	4
产学研结合 / %	4.44	3.89	9	13
产学研结合系数	2.00	1.75	9	13
创造效益 / %	1.55	2.39	12	11
经济效益系数	23.26	35.92	12	11

（七）贵州财经大学

年末从业人员1 776人；高学历以上人员1 318人，占年末从业人员的比例为74.12%，居第2位；高职称以上人员663人，占年末从业人员的比例为37.33，居第13位；大型科学仪器设备原值5 668.45万元，人均大型科学仪器设备原值3.19万元，居第15位。

R&D人员173人，占年末从业人员的比重为9.74%，居第18位；科研经费970.00万元，人均科研经费0.55万元，居第15位，R&D经费542.00万元，人均R&D经费0.31万元，居第18位。

发表科技论文1 476篇（一般科技论文1 133篇、核心期刊208篇、三大检索工具收录135篇），科技论文系数为128.89，居第5位；省内合作项目13项，省外合作项目20项，产学研项目12项，项目合作系数为8.12，居第7位。

科技培训人数3 250人，对外科技咨询项数48项，科技特派员5人，科技服务系数为0.02，居第11位；技术服务收入738.18万元，生产性收入1 155.31万元，经济效益系数为316.00，居第5位。

贵州财经大学综合科技创新水平指数为29.54%，居第7位，与上年相比，监测值提高2.80个百分点，位次上升1位。4个一级指标中，科技投入指数和科技产出指数较上年分别提高6.34个百分点和5.30个百分点，位次均不变；科技创新环境和基础指数及创新绩效指数较上年分别下降2.01个百分点和1.55个百分点,位次分别上升2位和上升1位(表3-7)。

表3-7 贵州财经大学各级监测指标和位次与上年比较

指标名称	三级指标值		位次	
	2016年	2015年	2016年	2015年
综合科技创新水平指数 / %	29.54	26.74	7	8
科技创新环境和基础 / %	35.16	37.17	5	7
人力资源 / %	39.89	34.30	4	5
高层次科技人才系数	1.37	0.76	5	8
高学历以上人员占年末从业人员的比例 / %	74.21	72.19	2	2
高职称以上人员占年末从业人员的比例 / %	37.33	36.85	13	12
创新条件及平台 / %	32.00	39.09	8	8
人均大型科学仪器设备原值 / 万元	3.19	3.26	15	14
省级以上创新平台及载体系数	0.12	0.13	8	7
学科建设系数	3.38	3.38	5	4
研究生在校生人数占总在校生人数的比重 / %	5.94	5.69	6	5
科技投入 / %	40.09	33.75	7	7
人力投入 / %	74.05	55.19	6	6
R&D 人员占年末从业人员的比重 / %	9.74	—	18	—
创新人才团队总量系数	2.27	1.64	6	6
经费投入 / %	6.13	12.31	16	9
人均科研经费 / 万元	0.55	0.65	15	13
人均 R&D 经费 / 万元	0.31	—	18	—
科技产出 / %	19.97	14.67	10	10
知识产出 / %	60.11	33.16	6	11
科技论文系数	128.89	89.16	5	7
知识产权系数	10.30	4.60	7	10
科技奖励 / %	0.00	0.00	7	6
科技成果系数	0.00	0.00	7	6
技术成果市场化水平 / %	0.00	0.00	7	9
人均技术市场成交合同金额 / 万元	0.00	0.00	7	9
科技合作交流 / %	12.90	31.46	13	5
项目合作系数	8.12	15.71	7	5
论文论著合作系数	24.12	62.94	13	7
创新绩效 / %	11.55	13.10	6	7
科技服务 / %	9.60	16.49	11	9
科技服务系数	0.02	0.03	11	9
产学研结合 / %	3.00	5.78	12	8
产学研结合系数	1.35	2.60	12	8
创造效益 / %	21.07	18.73	5	5
经济效益系数	316.00	280.98	5	5

（八）遵义师范学院

年末从业人员1 135人；高学历以上人员577人，占年末从业人员的比例为50.84%，居第11位；高职称以上人员571人，占年末从业人员的比例为50.31%，居第1位；大型科学仪器设备原值10 115.71万元，人均大型科学仪器设备原值8.91万元，居第7位。

R&D人员310人，占年末从业人员的比重为27.31 %，居第13位；科研经费2 591.40万元，人均科研经费2.28万元，居第5位；R&D经费942.00万元，人均R&D经费0.83万元，居第13位。

发表科技论文693篇（一般科技论文510篇、核心期刊104篇、三大检索工具收录79篇），科技论文系数为65.53，居第8位；省内合作项目31项，省外合作项目11项，境外合作项目1项，产学研项目18项，项目合作系数为8.47，居第6位。

科技培训人数3 200人，对外科技咨询项数127项，科技特派员29人，科技服务系数为0.08，居第3位；知识产权创造的直接效益1 270.00万元，技术服务收入717.30万元，生产性收入585.30万元，经济效益系数为1 047.04，居第2位。

遵义师范学院综合科技创新水平指数为33.90%，居第6位，与上年相比，监测值提高2.68个百分点，位次上升1位。4个一级指标中，科技投入指数和创新绩效指数较上年分别提高12.24个百分点和17.59个百分点，位次均不变；科技创新环境和基础指数及科技产出指数较上年分别下降11.82个百分点和5.12个百分点，位次分别为不变和下降3位（表3-8）。

表3-8 遵义师范学院各级监测指标和位次与上年比较

指标名称	三级指标值		位次	
	2016 年	2015 年	2016 年	2015 年
综合科技创新水平指数 / %	33.90	31.22	6	7
科技创新环境和基础 / %	22.11	33.93	9	9
人力资源 / %	25.10	29.01	8	7
高层次科技人才系数	0.57	1.26	9	5
高学历以上人员占年末从业人员的比例 / %	50.84	46.24	11	14
高职称以上人员占年末从业人员的比例 / %	50.31	48.10	1	1
创新条件及平台 / %	20.11	37.21	9	10
人均大型科学仪器设备原值 / 万元	8.91	8.59	7	7
省级以上创新平台及载体系数	0.00	0.00	11	11
学科建设系数	2.00	1.75	9	9
研究生在校生人数占总在校生人数的比重 / %	0.00	0.00	9	9
科技投入 / %	39.71	27.47	8	8
人力投入 / %	61.84	29.71	8	8
R&D 人员占年末从业人员的比重 / %	27.31	—	13	—
创新人才团队总量系数	1.36	0.73	8	8
经费投入 / %	17.58	25.24	8	6

续表

指标名称	三级指标值		位次	
	2016年	2015年	2016年	2015年
人均科研经费/万元	2.28	2.12	5	4
人均R&D经费/万元	0.83	—	13	—
科技产出/%	22.66	27.78	8	5
知识产出/%	50.07	71.01	8	4
科技论文系数	65.53	105.05	8	6
知识产权系数	11.09	15.42	5	2
科技奖励/%	0.00	0.00	7	6
科技成果系数	0.00	0.00	7	6
技术成果市场化水平/%	30.19	23.40	3	4
人均技术市场成交合同金额/万元	0.24	0.19	2	3
科技合作交流/%	10.69	12.01	14	15
项目合作系数	8.47	6.65	6	8
论文论著合作系数	18.25	23.38	14	15
创新绩效/%	58.73	41.14	2	2
科技服务/%	37.80	42.36	3	5
科技服务系数	0.08	0.08	3	5
产学研结合/%	58.11	54.22	2	2
产学研结合系数	26.15	24.40	2	2
创造效益/%	69.80	27.45	2	3
经济效益系数	1 047.04	411.77	2	3

（九）贵州师范学院

年末从业人员1116人；高学历以上人员695人，占年末从业人员的比例为62.28%，居第6位；高职称以上人员436人，占年末从业人员的比例为39.07%，居第10位；大型科学仪器设备原值9879.66万元，人均大型科学仪器设备原值8.85万元，居第8位。

R&D人员146人，占年末从业人员的比重为13.08%，居第17位；科研经费703.19万元，人均科研经费0.63万元，居第14位；R&D经费527.00万元，人均R&D经费0.47万元，居第15位。

发表科技论文672篇（一般科技论文472篇、核心期刊146篇、三大检索工具收录54篇），科技论文系数为62.63，居第9位；省内合作项目9项，省外合作项目4项，产学研项目13项，项目合作系数为3.00，居第12位。

科技培训人数8 758人，对外科技咨询项数125项，科技服务系数为0.03，居第10位；知识产权创造的直接效益63.00万元，技术服务收入91.00万元，生产性收入38.00万元，经济效益系数为69.69，居第11位。

贵州师范学院综合科技创新水平指数为22.25%，居第10位，与上年相比，监测值提高2.51个百分点，位次下降1位。4个一级指标中，科技投入指数、科技产出指数和创新绩效指数较上年分别提高8.12个百分点、5.27个百分点和0.99个百分点，位次分别下降1位、上升3位和不变；科技创新环境和基础指数较上年下降7.21个百分点，位次不变（表3-9）。

表3-9 贵州师范学院各级监测指标和位次与上年比较

指标名称	三级指标值		位次	
	2016年	2015年	2016年	2015年
综合科技创新水平指数 / %	22.25	19.74	10	9
科技创新环境和基础 / %	29.19	36.40	8	8
人力资源 / %	24.49	20.34	9	10
高层次科技人才系数	0.57	0.35	9	10
高学历以上人员占年末从业人员的比例 / %	62.28	54.63	6	8
高职称以上人员占年末从业人员的比例 / %	39.07	29.87	10	18
创新条件及平台 / %	32.33	47.10	7	5
人均大型科学仪器设备原值 / 万元	8.85	6.79	8	8
省级以上创新平台及载体系数	0.12	0.13	8	7
学科建设系数	3.75	3.38	4	4
研究生在校生人数占总在校生人数的比重 / %	0.00	0.00	9	9
科技投入 / %	21.68	13.56	15	14
人力投入 / %	37.32	20.72	14	13
R&D 人员占年末从业人员的比重 / %	13.08	—	17	—
创新人才团队总量系数	0.64	0.64	11	10
经费投入 / %	6.04	6.40	17	15
人均科研经费 / 万元	0.63	0.58	14	14
人均 R&D 经费 / 万元	0.47	—	15	—
科技产出 / %	25.23	19.96	5	8
知识产出 / %	49.23	34.60	9	9
科技论文系数	62.63	65.79	9	9
知识产权系数	11.01	6.43	6	9
科技奖励 / %	3.76	0.00	6	6
科技成果系数	0.07	0.00	6	6
技术成果市场化水平 / %	29.36	27.69	4	3
人均技术市场成交合同金额 / 万元	0.24	0.21	3	2
科技合作交流 / %	21.80	26.95	8	8
项目合作系数	3.00	2.06	12	16
论文论著合作系数	51.50	65.31	7	6
创新绩效 / %	7.05	6.06	12	12
科技服务 / %	14.20	12.55	10	11
科技服务系数	0.03	0.03	10	11
产学研结合 / %	5.89	4.78	8	10
产学研结合系数	2.65	2.15	8	10
创造效益 / %	4.65	4.09	11	9
经济效益系数	69.69	61.31	11	9

（十）贵州工程应用技术学院

年末从业人员914人；高学历以上人员458人，占年末从业人员的比例为50.11%，居第13位；高职称以上人员317人，占年末从业人员的比例为34.68%，居第16位；大型科学仪器设备原值10 706.00万元，人均大型科学仪器设备原值11.71万元，居第4位。

R&D人员312人，占年末从业人员的比重为34.14%，居第6位；科研经费1 492.28万元，人均科研经费1.63万元，居第7位；R&D经费2 067.00万元，人均R&D经费2.26万元，居第5位。

发表科技论文301篇（一般科技论文208篇、核心期刊72篇、三大检索工具收录21篇），科技论文系数为27.63，居第16位；省内合作项目1项，产学研项目2项，项目合作系数为0.24，居第18位。

科技培训人数790人，科技特派员10人，科技服务系数为0.02，居第13位；技术服务收入35.00万元，经济效益系数为10.77，居第13位。

贵州工程应用技术学院综合科技创新水平指数为18.12%，居第11位，与上年相比，监测值提高1.56个百分点，位次不变。4个一级指标中，科技投入指数较上年提高14.26个百分点，位次不变；科技创新环境和基础指数、科技产出指数和创新绩效指数较上年分别下降11.11个百分点、1.03个百分点和2.66个百分点，位次分别下降2位、下降1位和下降2位（表3-10）。

表3-10　贵州工程应用技术学院各级监测指标和位次与上年比较

指标名称	三级指标值		位次	
	2016年	2015年	2016年	2015年
综合科技创新水平指数/%	18.12	16.56	11	11
科技创新环境和基础/%	18.34	29.45	13	11
人力资源/%	15.72	17.08	16	14
高层次科技人才系数	0.09	0.34	16	11
高学历以上人员占年末从业人员的比例/%	50.11	47.54	13	12
高职称以上人员占年末从业人员的比例/%	34.68	33.01	16	14
创新条件及平台/%	20.09	37.69	10	9
人均大型科学仪器设备原值/万元	11.71	10.38	4	5
省级以上创新平台及载体系数	0.00	0.00	11	11
学科建设系数	1.88	1.63	11	11
研究生在校生人数占总在校生人数的比重/%	0.00	0.00	9	9
科技投入/%	30.74	16.48	10	10
人力投入/%	42.48	22.38	12	11
R&D人员占年末从业人员的比重/%	34.14	—	6	—
创新人才团队总量系数	0.36	0.36	12	11
经费投入/%	19.00	10.58	7	11
人均科研经费/万元	1.63	1.19	7	9
人均R&D经费/万元	2.26	—	5	—
科技产出/%	9.45	10.48	14	13

续表

指标名称	三级指标值		位次	
	2016 年	2015 年	2016 年	2015 年
知识产出 / %	15.08	16.31	16	15
科技论文系数	27.63	40.79	16	14
知识产权系数	2.87	2.44	16	14
科技奖励 / %	0.00	0.00	7	6
科技成果系数	0.00	0.00	7	6
技术成果市场化水平 / %	0.00	0.00	7	9
人均技术市场成交合同金额 / 万元	0.00	0.00	7	9
科技合作交流 / %	32.84	37.25	5	4
项目合作系数	0.24	2.82	18	15
论文论著合作系数	81.88	90.31	4	3
创新绩效 / %	2.72	5.38	15	13
科技服务 / %	8.40	19.08	13	7
科技服务系数	0.02	0.04	13	7
产学研结合 / %	1.89	3.44	14	14
产学研结合系数	0.85	1.55	14	14
创造效益 / %	0.72	0.47	13	14
经济效益系数	10.77	7.08	13	14

（十一）贵阳学院

年末从业人员852人；高学历以上人员547人，占年末从业人员的比例为64.20%，居第4位；高职称以上人员416人，占年末从业人员的比例为48.83 %，居第3位；大型科学仪器设备原值4 592.00万元，人均大型科学仪器设备原值5.39万元，居第12位。

R&D人员277人，占年末从业人员的比重为32.51 %，居第8位；科研经费605.26万元，人均科研经费0.71万元，居第12位；R&D经费1 131.00万元，人均R&D经费1.33万元，居第8位。

发表科技论文503篇（一般科技论文396篇、核心期刊87篇、三大检索工具收录20篇），科技论文系数为40.05，居第13位；省内合作项目19项，产学研项目12项，项目合作系数为2.94，居第13位。

科技培训人数1 500人，对外科技咨询项数19项，科技特派员21人，科技服务系数为0.04，居第7位。

贵阳学院综合科技创新水平指数为18.08%，居第12位，与上年相比，监测值提高0.89个百分点，位次下降2位。4个一级指标中，科技投入指数较上年提高12.11个百分点，位次下降2位；科技创新环境和基础指数、科技产出指数和创新绩效指数较上年分别下降8.58个百分点、0.09个百分点和7.90个百分点，位次分别上升1位、下降1位和下降5位（表3-11）。

表3-11 贵阳学院各级监测指标和位次与上年比较

指标名称	三级指标值		位次	
	2016年	2015年	2016年	2015年
综合科技创新水平指数 / %	18.08	17.19	12	10
科技创新环境和基础 / %	19.26	27.84	11	12
人力资源 / %	21.42	21.88	11	9
高层次科技人才系数	0.26	0.55	12	9
高学历以上人员占年末从业人员的比例 / %	64.20	57.32	4	5
高职称以上人员占年末从业人员的比例 / %	48.83	47.60	3	3
创新条件及平台 / %	17.82	31.82	13	15
人均大型科学仪器设备原值 / 万元	5.39	12.67	12	3
省级以上创新平台及载体系数	0.17	0.17	7	6
学科建设系数	2.00	1.63	9	11
研究生在校生人数占总在校生人数的比重 / %	0.00	0.00	9	9
科技投入 / %	29.58	17.47	11	9
人力投入 / %	49.61	25.82	10	9
R&D人员占年末从业人员的比重 / %	32.51	—	8	—
创新人才团队总量系数	0.73	0.73	10	8
经费投入 / %	9.56	9.12	10	13
人均科研经费 / 万元	0.71	0.80	12	11
人均R&D经费 / 万元	1.33	—	8	—
科技产出 / %	8.96	9.05	15	14
知识产出 / %	20.79	16.73	13	14
科技论文系数	40.05	45.68	13	11
知识产权系数	3.83	2.28	14	15
科技奖励 / %	0.00	0.00	7	6
科技成果系数	0.00	0.00	7	6
技术成果市场化水平 / %	0.00	0.00	7	9
人均技术市场成交合同金额 / 万元	0.00	0.00	7	9
科技合作交流 / %	18.15	26.90	10	9
项目合作系数	2.94	13.12	13	6
论文论著合作系数	42.44	54.13	10	9
创新绩效 / %	4.45	12.35	13	8
科技服务 / %	19.60	6.30	7	13
科技服务系数	0.04	0.01	7	13
产学研结合 / %	1.33	24.44	15	3
产学研结合系数	0.60	11.00	15	3
创造效益 / %	0.00	3.28	16	10
经济效益系数	0.00	49.23	16	10

（十二）凯里学院

年末从业人员915人；高学历以上人员514人，占年末从业人员的比例为56.17%，居第8位；高职称以上人员371人，占年末从业人员的比例为40.55%，居第9位；大型科学仪器设备原值10 369.90万元，人均大型科学仪器设备原值11.33万元，居第5位。

R&D人员310人，占年末从业人员的比重为33.88%，居第7位；科研经费361.7万元，人均科研经费0.40万元，居第17位；R&D经费1 245.00万元，人均R&D经费1.36万元，居第7位。

发表科技论文210篇（一般科技论文139篇、核心期刊53篇、三大检索工具收录18篇），科技论文系数为20.89，居第17位；省内合作项目10项，省外合作项目1项，产学研项目12项，项目合作系数为2.18，居第15位。

科技培训人数320人，科技特派员20人，对外科技咨询项数9项，科技服务系数为0.02，居第11位；知识产权创造的直接效益200.00万元，技术服务收入200.00万元，生产性收入200.00万元，经济效益系数为200.00，居第7位。

凯里学院综合科技创新水平指数为16.24%，居第15位，与上年相比，监测值提高0.77个百分点，位次下降3位。4个一级指标中，科技投入指数和科技产出指数较上年分别提高11.08个百分点和1.34个百分点，位次分别下降1位和不变；科技创新环境和基础指数及创新绩效指数较上年分别下降10.51个百分点和5.39个百分点，位次分别下降2位和下降4位（表3-12）。

表3-12　凯里学院各级监测指标和位次与上年比较

指标名称	三级指标值		位次	
	2016年	2015年	2016年	2015年
综合科技创新水平指数/%	16.24	15.47	15	12
科技创新环境和基础/%	19.00	29.51	12	10
人力资源/%	18.96	18.38	13	11
高层次科技人才系数	0.23	0.18	13	13
高学历以上人员占年末从业人员的比例/%	56.17	54.30	8	9
高职称以上人员占年末从业人员的比例/%	40.55	41.52	9	7
创新条件及平台/%	19.03	36.94	12	11
人均大型科学仪器设备原值/万元	11.33	9.51	5	6
省级以上创新平台及载体系数	0.00	0.00	11	11
学科建设系数	1.75	1.63	12	11
研究生在校生人数占总在校生人数的比重/%	0.00	0.00	9	9
科技投入/%	25.41	14.33	13	12
人力投入/%	42.46	22.94	13	10
R&D人员占年末从业人员的比重/%	33.88	—	7	—
创新人才团队总量系数	0.36	0.36	12	11
经费投入/%	8.36	5.72	12	16
人均科研经费/万元	0.40	0.54	17	15

续表

指标名称	三级指标值 2016年	三级指标值 2015年	位次 2016年	位次 2015年
人均R&D经费/万元	1.36	—	7	—
科技产出/%	5.05	3.71	16	16
知识产出/%	15.14	11.00	15	16
科技论文系数	20.89	21.84	17	16
知识产权系数	3.29	1.99	15	16
科技奖励/%	0.00	0.00	7	6
科技成果系数	0.00	0.00	7	6
技术成果市场化水平/%	0.00	0.00	7	9
人均技术市场成交合同金额/万元	0.00	0.00	7	9
科技合作交流/%	3.37	2.75	15	16
项目合作系数	2.18	2.06	15	16
论文论著合作系数	6.25	4.81	15	16
创新绩效/%	8.90	14.29	9	5
科技服务/%	9.60	33.23	11	6
科技服务系数	0.02	0.07	11	6
产学研结合/%	4.11	5.78	10	8
产学研结合系数	1.85	2.60	10	8
创造效益/%	13.33	13.33	7	6
经济效益系数	200.00	200.00	7	6

（十三）铜仁学院

年末从业人员928人；高学历以上人员465人，占年末从业人员的比例为50.11%，居第14位；高职称以上人员414人，占年末从业人员的比例为44.61%，居第6位；大型科学仪器设备原值8 712.46万元，人均大型科学仪器设备原值9.39万元，居第6位。

R&D人员292人，占年末从业人员的比重为31.47%，居第9位；科研经费1 147.94元，人均科研经费1.24万元，居第8位；R&D经费1 122.00万元，人均R&D经费1.21万元，居第11位。

发表科技论文728篇（一般科技论文430篇、核心期刊265篇、三大检索工具收录33篇），科技论文系数为72.74，居第7位；省内合作项目102项，省外合作项目19项，产学研项目77项，项目合作系数为22.12，居第3位。

科技培训人数4 988人，对外科技咨询项数86项，科技特派员6人，科技服务系数为0.03，居第9位；知识产权创造的直接效益5.20万元，技术服务收入214.00万元，生产性收入106.00万元，经济效益系数为77.20，居第10位。

铜仁学院综合科技创新水平指数为18.03%，居第13位，与上年相比，监测值提高3.37个百分点，位次上升1位。4个一级指标中，科技投入指数、科技产出指数和创新绩效指数较上年分别提高10.95个百分点、1.13个百分点和6.92个百分点，位次分别上升1位、下降2位和上升9位；科技创新环境和基础指数较上年下降7.11个百分点，位次不变（表3-13）。

表3-13 铜仁学院各级监测指标和位次与上年比较

指标名称	三级指标值		位次	
	2016年	2015年	2016年	2015年
综合科技创新水平指数 / %	18.03	14.66	13	14
科技创新环境和基础 / %	15.54	22.65	16	16
人力资源 / %	18.23	16.72	14	15
高层次科技人才系数	0.14	0.18	15	13
高学历以上人员占年末从业人员的比例 / %	50.11	47.51	14	13
高职称以上人员占年末从业人员的比例 / %	44.61	40.81	6	8
创新条件及平台 / %	13.74	26.60	16	16
人均大型科学仪器设备原值 / 万元	9.39	6.16	6	11
省级以上创新平台及载体系数	0.00	0.00	11	11
学科建设系数	1.12	1.00	15	15
研究生在校生人数占总在校生人数的比重 / %	0.00	0.00	9	9
科技投入 / %	23.56	12.61	14	15
人力投入 / %	34.96	15.59	15	14
R&D人员占年末从业人员的比重 / %	31.47	—	9	—
创新人才团队总量系数	0.00	0.00	15	15
经费投入 / %	12.15	9.62	9	12
人均科研经费 / 万元	1.24	0.68	8	12
人均R&D经费 / 万元	1.21	—	11	—
科技产出 / %	17.91	16.78	11	9
知识产出 / %	46.21	48.68	10	7
科技论文系数	72.74	69.53	7	8
知识产权系数	9.50	10.43	9	5
科技奖励 / %	0.00	0.00	7	6
科技成果系数	0.00	0.00	7	6
技术成果市场化水平 / %	0.00	0.00	7	9
人均技术市场成交合同金额 / 万元	0.00	0.00	7	9
科技合作交流 / %	26.97	14.49	7	12
项目合作系数	22.12	5.29	3	10
论文论著合作系数	45.31	30.94	9	12
创新绩效 / %	9.52	2.60	7	16
科技服务 / %	14.65	4.70	9	15
科技服务系数	0.03	0.01	9	13
产学研结合 / %	11.33	2.11	7	16
产学研结合系数	5.10	0.95	7	16
创造效益 / %	5.15	2.04	10	12
经济效益系数	77.20	30.58	10	12

（十四）黔南民族师范学院

年末从业人员922人；高学历以上人员416人，占年末从业人员的比例为45.12%，居第17位；高职称以上人员420人，占年末从业人员的比例为45.55%，居第5位；大型科学仪器设备原值11 147.17万元，人均大型科学仪器设备原值12.09万元，居第3位。

R&D人员250人，占年末从业人员的比重为27.11%，居第14位；科研经费611.2万元，人均科研经费0.66万元，居第13位；R&D经费549.00万元，人均R&D经费0.60万元，居第14位。

发表科技论文581篇（一般科技论文437篇、核心期刊119篇、三大检索工具收录25篇），科技论文系数为48.74，居第11位；省内合作项目2项，省外合作项目3项，产学研项目5项，项目合作系数为1.41，居第16位。

科技培训人数316人，对外科技咨询项数27项，科技特派员5人，科技服务系数为0.01，居第15位；知识产权创造的直接效益81.50万元，技术服务收入126.50万元，生产性收入97.80万元，经济效益系数为96.60，居第9位。

黔南民族师范学院综合科技创新水平指数为16.21%，居第16位，与上年相比，监测值提高4.56个百分点，位次不变。4个一级指标中，科技投入指数、科技产出指数和创新绩效指数较上年分别提高14.82个百分点、3.35个百分点和2.43个百分点，位次分别为不变、上升2位和上升1位；科技创新环境和基础指数较上年下降7.32个百分点，位次上升3位（表3-14）。

表3-14 黔南民族师范学院各级监测指标和位次与上年比较

指标名称	三级指标值		位次	
	2016年	2015年	2016年	2015年
综合科技创新水平指数 / %	16.21	11.65	16	16
科技创新环境和基础 / %	20.21	27.53	10	13
人力资源 / %	21.44	17.80	10	12
高层次科技人才系数	0.65	0.13	7	16
高学历以上人员占年末从业人员的比例 / %	45.12	46.14	17	15
高职称以上人员占年末从业人员的比例 / %	45.55	47.82	5	2
创新条件及平台 / %	19.39	34.02	11	12
人均大型科学仪器设备原值 / 万元	12.09	11.02	3	4
省级以上创新平台及载体系数	0.00	0.00	11	11
学科建设系数	1.62	1.38	14	14
研究生在校生人数占总在校生人数的比重 / %	0.67	0.58	8	8
科技投入 / %	20.40	5.58	17	17
人力投入 / %	34.55	4.67	17	18
R&D人员占年末从业人员的比重 / %	27.12	—	14	—
创新人才团队总量系数	0.00	0.00	15	15
经费投入 / %	6.25	6.49	15	14

续表

指标名称	三级指标值		位次	
	2016 年	2015 年	2016 年	2015 年
人均科研经费 / 万元	0.66	0.45	13	16
人均 R&D 经费 / 万元	0.60	—	14	—
科技产出 / %	10.75	7.40	13	15
知识产出 / %	25.30	17.22	12	13
科技论文系数	48.74	44.42	11	12
知识产权系数	4.67	2.50	12	13
科技奖励 / %	0.00	0.00	7	6
科技成果系数	0.00	0.00	7	6
技术成果市场化水平 / %	0.00	1.35	7	7
人均技术市场成交合同金额 / 万元	0.00	0.01	7	6
科技合作交流 / %	21.04	13.10	9	14
项目合作系数	1.41	4.18	16	11
论文论著合作系数	51.19	28.56	8	13
创新绩效 / %	8.86	6.43	10	11
科技服务 / %	7.00	9.65	15	12
科技服务系数	0.01	0.02	15	12
产学研结合 / %	12.22	9.56	5	7
产学研结合系数	5.50	4.30	5	7
创造效益 / %	6.44	1.70	9	13
经济效益系数	96.60	25.53	9	13

（十五）安顺学院

年末从业人员731人；高学历以上人员456人，占年末从业人员的比例为62.38%，居第5位；高职称以上人员270人，占年末从业人员的比例为36.94%，居第14位；大型科学仪器设备原值4 800.00万元，人均大型科学仪器设备原值6.57万元，居第11位。

R&D人员224人，占年末从业人员的比重为30.64%，居第11位；科研经费316.00万元，人均科研经费0.43万元，居第16位；R&D经费963.00万元，人均R&D经费1.32万元，居第9位。

发表科技论文330篇（一般科技论文227篇、核心期刊77篇、三大检索工具收录26篇），科技论文系数为31.32，居第15位；省内合作项目22项，产学研项目4项，项目合作系数为2.82，居第14位；科技培训人数100人。

安顺学院综合科技创新水平指数为12.63%，居第17位，与上年相比，监测值提高1.95个百分点，位次不变。4个一级指标中，科技投入指数和科技产出指数和较上年分别提高12.26个百分点和2.04个百分点，位次均不变；科技创新环境和基础指数及创新绩效指数较上年分别下降9.99个百分点和2.37个百分点，位次分别为不变和下降2位（表3-15）。

表3-15 安顺学院各级监测指标和位次与上年比较

指标名称	三级指标值		位次	
	2016年	2015年	2016年	2015年
综合科技创新水平指数/%	12.63	10.68	17	17
科技创新环境和基础/%	15.95	25.94	15	15
人力资源/%	17.25	15.59	15	16
高层次科技人才系数	0.22	0.04	14	17
高学历以上人员占年末从业人员的比例/%	62.38	62.38	5	4
高职称以上人员占年末从业人员的比例/%	36.94	35.57	14	13
创新条件及平台/%	15.08	32.83	15	13
人均大型科学仪器设备原值/万元	6.57	6.57	11	9
省级以上创新平台及载体系数	0.00	0.00	11	11
学科建设系数	1.75	1.75	12	9
研究生在校生人数占总在校生人数的比重/%	0.00	0.00	9	9
科技投入/%	21.25	8.99	16	16
人力投入/%	34.88	14.29	16	15
R&D人员占年末从业人员的比重/%	30.64	—	11	—
创新人才团队总量系数	0.00	0.00	15	15
经费投入/%	7.62	3.69	14	17
人均科研经费/万元	0.43	0.40	16	17
人均R&D经费/万元	1.32	—	9	—
科技产出/%	4.57	2.53	17	17
知识产出/%	14.67	7.81	17	17
科技论文系数	31.32	21.11	15	17
知识产权系数	2.52	1.08	17	17
科技奖励/%	0.00	0.00	7	6
科技成果系数	0.00	0.00	7	6
技术成果市场化水平/%	0.00	0.00	7	9
人均技术市场成交合同金额/万元	0.00	0.00	7	9
科技合作交流/%	1.13	1.22	17	17
项目合作系数	2.82	3.06	14	14
论文论著合作系数	0.00	0.00	16	17
创新绩效/%	0.40	2.77	17	15
科技服务/%	0.00	4.75	17	14
科技服务系数	0.00	0.01	17	14
产学研结合/%	1.00	4.56	16	12
产学研结合系数	0.45	2.05	16	12
创造效益/%	0.00	0.00	16	15
经济效益系数	0.00	0.00	16	15

(十六) 六盘水师范学院

年末从业人员739人;高学历以上人员343人,占年末从业人员的比例为46.41%,居第15位;高职称以上人员267人,占年末从业人员的比例为36.13%,居第15位;大型科学仪器设备原值5 277.25万元,人均大型科学仪器设备原值7.14万元,居第9位。

R&D人员320人,占年末从业人员的比重为43.30%,居第5位;科研经费679.04万元,人均科研经费0.92万元,居第10位;R&D经费719.00万元,人均R&D经费0.97万元,居第12位。

发表科技论文645篇(一般科技论文538篇、核心期刊89篇、三大检索工具收录18篇),科技论文系数为47.21,居第12位;省内合作项目34项,省外合作项目3项,产学研项目12项,项目合作系数为5.59,居第9位。

科技培训人数2人,对外科技咨询项数6项,科技特派员8人,科技服务系数为0.01,居第14位。技术服务收入4.80万元,经济效益系数为1.48,居第14位。

六盘水师范学院综合科技创新水平指数为17.53%,居第14位,与上年相比,监测值提高3.86个百分点,位次上升1位。4个一级指标中,科技投入指数和科技产出指数较上年分别提高9.91个百分点和5.73个百分点,位次分别下降1位和上升2位。科技创新环境和基础指数及创新绩效指数较上年分别下降3.27个百分点和1.49个百分点,位次分别为上升1位和下降2位(表3-16)。

表3-16 六盘水师范学院各级监测指标和位次与上年比较

指标名称	三级指标值		位次	
	2016年	2015年	2016年	2015年
综合科技创新水平指数/%	17.53	13.67	14	15
科技创新环境和基础/%	12.12	15.39	17	18
人力资源/%	13.17	13.43	18	17
高层次科技人才系数	0.00	0.21	18	12
高学历以上人员占年末从业人员的比例/%	46.41	44.22	15	16
高职称以上人员占年末从业人员的比例/%	36.13	30.34	15	17
创新条件及平台/%	11.42	16.70	17	18
人均大型科学仪器设备原值/万元	7.14	6.55	9	10
省级以上创新平台及载体系数	0.00	0.00	11	11
学科建设系数	1.12	1.00	15	15
研究生在校生人数占总在校生人数的比重/%	0.00	0.00	9	9
科技投入/%	25.92	16.01	12	11
人力投入/%	43.35	21.43	11	12
R&D人员占年末从业人员的比重/%	43.30	86.39	5	7
创新人才团队总量系数	0.36	0.36	12	11
经费投入/%	8.50	10.59	11	10
人均科研经费/万元	0.92	0.80	10	10
人均R&D经费/万元	0.97	—	12	—

续表

指标名称	三级指标值		位次	
	2016 年	2015 年	2016 年	2015 年
科技产出 / %	20.22	14.49	9	11
知识产出 / %	59.44	41.49	7	8
科技论文系数	47.21	43.00	12	13
知识产权系数	20.21	9.87	2	6
科技奖励 / %	0.00	0.00	7	6
科技成果系数	0.00	0.00	7	6
技术成果市场化水平 / %	0.00	0.00	7	9
人均技术市场成交合同金额 / 万元	0.00	0.00	7	9
科技合作交流 / %	15.89	13.61	12	13
项目合作系数	5.59	6.47	9	9
论文论著合作系数	34.12	27.56	12	14
创新绩效 / %	2.47	3.96	16	14
科技服务 / %	7.25	14.23	14	10
科技服务系数	0.01	0.03	14	10
产学研结合 / %	2.44	2.78	13	15
产学研结合系数	1.10	1.25	13	15
创造效益 / %	0.10	0.00	14	15
经济效益系数	1.48	0.00	14	15

（十七）贵州理工学院

年末从业人员758人；高学历以上人员574人，占年末从业人员的比例为75.73%，居第1位；高职称以上人员293人，占年末从业人员的比例为38.65%，居第12位；大型科学仪器设备原值14 000.00万元，人均大型科学仪器设备原值18.47万元，居第1位。

R&D人员440人，占年末从业人员的比重为58.05%，居第3位；科研经费3 562.00万元，人均科研经费4.70万元，居第2位；R&D经费1 529.00万元，人均R&D经费2.02万元，居第6位。

发表科技论文379篇（一般科技论文273篇、核心期刊64篇、三大检索工具收录42篇），科技论文系数为37.11，居第14位；省内合作项目35项，省外合作项目11项，境外合作项目16项，项目合作系数为15.82，居第4位。

科技特派员21人，科技服务系数为0.03，居第8位；知识产权创造的直接效益2.00万元，经济效益系数为1.23，居第15位。

贵州理工学院综合科技创新水平指数为23.66 %，居第9位。与上年相比，监测值提高8.96个百分点，位次上升4位。4个一级指标中，科技投入指数、科技产出指数和创新绩效指数较上年分别提高29.97个百分点、0.29个百分点和3.51个百分点，位次分别上升7位、不变和上升3位；科技创新环境和基础指数较上年下降8.53个百分点，位次不变（表3-17）。

表3-17 贵州理工学院各级监测指标和位次与上年比较

指标名称	三级指标值		位次	
	2016年	2015年	2016年	2015年
综合科技创新水平指数 / %	23.66	14.70	9	13
科技创新环境和基础 / %	18.11	26.64	14	14
人力资源 / %	19.79	17.75	12	13
高层次科技人才系数	0.27	0.14	11	15
高学历以上人员占年末从业人员的比例 / %	75.73	73.75	1	1
高职称以上人员占年末从业人员的比例 / %	38.65	37.52	12	11
创新条件及平台 / %	16.98	32.56	14	14
人均大型科学仪器设备原值 / 万元	18.47	18.54	1	1
省级以上创新平台及载体系数	0.25	0.13	6	7
学科建设系数	0.75	0.38	17	17
研究生在校生人数占总在校生人数的比重 / %	0.00	0.00	9	9
科技投入 / %	43.95	13.98	6	13
人力投入 / %	57.46	12.89	9	16
R&D人员占年末从业人员的比重 / %	58.05	34.66	3	17
创新人才团队总量系数	1.00	0.36	9	11
经费投入 / %	30.44	15.06	6	8
人均科研经费 / 万元	4.70	1.77	2	5
人均R&D经费 / 万元	2.02	—	6	—
科技产出 / %	12.90	12.61	12	12
知识产出 / %	20.57	18.86	14	12
科技论文系数	37.11	38.21	14	15
知识产权系数	3.94	3.37	13	11
科技奖励 / %	0.00	0.00	7	6
科技成果系数	0.00	0.00	7	6
技术成果市场化水平 / %	0.00	0.00	7	9
人均技术市场成交合同金额 / 万元	0.00	0.00	7	9
科技合作交流 / %	44.83	46.33	3	2
项目合作系数	15.82	15.82	4	4
论文论著合作系数	96.25	138.50	3	2
创新绩效 / %	3.51	0.00	14	17
科技服务 / %	17.40	0.00	8	17
科技服务系数	0.03	0.00	8	17
产学研结合 / %	0.00	0.00	17	17
产学研结合系数	0.00	0.00	17	17
创造效益 / %	0.08	0.00	15	15
经济效益系数	1.23	0.00	15	15

（十八）兴义民族师范学院

年末从业人员660人；高学历以上人员356人，占年末从业人员的比例为53.94%，居第9位；高职称以上人员207人，占年末从业人员的比例为31.36%，居第18位；大型科学仪器设备原值355.24万元，人均大型科学仪器设备原值0.54万元，居第18位。

R&D人员184人，占年末从业人员的比重为27.88%，居第12位；科研经费80.00万元，人均科研经费0.12万元，居第18位；R&D经费220.00万元，人均R&D经费0.33万元，居第17位。

发表科技论文79篇（一般科技论文14篇、核心期刊55篇、三大检索工具收录10篇），科技论文系数为12.21，居第18位；省内合作项目3项，项目合作系数为0.35，居第17位。

兴义民族师范学院综合科技创新水平指数为7.94%，居第18位，与上年相比，监测值提高2.01个百分点，位次不变。4个一级指标中，科技投入指数、科技产出指数和创新绩效指数较上年分别提高13.76个百分点、0.32个百分点和0个百分点，位次分别为不变、不变和下降1位；科技创新环境和基础指数较上年下降11.54个百分点，位次下降1位（表3-18）。

表3-18 兴义民族师范学院各级监测指标和位次与上年比较

指标名称	三级指标值		位次	
	2016年	2015年	2016年	2015年
综合科技创新水平指数 / %	7.94	5.93	18	18
科技创新环境和基础 / %	6.93	18.47	18	17
人力资源 / %	13.26	12.13	17	18
高层次科技人才系数	0.07	0.00	17	18
高学历以上人员占年末从业人员的比例 / %	53.94	51.17	9	10
高职称以上人员占年末从业人员的比例 / %	31.36	31.10	18	15
创新条件及平台 / %	2.71	22.71	18	17
人均大型科学仪器设备原值 / 万元	0.54	0.54	18	18
省级以上创新平台及载体系数	0.00	0.00	11	11
学科建设系数	0.38	0.38	18	17
研究生在校生人数占总在校生人数的比重 / %	0.00	0.00	9	9
科技投入 / %	16.99	3.23	18	18
人力投入 / %	32.06	5.86	18	17
R&D人员占年末从业人员的比重 / %	27.88	37.48	12	15
创新人才团队总量系数	0.00	0.00	15	15
经费投入 / %	1.91	0.59	18	18
人均科研经费 / 万元	0.12	0.09	18	18
人均R&D经费 / 万元	0.33	—	17	—
科技产出 / %	1.05	0.73	18	18
知识产出 / %	3.44	2.40	18	18

续表

指标名称	三级指标值		位次	
	2016 年	2015 年	2016 年	2015 年
科技论文系数	12.21	9.21	18	18
知识产权系数	0.30	0.17	18	18
科技奖励 / %	0.00	0.00	7	6
科技成果系数	0.00	0.00	7	6
技术成果市场化水平 / %	0.00	0.00	7	9
人均技术市场成交合同金额 / 万元	0.00	0.00	7	9
科技合作交流 / %	0.14	0.09	18	18
项目合作系数	0.35	0.24	17	18
论文论著合作系数	0.00	0.00	16	17
创新绩效 / %	0.00	0.00	18	17
科技服务 / %	0.00	0.00	17	17
科技服务系数	0.00	0.00	17	17
产学研结合 / %	0.00	0.00	17	17
产学研结合系数	0.00	0.00	17	17
创造效益 / %	0.00	0.00	16	15
经济效益系数	0.00	0.00	16	15

第四部分 科研院所科技创新水平评价

一、公益类科研院所综合科技创新水平评价

根据综合科技创新水平指数,全省33家科研院所分为3类(图4-1)。

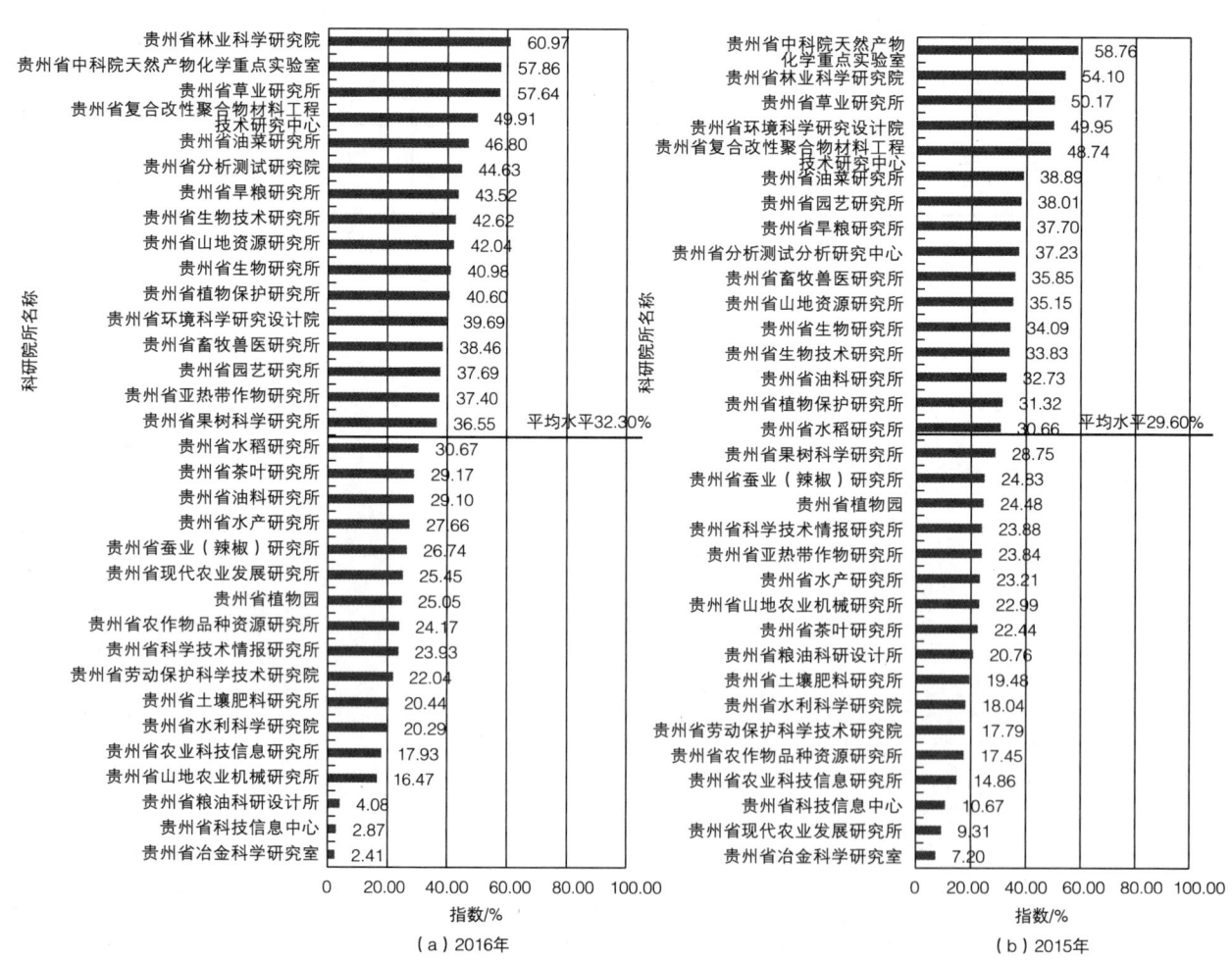

图4-1 公益类科研院所综合科技创新水平指数排序

第1类:综合科技创新水平指数高于45%的科研院所有5家。

第2类：综合科技创新水平指数低于45%，但高于平均水平（32.30%）的科研院所有11家。

第3类：综合科技创新水平指数低于平均水平的科研院所有17家。

2016年监测结果与2015年的相比，科研院所综合科技创新水平指数平均水平提高2.70个百分点，贵州省现代农业发展研究所、贵州省亚热带作物研究所、贵州省植物保护研究所等16家科研院所高于这一增幅；贵州省粮油科研设计所、贵州省环境科学研究设计院、贵州省科技信息中心等9家科研院所低于上年水平（图4-2）。

参照2015年综合科技创新水平指数排序，位次上升较快的是贵州省现代农业发展研究所、贵州省亚热带作物研究所和贵州省茶叶研究所，上升10位、7位和6位；位次下降较快的是贵州省环境科学研究设计院、贵州省山地农业机械研究所和贵州省园艺研究所，下降8位、7位和7位。

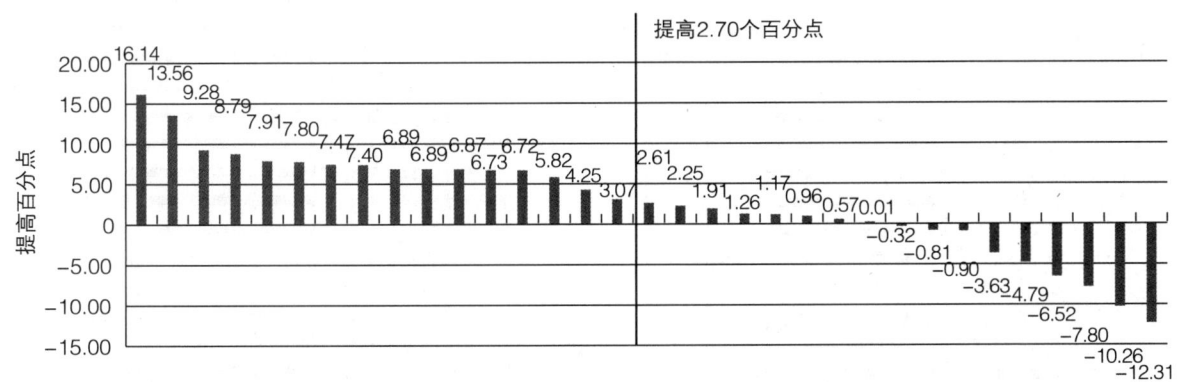

图4-2　公益类科研院所综合科技创新水平指数提高百分点排序

二、公益类科研院所科技创新一级指标评价

（一）科技创新环境和基础

科技创新环境和基础指数高于60.00%的公益类科研院所有9所，占全部公益类科研院所的

27.27%；低于60.00%，但高于平均水平（42.34%）的公益类科研院所有5所，占全部公益类科研院所的15.15%；低于平均水平的公益类科研院所有19所，占全部公益类科研院所的57.58%（图4-3）。

2016年监测结果与2015年的相比，科研院所科技创新环境和基础指数平均水平下降0.59个百分点，贵州省粮油科研设计所、贵州省亚热带作物研究所、贵州省中科院天然产物化学重点实验室等17家科研院所低于上年水平（图4-4）。

参照2015年科技创新环境和基础指数排位，位次上升较快的是贵州省现代农业发展研究所、贵州省果树科学研究所和贵州省农作物品种资源研究所，上升14位、8位和8位；位次下降较快的是贵州省粮油科研设计所和贵州省林业科学研究院，下降10位和8位。

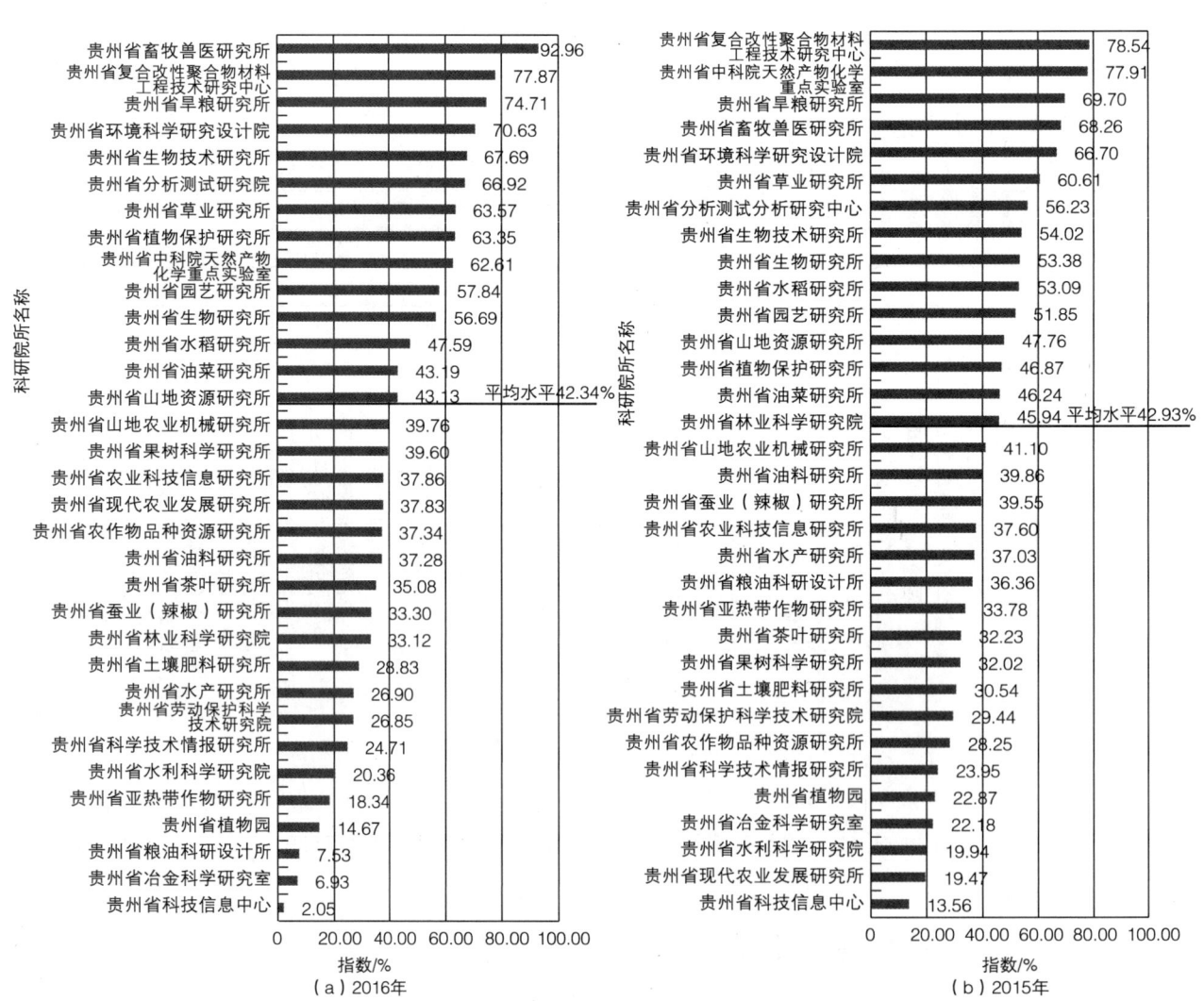

图4-3 公益类科研院所科技创新环境和基础指数排序

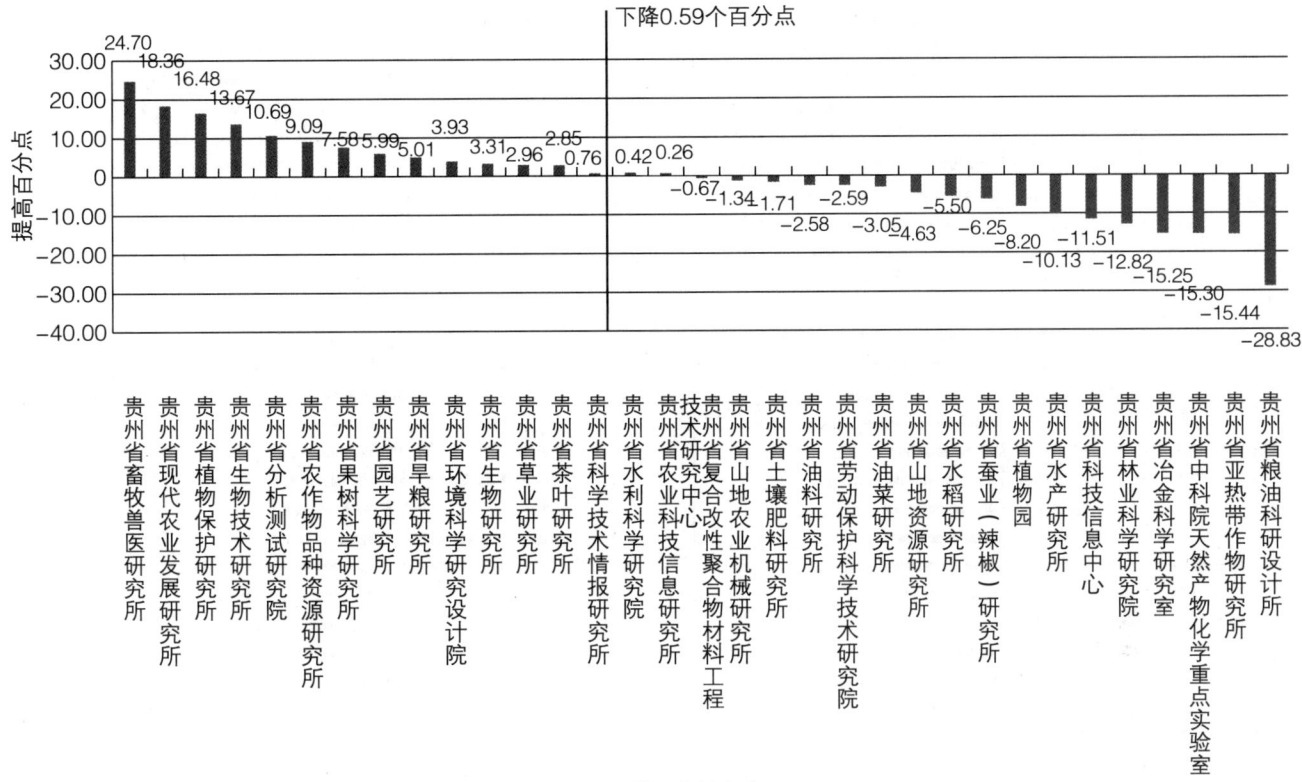

图4-4 公益类科研院所科技创新环境和基础指数提高百分点排序

（二）科技投入

科技投入指数高于80.00%的公益类科研院所有6所，占全部公益类科研院所的18.18%；低于80.00%，但高于平均水平（51.71%）的公益类科研院所有9所，占全部公益类科研院所的27.27%；低于平均水平的公益类科研院所有18所，占全部公益类科研院所的54.55%（图4-5）。

2016年监测结果与2015年的相比，科研院所科技投入指数平均水平提高12.40个百分点，贵州省亚热带作物研究所、贵州省草业研究所、贵州省现代农业发展研究所等18家科研院所高于这一增幅；贵州省粮油科研设计所、贵州省科技信息中心、贵州省环境科学研究设计院等7家科研院所低于上年水平（图4-6）。

参照2015年科技投入指数排序，位次上升较快的是贵州省亚热带作物研究所和贵州省现代农业发展研究所，上升15位和12位；位次下降较快的是贵州省科技信息中心和贵州省畜牧兽医研究所，均下降10位。

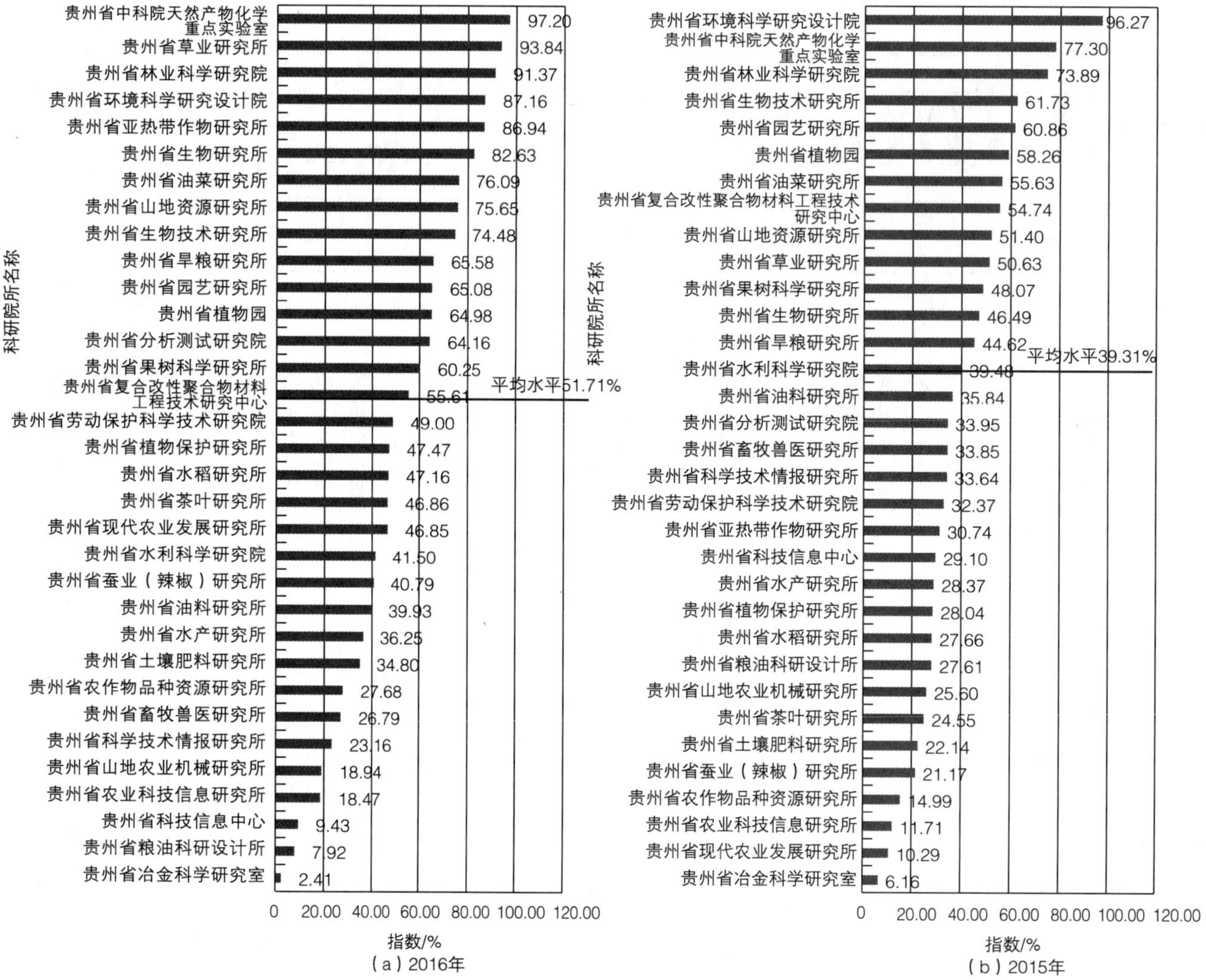

图4-5 公益类科研院所科技投入指数排序

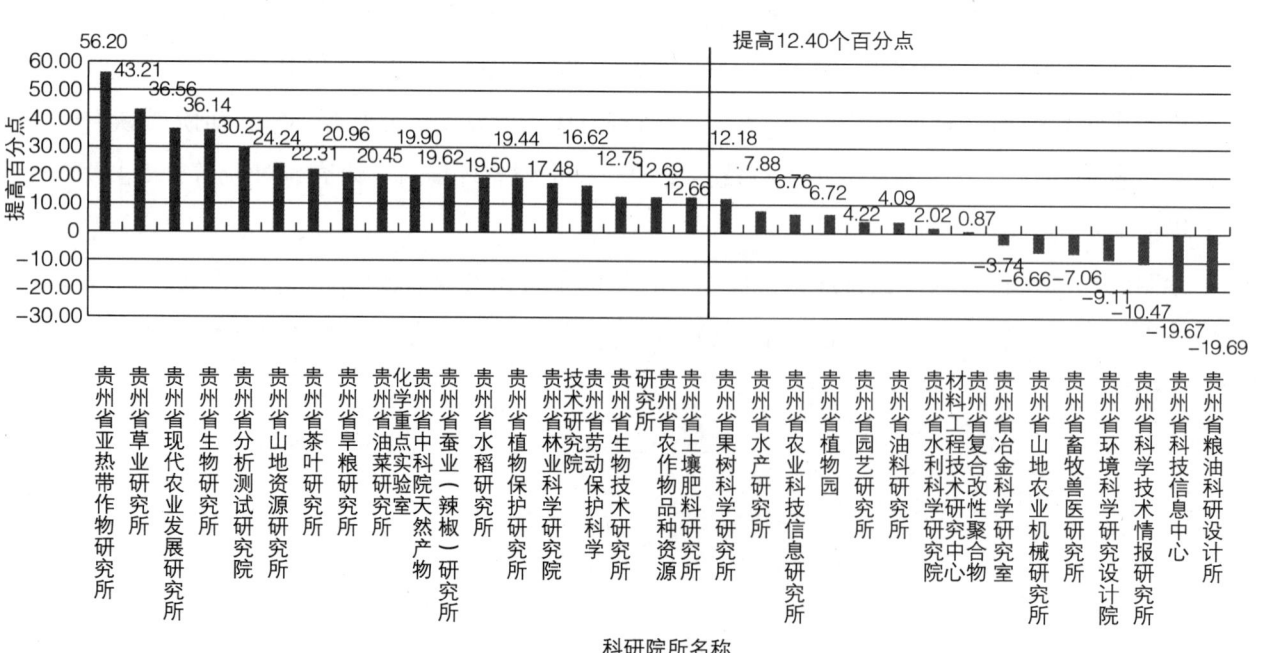

图4-6 公益类科研院所科技投入指数提高百分点排序

(三) 科技产出

科技产出指数高于30.00%的公益类科研院所有4所，占全部公益类科研院所的12.12%；低于30.00%，但高于平均水平（16.38%）的公益类科研院所有11所，占全部公益类科研院所的33.33%；低于平均水平的公益类科研院所有18所，占全部公益类科研院所的54.55%（图4-7）。

2016年监测结果与2015年的相比，科研院所科技产出指数平均水平下降1.97个百分点，贵州省油菜研究所、贵州省水稻研究所、贵州省山地农业机械研究所等21家科研院所低于上年水平（图4-8）。

参照2015年科技产出指数排序，位次上升较快的是贵州省科学技术情报研究所和贵州省油菜研究所，上升13位和12位；位次下降较快的是贵州省水稻研究所和贵州省山地农业机械研究所，下降13位和11位。

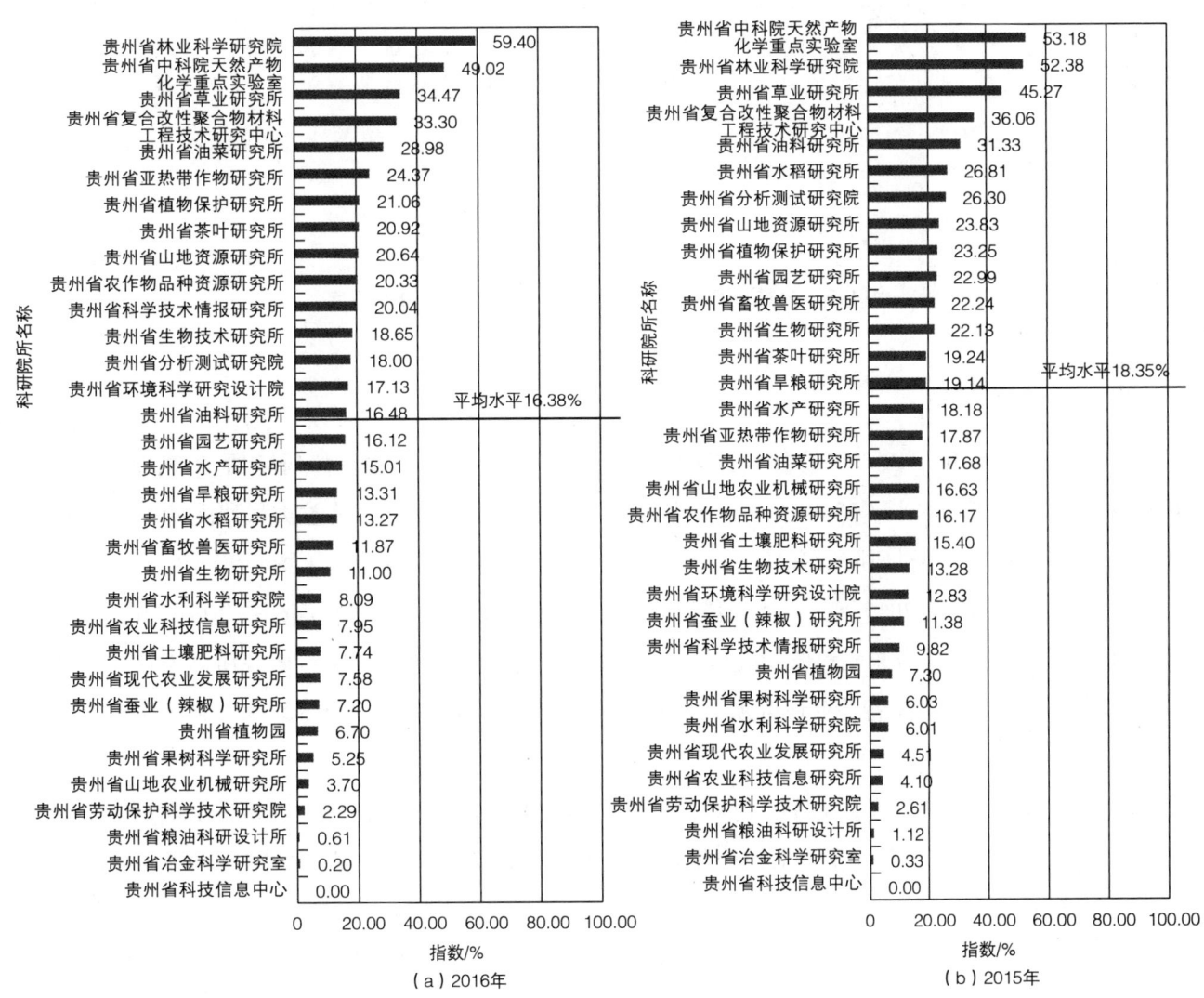

图4-7 公益类科研院所科技产出指数排序

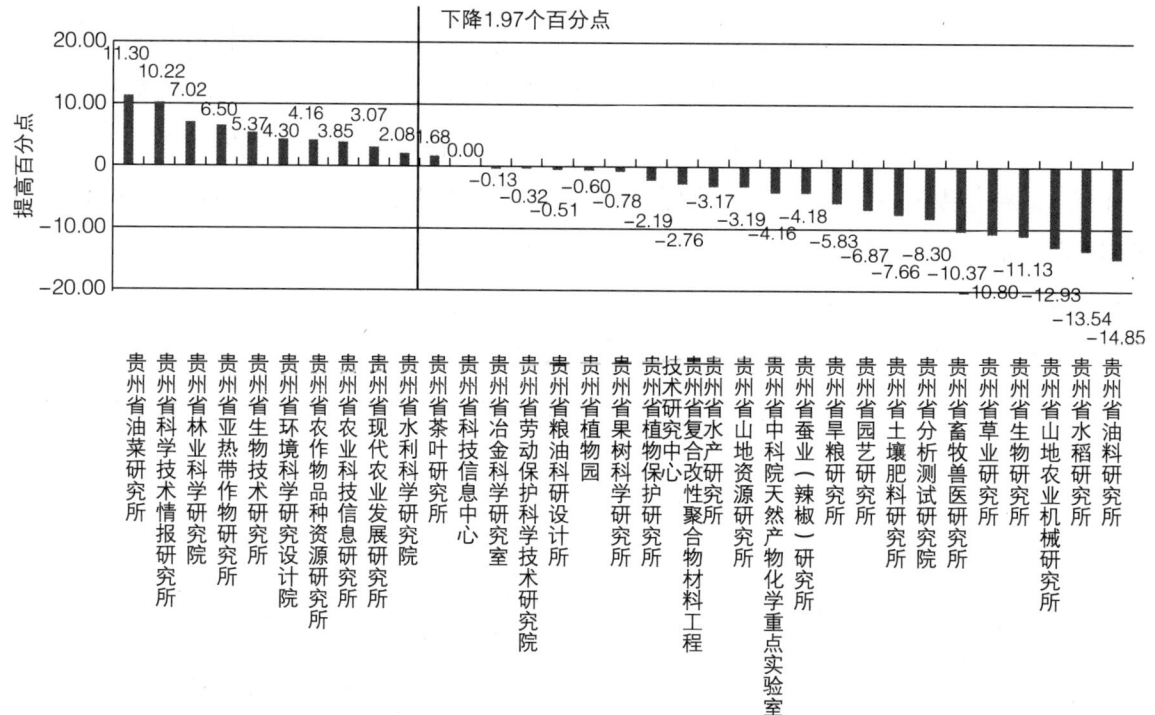

图4-8 公益类科研院所科技产出指数提高百分点排序

(四)创新绩效

创新绩效指数高于40.00%的公益类科研院所有6所,占全部公益类科研院所的18.18%;低于40.00%,但高于平均水平(23.48%)的公益类科研院所有9所,占全部公益类科研院所的27.27%;低于平均水平的公益类科研院所有18所,占全部公益类科研院所的54.55%(图4-9)。

2016年监测结果与2015年的相比,科研院所创新绩效指数平均水平提高6.02个百分点,贵州省林业科学研究院、贵州省果树科学研究所、贵州省山地资源研究所等16家科研院所高于这一增幅;贵州省油菜研究所、贵州省草业研究所、贵州省农作物品种资源研究所等6家科研院所低于上年水平(图4-10)。

参照2015年创新绩效指数排序,位次上升较快的是贵州省水稻研究所、贵州省山地资源研究所和贵州省水产研究所,上升6位、5位和5位;位次下降较快的是贵州省茶叶研究所和贵州省园艺研究所,下降8位和5位。

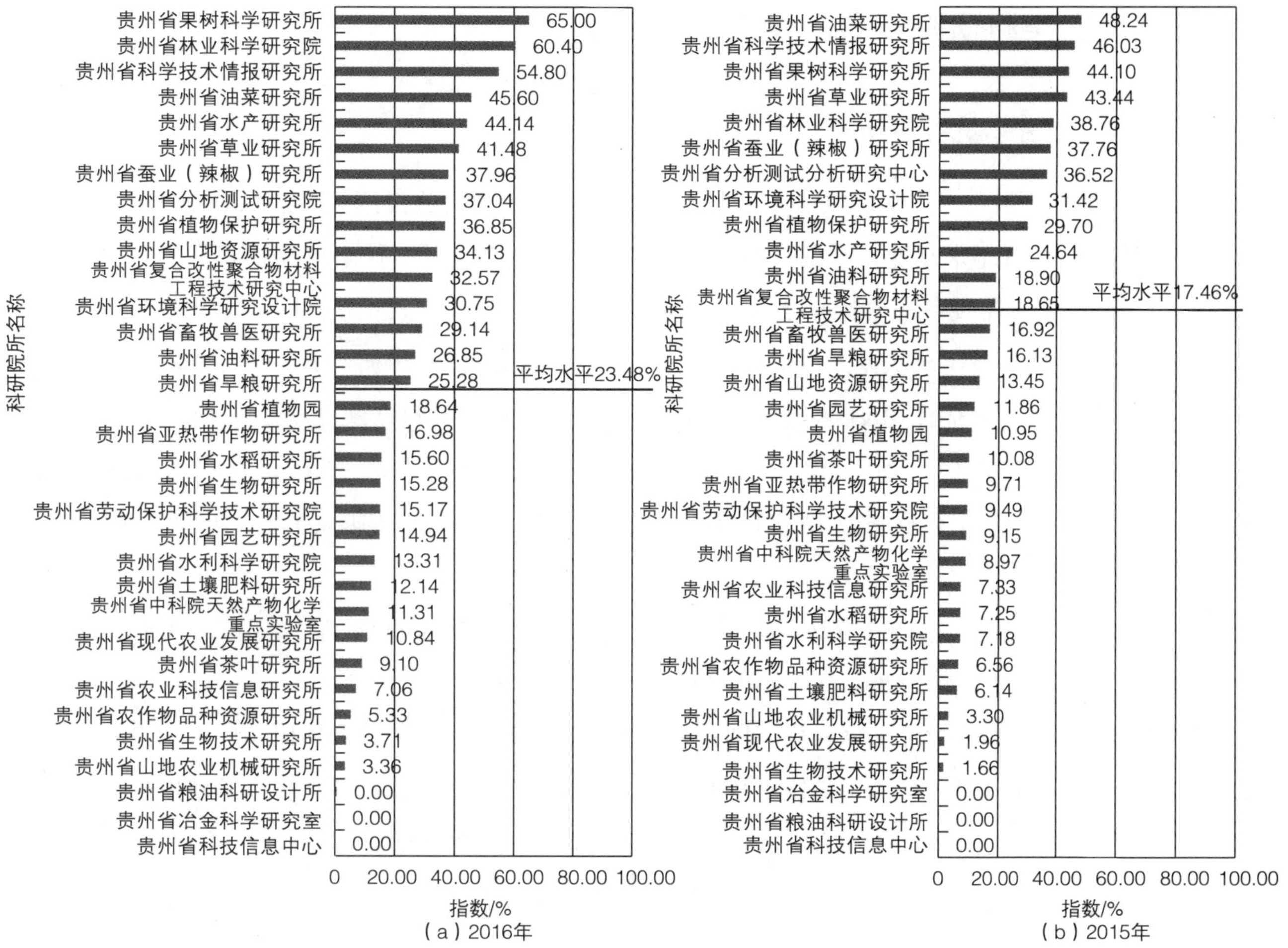

第四部分 科研院所科技创新水平评价

图4-9 公益类科研院所创新绩效指数排序

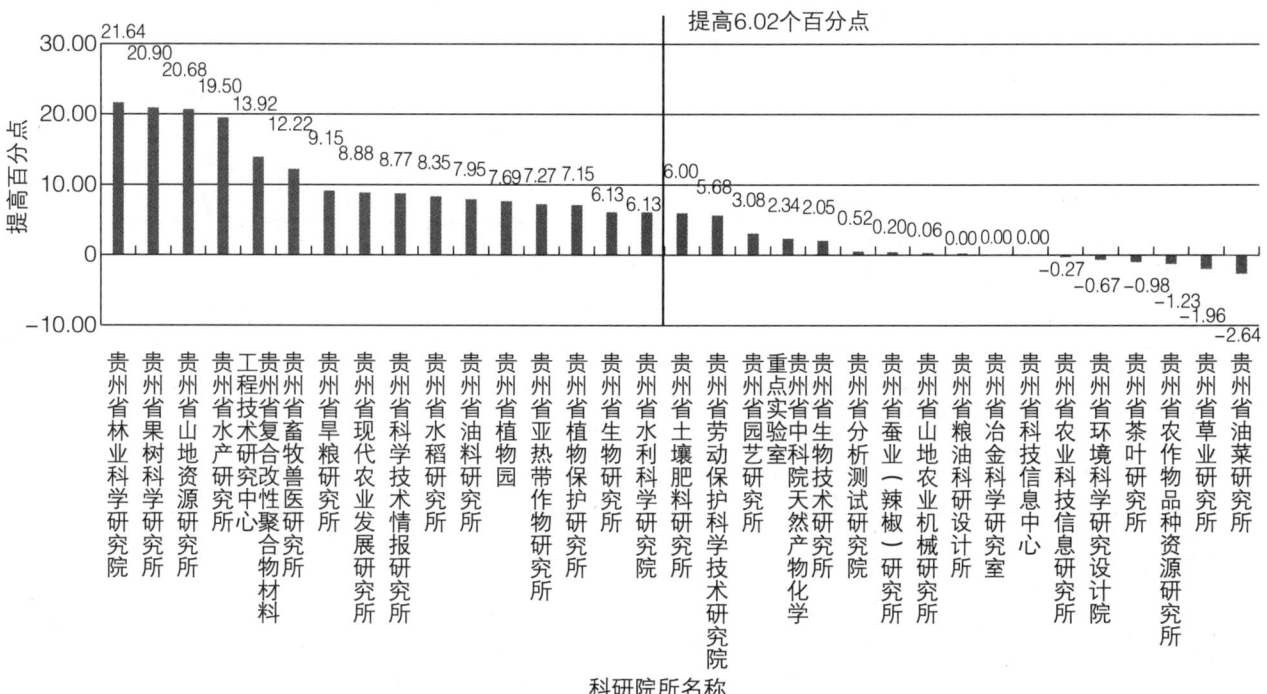

图4-10 公益类科研院所创新绩效指数提高百分点排序

三、公益类科研院所科技创新水平评价

（一）贵州省环境科学研究设计院

年末从业人员84人；高学历以上人员50人，占年末从业人员的比例为59.52%，居第8位；高职称以上人员39人，占年末从业人员的比例为46.43%，居第6位；大型科学仪器设备原值1 738.00万元，人均大型科学仪器设备原值20.69万元，居第5位。

R&D人员33人，占年末从业人员的比重为39.29%，居第24位；科研经费1 874.79万元，人均科研经费22.32万元，居第3位；R&D经费9 485.00万元，人均R&D经费112.92万元，居第10位。

发表科技论文12篇（一般科技论文9篇、核心期刊3篇），科技论文系数为0.95，居第29位；发明专利拥有量11项，知识产权系数为0.73，居第8位；境外合作项目数2项，省外合作项目3项，项目合作系数为2.06，居第6位。

科技培训人数220人，对外科技咨询项数70项，科技服务系数为0.02，居第18位；技术服务收入962.00万元，经济效益系数为296.00，居第4位。

贵州省环境科学研究设计院综合科技创新水平指数为39.69%，居公益类科研院所第12位，与上年相比，监测值下降10.26个百分点，位次下降8位。4个一级指标中，科技创新环境和基础指数和科技产出指数较上年分别提高3.93个百分点和4.30个百分点，位次分别上升1位和上升8位；科技投入指数和创新绩效指数较上年分别下降9.11个百分点和0.67个百分点，位次分别下降3位和下降4位（表4-1）。

表4-1 贵州省环境科学研究设计院各级监测指标和位次与上年比较

指标名称	三级指标值		位次	
	2016年	2015年	2016年	2015年
综合科技创新水平指数/%	39.69	49.95	12	4
科技创新环境和基础/%	70.63	66.70	4	5
人力资源/%	48.36	74.60	20	7
高层次科技人才系数	0.16	0.17	17	17
高学历以上人员占年末从业人员的比例/%	59.52	58.82	8	6
高职称以上人员占年末从业人员的比例/%	46.43	34.12	6	16
创新条件及平台/%	67.51	61.43	5	5
人均大型科学仪器设备原值/万元	20.69	19.85	5	5
省级以上创新平台及载体系数	0.17	0.12	4	15
科技投入/%	87.16	96.27	4	1
人力投入/%	17.39	92.53	24	2
R&D人员占年末从业人员的比重/%	39.29	—	24	—
创新人才团队总量系数	0.64	0.64	6	4
经费投入/%	96.93	100.00	1	1
人均科研经费/万元	22.32	34.89	3	1

续表

指标名称	三级指标值 2016年	三级指标值 2015年	位次 2016年	位次 2015年
人均R&D经费/万元	112.92	—	10	—
科技产出/%	17.13	12.83	14	22
知识产出/%	34.20	32.68	13	19
科技论文系数	0.95	1.63	29	28
知识产权系数	0.73	0.64	8	17
科技奖励/%	0.00	0.00	12	16
科技成果系数	0.00	0.00	12	16
技术成果市场化水平/%	0.00	0.00	4	2
人均技术市场成交合同金额/万元	0.00	0.00	4	2
科技合作交流/%	32.35	18.63	9	12
项目合作系数	2.06	1.12	6	9
论文论著合作系数	0.00	0.00	11	12
创新绩效/%	30.75	31.42	12	8
科技服务/%	16.40	23.35	22	6
科技服务系数	0.02	0.05	18	6
产学研结合/%	0.00	0.00	21	22
产学研结合系数	0.00	0.00	21	22
创造效益/%	100.00	93.01	1	4
经济效益系数	296.00	697.54	4	4

（二）贵州省复合改性聚合物材料工程技术研究中心

年末从业人员130人；高学历以上人员79人，占年末从业人员的比例为60.77%，居第7位；高职称以上人员44人，占年末从业人员的比例为33.85%，居第14位；大型科学仪器设备原值5 696.55万元，人均大型科学仪器设备原值43.82万元，居第1位。

R&D人员25人，占年末从业人员的比重为19.23%，居第29位；科研经费1 072.90万元，人均科研经费8.25万元，居第23位；R&D经费1 000.00万元，人均R&D经费7.69万元，居第31位。

发表科技论文46篇（核心期刊23篇、三大检索工具收录23篇），科技论文系数为10.16，居第2位；省外合作项目数3项，省内合作项目数5项，产学研项目20项，项目合作系数为2.65，居第3位。

科技培训人数480人，对外科技咨询项数55项，科技特派员2人，科技服务系数为0.02，居第18位；发明专利拥有量75项，知识产权系数为5.00，居第1位；知识产权创造的直接效益33.00万元，经济效益系数为20.31，居第14位。

贵州省复合改性聚合物材料工程技术研究中心综合科技创新水平指数为49.91%，居公益类科研院所4第位，与上年相比，监测值提高1.17个百分点，位次上升1位。4个一级指标中，科技投入指数和创新绩效指数较上年分别提高0.87个百分点和13.92个百分点，位次分别下降7位和上升1位；科技创新环境和基础指数及科技产出指数较上年分别下降0.67个百分点和2.76个百分点，位次分别下降1

位和不变（表4-2）。

表4-2 贵州省复合改性聚合物材料工程技术研究中心各级监测指标和位次与上年比较

指标名称	三级指标值		位次	
	2016年	2015年	2016年	2015年
综合科技创新水平指数 / %	49.91	48.74	4	5
科技创新环境和基础 / %	77.87	78.54	2	1
人力资源 / %	47.18	55.01	21	18
高层次科技人才系数	0.00	0.04	26	30
高学历以上人员占年末从业人员的比例 / %	60.77	62.50	7	3
高职称以上人员占年末从业人员的比例 / %	33.85	37.50	14	13
创新条件及平台 / %	98.34	94.22	1	1
人均大型科学仪器设备原值 / 万元	43.82	43.40	1	1
省级以上创新平台及载体系数	0.29	0.29	3	2
科技投入 / %	55.61	54.74	15	8
人力投入 / %	66.59	83.28	13	4
R&D人员占年末从业人员的比重 / %	19.23	—	29	—
创新人才团队总量系数	0.36	0.36	8	5
经费投入 / %	44.62	26.20	24	23
人均科研经费 / 万元	8.25	4.49	23	26
人均R&D经费 / 万元	7.69	—	31	—
科技产出 / %	33.30	36.06	4	4
知识产出 / %	89.07	91.17	2	2
科技论文系数	10.16	11.53	2	2
知识产权系数	5.00	4.93	1	1
科技奖励 / %	0.00	23.80	12	3
科技成果系数	0.00	0.07	12	3
技术成果市场化水平 / %	0.00	0.00	4	2
人均技术市场成交合同金额 / 万元	0.00	0.00	4	2
科技合作交流 / %	44.12	24.51	4	9
项目合作系数	2.65	1.47	3	7
论文论著合作系数	0.00	0.00	11	12
创新绩效 / %	32.57	18.65	11	12
科技服务 / %	15.80	5.80	23	22
科技服务系数	0.02	0.01	18	22
产学研结合 / %	62.50	40.00	3	6
产学研结合系数	1.25	0.80	3	6
创造效益 / %	8.12	2.46	14	18
经济效益系数	20.31	18.46	14	18

（三）贵州省中科院天然产物化学重点实验室

年末从业人员94人；高学历以上人员58人，占年末从业人员的比例为61.70%，居第6位；高职称以上人员25人，占年末从业人员的比例为26.60%，居第21位；大型科学仪器设备原值2 489.70万元，人均大型科学仪器设备原值26.49万元，居第2位。

R&D人员94人，占年末从业人员的比重为100.00%，居第1位；科研经费1 503.74万元，人均科研经费16.00万元，居第9位；R&D经费24 111.00万元，人均R&D经费256.50万元，居第2位。

发表科技论文79篇（一般科技论文19篇、核心期刊34篇、三大检索工具收录26篇），科技论文系数为13.21，居第1位；省内合作项目5项，省外合作项目2项，境外合作项目2项，产学研项目9项，项目合作系数为2.76，居第2位。

科技培训人数15人，对外科技咨询项数9项；技术服务收入51.06万元，经济效益系数为15.71，居第16位。

贵州省中科院天然产物化学重点实验室综合科技创新水平指数为57.86%，居公益类科研院所第2位，与上年相比，监测值下降0.90个百分点，位次下降1位。4个一级指标中，科技投入指数、创新绩效指数较上年分别提高19.90个百分点和2.34个百分点，位次分别上升1位和下降2位；科技创新环境和基础指数、科技产出指数较上年分别下降15.30个百分点和4.16个百分点，位次分别下降7位和下降1位（表4-3）。

表4-3 贵州省中科院天然产物化学重点实验室各级监测指标和位次与上年比较

指标名称	三级指标值		位次	
	2016年	2015年	2016年	2015年
综合科技创新水平指数 / %	57.86	58.76	2	1
科技创新环境和基础 / %	62.61	77.91	9	2
人力资源 / %	96.52	88.31	1	1
高层次科技人才系数	1.04	0.85	1	1
高学历以上人员占年末从业人员的比例 / %	61.70	45.45	6	9
高职称以上人员占年末从业人员的比例 / %	26.60	32.47	21	17
创新条件及平台 / %	40.00	70.98	13	2
人均大型科学仪器设备原值 / 万元	26.49	23.48	2	4
省级以上创新平台及载体系数	0.00	0.17	16	3
科技投入 / %	97.20	77.30	1	2
人力投入 / %	100.00	86.68	1	3
R&D人员占年末从业人员的比重 / %	100.00	—	1	—
创新人才团队总量系数	1.36	1.36	1	1
经费投入 / %	94.40	67.92	3	3
人均科研经费 / 万元	16.00	16.41	9	8

续表

指标名称	三级指标值		位次	
	2016年	2015年	2016年	2015年
人均R&D经费/万元	256.50	—	2	—
科技产出/%	49.02	53.18	2	1
知识产出/%	100.00	96.62	1	1
科技论文系数	13.21	13.05	1	1
知识产权系数	1.67	1.47	2	5
科技奖励/%	0.00	15.87	12	8
科技成果系数	0.00	0.05	12	8
技术成果市场化水平/%	0.00	0.00	4	2
人均技术市场成交合同金额/万元	0.00	0.00	4	2
科技合作交流/%	92.16	97.06	1	1
项目合作系数	2.76	2.82	2	4
论文论著合作系数	28.44	10.62	1	1
创新绩效/%	11.31	8.97	24	22
科技服务/%	2.10	0.90	28	28
科技服务系数	0.00	0.00	27	28
产学研结合/%	12.50	20.00	13	10
产学研结合系数	0.45	0.40	10	10
创造效益/%	6.28	2.64	16	17
经济效益系数	15.71	19.78	16	17

（四）贵州省草业研究所

年末从业人员78人；高学历以上人员33人，占年末从业人员的比例为42.31%，居第12位；高职称以上人员32人，占年末从业人员的比例为41.03%，居第8位；大型科学仪器设备原值585.20万元，人均大型科学仪器设备原值7.50万元，居第17位。

R&D人员63人，占年末从业人员的比重为80.77%，居第11位；科研经费1 467.50万元，人均科研经费18.81万元，居第6位；R&D经费10 738.00万元，人均R&D经费137.67万元，居第7位。

发表科技论文62篇（一般科技论文33篇、核心期刊23篇、三大检索工具收录6篇），科技论文系数为6.95，居第3位。

科技培训人数2 115人，对外科技咨询项数17项，科技特派员18人，科技服务系数为0.03，居第8位；省外合作项目数2项，省内合作项目数5项，产学研项目数13项，项目合作系数为1.94，居第8位。

贵州省草业研究所综合科技创新水平指数为57.64%，居公益类科研院所第3位，与上年相比，监测值提高7.47个百分点，位次不变。4个一级指标中，科技创新环境和基础指数、科技投入指数较上年分别提高2.96个百分点和43.21个百分点，位次分别下降1位和上升8位；科技产出指数和创新绩效指数较上年分别下降10.80个百分点和1.96个百分点，位次分别为不变和下降2位（表4-4）。

表4-4 贵州省草业研究所各级监测指标和位次与上年比较

指标名称	三级指标值		位次	
	2016年	2015年	2016年	2015年
综合科技创新水平指数 / %	57.64	50.17	3	3
科技创新环境和基础 / %	63.57	60.61	7	6
人力资源 / %	91.41	79.26	3	4
高层次科技人才系数	0.57	0.24	4	6
高学历以上人员占年末从业人员的比例 / %	42.31	36.84	12	15
高职称以上人员占年末从业人员的比例 / %	41.03	40.79	8	8
创新条件及平台 / %	45.01	48.18	10	8
人均大型科学仪器设备原值 / 万元	7.50	7.43	17	17
省级以上创新平台及载体系数	0.17	0.17	4	3
科技投入 / %	93.84	50.63	2	10
人力投入 / %	93.20	80.20	4	6
R&D 人员占年末从业人员的比重 / %	80.77	—	11	—
创新人才团队总量系数	1.00	0.36	3	5
经费投入 / %	94.49	21.06	2	25
人均科研经费 / 万元	18.81	4.29	6	27
人均 R&D 经费 / 万元	137.67	—	7	—
科技产出 / %	34.47	45.27	3	3
知识产出 / %	37.83	73.12	12	4
科技论文系数	6.95	6.47	3	5
知识产权系数	0.27	1.40	20	6
科技奖励 / %	15.87	23.80	8	3
科技成果系数	0.05	0.07	8	3
技术成果市场化水平 / %	0.00	0.00	4	2
人均技术市场成交合同金额 / 万元	0.00	0.00	4	2
科技合作交流 / %	81.01	79.41	2	2
项目合作系数	1.94	1.76	8	6
论文论著合作系数	6.81	8.69	2	2
创新绩效 / %	41.48	43.44	6	4
科技服务 / %	30.20	15.75	11	12
科技服务系数	0.03	0.03	8	12
产学研结合 / %	45.00	82.50	5	2
产学研结合系数	0.90	1.65	5	2
创造效益 / %	51.69	19.69	9	9
经济效益系数	129.23	147.69	9	9

（五）贵州省油菜研究所

年末从业人员72人；高学历以上人员26人，占年末从业人员的比例为36.11%，居第18位；高职称以上人员36人，占年末从业人员的比例为50.00%，居第4位；大型科学仪器设备原值630.00万元，人均大型科学仪器设备原值8.75万元，居第14位。

R&D人员49人，占年末从业人员的比重为68.06%，居第15位；科研经费825.00万元，人均科研经费11.46万元，居第16位；R&D经费7 362.00万元，人均R&D经费102.25万元，居第12位。

发表科技论文23篇（一般科技论文10篇、核心期刊8篇、三大检索工具收录5篇），科技论文系数为3.11，居第17位；省外合作项目2项，项目合作系数为0.59，居第13位。

科技培训人数820人，科技特派员21人，科技服务系数为0.03，居第8位，知识产权创造的直接效益1 420.00万元，技术服务收入75.00万元，生产性收入540.00万元，经济效益系数为938.46，居第3位。

贵州省油菜研究所综合科技创新水平指数为46.80%，居公益类科研院所第5位，与上年相比，监测值提高7.91个百分点，位次上升1位。4个一级指标中，科技投入指数、科技产出指数较上年分别提高20.46个百分点和11.30个百分点，位次分别为不变和上升12位；科技创新环境和基础指数和创新绩效指数较上年分别下降3.05个百分点和2.64个百分点，位次分别上升1位和下降3位（表4-5）。

表4-5　贵州省油菜研究所各级监测指标和位次与上年比较

指标名称	三级指标值		位次	
	2016年	2015年	2016年	2015年
综合科技创新水平指数 / %	46.80	38.89	5	6
科技创新环境和基础 / %	43.19	46.24	13	14
人力资源 / %	88.81	96.67	4	1
高层次科技人才系数	0.83	0.49	2	3
高学历以上人员占年末从业人员的比例 / %	36.11	67.57	18	1
高职称以上人员占年末从业人员的比例 / %	50.00	37.84	4	11
创新条件及平台 / %	12.77	18.22	21	21
人均大型科学仪器设备原值 / 万元	8.75	8.32	14	13
省级以上创新平台及载体系数	0.00	0.00	16	16
科技投入 / %	76.09	55.63	7	7
人力投入 / %	81.40	74.03	6	10
R&D人员占年末从业人员的比重 / %	68.06	—	15	—
创新人才团队总量系数	0.36	0.36	8	5
经费投入 / %	70.77	33.88	11	16
人均科研经费 / 万元	11.46	10.68	16	16
人均R&D经费 / 万元	102.25	—	12	—

续表

指标名称	三级指标值		位次	
	2016年	2015年	2016年	2015年
科技产出 / %	28.98	17.68	5	17
知识产出 / %	48.98	55.99	6	9
科技论文系数	3.11	4.79	17	10
知识产权系数	0.89	0.93	6	9
科技奖励 / %	47.63	15.87	1	4
科技成果系数	0.14	0.05	1	4
技术成果市场化水平 / %	0.00	100.00	4	1
人均技术市场成交合同金额 / 万元	0.00	6.76	4	1
科技合作交流 / %	9.80	16.67	15	16
项目合作系数	0.59	1.00	13	15
论文论著合作系数	0.00	0.00	11	14
创新绩效 / %	45.60	48.24	4	1
科技服务 / %	30.30	1.20	9	22
科技服务系数	0.03	0.00	8	22
产学研结合 / %	25.00	55.00	9	8
产学研结合系数	0.50	1.10	9	8
创造效益 / %	100.00	47.38	1	4
经济效益系数	938.46	355.38	3	4

（六）贵州省旱粮研究所

年末从业人员46人；高学历以上人员21人，占年末从业人员的比例为45.65%，居第11位；高职称以上人员22人，占年末从业人员的比例为47.83%，居第5位；大型科学仪器设备原值358.80万元，人均大型科学仪器设备原值7.80万元，居第17位。

R&D人员30人，占年末从业人员的比重为65.22%，居第18位；科研经费434.00万元，人均科研经费9.43万元，居第22位；R&D经费5 379.00万元，人均R&D经费116.93万元，居第9位。

发表科技论文23篇（一般科技论文3篇、核心期刊19篇、三大检索工具收录1篇），科技论文系数为3.42，居第13位；省外合作项目3项，省内合作项目1项，产学研项目5项，项目合作系数为1.29，居第9位；科技培训人数35 200人，对外科技咨询项数21项，科技特派员10人，科技服务系数为0.03，居第8位。

贵州省旱粮研究所综合科技创新水平指数为43.53%，居公益类科研院所第7位，与上年相比，监测值提高5.82个百分点，位次上升1位。4个一级指标中，科技创新环境和基础指数、科技投入指数和创新绩效指数较上年分别提高5.01个百分点、20.96个百分点和9.15个百分点，位次为不变、上升3位和下降1位；科技产出指数较上年下降5.83个百分点，位次下降4位（表4-6）。

表4-6 贵州省旱粮研究所各级监测指标和位次与上年比较

指标名称	三级指标值		位次	
	2016年	2015年	2016年	2015年
综合科技创新水平指数 / %	43.52	37.70	7	8
科技创新环境和基础 / %	74.71	69.70	3	3
人力资源 / %	84.57	78.28	8	6
高层次科技人才系数	0.56	0.34	5	3
高学历以上人员占年末从业人员的比例 / %	45.65	40.00	11	13
高职称以上人员占年末从业人员的比例 / %	47.83	44.44	5	6
创新条件及平台 / %	68.14	63.98	4	4
人均大型科学仪器设备原值 / 万元	7.80	7.97	17	16
省级以上创新平台及载体系数	0.33	0.33	1	1
科技投入 / %	65.58	44.62	10	13
人力投入 / %	73.50	71.43	11	13
R&D人员占年末从业人员的比重 / %	65.22	—	18	—
创新人才团队总量系数	0.36	0.36	8	5
经费投入 / %	57.66	17.81	18	27
人均科研经费 / 万元	9.43	6.87	22	21
人均R&D经费 / 万元	116.93	—	9	—
科技产出 / %	13.31	19.14	18	14
知识产出 / %	31.67	18.17	14	26
科技论文系数	3.42	2.11	13	26
知识产权系数	0.44	0.26	13	25
科技奖励 / %	0.00	39.67	12	1
科技成果系数	0.00	0.12	12	1
技术成果市场化水平 / %	0.00	0.00	4	2
人均技术市场成交合同金额 / 万元	0.00	0.00	4	2
科技合作交流 / %	21.57	10.78	12	14
项目合作系数	1.29	0.65	9	13
论文论著合作系数	0.00	0.00	11	12
创新绩效 / %	25.28	16.13	15	14
科技服务 / %	25.30	11.80	16	17
科技服务系数	0.03	0.02	8	17
产学研结合 / %	35.00	30.00	6	8
产学研结合系数	0.70	0.60	6	8
创造效益 / %	9.60	0.00	13	20
经济效益系数	24.00	0.00	13	20

（七）贵州省畜牧兽医研究所

年末从业人员105人；高学历以上人员26人，占年末从业人员的比例为24.76%，居第28位；高职称以上人员40人，占年末从业人员的比例为38.10%，居第11位；大型科学仪器设备原值1 954.00万元，人均大型科学仪器设备原值18.61万元，居第6位。

R&D人员28人，占年末从业人员的比重为26.67%，居第27位；科研经费765.00万元，人均科研经费7.20万元，居第26位；R&D经费1 750.00万元，人均R&D经费16.67万元，居第27位。

发表科技论文49篇（一般科技论文33篇、核心期刊16篇），科技论文系数为4.26，居第8位；形成地方标准1项，发明专利拥有量4项，知识产权系数为0.29，居第18位。

科技培训人数1 535人，对外科技咨询项数31项，科技特派员3人，科技服务系数为0.01，居第25位。

贵州省畜牧兽医研究所综合科技创新水平指数为38.46%，居公益类科研院所第13位，与上年相比，监测值提高2.61个百分点，位次下降3位。4个一级指标中，科技创新环境和基础指数、创新绩效指数较上年分别提高24.70个百分点和12.22个百分点，位次分别上升3位和不变；科技投入指数和科技产出指数较上年分别下降7.06个百分点和10.37个百分点，位次分别下降10位和下降9位（表4-7）。

表4-7 贵州省畜牧兽医研究所各级监测指标和位次与上年比较

指标名称	三级指标值		位次	
	2016年	2015年	2016年	2015年
综合科技创新水平指数 / %	38.46	35.85	13	10
科技创新环境和基础 / %	92.96	68.26	1	4
人力资源 / %	86.91	71.23	6	9
高层次科技人才系数	0.32	0.21	10	14
高学历以上人员占年末从业人员的比例 / %	24.76	24.76	28	25
高职称以上人员占年末从业人员的比例 / %	38.10	38.10	11	12
创新条件及平台 / %	96.99	66.29	2	3
人均大型科学仪器设备原值 / 万元	18.61	18.61	6	6
省级以上创新平台及载体系数	0.33	0.17	1	3
科技投入 / %	26.79	33.85	27	17
人力投入 / %	14.04	32.91	26	15
R&D人员占年末从业人员的比重 / %	26.67	—	27	—
创新人才团队总量系数	0.00	0.00	15	14
经费投入 / %	39.54	34.78	27	17
人均科研经费 / 万元	7.20	7.85	26	19
人均R&D经费 / 万元	16.67	—	27	—
科技产出 / %	11.87	22.24	20	11

续表

指标名称	三级指标值		位次	
	2016 年	2015 年	2016 年	2015 年
知识产出 / %	28.43	69.92	18	6
科技论文系数	4.26	5.58	8	7
知识产权系数	0.29	1.50	18	4
科技奖励 / %	15.87	15.87	8	8
科技成果系数	0.05	0.05	8	8
技术成果市场化水平 / %	0.00	0.00	4	2
人均技术市场成交合同金额 / 万元	0.00	0.00	4	2
科技合作交流 / %	0.00	0.00	26	26
项目合作系数	0.00	0.00	25	25
论文论著合作系数	0.00	0.00	11	12
创新绩效 / %	29.14	16.92	13	13
科技服务 / %	11.80	5.50	25	25
科技服务系数	0.01	0.01	25	25
产学研结合 / %	62.50	37.50	3	7
产学研结合系数	1.25	0.75	4	7
创造效益 / %	0.00	0.00	20	20
经济效益系数	0.00	0.00	20	20

（八）贵州省林业科学研究院

年末从业人员173人；高学历以上人员55人，占年末从业人员的比例为31.79%，居第21位；高职称以上人员43人，占年末从业人员的比例为24.86%，居第25位；大型科学仪器设备原值978.00万元，人均大型科学仪器设备原值5.65万元，居第24位。

R&D人员75人，占年末从业人员的比重为43.35%，居第21位；科研经费1 728.00万元，人均科研经费9.99万元，居第19位；R&D经费9 346.00万元，人均R&D经费54.02，居第21位。

发表科技论文62篇（一般科技论文42篇、核心期刊20篇），科技论文系数为5.37，居第6位；省外合作项目5项，省内合作项目8项，产学研项目29项，项目合作系数为4.12，居第1位。

科技培训人数2 300人，对外科技咨询项数46项，科技特派员4人，科技服务系数为0.02，居第18位；知识产权创造的直接效益65.00万元，技术服务收入453.00万元，生产性收入331.00万元，经济效益系数为204.85，居第5位。

贵州省林业科学研究院综合科技创新水平指数为60.97%，居公益类科研院所第1位，与上年相比，监测值提高6.87个百分点，位次上升1位。4个一级指标中，科技投入指数、科技产出指数和创新绩效指数较上年分别提高17.48个百分点、7.02个百分点和21.64个百分点，位次分别为不变、上升1位和上升3位；科技创新环境和基础指数较上年下降12.82个百分点，位次下降8位（表4-8）。

表4-8 贵州省林业科学研究院各级监测指标和位次与上年比较

指标名称	三级指标值		位次	
	2016年	2015年	2016年	2015年
综合科技创新水平指数 / %	60.97	54.10	1	2
科技创新环境和基础 / %	33.12	45.94	23	15
人力资源 / %	56.72	79.88	16	3
高层次科技人才系数	0.07	0.21	22	12
高学历以上人员占年末从业人员的比例 / %	31.79	27.88	21	23
高职称以上人员占年末从业人员的比例 / %	24.86	26.06	25	20
创新条件及平台 / %	17.39	23.31	19	20
人均大型科学仪器设备原值 / 万元	5.65	4.72	24	28
省级以上创新平台及载体系数	0.00	0.00	16	16
科技投入 / %	91.37	73.89	3	3
人力投入 / %	94.62	98.55	3	1
R&D人员占年末从业人员的比重 / %	43.35	—	21	—
创新人才团队总量系数	0.73	0.73	4	2
经费投入 / %	88.11	49.23	6	7
人均科研经费 / 万元	9.99	5.92	19	23
人均R&D经费 / 万元	54.02	—	21	—
科技产出 / %	59.40	52.38	1	2
知识产出 / %	70.65	72.47	3	5
科技论文系数	5.37	6.42	6	6
知识产权系数	1.38	1.19	3	11
科技奖励 / %	23.80	15.87	3	8
科技成果系数	0.07	0.05	3	8
技术成果市场化水平 / %	74.76	49.30	1	1
人均技术市场成交合同金额 / 万元	0.65	0.64	2	1
科技合作交流 / %	78.57	78.57	3	3
项目合作系数	4.12	3.71	1	1
论文论著合作系数	4.00	4.00	3	3
创新绩效 / %	60.40	38.76	2	5
科技服务 / %	16.90	7.75	20	21
科技服务系数	0.02	0.02	18	21
产学研结合 / %	85.00	77.50	2	3
产学研结合系数	1.70	1.55	2	3
创造效益 / %	81.94	20.18	5	8
经济效益系数	204.85	151.38	5	8

（九）贵州省山地资源研究所

年末从业人员58人；高学历以上人员37人，占年末从业人员的比例为63.79%，居第4位；高职称以上人员23人，占年末从业人员的比例为39.66%，居第9位；大型科学仪器设备原值470.60万元，人均大型科学仪器设备原值8.11万元，居第16位。

R&D人员50人，占年末从业人员的比重为86.21%，居第7位；科研经费739.00万元，人均科研经费12.74万元，居第14位；R&D经费10 460.00万元，人均R&D经费180.34万元，居第3位。

发表科技论文47篇（一般科技论文22篇、核心期刊23篇、三大检索工具收录2篇），科技论文系数为5.42，居第4位；省外合作项目2项，省内合作项目16项，产学研项目3项，项目合作系数为2.65，居第3位。

科技培训人数1 300人，对外科技咨询项数43项，科技特派员23人，科技服务系数为0.04，居第6位；技术服务收入591.25万元，经济效益系数为159.77，居第6位。

贵州省山地资源研究所综合科技创新水平指数为42.04%，居公益类科研院所第9位，与上年相比，监测值提高6.89个百分点，位次上升2位。4个一级指标中，科技投入指数和创新绩效指数较上年分别提高24.25个百分点和20.68个百分点，位次分别上升1位和上升5位；科技创新环境和基础指数、科技产出指数较上年分别下降4.63个百分点和3.19个百分点，位次分别下降2位和下降1位（表4-9）。

表4-9 贵州省山地资源研究所各级监测指标和位次与上年比较

指标名称	三级指标值		位次	
	2016年	2015年	2016年	2015年
综合科技创新水平指数/%	42.04	35.15	9	11
科技创新环境和基础/%	43.13	47.76	14	12
人力资源/%	42.80	52.00	22	19
高层次科技人才系数	0.00	0.07	26	25
高学历以上人员占年末从业人员的比例/%	63.79	62.50	4	3
高职称以上人员占年末从业人员的比例/%	39.66	42.86	9	7
创新条件及平台/%	43.37	44.93	11	12
人均大型科学仪器设备原值/万元	8.11	6.63	16	19
省级以上创新平台及载体系数	0.17	0.17	4	3
科技投入/%	75.65	51.40	8	9
人力投入/%	82.54	76.24	5	9
R&D人员占年末从业人员的比重/%	86.21	—	7	—
创新人才团队总量系数	0.36	0.36	8	5
经费投入/%	68.74	26.56	13	22

续表

指标名称	三级指标值		位次	
	2016年	2015年	2016年	2015年
人均科研经费／万元	12.74	11.31	14	15
人均R&D经费／万元	180.34	—	3	—
科技产出／%	20.64	23.83	9	8
知识产出／%	38.44	28.26	11	20
科技论文系数	5.42	5.58	4	7
知识产权系数	0.42	0.20	15	27
科技奖励／%	0.00	15.87	12	8
科技成果系数	0.00	0.05	12	8
技术成果市场化水平／%	0.00	0.00	4	2
人均技术市场成交合同金额／万元	0.00	0.00	4	2
科技合作交流／%	44.12	48.04	4	6
项目合作系数	2.65	2.88	3	3
论文论著合作系数	0.00	0.00	11	12
创新绩效／%	34.13	13.45	10	15
科技服务／%	43.30	13.80	6	14
科技服务系数	0.04	0.03	6	14
产学研结合／%	7.50	5.00	19	18
产学研结合系数	0.15	0.10	19	18
创造效益／%	63.91	26.49	6	7
经济效益系数	159.77	198.69	6	7

（十）贵州省园艺研究所

年末从业人员54人；高学历以上人员22人，占年末从业人员的比例为40.74%，居第14位；高职称以上人员23人，占年末从业人员的比例为42.59%，居第7位；大型科学仪器设备原值295.21万元，人均大型科学仪器设备原值5.47万元，居第25位。

R&D人员43人，占年末从业人员的比重为79.63%，居第12位；科研经费232.00万元，人均科研经费4.30万元，居第28位；R&D经费4 586.00万元，人均R&D经费84.93项，居第15位。

发表科技论文11篇（一般科技论文4篇、核心期刊7篇），科技论文系数为1.32，居第27位。科技培训人数38 547人，对外科技咨询项数13项，科技特派员13人，科技服务系数为0.03，居第8位。

贵州省园艺研究所综合科技创新指数为37.69%，居公益类科研院所第14位，与上年相比，监测值提高0.32个百分点，位次下降7位。4个一级指标中，科技创新环境和基础指数、科技投入指数和创新绩效指数较上年分别提高5.99个百分点、4.22个百分点和3.08个百分点，位次分别上升1位、下降6位和5位；科技产出指数较上年下降6.87个百分点，位次下降6位（表4-10）。

表4-10 贵州省园艺研究所各级监测指标和位次与上年比较

指标名称	三级指标值		位次	
	2016年	2015年	2016年	2015年
综合科技创新水平指数 / %	37.69	38.01	14	7
科技创新环境和基础 / %	57.84	51.85	10	11
人力资源 / %	84.98	68.29	7	11
高层次科技人才系数	0.63	0.21	3	12
高学历以上人员占年末从业人员的比例 / %	40.74	42.00	14	12
高职称以上人员占年末从业人员的比例 / %	42.59	48.00	7	4
创新条件及平台 / %	39.75	40.89	15	16
人均大型科学仪器设备原值 / 万元	5.47	5.30	25	26
省级以上创新平台及载体系数	0.17	0.17	4	3
科技投入 / %	65.08	60.86	11	5
人力投入 / %	79.74	72.03	8	12
R&D 人员占年末从业人员的比重 / %	79.63	—	12	—
创新人才团队总量系数	0.73	0.36	4	5
经费投入 / %	44.96	49.68	23	6
人均科研经费 / 万元	4.30	23.06	28	4
人均 R&D 经费 / 万元	84.93	—	15	—
科技产出 / %	16.12	22.99	16	10
知识产出 / %	30.99	59.21	15	10
科技论文系数	1.32	2.58	27	19
知识产权系数	0.62	1.40	11	6
科技奖励 / %	23.80	15.87	3	8
科技成果系数	0.07	0.05	3	8
技术成果市场化水平 / %	0.00	0.00	4	2
人均技术市场成交合同金额 / 万元	0.00	0.00	4	2
科技合作交流 / %	3.92	13.72	20	13
项目合作系数	0.29	0.82	16	11
论文论著合作系数	0.00	0.00	11	12
创新绩效 / %	14.94	11.86	21	16
科技服务 / %	28.30	9.70	14	19
科技服务系数	0.03	0.02	8	19
产学研结合 / %	10.00	15.00	18	14
产学研结合系数	0.25	0.30	14	14
创造效益 / %	0.00	9.86	20	10
经济效益系数	0.00	73.92	20	10

（十一）贵州省生物技术研究所

年末从业人员55人；高学历以上人员36人，占年末从业人员的比例为65.45%，居第1位；高职称以上人员28人，占年末从业人员的比例为50.91%，居第3位；大型科学仪器设备原值745.00万元，人均大型科学仪器设备原值13.55万元，居第10位。

R&D人员36人，占年末从业人员的比重为65.45%，居第17位；科研经费702.00万元，人均科研经费12.76万元，居第13位；R&D经费9 658.00万元，人均R&D经费175.60，居第4位。

发表科技论文30篇（核心期刊10篇、核心期刊15篇、三大检索工具收录5篇），科技论文系数为4.26，居第8位；农作物新品种数1项，发明专利拥有量9项，知识产权系数为0.71，居第9位；科技培训人数1 880人，对外科技咨询项数1项，科技特派员7人，科技服务系数为0.01，居第25位。

贵州省生物技术研究所综合科技创新水平指数为42.62%，居公益类科研院所第8位，与上年相比，监测值提高8.79个百分点，位次上升5位。4个一级指标中，科技创新环境和基础指数、科技投入指数、科技产出指数和创新绩效指数较上年分别提高13.67个百分点、12.75个百分点、5.37个百分点和2.05个百分点，位次分别上升3位、下降5位、上升9位和1位（表4-11）。

表4-11 贵州省生物技术研究所各级监测指标和位次与上年比较

指标名称	三级指标值		位次	
	2016年	2015年	2016年	2015年
综合科技创新水平指数 / %	42.62	33.83	8	13
科技创新环境和基础 / %	67.69	54.02	5	8
人力资源 / %	95.09	60.42	2	15
高层次科技人才系数	0.50	0.10	6	22
高学历以上人员占年末从业人员的比例 / %	65.45	64.81	1	1
高职称以上人员占年末从业人员的比例 / %	50.91	51.85	3	3
创新条件及平台 / %	49.43	49.75	7	6
人均大型科学仪器设备原值 / 万元	13.55	13.80	10	11
省级以上创新平台及载体系数	0.17	0.17	4	3
科技投入 / %	74.48	61.73	9	4
人力投入 / %	81.38	82.40	7	5
R&D人员占年末从业人员的比重 / %	65.45	—	17	—
创新人才团队总量系数	1.36	0.73	1	2
经费投入 / %	67.57	41.05	14	8
人均科研经费 / 万元	12.76	18.30	13	6
人均R&D经费 / 万元	175.60	—	4	—
科技产出 / %	18.65	13.28	12	21
知识产出 / %	46.03	53.13	7	13

续表

指标名称	三级指标值		位次	
	2016年	2015年	2016年	2015年
科技论文系数	4.26	3.21	8	15
知识产权系数	0.71	1.00	9	12
科技奖励/%	23.80	0.00	3	16
科技成果系数	0.07	0.00	3	16
技术成果市场化水平/%	0.00	0.00	4	2
人均技术市场成交合同金额/万元	0.00	0.00	4	2
科技合作交流/%	0.00	0.00	26	26
项目合作系数	0.00	0.00	25	25
论文论著合作系数	0.00	0.00	11	12
创新绩效/%	3.71	1.66	29	30
科技服务/%	10.60	4.75	26	26
科技服务系数	0.01	0.01	25	26
产学研结合/%	0.00	0.00	21	22
产学研结合系数	0.00	0.00	21	22
创造效益/%	0.00	0.00	20	20
经济效益系数	0.00	0.00	20	20

（十二）贵州省果树科学研究所

年末从业人员80人；高学历以上人员24人，占年末从业人员的比例为30.00%，居第22位；高职称以上人员18人，占年末从业人员的比例为22.50%，居第27位；大型科学仪器设备原值665.80万元，人均大型科学仪器设备原值8.32万元，居第15位。

R&D人员46人，占年末从业人员的比重为57.50%，居第19位；科研经费240.00万元，人均科研经费3.00万元，居第29位；R&D经费4 427.00万元，人均R&D经费55.34万元，居第20位。

发表科技论文13篇（一般科技论文7篇、核心期刊6篇），科技论文系数为1.32，居第26位；科技著作数2项，发明专利拥有量1项，知识产权系数为0.29，居第18位。

科技培训人数5 192人，对外科技咨询项数267项，科技特派员29人，科技服务系数为0.11，居第2位；知识产权创造的直接效益1 950.00万元，技术服务收入14.80万元，经济效益系数为1 204.55，居第2位。

贵州省果树科学研究所综合科技创新水平指数为36.55%，居公益类科研院所第16位，与上年相比，监测值提高7.80个百分点，位次上升1位。4个一级指标中，科技创新环境和基础指数、科技投入和创新绩效指数较上年分别提高7.58个百分点、12.18个百分点和20.90个百分点，位次分别上升8位、下降3位和上升2位。科技产出指数较上年下降0.78个百分点，位次下降2位（表4-12）。

表4-12 贵州省果树科学研究所各级监测指标和位次与上年比较

指标名称	三级指标值		位次	
	2016年	2015年	2016年	2015年
综合科技创新水平指数 / %	36.55	28.75	16	17
科技创新环境和基础 / %	39.60	32.02	16	24
人力资源 / %	79.19	57.29	10	16
高层次科技人才系数	0.40	0.18	9	15
高学历以上人员占年末从业人员的比例 / %	30.00	31.51	22	19
高职称以上人员占年末从业人员的比例 / %	22.50	24.66	27	23
创新条件及平台 / %	13.21	15.16	20	26
人均大型科学仪器设备原值 / 万元	8.32	5.81	15	23
省级以上创新平台及载体系数	0.00	0.00	16	16
科技投入 / %	60.25	48.07	14	11
人力投入 / %	79.07	72.60	10	11
R&D 人员占年末从业人员的比重 / %	57.50	—	19	—
创新人才团队总量系数	0.36	0.36	8	5
经费投入 / %	41.43	23.54	26	24
人均科研经费 / 万元	3.00	6.38	29	22
人均 R&D 经费 / 万元	55.34	—	20	—
科技产出 / %	5.25	6.03	28	26
知识产出 / %	17.10	22.17	27	25
科技论文系数	1.32	2.58	26	19
知识产权系数	0.29	0.31	18	24
科技奖励 / %	0.00	0.00	12	16
科技成果系数	0.00	0.00	12	16
技术成果市场化水平 / %	0.00	0.00	4	2
人均技术市场成交合同金额 / 万元	0.00	0.00	4	2
科技合作交流 / %	3.92	1.96	20	24
项目合作系数	0.24	0.12	19	2
论文论著合作系数	0.00	0.00	11	12
创新绩效 / %	65.00	44.10	1	3
科技服务 / %	100.00	40.30	1	3
科技服务系数	0.11	0.08	2	3
产学研结合 / %	12.50	12.50	13	15
产学研结合系数	0.25	0.25	14	15
创造效益 / %	100.00	100.00	1	1
经济效益系数	1 204.55	1 304.86	2	1

（十三）贵州省分析测试研究院

年末从业人员248人；高学历以上人员44人，占年末从业人员的比例为17.74%，居第29位；高职称以上人员16人，占年末从业人员的比例为6.45%，居第33位；大型科学仪器设备原值3 098.50万元，人均大型科学仪器设备原值12.49万元，居第11位。

R&D人员248人，占年末从业人员的比重为100.00%，居第1位；科研经费18 25.00万元，人均科研经费7.36万元，居第25位；R&D经费17 491.00万元，人均R&D经费70.53万元，居第16位。

发表科技论文29篇（一般科技论文18篇、核心期刊6篇、三大检索工具收录5篇），科技论文系数为3.42，居第13位；形成标准数6项（国家2项、行业3项、地方1项），发明专利拥有量2项，知识产权系数为0.78，居第7位；省内合作项目1项，产学研项目1项，项目合作系数为0.18，居第20位。

科技培训人数300人，科技特派员12人，科技服务系数为0.02，居第18位；技术服务收入4 342.00万元，经济效益系数为1 336.00，居第1位。

贵州省分析测试研究院综合科技创新指数为44.63%，居公益类科研院所第6位，与上年相比，监测值提高7.40个百分点，位次上升3位。4个一级指标中，科技创新环境和基础指数、科技投入指数和创新绩效指数较上年分别提高10.69个百分点、30.21个百分点和0.52个百分点，位次分别上升1位、3位和下降1位；科技产出指数较上年下降8.30个百分点，位次下降6位（表4-13）。

表4-13 贵州省分析测试研究院各级监测指标和位次与上年比较

指标名称	三级指标值		位次	
	2016年	2015年	2016年	2015年
综合科技创新水平指数 / %	44.63	37.23	6	9
科技创新环境和基础 / %	66.92	56.23	6	7
人力资源 / %	63.53	78.61	15	5
高层次科技人才系数	0.18	0.32	15	4
高学历以上人员占年末从业人员的比例 / %	17.74	14.18	29	30
高职称以上人员占年末从业人员的比例 / %	6.45	6.13	33	33
创新条件及平台 / %	69.18	41.32	3	15
人均大型科学仪器设备原值 / 万元	12.49	10.39	11	13
省级以上创新平台及载体系数	0.17	0.00	4	16
科技投入 / %	64.16	33.95	13	16
人力投入 / %	40.00	39.48	14	14
R&D 人员占年末从业人员的比重 / %	100.00	—	1	—
创新人才团队总量系数	0.00	0.00	15	14
经费投入 / %	88.32	28.41	5	21
人均科研经费 / 万元	7.36	2.87	25	30
人均 R&D 经费 / 万元	70.53	—	16	—

续表

指标名称	三级指标值		位次	
	2016年	2015年	2016年	2015年
科技产出/%	18.00	26.30	13	7
知识产出/%	45.57	79.32	8	3
科技论文系数	3.42	8.21	13	3
知识产权系数	0.78	1.64	7	3
科技奖励/%	15.87	0.00	8	16
科技成果系数	0.05	0.00	8	16
技术成果市场化水平/%	0.00	0.00	4	2
人均技术市场成交合同金额/万元	0.00	0.00	4	2
科技合作交流/%	7.41	25.87	17	8
项目合作系数	0.18	0.88	20	8
论文论著合作系数	0.63	1.56	9	6
创新绩效/%	37.04	36.52	8	7
科技服务/%	17.30	12.90	19	15
科技服务系数	0.02	0.03	18	15
产学研结合/%	15.00	17.50	11	13
产学研结合系数	0.30	0.35	12	13
创造效益/%	100.00	100.00	1	1
经济效益系数	1 336.00	957.54	1	2

（十四）贵州省水稻研究所

年末从业人员62人；高学历以上人员26人，占年末从业人员的比例为41.94%，居第13位；高职称以上人员20人，占年末从业人员的比例为32.26%，居第16位；大型科学仪器设备原值430.00万元，人均大型科学仪器设备原值6.94万元，居第20位。

R&D人员44人，占年末从业人员的比重为70.97%，居第13位；科研经费766.00万元，人均科研经费12.35万元，居第15位；R&D经费6 260.00万元，人均R&D经费100.97万元，居第13位。

发表科技论文28篇（一般科技论文9篇、核心期刊19篇），科技论文系数为3.47，居第12位；省外合作项目3项，省内合作项目3项，项目合作系数为1.24，居第10位；科技培训人数966人，科技特派员数21人，科技服务系数为0.03，居第8位。

贵州省水稻研究所综合科技创新水平指数为30.67%，居公益类科研院所第17位，与上年相比，监测值提高0.01个百分点，位次下降1位。4个一级指标中，科技投入指数和创新绩效指数较上年分别提高19.50个百分点和8.35个百分点，位次均上升6位；科技创新环境和基础指数、科技产出指数较上年分别下降5.50个百分点和13.54个百分点，位次分别下降2位和下降13位（表4-14）。

表4-14 贵州省水稻研究所各级监测指标和位次与上年比较

指标名称	三级指标值		位次	
	2016年	2015年	2016年	2015年
综合科技创新水平指数 / %	30.67	30.66	17	16
科技创新环境和基础 / %	47.59	53.09	12	10
人力资源 / %	55.47	65.14	17	12
高层次科技人才系数	0.13	0.23	19	8
高学历以上人员占年末从业人员的比例 / %	41.94	37.29	13	14
高职称以上人员占年末从业人员的比例 / %	32.26	30.51	16	18
创新条件及平台 / %	42.35	45.05	12	11
人均大型科学仪器设备原值 / 万元	6.94	6.46	20	21
省级以上创新平台及载体系数	0.17	0.17	4	3
科技投入 / %	47.16	27.66	18	24
人力投入 / %	25.17	23.73	17	19
R&D人员占年末从业人员的比重 / %	70.97	—	13	—
创新人才团队总量系数	0.00	0.00	15	14
经费投入 / %	69.15	31.59	12	19
人均科研经费 / 万元	12.35	12.68	15	12
人均R&D经费 / 万元	100.97	—	13	—
科技产出 / %	13.27	26.81	19	6
知识产出 / %	23.54	57.89	22	11
科技论文系数	3.47	2.21	12	24
知识产权系数	0.24	2.16	22	2
科技奖励 / %	0.00	23.80	12	3
科技成果系数	0.00	0.07	12	3
技术成果市场化水平 / %	0.00	0.00	4	2
人均技术市场成交合同金额 / 万元	0.00	0.00	4	2
科技合作交流 / %	29.52	20.78	10	11
项目合作系数	1.24	0.76	10	12
论文论著合作系数	1.25	1.12	8	7
创新绩效 / %	15.60	7.25	18	24
科技服务 / %	30.30	17.85	9	9
科技服务系数	0.03	0.04	8	9
产学研结合 / %	12.50	2.50	13	20
产学研结合系数	0.25	0.05	14	20
创造效益 / %	0.00	0.00	20	20
经济效益系数	0.00	0.00	20	20

（十五）贵州省植物保护研究所

年末从业人员41人；高学历以上人员24人，占年末从业人员的比例为58.54%，居第9位；高职称以上人员23人，占年末从业人员的比例为56.10%，居第2位；大型科学仪器设备原值586.00万元，人均大型科学仪器设备原值14.29万元，居第9位。

R&D人员35人，占年末从业人员的比重为85.37%，居第9位；科研经费789.00万元，人均科研经费19.24万元，居第5位；R&D经费10 600万元，人均R&D经费258.54万元，居第1位。

发表科技论文20篇（核心期刊19篇、三大检索工具收录1篇），科技论文系数为3.26，居第15位；省内合作项目1项，省外合作项目1项，项目合作系数为0.41，居第14位。

科技培训人数1 200人，对外科技咨询项数500项，科技特派员29人，科技服务系数为0.16，居第1位；知识产权创造的直接效益20.00万元，技术服务收入20.00万元，经济效益系数为18.46，居第15位。

贵州省植物保护研究所综合科技创新水平指数为40.61%，居公益类科研院所第11位，与上年相比，监测值提高9.28个百分点，位次上升4位。4个一级指标中，科技创新环境和基础指数、科技投入指数和创新绩效指数较上年分别提高16.48个百分点、19.43个百分点和7.15个百分点，位次分别上升5位、6位和位次不变；科技产出指数较上年下降2.19个百分点，位次上升2位（表4-15）。

表4-15　贵州省植物保护研究所各级监测指标和位次与上年比较

指标名称	三级指标值		位次	
	2016 年	2015 年	2016 年	2015 年
综合科技创新水平指数 / %	40.60	31.32	11	15
科技创新环境和基础 / %	63.35	46.87	8	13
人力资源 / %	87.73	47.67	5	20
高层次科技人才系数	0.44	0.09	7	23
高学历以上人员占年末从业人员的比例 / %	58.54	56.41	9	7
高职称以上人员占年末从业人员的比例 / %	56.10	56.41	2	2
创新条件及平台 / %	47.11	46.33	9	9
人均大型科学仪器设备原值 / 万元	14.29	13.97	9	10
省级以上创新平台及载体系数	0.17	0.17	4	3
科技投入 / %	47.47	28.04	17	23
人力投入 / %	22.00	19.47	19	24
R&D 人员占年末从业人员的比重 / %	85.37	—	9	—
创新人才团队总量系数	0.00	0.00	15	14
经费投入 / %	72.95	36.61	9	14
人均科研经费 / 万元	19.24	18.41	5	5
人均 R&D 经费 / 万元	258.54	—	1	—
科技产出 / %	21.06	23.25	7	9

续表

指标名称	三级指标值		位次	
	2016年	2015年	2016年	2015年
知识产出 / %	23.66	50.13	21	14
科技论文系数	3.26	4.32	15	11
知识产权系数	0.27	0.83	20	14
科技奖励 / %	31.73	15.87	2	8
科技成果系数	0.10	0.05	2	8
技术成果市场化水平 / %	0.00	0.00	4	2
人均技术市场成交合同金额 / 万元	0.00	0.00	4	2
科技合作交流 / %	22.49	23.83	11	10
项目合作系数	0.41	0.41	14	18
论文论著合作系数	2.19	2.38	6	4
创新绩效 / %	36.85	29.70	9	9
科技服务 / %	100.00	81.35	1	1
科技服务系数	0.16	0.16	1	1
产学研结合 / %	0.00	0.00	21	22
产学研结合系数	0.00	0.00	21	22
创造效益 / %	7.38	4.92	15	13
经济效益系数	18.46	36.92	15	13

（十六）贵州省油料研究所

年末从业人员43人；高学历以上人员28人，占年末从业人员的比例为65.12%，居第2位；高职称以上人员17人，占年末从业人员的比例为39.53%，居第10位；大型科学仪器设备原值262.80万元，人均大型科学仪器设备原值6.11万元，居第23位。

R&D人员37人，占年末从业人员的比重86.05%，居第8位；科研经费413.00万元，人均科研经费9.60万元，居第21位；R&D经费5 665.00万元，人均R&D经费131.74万元，居第8位。

发表科技论文23篇（一般科技论文6篇、核心期刊17篇），科技论文系数为3.26，居第15位；省内合作项目2项，省外合作项目5项，境外合作项目1项，产学研项目7项，项目合作系数为2.65，居第3位。

科技培训人数1 760人，对外科技咨询项数2项，科技特派员24人，科技服务系数为0.04，居第6位；知识产权创造的直接效益32.00万元，技术服务收入10.00万元，生产性收入32.00万元，经济效益系数为25.23，居第12位。

贵州省油料研究所综合科技创新指数为29.10%，居公益类科研院所第19位，与上年相比，监测值下降3.63个百分点，位次下降5位。4个一级指标中，科技投入指数和创新绩效指数较上年分别提高4.09个百分点和7.95个百分点，位次分别下降8位和3位。科技创新环境和基础指数、科技产出指数较上年分别下降2.58个百分点和14.85个百分点,位次分别下降3位和10位(表4-16)。

表4-16 贵州省油料研究所各级监测指标和位次与上年比较

指标名称	三级指标值		位次	
	2016年	2015年	2016年	2015年
综合科技创新水平指数 / %	29.10	32.73	19	14
科技创新环境和基础 / %	37.28	39.86	20	17
人力资源 / %	84.07	45.04	9	23
高层次科技人才系数	0.43	0.11	8	21
高学历以上人员占年末从业人员的比例 / %	65.12	45.24	2	10
高职称以上人员占年末从业人员的比例 / %	39.53	40.48	10	9
创新条件及平台 / %	6.09	36.41	30	17
人均大型科学仪器设备原值 / 万元	6.11	6.26	23	22
省级以上创新平台及载体系数	0.00	0.17	16	3
科技投入 / %	39.93	35.84	23	15
人力投入 / %	22.80	16.46	18	27
R&D人员占年末从业人员的比重 / %	86.05	—	8	—
创新人才团队总量系数	0.00	0.00	15	14
经费投入 / %	57.06	55.23	19	4
人均科研经费 / 万元	9.60	12.62	21	13
人均R&D经费 / 万元	131.74	—	8	—
科技产出 / %	16.48	31.33	15	5
知识产出 / %	21.81	27.73	24	21
科技论文系数	3.26	2.58	15	19
知识产权系数	0.22	0.44	23	19
科技奖励 / %	0.00	39.67	12	1
科技成果系数	0.00	0.12	12	1
技术成果市场化水平 / %	0.00	0.00	4	2
人均技术市场成交合同金额 / 万元	0.00	0.00	4	2
科技合作交流 / %	44.12	50.00	4	5
项目合作系数	2.65	3.00	3	2
论文论著合作系数	0.00	0.00	11	12
创新绩效 / %	26.85	18.90	14	11
科技服务 / %	35.20	20.35	7	7
科技服务系数	0.04	0.04	6	7
产学研结合 / %	30.00	27.50	7	9
产学研结合系数	0.60	0.55	7	9
创造效益 / %	10.09	3.10	12	16
经济效益系数	25.23	23.23	12	16

（十七）贵州省生物研究所

年末从业人员65人；高学历以上人员26人，占年末从业人员的比例为40.00%，居第15位；高职称以上人员20人，占年末从业人员的比例为30.77%，居第19位；大型科学仪器设备原值702.00万元，人均大型科学仪器设备原值10.80万元，居第13位。

R&D人员44人，占年末从业人员的比重为67.69%，居第16位；科研经费1 203.00万元，人均科研经费18.51万元，居第7位；R&D经费10 224.00万元，人均R&D经费157.29万元，居第5位。

发表科技论文45篇（一般科技论文20篇、核心期刊22篇、三大检索工具收录3篇），科技论文系数为5.42，居第4位。

科技培训人数260人，对外科技咨询项数15项，科技特派员18人，科技服务系数为0.03，居第8位。

贵州省生物研究所综合科技创新水平指数为40.98%，居公益类科研院所第10位，与上年相比，监测值提高6.89个百分点，位次上升2位。4个一级指标中，科技创新环境和基础指数、科技投入指数和创新绩效指数较上年提高3.31个百分点、36.14个百分点和6.13个百分点，位次分别下降2位、上升6位和上升2位；科技产出指数较上年下降11.13个百分点，位次下降9位（表4-17）。

表4-17　贵州省生物研究所各级监测指标和位次与上年比较

指标名称	三级指标值		位次	
	2016年	2015年	2016年	2015年
综合科技创新水平指数 / %	40.98	34.09	10	12
科技创新环境和基础 / %	56.69	53.38	11	9
人力资源 / %	69.90	68.79	13	10
高层次科技人才系数	0.22	0.23	13	8
高学历以上人员占年末从业人员的比例 / %	40.00	44.64	15	11
高职称以上人员占年末从业人员的比例 / %	30.77	35.71	19	15
创新条件及平台 / %	47.90	43.11	8	14
人均大型科学仪器设备原值 / 万元	10.80	32.54	13	3
省级以上创新平台及载体系数	0.17	0.00	4	16
科技投入 / %	82.63	46.49	6	12
人力投入 / %	79.36	77.47	9	7
R&D人员占年末从业人员的比重 / %	67.69	—	16	—
创新人才团队总量系数	0.36	0.36	8	5
经费投入 / %	85.90	15.51	7	29
人均科研经费 / 万元	18.51	4.70	7	24
人均R&D经费 / 万元	157.29	—	5	—
科技产出 / %	11.00	22.13	21	12

续表

指标名称	三级指标值		位次	
	2016 年	2015 年	2016 年	2015 年
知识产出 / %	44.00	62.60	9	8
科技论文系数	5.42	7.16	4	4
知识产权系数	0.56	0.89	12	13
科技奖励 / %	0.00	15.87	12	8
科技成果系数	0.00	0.05	12	8
技术成果市场化水平 / %	0.00	0.00	4	2
人均技术市场成交合同金额 / 万元	0.00	0.00	4	2
科技合作交流 / %	0.00	6.86	26	19
项目合作系数	0.00	0.41	25	18
论文论著合作系数	0.00	0.00	11	12
创新绩效 / %	15.28	9.15	19	21
科技服务 / %	29.40	11.85	13	16
科技服务系数	0.03	0.02	8	16
产学研结合 / %	12.50	12.50	13	15
产学研结合系数	0.25	0.25	14	15
创造效益 / %	0.00	0.00	20	20
经济效益系数	0.00	0.00	20	20

（十八）贵州省水产研究所

年末从业人员63人；高学历以上人员23人，占年末从业人员的比例为36.51%，居第16位；高职称以上人员12人，占年末从业人员的比例为19.05%，居第29位；大型科学仪器设备原值441.44万元，人均大型科学仪器设备原值7.01万元，居第19位。

R&D人员26人，占年末从业人员的比重为41.27%，居第22位；科研经费1 147.60万元，人均科研经费18.22万元，居第8位；R&D经费1 798.00万元，人均R&D经费28.54万元，居第25位。

发表科技论文29篇（一般科技论文23篇、核心期刊5篇、三大检索工具收录1篇），科技论文系数为2.26，居第23位；省内合作项目8项，产学研项目3项，项目合作系数为1.12，居第11位。

科技培训人数991人，对外科技咨询项数350项，科技特派员12人，科技服务系数为0.10，居第3位；生产性收入176.60万元，经济效益系数为13.58，居第17位。

贵州省水产研究所综合科技创新指数为27.66%，居公益类科研院所第20位，与上年相比，监测值提高1.26个百分点，位次下降2位。4个一级指标中，科技投入指数和创新绩效指数较上年分别提高7.88个百分点和19.50个百分点，位次分别下降2位和上升5位；科技创新环境和基础指数、科技产出指数较上年分别下降10.13个百分点和3.17个百分点，位次分别下降5位和2位（表4-18）。

表4-18 贵州省水产研究所各级监测指标和位次与上年比较

指标名称	三级指标值		位次	
	2016年	2015年	2016年	2015年
综合科技创新水平指数 / %	27.66	26.40	20	18
科技创新环境和基础 / %	26.90	37.03	25	20
人力资源 / %	53.43	26.25	19	30
高层次科技人才系数	0.18	0.04	15	31
高学历以上人员占年末从业人员的比例 / %	36.51	29.23	16	22
高职称以上人员占年末从业人员的比例 / %	19.05	18.46	29	28
创新条件及平台 / %	9.22	44.21	23	13
人均大型科学仪器设备原值 / 万元	7.01	6.62	19	20
省级以上创新平台及载体系数	0.00	0.17	16	3
科技投入 / %	36.25	28.37	24	22
人力投入 / %	14.80	21.05	25	22
R&D人员占年末从业人员的比重 / %	41.27	—	22	—
创新人才团队总量系数	0.00	0.00	15	14
经费投入 / %	57.69	35.70	17	16
人均科研经费 / 万元	18.22	9.62	8	17
人均R&D经费 / 万元	28.54	—	25	—
科技产出 / %	15.01	18.18	17	15
知识产出 / %	24.45	22.23	20	24
科技论文系数	2.26	1.95	23	27
知识产权系数	0.38	0.37	16	21
科技奖励 / %	0.00	0.00	12	16
科技成果系数	0.00	0.00	12	16
技术成果市场化水平 / %	0.00	0.00	4	2
人均技术市场成交合同金额 / 万元	0.00	0.00	4	2
科技合作交流 / %	35.59	50.47	8	4
项目合作系数	1.12	2.12	11	5
论文论著合作系数	2.38	2.12	5	5
创新绩效 / %	44.14	24.64	5	10
科技服务 / %	99.40	44.95	3	2
科技服务系数	0.10	0.09	3	2
产学研结合 / %	20.00	20.00	10	10
产学研结合系数	0.40	0.40	11	10
创造效益 / %	5.43	3.61	17	15
经济效益系数	13.58	27.09	17	15

（十九）贵州省植物园

年末从业人员63人；高学历以上人员21人，占年末从业人员的比例为33.33%，居第20位；高职称以上人员16人，占年末从业人员的比例为25.40%，居第22位；大型科学仪器设备原值317.00万元，人均大型科学仪器设备原值5.03万元，居第26位。

R&D人员25人，占年末从业人员的比重为39.68%，居第23位；科研经费923.40万元，人均科研经费14.66万元，居第11位；R&D经费3 386.00万元，人均R&D经费53.75万元，居第22位。

发表科技论文27篇（一般科技论文12篇、核心期刊14篇、三大检索工具收录1篇），科技论文系数为3.11，居第17位；科技著作数1项，形成标准数1项（地方1项），发明专利拥有量3项，知识产权系数为0.33，居第17位；对外科技咨询项数21项，科技特派员15人，科技服务系数为0.03，居第8位；技术服务收入110.00万元，经济效益系数为33.85，居第11位。

贵州省植物园综合科技创新水平指数为25.05%，居公益类科研院所第23位，与上年相比，监测值提高0.57个百分点，位次下降2位。四个一级指标中，科技投入指数和创新绩效指数较上年分别提高6.72个百分点和7.69个百分点，位次分别下降6位和上升1位；科技创新环境和基础指数、科技产出指数较上年分别下降8.20个百分点和0.60个百分点，位次分别下降1位和2位（表4-19）。

表4-19 贵州省植物园各级监测指标和位次与上年比较

指标名称	三级指标值		位次	
	2016 年	2015 年	2016 年	2015 年
综合科技创新水平指数 / %	25.05	24.48	23	21
科技创新环境和基础 / %	14.67	22.87	30	29
人力资源 / %	26.76	33.54	28	28
高层次科技人才系数	0.00	0.09	26	23
高学历以上人员占年末从业人员的比例 / %	33.33	27.12	20	24
高职称以上人员占年末从业人员的比例 / %	25.40	20.34	22	26
创新条件及平台 / %	6.62	15.76	28	25
人均大型科学仪器设备原值 / 万元	5.03	5.37	26	25
省级以上创新平台及载体系数	0.00	0.00	16	16
科技投入 / %	64.98	58.26	12	6
人力投入 / %	68.77	76.66	12	8
R&D 人员占年末从业人员的比重 / %	39.68	—	23	—
创新人才团队总量系数	0.36	0.36	8	5
经费投入 / %	61.18	39.85	16	10
人均科研经费 / 万元	14.66	14.64	11	10
人均 R&D 经费 / 万元	53.75	—	22	—
科技产出 / %	6.70	7.30	27	25

续表

指标名称	三级指标值		位次	
	2016 年	2015 年	2016 年	2015 年
知识产出 / %	25.83	23.58	19	23
科技论文系数	3.11	2.84	17	17
知识产权系数	0.33	0.32	17	23
科技奖励 / %	0.00	0.00	12	16
科技成果系数	0.00	0.00	12	16
技术成果市场化水平 / %	0.00	0.00	4	2
人均技术市场成交合同金额 / 万元	0.00	0.00	4	2
科技合作交流 / %	0.98	5.62	25	21
项目合作系数	0.06	0.18	24	21
论文论著合作系数	0.00	0.38	11	10
创新绩效 / %	18.64	10.95	16	17
科技服务 / %	26.40	5.70	15	23
科技服务系数	0.03	0.01	8	23
产学研结合 / %	15.00	20.00	11	10
产学研结合系数	0.30	0.40	12	10
创造效益 / %	13.54	3.82	11	14
经济效益系数	33.85	28.62	11	14

（二十）贵州省科学技术情报研究所

年末从业人员80人；高学历以上人员24人，占年末从业人员的比例为30.00%，居第22位；高职称以上人员13人，占年末从业人员的比例为16.25%，居第30位；大型科学仪器设备原值550.00万元，人均大型科学仪器设备原值6.88万元，居第21位。

R&D人员18人，占年末从业人员的比重为22.50%，居第28位；科研经费775.00万元，人均科研经费9.69万元，居第20位；R&D经费1 095.00万元，人均R&D经费13.69万元，居第29位。

发表科技论文25篇（一般科技论文16篇、核心期刊9篇），科技论文系数为2.26，居第23位；境外合作项目1项，省外合作项目2项，省内合作项目6项，产学研项目3项，项目合作系数为2.00，居第7位；技术服务收入210.00万元，经济效益系数为64.62，居第10位。

科技培训人数3 500人，对外科技咨询项数50项，科技特派员12人，科技服务系数为0.03，居第8位。

贵州省科学技术情报研究所综合科技创新水平指数为23.93%，居公益类科研院所第25位，与上年相比，监测值下降0.81个百分点，位次下降5位。4个一级指标中，科技创新环境和基础指数、科技产出指数和创新绩效指数较上年分别提高0.76个百分点、10.22个百分点和8.77个百分点，位次分别上升1位、上升13位和下降1位；科技投入指数较上年下降10.48个百分点，位次下降10位（表4–20）。

表4-20　贵州省科学技术情报研究所各级监测指标和位次与上年比较

指标名称	三级指标值		位次	
	2016年	2015年	2016年	2015年
综合科技创新水平指数 / %	23.93	24.74	25	20
科技创新环境和基础 / %	24.71	23.95	27	28
人力资源 / %	35.60	33.87	26	27
高层次科技人才系数	0.13	0.07	19	29
高学历以上人员占年末从业人员的比例 / %	30.00	30.00	22	20
高职称以上人员占年末从业人员的比例 / %	16.25	16.25	30	29
创新条件及平台 / %	1.09	17.34	31	24
人均大型科学仪器设备原值 / 万元	6.88	6.88	21	18
省级以上创新平台及载体系数	0.00	0.00	16	16
科技投入 / %	23.16	33.64	28	18
人力投入 / %	9.60	27.50	28	18
R&D人员占年末从业人员的比重 / %	22.50	—	28	—
创新人才团队总量系数	0.00	0.00	15	14
经费投入 / %	36.36	39.77	28	11
人均科研经费 / 万元	9.69	9.56	20	18
人均R&D经费 / 万元	13.69	—	29	—
科技产出 / %	20.04	9.82	11	24
知识产出 / %	17.96	8.08	26	29
科技论文系数	2.26	2.26	23	23
知识产权系数	0.22	0.00	23	30
科技奖励 / %	0.00	0.00	12	16
科技成果系数	0.00	0.00	12	16
技术成果市场化水平 / %	14.31	0.00	3	2
人均技术市场成交合同金额 / 万元	0.25	0.00	3	2
科技合作交流 / %	41.92	31.21	7	7
项目合作系数	2.00	1.47	7	7
论文论著合作系数	2.44	0.94	4	8
创新绩效 / %	54.80	46.03	3	2
科技服务 / %	29.50	16.80	12	—
科技服务系数	0.03	0.03	8	—
产学研结合 / %	95.00	95.00	1	—
产学研结合系数	1.90	1.90	1	—
创造效益 / %	25.85	8.62	10	—
经济效益系数	64.62	46.03	10	—

（二十一）贵州省蚕业（辣椒）研究所

年末从业人员113人；高学历以上人员18人，占年末从业人员的比例为15.93%，居第30位；高职称以上人员18人，占年末从业人员的比例为15.93%，居第31位；大型科学仪器设备原值329.00万元，人均大型科学仪器设备原值2.91万元，居第31位。

R&D人员99人，占年末从业人员的比重为87.61%，居第6位；科研经费144.00万元，人均科研经费1.27万元，居第32位；R&D经费6 630.00万元，人均R&D经费58.67万元，居第19位。

发表科技论文46篇（一般科技论文34篇、核心期刊11篇、三大检索工具收录1篇），科技论文系数为3.79，居第11位；省内合作项目2项，产学研项目2项，项目合作系数为0.35，居第15位。

科技培训人数800人，对外科技咨询项数120项，科技特派员32人，科技服务系数为0.07，居第4位。

贵州省蚕业（辣椒）研究所综合科技创新水平指数为26.74%，居公益类科研院所第22位，与上年相比，监测值提高1.91个百分点，位次下降4位。4个一级指标中，科技投入指数和创新绩效指数较上年分别提高19.62个百分点和0.20个百分点，位次分别上升7位和下降1位；科技创新环境和基础指数、科技产出指数较上年分别下降6.25个百分点和4.18个百分点，位次分别下降4位和3位（表4-21）。

表4-21　贵州省蚕业（辣椒）研究所各级监测指标和位次与上年比较

指标名称	三级指标值		位次	
	2016年	2015年	2016年	2015年
综合科技创新水平指数 / %	26.74	24.83	21	18
科技创新环境和基础 / %	33.30	39.55	22	18
人力资源 / %	74.01	71.63	12	8
高层次科技人才系数	0.29	0.29	11	5
高学历以上人员占年末从业人员的比例 / %	15.93	16.07	30	29
高职称以上人员占年末从业人员的比例 / %	15.93	16.07	31	30
创新条件及平台 / %	6.16	18.17	29	23
人均大型科学仪器设备原值 / 万元	2.91	5.73	31	24
省级以上创新平台及载体系数	0.00	0.00	16	16
科技投入 / %	40.79	21.17	22	29
人力投入 / %	40.00	21.30	14	20
R&D 人员占年末从业人员的比重 / %	87.61	—	6	—
创新人才团队总量系数	0.00	0.00	15	14
经费投入 / %	41.59	21.04	25	26
人均科研经费 / 万元	1.27	4.59	32	25
人均 R&D 经费 / 万元	58.67	—	19	—

续表

指标名称	三级指标值		位次	
	2016年	2015年	2016年	2015年
科技产出 / %	7.20	11.38	26	23
知识产出 / %	22.91	37.68	23	17
科技论文系数	3.79	5.11	11	9
知识产权系数	0.20	0.47	25	18
科技奖励 / %	0.00	0.00	12	16
科技成果系数	0.00	0.00	12	16
技术成果市场化水平 / %	0.00	0.00	4	2
人均技术市场成交合同金额 / 万元	0.00	0.00	4	2
科技合作交流 / %	5.88	7.84	18	17
项目合作系数	0.35	0.47	15	16
论文论著合作系数	0.00	0.00	11	12
创新绩效 / %	37.96	37.76	7	6
科技服务 / %	74.20	39.30	4	4
科技服务系数	0.07	0.08	4	4
产学研结合 / %	30.00	60.00	7	4
产学研结合系数	0.60	1.20	7	4
创造效益 / %	0.00	0.00	20	20
经济效益系数	0.00	0.00	20	20

（二十二）贵州省茶叶研究所

年末从业人员91人；高学历以上人员23人，占年末从业人员的比例为25.27%，居第26位；高职称以上人员29人，占年末从业人员的比例为31.87%，居第17位；大型科学仪器设备原值380.30万元，人均大型科学仪器设备原值4.18万元，居第28位。

R&D人员91人，占年末从业人员的比重为100.00%，居第1位；科研经费450.00万元，人均科研经费4.95万元，居第27位；R&D经费6 373.00万元，人均R&D经费70.03万元，居第17位。

发表科技论文37篇（一般科技论文24篇、核心期刊7篇、三大检索工具收录6篇），科技论文系数为3.95，居第10位。农作物新品种数7项，发明专利拥有量2项，知识产权系数为0.91，居第5位。

科技培训人数4 800人，对外科技咨询项数24项，科技特派员13人，科技服务系数为0.03，居第8位；技术服务收入10.00万元，经济效益系数为3.08，居第18位。

贵州省茶叶研究所综合科技创新水平指数为29.17%，居公益类科研院所第18位，与上年相比，监测值上升6.73个百分点，位次上升6位。4个一级指标中，科技创新环境和基础指数、科技投入指数和科技产出指数较上年分别提高2.85个百分点、22.31个百分点和1.68个百分点，位次分别上升2位、8位和5位；创新绩效指数较上年下降0.98个百分点，位次下降8位（表4-22）。

表4-22 贵州省茶叶研究所各级监测指标和位次与上年比较

指标名称	三级指标值		位次	
	2016年	2015年	2016年	2015年
综合科技创新水平指数 / %	29.17	22.44	18	24
科技创新环境和基础 / %	35.08	32.23	21	23
人力资源 / %	76.66	61.12	11	14
高层次科技人才系数	0.25	0.22	12	10
高学历以上人员占年末从业人员的比例 / %	25.27	22.73	26	28
高职称以上人员占年末从业人员的比例 / %	31.87	20.45	17	25
创新条件及平台 / %	7.37	12.97	26	29
人均大型科学仪器设备原值 / 万元	4.18	4.20	28	30
省级以上创新平台及载体系数	0.00	0.00	16	16
科技投入 / %	46.86	24.55	19	27
人力投入 / %	40.00	31.47	14	16
R&D人员占年末从业人员的比重 / %	100.00	—	1	—
创新人才团队总量系数	0.00	0.00	15	14
经费投入 / %	53.71	17.63	20	28
人均科研经费 / 万元	4.95	4.12	27	29
人均R&D经费 / 万元	70.03	—	17	—
科技产出 / %	20.92	19.24	8	13
知识产出 / %	53.14	40.56	4	16
科技论文系数	3.95	3.58	10	14
知识产权系数	0.91	0.67	5	16
科技奖励 / %	23.80	23.80	3	3
科技成果系数	0.07	0.07	3	3
技术成果市场化水平 / %	0.00	0.00	4	2
人均技术市场成交合同金额 / 万元	0.00	0.00	4	2
科技合作交流 / %	1.96	7.84	22	17
项目合作系数	0.12	0.47	21	16
论文论著合作系数	0.00	0.00	11	12
创新绩效 / %	9.10	10.08	26	18
科技服务 / %	25.10	15.75	17	12
科技服务系数	0.03	0.03	8	12
产学研结合 / %	0.00	10.00	21	17
产学研结合系数	0.00	0.20	21	17
创造效益 / %	1.23	2.28	18	19
经济效益系数	3.08	17.08	18	19

（二十三）贵州省劳动保护科学技术研究院

年末从业人员100人；高学历以上人员6人，占年末从业人员的比例为6.00%，居第32位；高职称以上人员25人，占年末从业人员的比例为25.00%，居第23位；大型科学仪器设备原值1 453.00万元，人均大型科学仪器设备原值14.53万元，居第8位。

R&D人员18人，占年末从业人员的比重为18.00%，居第31位；科研经费1 514.00万元，人均科研经费15.14万元，居第10位；R&D经费4 861.00万元，人均R&D经费48.61万元，居第24位。

发表科技论文15篇（一般科技论文12篇、核心期刊3篇），科技论文系数为1.11，居第28位；省外合作项目1项，项目合作系数为0.29，居第19位；技术服务收入493.00万元，经济效益系数151.69，居第7位。

贵州省劳动保护科学技术研究院综合科技创新水平指数为22.04%，居公益类科研院所第26位，与上年相比，监测值上升4.25个百分点，位次上升1位。科技投入指数和创新绩效指数较上年分别提高16.63个百分点和5.68个百分点，位次分别上升3位和位次不变；科技创新环境和基础指数、科技产出指数较上年下降2.59个百分点和0.32个百分点，位次均为不变（表4-23）。

表4-23 贵州省劳动保护科学技术研究院各级监测指标和位次与上年比较

指标名称	三级指标值		位次	
	2016年	2015年	2016年	2015年
综合科技创新水平指数 / %	22.04	17.79	26	27
科技创新环境和基础 / %	26.85	29.44	26	26
人力资源 / %	25.54	22.21	29	31
高层次科技人才系数	0.00	0.00	26	33
高学历以上人员占年末从业人员的比例 / %	6.00	6.00	32	31
高职称以上人员占年末从业人员的比例 / %	25.00	25.00	23	22
创新条件及平台 / %	27.72	34.27	17	18
人均大型科学仪器设备原值 / 万元	14.53	14.10	8	9
省级以上创新平台及载体系数	0.00	0.00	16	16
科技投入 / %	49.00	32.37	16	19
人力投入 / %	9.12	30.16	30	17
R&D人员占年末从业人员的比重 / %	18.00	—	31	—
创新人才团队总量系数	0.00	0.00	15	14
经费投入 / %	88.87	34.59	4	18
人均科研经费 / 万元	15.14	10.60	10	16
人均R&D经费 / 万元	48.61	—	24	—
科技产出 / %	2.29	2.61	30	30

续表

指标名称	三级指标值		位次	
	2016年	2015年	2016年	2015年
知识产出 / %	4.25	3.57	29	31
科技论文系数	1.11	1.00	28	29
知识产权系数	0.00	0.00	29	30
科技奖励 / %	0.00	0.00	12	16
科技成果系数	0.00	0.00	12	16
技术成果市场化水平 / %	0.00	0.00	4	2
人均技术市场成交合同金额 / 万元	0.00	0.00	4	2
科技合作交流 / %	4.90	6.86	19	19
项目合作系数	0.29	0.41	19	18
论文论著合作系数	0.00	0.00	11	12
创新绩效 / %	15.17	9.49	20	20
科技服务 / %	0.00	0.00	29	29
科技服务系数	0.00	0.00	27	29
产学研结合 / %			21	22
产学研结合系数	0.00	0.00	21	22
创造效益 / %	60.68	37.97	7	5
经济效益系数	151.69	284.74	7	5

（二十四）贵州省农作物品种资源研究所

年末从业人员38人；高学历以上人员21人，占年末从业人员的比例为55.26%，居第10位；高职称以上人员14人，占年末从业人员的比例为36.84%，居第12位；大型科学仪器设备原值800.00万元，人均大型科学仪器设备原值21.05万元，居第4位。

R&D人员14人，占年末从业人员的比重为36.84%，居第25位；科研经费900.00万元，人均科研经费23.68万元，居第2位；R&D经费898.00万元，人均R&D经费23.63万元，居第26位。

发表科技论文23篇（一般科技论文15篇、核心期刊7篇、三大检索工具收录1篇），科技论文系数为2.16，居第25位；形成标准数2项（地方2项），发明专利拥有量12项，知识产权系数为1.07，居第4位；科技培训人数5 000人，科技特派员10人，科技服务系数为0.02，居第18位。

贵州省农作物品种资源研究所综合科技创新水平指数为24.17%，居公益类科研院所第24位，与上年相比，监测值上升6.72个百分点，位次上升5位。4个一级指标中，科技创新环境和基础指数、科技投入指数和科技产出指数较上年分别提高9.09个百分点、12.69个百分点和4.16个百分点，位次分别上升8位、4位和9位；创新绩效指数较上年下降1.23个百分点，位次下降2位（表4-24）。

表4-24 贵州省农作物品种资源研究所各级监测指标和位次与上年比较

指标名称	三级指标值		位次	
	2016年	2015年	2016年	2015年
综合科技创新水平指数 / %	24.17	17.45	24	29
科技创新环境和基础 / %	37.34	28.25	19	27
人力资源 / %	64.44	55.97	14	17
高层次科技人才系数	0.22	0.18	13	15
高学历以上人员占年末从业人员的比例 / %	55.26	48.72	10	8
高职称以上人员占年末从业人员的比例 / %	36.84	38.46	12	11
创新条件及平台 / %	19.28	9.77	18	32
人均大型科学仪器设备原值 / 万元	21.05	12.12	4	12
省级以上创新平台及载体系数	0.00	0.00	16	16
科技投入 / %	27.68	14.99	26	30
人力投入 / %	9.53	18.40	29	25
R&D人员占年末从业人员的比重 / %	36.84	—	25	—
创新人才团队总量系数	0.00	0.00	15	14
经费投入 / %	45.82	11.57	22	30
人均科研经费 / 万元	23.68	4.26	2	28
人均R&D经费 / 万元	23.63	—	26	—
科技产出 / %	20.33	16.17	10	19
知识产出 / %	52.75	64.66	5	7
科技论文系数	2.16	4.11	25	12
知识产权系数	1.07	1.30	4	9
科技奖励 / %	23.80	0.00	3	16
科技成果系数	0.07	0.00	3	16
技术成果市场化水平 / %	0.00	0.00	4	2
人均技术市场成交合同金额 / 万元	0.00	0.00	4	2
科技合作交流 / %	0.00	0.00	26	26
项目合作系数	0.00	0.00	25	25
论文论著合作系数	0.00	0.00	11	12
创新绩效 / %	5.33	6.56	28	26
科技服务 / %	15.20	18.75	24	8
科技服务系数	0.02	0.04	18	8
产学研结合 / %	0.00	0.00	21	22
产学研结合系数	0.00	0.00	21	22
创造效益 / %	0.00	0.00	20	20
经济效益系数	0.00	0.00	20	20

（二十五）贵州省水利科学研究院

年末从业人员108人；高学历以上人员16人，占年末从业人员的比例为14.81%，居第31位；高职称以上人员21人，占年末从业人员的比例为19.44%，居第28位；大型科学仪器设备原值420.00万元，人均大型科学仪器设备原值3.89万元，居第30位。

R&D人员36人，占年末从业人员的比重为33.33%，居第26位；科研经费1 464.20万元，人均科研经费13.56万元，居第12位；R&D经费1 796.00万元，人均R&D经费16.63万元，居第28位。

发表科技论文31篇（一般科技论文22篇、核心期刊8篇、三大检索工具收录1篇），科技论文系数为2.74，居第22位；技术服务收入432.50万元，经济效益系数为133.08，居第8位。

贵州省水利科学研究院综合科技创新水平指数为20.29%，居公益类科研院所第28位，与上年相比，监测值提高2.25个百分点，位次下降1位。4个一级指标中，科技创新环境和基础指数、科技投入指数、科技产出指数和创新绩效指数较上年分别提高0.42个百分点、2.02个百分点、2.08个百分点和6.13个百分点，位次分别上升3位、下降7位、上升5位和3位（表4-25）。

表4-25　贵州省水利科学研究院各级监测指标和位次与上年比较

指标名称	三级指标值		位次	
	2016年	2015年	2016年	2015年
综合科技创新水平指数 / %	20.29	18.04	28	27
科技创新环境和基础 / %	20.36	19.94	28	31
人力资源 / %	39.03	29.20	25	29
高层次科技人才系数	0.07	0.07	22	25
高学历以上人员占年末从业人员的比例 / %	14.81	5.74	31	32
高职称以上人员占年末从业人员的比例 / %	19.44	14.75	28	31
创新条件及平台 / %	7.92	13.77	25	27
人均大型科学仪器设备原值 / 万元	3.89	3.44	30	31
省级以上创新平台及载体系数	0.00	0.00	16	16
科技投入 / %	41.50	39.48	21	14
人力投入 / %	17.96	0.00	23	33
R&D人员占年末从业人员的比重 / %	33.33	—	26	—
创新人才团队总量系数	0.00	0.00	15	14
经费投入 / %	65.04	78.96	15	2
人均科研经费 / 万元	13.56	11.89	12	14
人均R&D经费 / 万元	16.63	—	28	—
科技产出 / %	8.09	6.01	22	27
知识产出 / %	13.31	24.03	28	22

续表

指标名称	三级指标值		位次	
	2016 年	2015 年	2016 年	2015 年
科技论文系数	2.74	2.58	22	19
知识产权系数	0.07	0.36	28	22
科技奖励 / %	15.87	0.00	8	16
科技成果系数	0.05	0.00	8	16
技术成果市场化水平 / %	0.00	0.00	4	2
人均技术市场成交合同金额 / 万元	0.00	0.00	4	2
科技合作交流 / %	0.00	0.00	26	26
项目合作系数	0.00	0.00	25	25
论文论著合作系数	0.00	0.00	11	12
创新绩效 / %	13.31	7.18	22	25
科技服务 / %	0.00	0.00	29	29
科技服务系数	0.00	0.00	27	29
产学研结合 / %	0.00	0.00	21	22
产学研结合系数	0.00	0.00	21	22
创造效益 / %	53.23	28.72	8	6
经济效益系数	133.08	215.38	8	6

（二十六）贵州省农业科技信息研究所

年末从业人员40人；高学历以上人员14人，占年末从业人员的比例为35.00%，居第19位；高职称以上人员11人，占年末从业人员的比例为27.50%，居第20位；大型科学仪器设备原值695.00万元，人均大型科学仪器设备原值17.38万元，居第7位。

R&D人员20人，占年末从业人员的比重为50.00%，居第20位；科研经费55.90万元，人均科研经费1.40万元，居第31位；R&D经费2 560.00万元，人均R&D经费64.00万元，居第18位。

发表科技论文34篇（一般科技论文23篇、核心期刊11篇），科技论文系数为2.95，居第20位；省内合作项目1项，项目合作系数为0.12，居第21位；科技培训人数500人，科技特派员14人，科技服务系数为0.02，居第18位。

贵州省农业科技信息研究所综合科技创新水平指数为17.93%，居公益类科研院所第29位，与上年相比，监测值提高3.07个百分点，位次上升1位。4个一级指标中，科技创新环境和基础指数、科技投入指数和科技产出指数较上年分别提高0.26个百分点、6.76个百分点和3.85个百分点，位次分别上升2位、1位和6位；创新绩效指数较上年下降0.27个百分点，位次下降4位（表4-26）。

表4-26 贵州省农业科技信息研究所各级监测指标和位次与上年比较

指标名称	三级指标值		位次	
	2016年	2015年	2016年	2015年
综合科技创新水平指数 / %	17.93	14.86	29	30
科技创新环境和基础 / %	37.86	37.60	17	19
人力资源 / %	19.96	19.85	30	32
高层次科技人才系数	0.00	0.01	26	32
高学历以上人员占年末从业人员的比例 / %	35.00	35.90	19	17
高职称以上人员占年末从业人员的比例 / %	27.50	28.21	20	19
创新条件及平台 / %	49.81	49.43	6	7
人均大型科学仪器设备原值 / 万元	17.38	17.82	7	7
省级以上创新平台及载体系数	0.17	0.17	4	3
科技投入 / %	18.47	11.71	30	31
人力投入 / %	13.33	18.40	27	25
R&D 人员占年末从业人员的比重 / %	50.00	—	20	—
创新人才团队总量系数	0.00	0.00	15	14
经费投入 / %	23.61	5.03	29	31
人均科研经费 / 万元	1.40	1.87	31	31
人均 R&D 经费 / 万元	64.00	—	18	—
科技产出 / %	7.95	4.10	23	29
知识产出 / %	29.85	10.76	16	28
科技论文系数	2.95	0.42	20	31
知识产权系数	0.44	0.22	13	26
科技奖励 / %	0.00	0.00	12	16
科技成果系数	0.00	0.00	12	16
技术成果市场化水平 / %	0.00	0.00	4	2
人均技术市场成交合同金额 / 万元	0.00	0.00	4	2
科技合作交流 / %	1.96	5.62	22	21
项目合作系数	0.12	0.18	21	21
论文论著合作系数	0.00	0.38	11	10
创新绩效 / %	7.06	7.33	27	23
科技服务 / %	20.20	11.25	18	18
科技服务系数	0.02	0.02	18	18
产学研结合 / %	0.00	2.50	21	20
产学研结合系数	0.00	0.05	21	20
创造效益 / %	0.00	9.56	20	11
经济效益系数	0.00	71.69	20	11

（二十七）贵州省山地农业机械研究所

年末从业人员41人；高学历以上人员11人，占年末从业人员的比例为26.83%，居第24位；高职称以上人员13人，占年末从业人员的比例为31.71%，居第18位；大型科学仪器设备原值273.90万元，人均大型科学仪器设备原值6.68万元，居第21位。

R&D人员28人，占年末从业人员的比重68.29%，居第14位；科研经费70.00万元，人均科研经费1.71万元，居第30位；R&D经费1 994.00万元，人均R&D经费48.63万元，居第23位。

发表科技论文7篇（一般科技论文3篇、核心期刊4篇）技论文系数为0.79，居第30位；省外合作项目2项，产学研合作项目2项，项目合作系数为0.71，居第12位；科技培训人数860人，对外科技咨询项数16项。

贵州省山地农业机械研究所综合科技创新水平指数为16.47%，居公益类科研院所第30位，与上年相比，监测值下降6.52个百分点，位次下降7位。4个一级指标中，创新绩效指数较上年提高0.06个百分点，位次下降2位；科技创新环境和基础指数、科技投入指数和科技产出指数较上年分别下降1.34个百分点、6.66个百分点和12.93个百分点，位次分别上升1位、下降3位和11位（表4-27）。

表4-27 贵州省山地农业机械研究所各级监测指标和位次与上年比较

指标名称	三级指标值		位次	
	2016年	2015年	2016年	2015年
综合科技创新水平指数/%	16.47	22.99	30	23
科技创新环境和基础/%	39.76	41.10	15	16
人力资源/%	39.74	34.27	23	26
高层次科技人才系数	0.12	0.12	21	19
高学历以上人员占年末从业人员的比例/%	26.83	23.08	24	27
高职称以上人员占年末从业人员的比例/%	31.71	25.64	18	21
创新条件及平台/%	39.78	45.66	14	10
人均大型科学仪器设备原值/万元	6.68	9.77	21	14
省级以上创新平台及载体系数	0.17	0.17	4	3
科技投入/%	18.94	25.60	29	26
人力投入/%	18.48	14.15	22	30
R&D人员占年末从业人员的比重/%	68.29	—	14	—
创新人才团队总量系数	0.00	0.00	15	14
经费投入/%	19.39	37.04	30	13
人均科研经费/万元	1.71	24.10	30	3
人均R&D经费/万元	48.63	—	23	—
科技产出/%	3.70	16.63	29	18

续表

指标名称	三级指标值		位次	
	2016年	2015年	2016年	2015年
知识产出/%	3.04	57.71	30	12
科技论文系数	0.79	2.16	30	25
知识产权系数	0.00	1.31	29	8
科技奖励/%	0.00	0.00	12	16
科技成果系数	0.00	0.00	12	16
技术成果市场化水平/%	0.00	0.00	4	2
人均技术市场成交合同金额/万元	0.00	0.00	4	2
科技合作交流/%	11.76	8.82	13	16
项目合作系数	0.71	0.53	12	15
论文论著合作系数	0.00	0.00	11	12
创新绩效/%	3.36	3.30	30	28
科技服务/%	3.90	3.70	27	27
科技服务系数	0.00	0.01	27	27
产学研结合/%	5.00	5.00	20	18
产学研结合系数	0.10	0.10	20	18
创造效益/%	0.00	0.00	20	20
经济效益系数	0.00	0.00	20	20

（二十八）贵州省亚热带作物研究所

年末从业人员82人；高学历以上人员22人，占年末从业人员的比例为26.83%，居第24位；高职称以上人员20人，占年末从业人员的比例为24.39%，居第26位；大型科学仪器设备原值373.00万元，人均大型科学仪器设备原值4.55万元，居第27位。

R&D人员81人，占年末从业人员的比重为98.78%，居第4位；科研经费936.50万元，人均科研经费11.42万元，居第17位；R&D经费7 902.00万元，人均R&D经费96.37万元，居第14位。

发表科技论文29篇（一般科技论文8篇、核心期刊20篇、三大检索工具收录1篇），科技论文系数为2.79，居第21位。

贵州省亚热带作物研究所综合科技创新水平指数为37.40%，居公益类科研院所第15位，与上年相比，监测值提高13.56个百分点，位次上升7位。4个一级指标中，科技投入指数、科技产出指数和创新绩效指数较上年分别提高56.20个百分点、6.50个百分点和7.27个百分点，位次分别上升15位、10位和2位。科技创新环境和基础指数较上年下降15.44个百分点，位次下降7位（表4-28）。

表4-28 贵州省亚热带作物研究所各级监测指标和位次与上年比较

指标名称	三级指标值		位次	
	2016年	2015年	2016年	2015年
综合科技创新水平指数 / %	37.40	23.84	15	22
科技创新环境和基础 / %	18.34	33.78	29	22
人力资源 / %	34.79	64.61	27	13
高层次科技人才系数	0.03	0.24	25	7
高学历以上人员占年末从业人员的比例 / %	26.83	24.39	24	26
高职称以上人员占年末从业人员的比例 / %	24.39	23.17	26	24
创新条件及平台 / %	7.37	13.22	27	28
人均大型科学仪器设备原值 / 万元	4.55	4.55	27	29
省级以上创新平台及载体系数	0.00	0.00	16	16
科技投入 / %	86.94	30.74	5	20
人力投入 / %	100.00	21.13	1	21
R&D人员占年末从业人员的比重 / %	98.78	—	4	—
创新人才团队总量系数	0.64	0.00	6	14
经费投入 / %	73.88	40.35	8	9
人均科研经费 / 万元	11.42	7.15	17	20
人均R&D经费 / 万元	96.37	—	14	—
科技产出 / %	24.37	17.87	6	16
知识产出 / %	38.51	47.98	10	15
科技论文系数	2.79	3.84	21	13
知识产权系数	0.67	0.82	10	15
科技奖励 / %	0.00	15.87	12	8
科技成果系数	0.00	0.05	12	8
技术成果市场化水平 / %	62.03	0.00	2	2
人均技术市场成交合同金额 / 万元	1.06	0.00	1	2
科技合作交流 / %	9.37	4.46	16	23
项目合作系数	0.29	0.00	16	25
论文论著合作系数	0.63	0.62	9	9
创新绩效 / %	16.98	9.71	17	19
科技服务 / %	47.60	27.75	5	5
科技服务系数	0.05	0.06	5	5
产学研结合 / %	0.00	0.00	21	22
产学研结合系数	0.00	0.00	21	22
创造效益 / %	1.23	0.00	18	20
经济效益系数	3.08	0.00	18	20

（二十九）贵州省土壤肥料研究所

年末从业人员41人；高学历以上人员26人，占年末从业人员的比例为63.41%，居第5位；高职称以上人员14人，占年末从业人员的比例为34.15%，居第13位；大型科学仪器设备原值494.20万元，人均大型科学仪器设备原值12.05万元，居第12位。

R&D人员34人，占年末从业人员的比重为82.93%，居第10位；科研经费309.00万元，人均科研经费7.54万元，居第24位；R&D经费4 249.00万元，人均R&D经费103.63万元，居第11位。

发表科技论文38篇（一般科技论文6篇、核心期刊32篇），科技论文系数为5.37，居第6位；科技培训人数1 444人，科技特派员24人，科技服务系数为0.03，居第8位。

贵州省土壤肥料研究所综合科技创新水平指数为20.44%，居公益类科研院所第27位，与上年相比，监测值提高0.96个百分点，位次下降1位。4个一级指标中，科技投入指数和创新绩效指数较上年分别提高12.66个百分点和6.00个百分点，位次分别上升3位和4位；科技创新环境和基础指数、科技产出指数较上年分别下降1.71个百分点和7.66个百分点，位次分别上升1位和下降4位（表4-29）。

表4-29　贵州省土壤肥料研究所各级监测指标和位次与上年比较

指标名称	三级指标值		位次	
	2016年	2015年	2016年	2015年
综合科技创新水平指数 / %	20.44	19.48	27	26
科技创新环境和基础 / %	28.83	30.54	24	25
人力资源 / %	54.65	47.04	18	21
高层次科技人才系数	0.15	0.12	18	19
高学历以上人员占年末从业人员的比例 / %	63.41	61.54	5	5
高职称以上人员占年末从业人员的比例 / %	34.15	35.90	13	14
创新条件及平台 / %	11.62	19.55	22	21
人均大型科学仪器设备原值 / 万元	12.05	17.16	12	8
省级以上创新平台及载体系数	0.00	0.00	16	16
科技投入 / %	34.80	22.14	25	28
人力投入 / %	21.60	15.10	20	29
R&D 人员占年末从业人员的比重 / %	82.93	—	10	—
创新人才团队总量系数	0.00	0.00	15	14
经费投入 / %	47.99	29.18	21	20
人均科研经费 / 万元	7.54	15.95	24	9
人均 R&D 经费 / 万元	103.63	—	11	—
科技产出 / %	7.74	15.40	24	20
知识产出 / %	28.98	33.03	17	18

续表

指标名称	三级指标值		位次	
	2016年	2015年	2016年	2015年
科技论文系数	5.37	4.84	6	10
知识产权系数	0.20	0.38	25	20
科技奖励/%	0.00	23.80	12	3
科技成果系数	0.00	0.07	12	3
技术成果市场化水平/%	0.00	0.00	4	2
人均技术市场成交合同金额/万元	0.00	0.00	4	2
科技合作交流/%	1.96	0.00	22	26
项目合作系数	0.12	0.00	21	25
论文论著合作系数	0.00	0.00	11	12
创新绩效/%	12.14	6.14	23	27
科技服务/%	34.70	17.55	8	10
科技服务系数	0.03	0.04	8	10
产学研结合/%	0.00	0.00	21	22
产学研结合系数	0.00	0.00	21	22
创造效益/%	0.00	0.00	20	20
经济效益系数	0.00	0.00	20	20

（三十）贵州省现代农业发展研究所

年末从业人员36人；高学历以上人员23人，占年末从业人员的比例为63.89%，居第3位；高职称以上人员12人，占年末从业人员的比例为33.33%，居第15位；大型科学仪器设备原值140.40万元，人均大型科学仪器设备原值3.90万元，居第29位。

R&D人员34人，占年末从业人员的比重为94.44%，居第5位；科研经费746.00万元，人均科研经费20.72万元，居第4位；R&D经费4 991.00万元，人均R&D经费138.64万元，居第6位。

发表科技论文22篇（一般科技论文5篇、核心期刊16篇、三大检索工具收录1篇），科技论文系数为3.05，居第19位；省外论文论著合作3篇，省内论文论著合作5篇，论文论著合作系数为1.56，居第7位；科技培训人数1 100人，对外科技咨询项数3项，科技特派员数11人，科技服务系数为0.02，居第18位。

贵州省现代农业发展研究所综合科技创新水平指数为25.45%，居公益类科研院所第22位，与上年相比，监测值提高16.14个百分点，位次上升10位。4个一级指标中，科技创新环境和基础指数、科技投入指数、科技产出指数和创新绩效指数较上年分别上升18.36个百分点、36.56个百分点、3.07个百分点和8.88个百分点，位次分别上升14位、12位、3位和4位（表4-30）。

表4-30　贵州省现代农业发展研究所各级监测指标和位次与上年比较

指标名称	三级指标值		位次	
	2016年	2015年	2016年	2015年
综合科技创新水平指数 / %	25.45	9.31	22	32
科技创新环境和基础 / %	37.83	19.47	18	32
人力资源 / %	39.40	38.17	24	25
高层次科技人才系数	0.07	0.07	22	25
高学历以上人员占年末从业人员的比例 / %	63.89	63.64	3	2
高职称以上人员占年末从业人员的比例 / %	33.33	39.39	15	10
创新条件及平台 / %	36.79	7.01	16	33
人均大型科学仪器设备原值 / 万元	3.90	2.83	29	32
省级以上创新平台及载体系数	0.17	0.00	4	16
科技投入 / %	46.85	10.29	20	32
人力投入 / %	21.60	15.78	20	28
R&D人员占年末从业人员的比重 / %	94.44	—	5	—
创新人才团队总量系数	0.00	0.00	15	14
经费投入 / %	72.10	4.80	10	32
人均科研经费 / 万元	20.72	1.24	4	32
人均R&D经费 / 万元	138.64	—	6	—
科技产出 / %	7.58	4.51	25	28
知识产出 / %	19.15	16.07	25	27
科技论文系数	3.05	2.68	19	18
知识产权系数	0.18	0.16	27	28
科技奖励 / %	0.00	0.00	12	16
科技成果系数	0.00	0.00	12	16
技术成果市场化水平 / %	0.00	0.00	4	2
人均技术市场成交合同金额 / 万元	0.00	0.00	4	2
科技合作交流 / %	11.16	1.96	14	24
项目合作系数	0.00	0.12	25	23
论文论著合作系数	1.56	0.00	7	12
创新绩效 / %	10.84	1.96	25	29
科技服务 / %	16.70	5.60	21	24
科技服务系数	0.02	0.01	18	24
产学研结合 / %	12.50	0.00	13	22
产学研结合系数	0.25	0.00	14	22
创造效益 / %	0.00	0.00	20	20
经济效益系数	0.00	0.00	20	20

（三十一）贵州省科技信息中心

年末从业人员44人；高职称以上人员5人，占年末从业人员的比例为11.36%，居第32位。

科研经费459.14万元，人均科研经费10.44万元，居第18位。

贵州省科技信息中心综合科技创新水平指数为2.87%，居公益类科研院所第32位，与上年相比，监测值下降7.80个百分点，位次下降1位。4个一级指标中，科技创新环境和基础指数、科技投入指数较上年分别下降11.51个百分点和19.67个百分点，位次分别为不变和下降10位；科技产出指数和创新绩效指数较上年均保持不变，位次分别为不变和下降1位（表4-31）。

表4-31　贵州省科技信息中心各级监测指标和位次与上年比较

指标名称	三级指标值		位次	
	2016年	2015年	2016年	2015年
综合科技创新水平指数 / %	2.87	10.67	32	31
科技创新环境和基础 / %	2.05	13.56	33	33
人力资源 / %	5.14	16.67	33	33
高层次科技人才系数	0.00	0.07	26	25
高学历以上人员占年末从业人员的比例 / %	0.00	0.00	33	33
高职称以上人员占年末从业人员的比例 / %	11.36	10.87	32	32
创新条件及平台 / %	0.00	11.49	33	30
人均大型科学仪器设备原值 / 万元	0.00	4.74	33	27
省级以上创新平台及载体系数	0.00	0.00	16	16
科技投入 / %	9.43	29.10	31	21
人力投入 / %	0.00	20.27	32	23
R&D 人员占年末从业人员的比重 / %	0.00	—	32	—
创新人才团队总量系数	0.00	0.00	15	14
经费投入 / %	18.87	37.94	31	12
人均科研经费 / 万元	10.44	17.28	18	7
人均 R&D 经费 / 万元	0.00	—	32	—
科技产出 / %	0.00	0.00	33	33
知识产出 / %	0.00	0.00	33	33
科技论文系数	0.00	0.00	33	33
知识产权系数	0.00	0.00	29	30
科技奖励 / %	0.00	0.00	12	16
科技成果系数	0.00	0.00	12	16
技术成果市场化水平 / %	0.00	0.00	4	2
人均技术市场成交合同金额 / 万元	0.00	0.00	4	2
科技合作交流 / %	0.00	0.00	26	26
项目合作系数	0.00	0.00	25	25
论文论著合作系数	0.00	0.00	11	12
创新绩效 / %	0.00	0.00	32	31
科技服务 / %	0.00	0.00	29	29
科技服务系数	0.00	0.00	27	29

续表

指标名称	三级指标值		位次	
	2016年	2015年	2016年	2015年
产学研结合/%	0.00	0.00	21	22
产学研结合系数	0.00	0.00	21	22
创造效益/%	0.00	0.00	20	20
经济效益系数	0.00	0.00	20	20

（三十二）贵州省粮油科研设计所

年末从业人员4人；高学历以上人员1人，占年末从业人员的比例为25.00%，居第27位；高职称以上人员1人，占年末从业人员的比例为25.00%，居第23位。

大型科学仪器设备原值97.00万元，人均大型科学仪器设备原值24.25万元，居第3位；科研经费120.00万元，人均科研经费30.00万元，居第1位。

发表科技论文8篇（一般科技论文6篇、核心期刊2篇），科技论文系数为0.63，居第31位。

贵州省粮油科研设计所综合科技创新水平指数为4.08%，居公益类科研院所第31位，与上年相比，监测值下降12.31个百分点，位次下降2位。4个一级指标中，科技创新环境和基础指数、科技投入指数和科技产出指数较上年分别下降28.83个百分点、19.69个百分点和0.51个百分点，位次分别下降10位、7位和位次不变；创新绩效指数较上年保持不变，位次上升1位（表4-32）。

表4-32 贵州省粮油科研设计所各级监测指标和位次与上年比较

指标名称	三级指标值		位次	
	2016年	2015年	2016年	2015年
综合科技创新水平指数/%	4.08	16.39	31	29
科技创新环境和基础/%	7.53	36.36	31	21
人力资源/%	5.31	45.98	32	22
高层次科技人才系数	0.00	0.22	26	10
高学历以上人员占年末从业人员的比例/%	25.00	30.00	27	20
高职称以上人员占年末从业人员的比例/%	25.00	20.00	23	27
创新条件及平台/%	9.01	29.95	24	19
人均大型科学仪器设备原值/万元	24.25	42.04	3	2
省级以上创新平台及载体系数	0.00	0.00	16	16
科技投入/%	7.92	27.61	32	25
人力投入/%	0.00	5.33	32	32
R&D人员占年末从业人员的比重/%	0.00	—	32	—
创新人才团队总量系数	0.00	0.00	15	14
经费投入/%	15.84	49.89	32	5
人均科研经费/万元	30.00	30.25	1	2
人均R&D经费/万元	0.00	—	32	—
科技产出/%	0.61	1.12	31	31
知识产出/%	2.43	4.48	31	30

续表

指标名称	三级指标值		位次	
	2016 年	2015 年	2016 年	2015 年
科技论文系数	0.63	0.74	31	30
知识产权系数	0.00	0.04	29	29
科技奖励 / %	0.00	0.00	12	16
科技成果系数	0.00	0.00	12	16
技术成果市场化水平 / %	0.00	0.00	4	2
人均技术市场成交合同金额 / 万元	0.00	0.00	4	2
科技合作交流 / %	0.00	0.00	26	26
项目合作系数	0.00	0.00	25	25
论文论著合作系数	0.00	0.00	11	12
创新绩效 / %	0.00	0.00	31	32
科技服务 / %	0.00	0.00	29	29
科技服务系数	0.00	0.00	27	29
产学研结合 / %	0.00	0.00	21	22
产学研结合系数	0.00	0.00	21	22
创造效益 / %	0.00	0.00	20	20
经济效益系数	0.00	0.00	20	20

（三十三）贵州省冶金科学研究室

年末从业人员11人；高学历以上人员4人，占年末从业人员的比例为36.36%，居第17位；高职称以上人员10人，占年末从业人员的比例为90.91%，居第1位；大型科学仪器设备原值4.30万元，人均大型科学仪器设备原值0.39万元，居第32位。

R&D人员2人，占年末从业人员的比重为18.18%，居第30位；科研经费4.00万元，人均科研经费0.36万元，居第33位；R&D经费136.00万元，人均R&D经费12.36万元，居第30位。

发表科技论文2篇（一般科技论文1篇、核心期刊1篇），科技论文系数为0.21，居第32位。

贵州省冶金科学研究室综合科技创新水平指数为2.41%，居公益类科研院所第33位，与上年相比，监测值下降4.79个百分点，位次不变。4个一级指标中，科技创新环境和基础指数、科技投入指数和科技产出指数较上年分别下降15.25个百分点、3.75个百分点和0.13个百分点，位次分别下降2位、位次不变、位次不变；创新绩效指数较上年均保持不变，位次下降1位（表4-33）。

表4-33 贵州省冶金科学研究室各级监测指标和位次与上年比较

指标名称	三级指标值		位次	
	2016 年	2015 年	2016 年	2015 年
综合科技创新水平指数 / %	2.41	7.20	33	33
科技创新环境和基础 / %	6.93	22.18	32	30
人力资源 / %	17.05	40.23	31	24
高层次科技人才系数	0.00	0.15	26	18
高学历以上人员占年末从业人员的比例 / %	36.36	36.36	17	16

续表

指标名称	三级指标值		位次	
	2016 年	2015 年	2016 年	2015 年
高职称以上人员占年末从业人员的比例 / %	90.91	90.91	1	1
创新条件及平台 / %	0.19	10.14	32	31
人均大型科学仪器设备原值 / 万元	0.39	0.39	32	33
省级以上创新平台及载体系数	0.00	0.00	16	16
科技投入 / %	2.41	6.16	33	33
人力投入 / %	2.74	10.93	31	31
R&D 人员占年末从业人员的比重 / %	18.18	—	30	—
创新人才团队总量系数	0.00	0.00	15	14
经费投入 / %	2.09	1.38	33	33
人均科研经费 / 万元	0.36	0.36	33	33
人均 R&D 经费 / 万元	12.36	—	30	—
科技产出 / %	0.20	0.33	32	32
知识产出 / %	0.81	1.32	32	32
科技论文系数	0.21	0.37	32	32
知识产权系数	0.00	0.00	29	30
科技奖励 / %	0.00	0.00	12	16
科技成果系数	0.00	0.00	12	16
技术成果市场化水平 / %	0.00	0.00	4	2
人均技术市场成交合同金额 / 万元	0.00	0.00	4	2
科技合作交流 / %	0.00	0.00	26	26
项目合作系数	0.00	0.00	25	25
论文论著合作系数	0.00	0.00	11	12
创新绩效 / %	0.00	0.00	32	31
科技服务 / %	0.00	0.00	29	29
科技服务系数	0.00	0.00	27	29
产学研结合 / %	0.00	0.00	21	22
产学研结合系数	0.00	0.00	21	22
创造效益 / %	0.00	0.00	20	20
经济效益系数	0.00	0.00	20	20

四、开发类科研院所综合科技创新水平评价

根据综合科技创新水平指数，将全省14家科研院所分为3类（图4-11）。

第1类：综合科技创新水平指数高于30.00%的科研院所有5家。

第2类：综合科技创新水平指数低于30.00%，但高于平均水平（23.91%）的科研院所有1家。

第3类：综合科技创新水平指数低于平均水平的科研院所有8家。

2016年监测结果与2015年的相比，开发类科研院所综合科技创新水平指数平均水平提高2.81个百

分点,贵州省生物技术研究开发基地、贵州省冶金设计研究院、贵州省轻工业科学研究所等7家科研院高于这一增幅。贵州省化工研究院、贵州省新技术研究所2家科研院所低于上年水平(图4-12)。

参照2015年综合科技创新水平指数排序,位次上升较快的是贵州省生物技术研究开发基地和贵州省轻工业科学研究所,均上升2位;位次下降较快的是贵州省新技术研究所,下降2位。

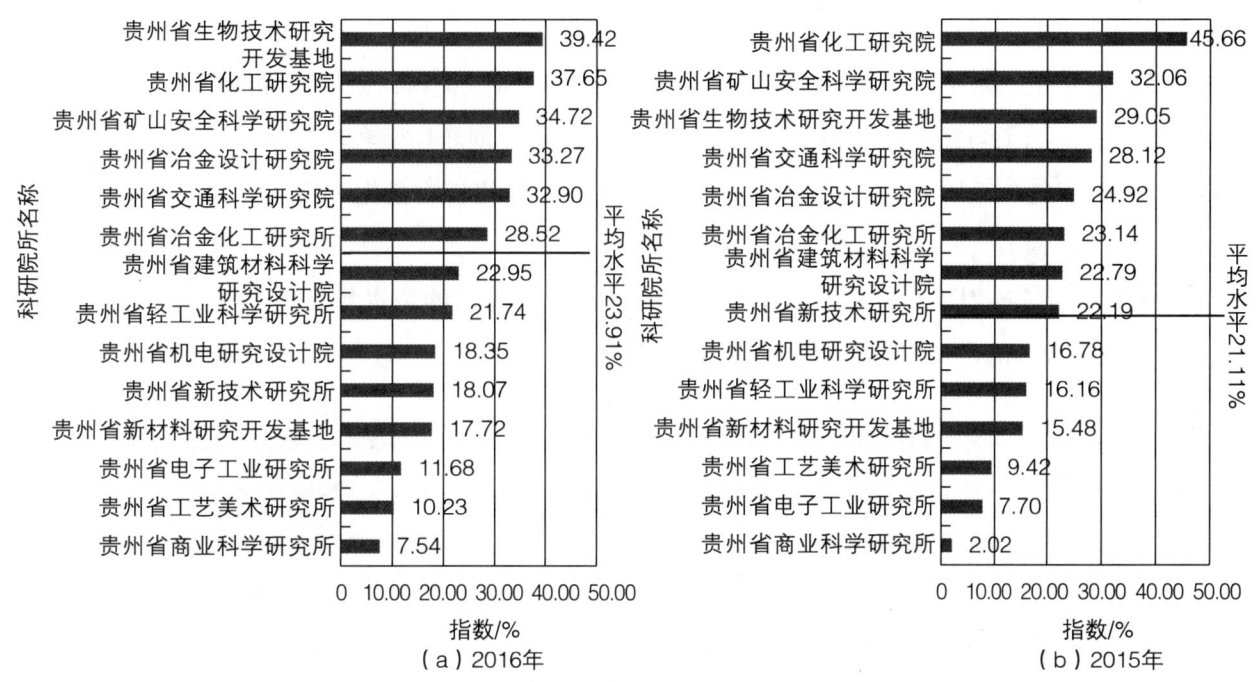

图4-11 开发类科研院所综合科技创新水平指数排序

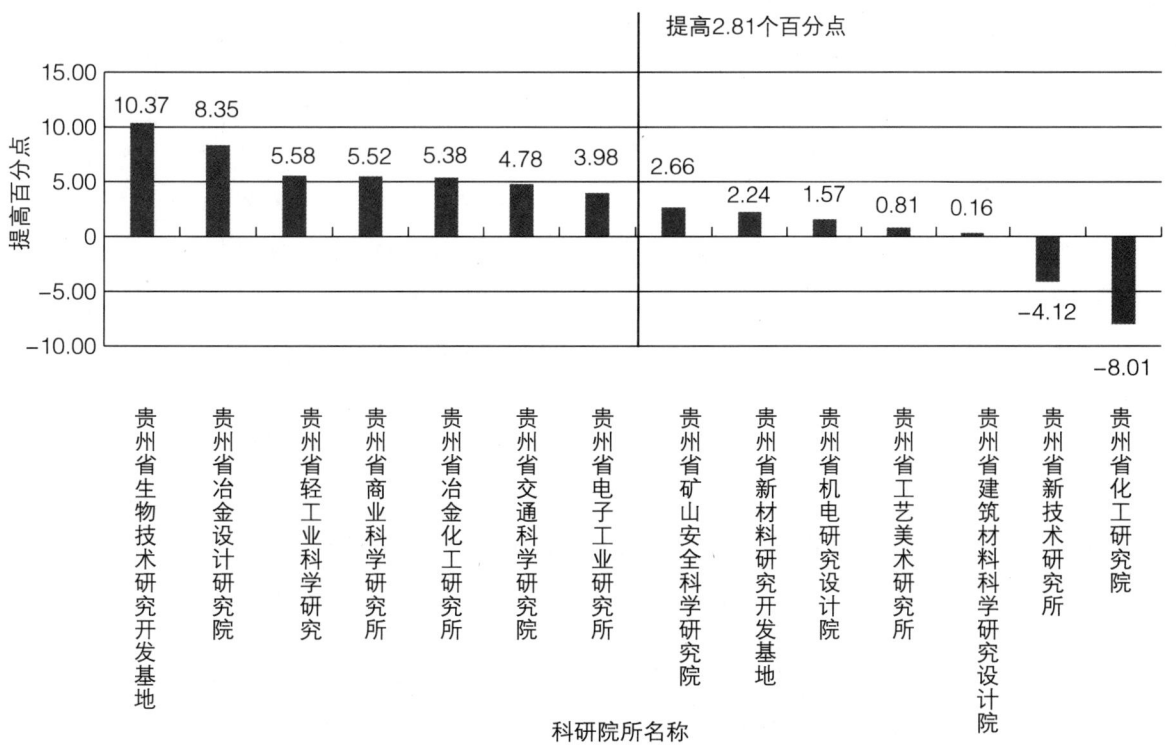

图4-12 开发类科研院所综合科技创新水平指数提高百分点排序

五、开发类科研院所科技创新一级指标评价

（一）科技创新环境和基础

科技创新环境和基础指数高于40.00%的开发类科研院所有2家，占全部开发类科研院所的14.29%；低于40%，但高于平均水平（21.29%）的开发类科研院所有5家，占全部开发类科研院所的35.71%；低于平均水平的开发类科研院所有7家，占全部开发类科研院所的50.00%（图4-13）。

2016年监测结果与2015年的相比，开发类科研院所科技创新环境和基础指数平均水平下降5.08个百分点。贵州省化工研究院、贵州省交通科学研究院、贵州省冶金化工研究所等12家科研院所低于上年水平（4-14）。

参照2015年科技创新环境和基础指数排位，位次上升较快的是贵州省冶金设计研究院，上升3位；位次下降较快的是贵州省化工研究院，下降3位。

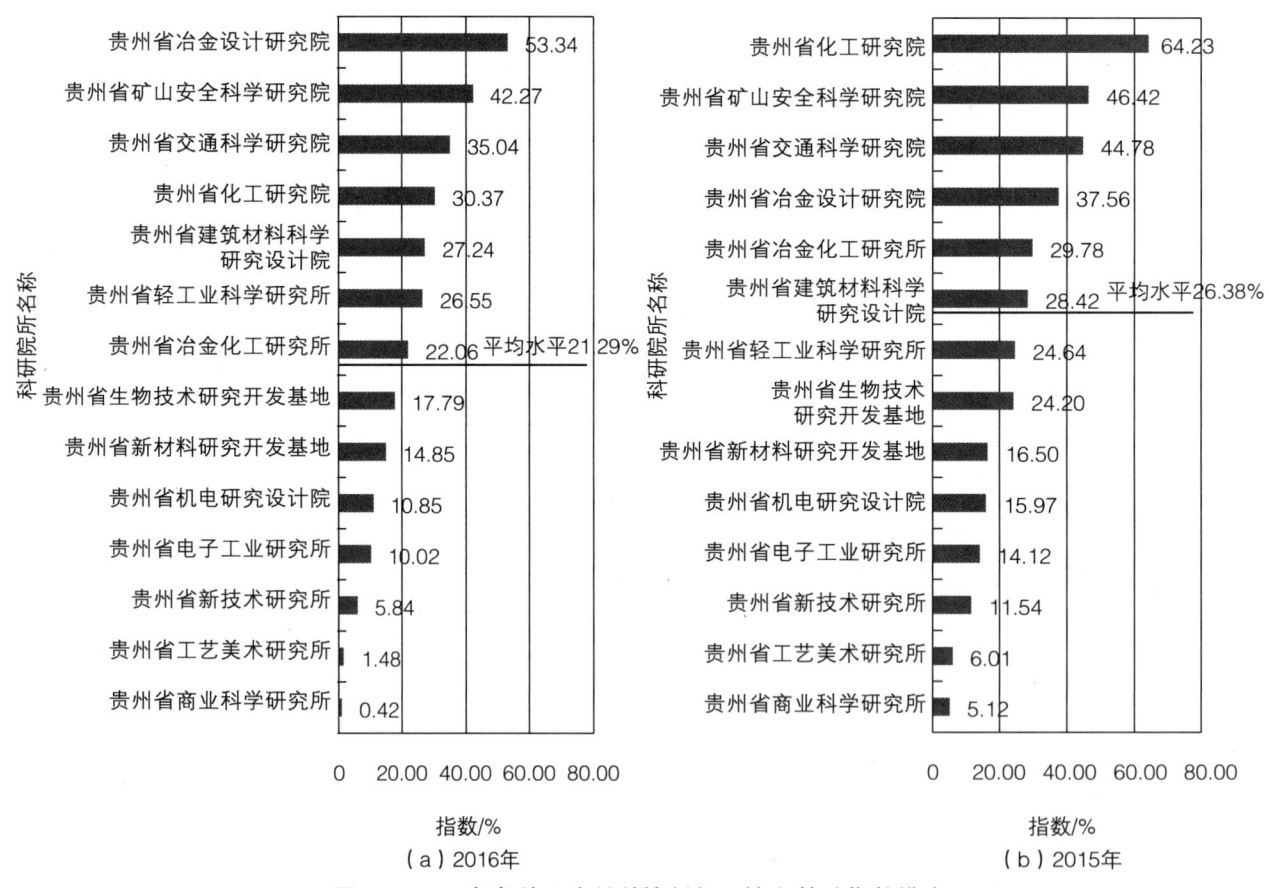

图4-13 开发类科研院所科技创新环境和基础指数排序

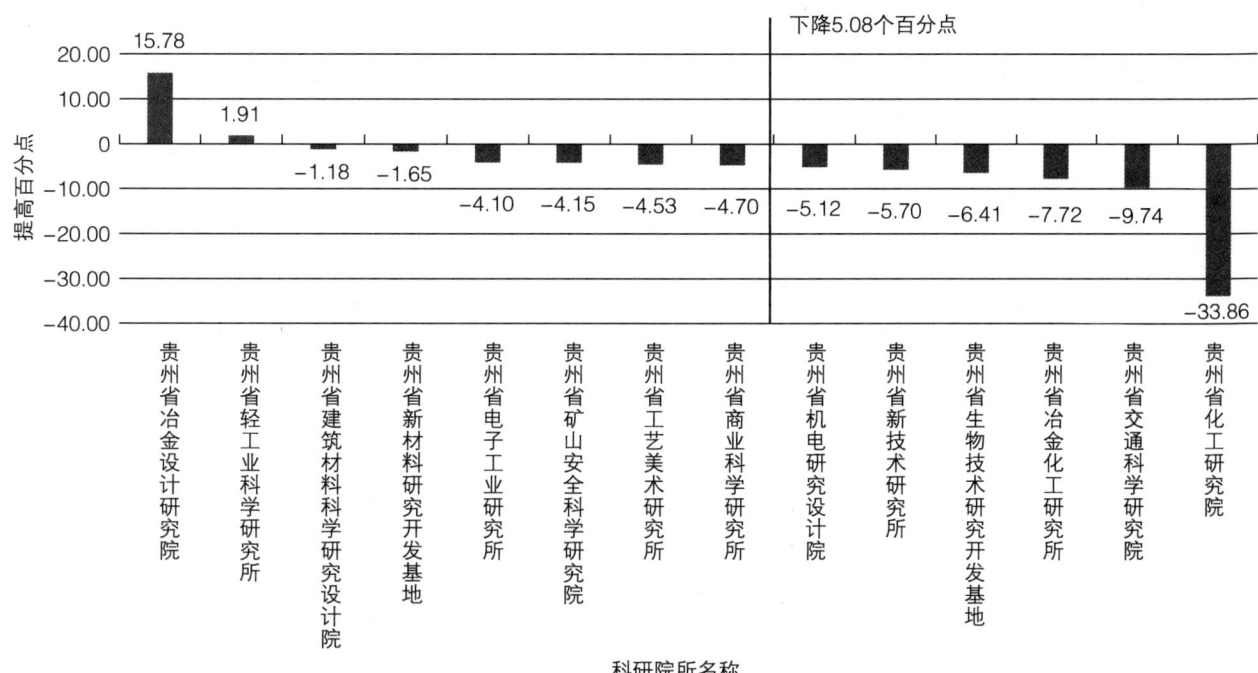

图4-14 开发类科研院所科技创新环境和基础指数提高百分点排序

（二）科技投入

科技投入指数高于60.00%的开发类科研院所有4家，占全部开发类科研院所的28.57%；低于60.00%，但高于平均水平（48.56%）的开发类科研院所有3家，占全部开发类科研院所的21.43%；低于平均水平的开发类科研院所有7家，占全部开发类科研院所的50.00%（图4-15）。

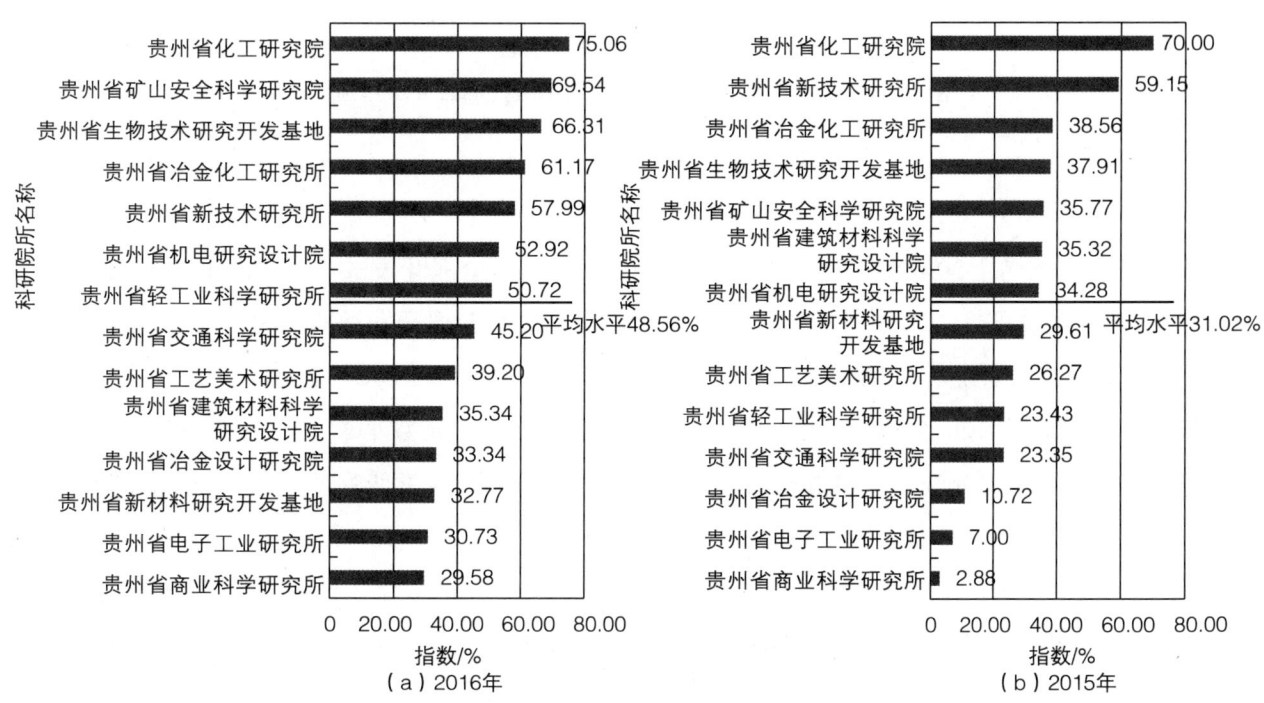

图4-15 开发类科研院所科技投入指数排序

2016年与2015年监测结果相比,开发类科研院所科技投入指数平均水平提高17.54个百分点,贵州省矿山安全科学研究院、贵州省生物技术研究开发基地、贵州省轻工业科学研究所等9家科研院所高于这一增幅。贵州省新技术研究所1家科研院所低于上年水平(图4-16)。

参照2015年科技投入指数排序,位次上升较快的是贵州省交通科学研究院、贵州省矿山安全科学研究院和贵州省轻工业科学研究所,均上升3位;位次下降较快的是贵州省建筑材料科学研究设计院和贵州省新材料研究开发基地,均下降4位。

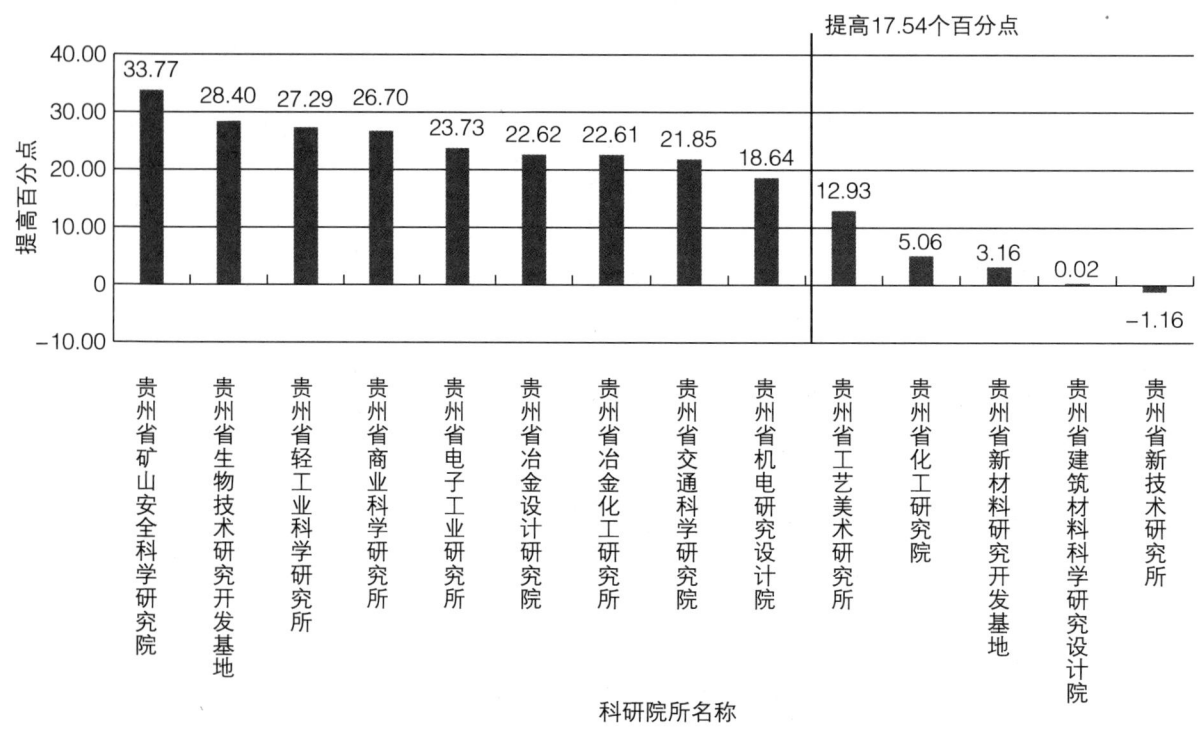

图4-16 开发类科研院所科技投入指数提高百分点排序

（三）科技产出

科技产出指数高于20.00%的开发类科研院所有1家,占全部开发类科研院所的7.14%;低于20%,但高于平均水平（7.52%）的开发类科研院所有6家,占全部开发类科研院所的42.86%;低于平均水平的开发类科研院所有7家,占全部开发类科研院所的50.00%（图4-17）。

2016年监测结果与2015年的相比,开发类科研院所科技产出指数平均水平下降3.97个百分点。贵州省矿山安全科学研究院、贵州省化工研究院、贵州省轻工业科学研究所等11家科研院所低于上年水平（图4-18）。

参照2015年科技产出指数排序,位次上升较快的是贵州省冶金化工研究所和贵州省新材料研究开发基地,上升6位和5位;位次下降较快的是贵州省化工研究院和贵州省建筑材料科学研究设计院,均下降4位。

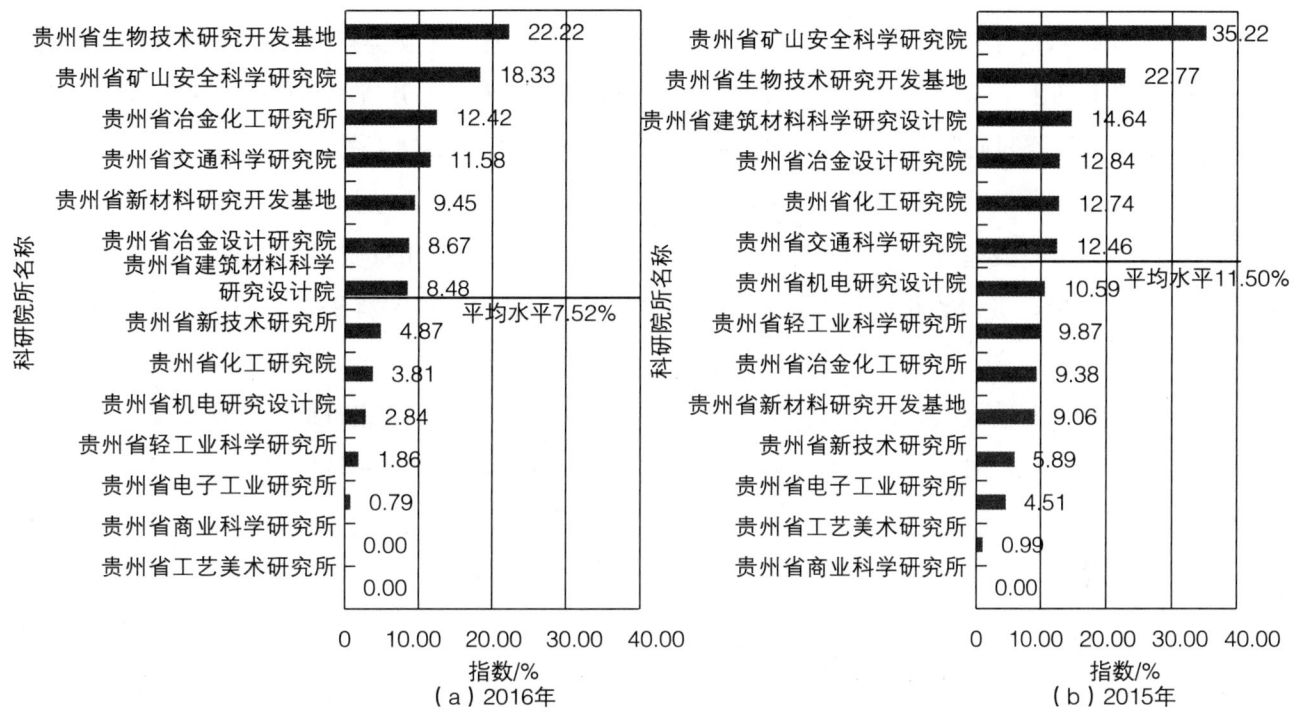

图4-17 开发类科研院所科技产出指数排序

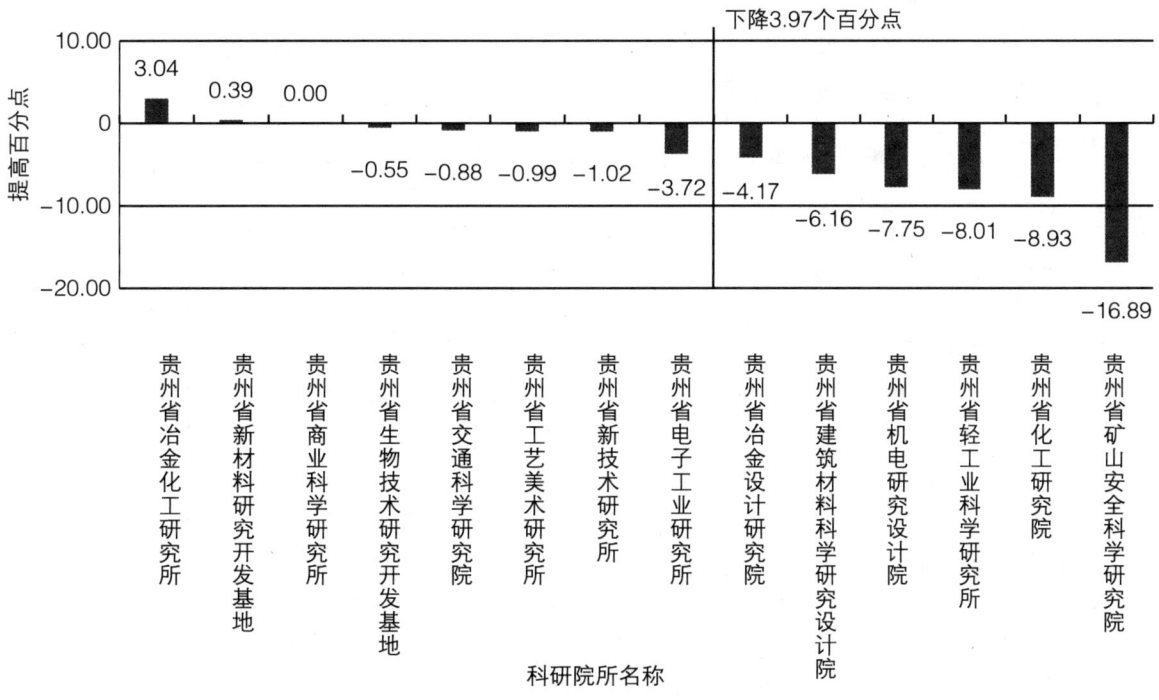

图4-18 开发类科研院所科技产出指数提高百分点排序

（四）创新绩效

创新绩效指数高于50.00%的开发类科研院所有2家，占全部开发类科研院所的14.29%；低于50%，但高于平均水平（20.96%）的开发类科研院所有3家，占全部开发类科研院所的21.43%；低于平均水平的开发类科研院所有9家，占全部开发类科研院所的64.28%（图4-19）。

2016年与2015年监测结果相比，开发类科研院所创新绩效指数平均水平提高4.41个百分点，贵州省生物技术研究开发基地、贵州省建筑材料科学研究设计院、贵州省交通科学研究院等5家科研院所高于这一增幅。贵州省新技术研究所、贵州省工艺美术研究所2家科研院所低于上年水平（图4-20）。

参照2015年创新绩效指数排序，位次上升较快的是贵州省机电研究设计院、贵州省矿山安全科学研究院和贵州省生物技术研究开发基地，均上升3位；位次下降较快的是贵州省新技术研究所，下降6位。

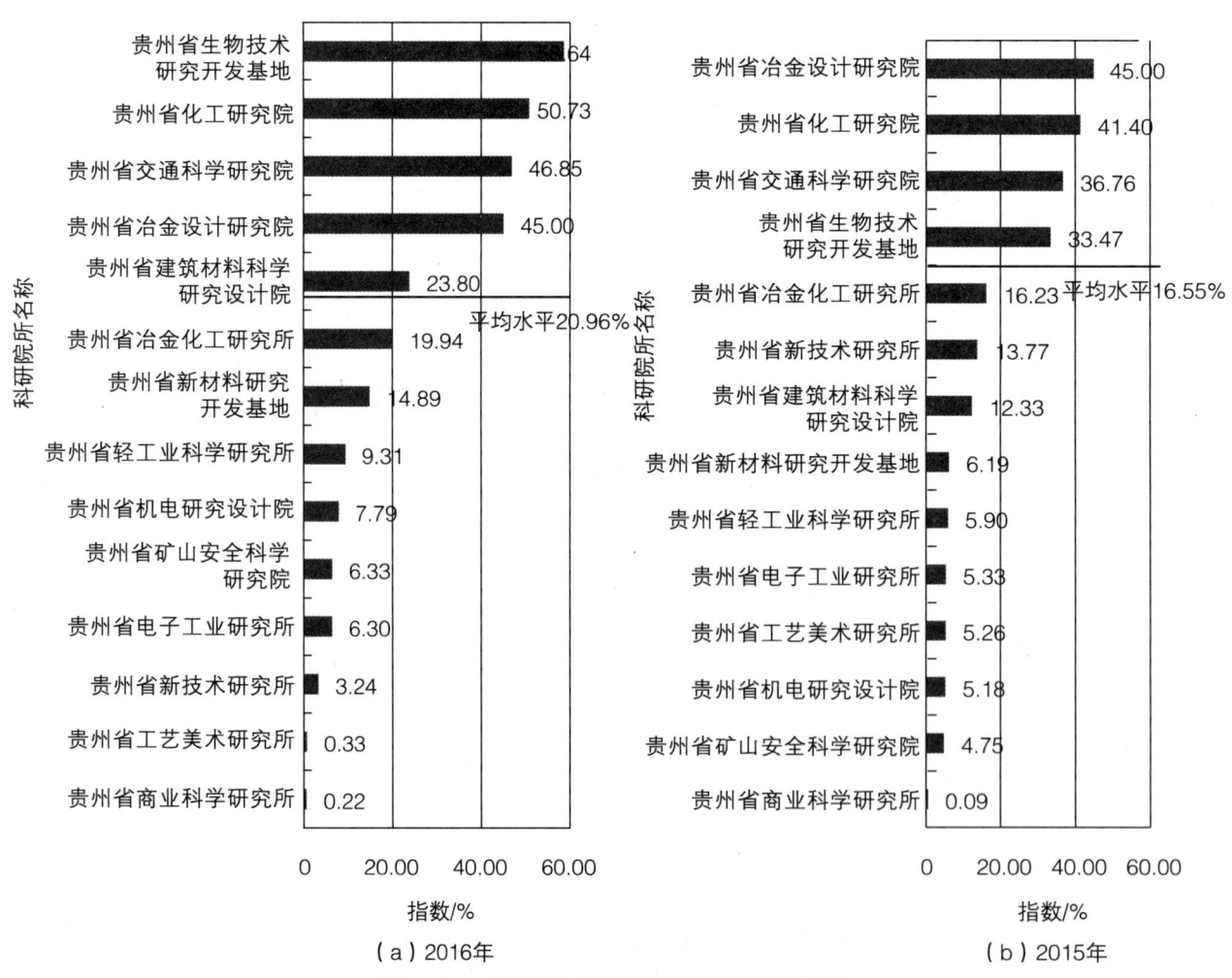

图4-19 开发类科研院所创新绩效指数排序

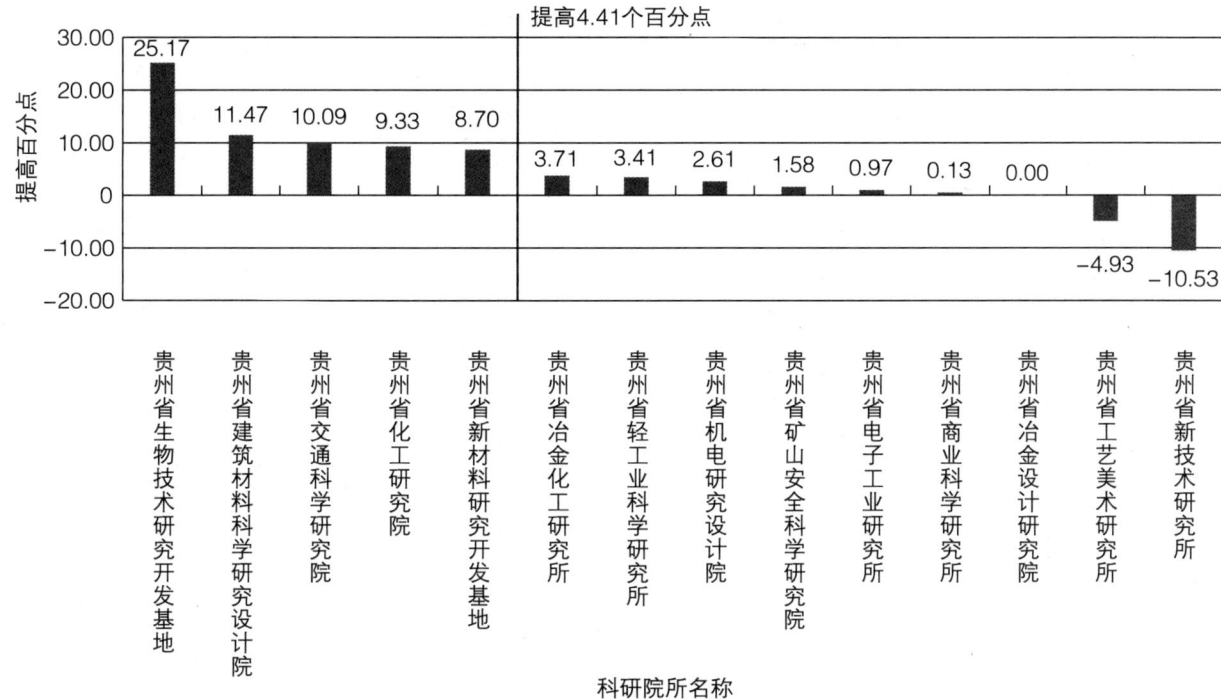

图4-20　开发类科研院所创新绩效指数提高百分点排序

六、开发类科研院所科技创新水平评价

（一）贵州省化工研究院

年末从业人员127人；高学历以上人员19人，占年末从业人员的比例为14.96%，居第3位；高职称以上人员24人，占年末从业人员的比例为18.90%，居第7位；大型科学仪器设备原值583.50万元，人均大型科学仪器设备原值4.59万元，居第6位。

科研经费1 418.25万元，人均科研经费11.17万元，居第4位；R&D经费75.00万元，人均R&D经费0.59万元，居第11位。

发表科技论文5篇（一般科技论文3篇、核心期刊2篇），科技论文系数为0.47，居第7位；省内合作项目1项，项目合作系数为0.12，居第9位。

对外科技咨询项数647项，科技服务系数为0.67，居第1位；技术服务收入1 372.75万元，生产性收入727.85万元，经济效益系数为478.37，居第4位。

贵州省化工研究院综合科技创新水平指数为37.65%，居开发类科研院所第2位，与上年相比，监测值下降8.01个百分点，位次下降1位。4个一级指标中，科技投入指数和创新绩效指数较上年分别提高5.06个百分点和9.33个百分点，位次均不变；科技创新环境和基础指数、科技产出指数较上年分别下降33.86个百分点和8.93个百分点，位次分别下降3位和4位（表4-34）。

表4-34 贵州省化工研究院各级监测指标和位次与上年比较

指标名称	三级指标值		位次	
	2016年	2015年	2016年	2015年
综合科技创新水平指数 / %	37.65	45.66	2	1
科技创新环境和基础 / %	30.37	64.23	4	1
人力资源 / %	21.38	58.94	4	1
高层次科技人才系数	0.00	0.12	1	1
高学历以上人员占年末从业人员的比例 / %	14.96	15.15	3	4
高职称以上人员占年末从业人员的比例 / %	18.90	14.39	7	8
创新条件及平台 / %	36.37	67.77	4	1
人均大型科学仪器设备原值 / 万元	4.59	4.42	6	5
省级以上创新平台及载体系数	0.00	0.17	4	1
科技投入 / %	75.06	70.00	1	1
人力投入 / %	40.00	0.00	2	14
R&D人员占年末从业人员的比重 / %	92.91	0.00	1	14
创新人才团队总量系数 / %	0.00	0.00	3	3
经费投入 / %	90.08	100.00	1	1
人均科研经费 / 万元	11.17	16.48	4	3
人均R&D经费 / 万元	0.59	3.61	11	1
科技产出 / %	3.81	12.74	9	5
知识产出 / %	18.07	56.84	9	5
科技论文系数	0.47	0.68	7	9
知识产权系数	0.27	1.80	7	2
科技奖励 / %	0.00	0.00	2	1
科技成果系数	0.00	0.00	2	1
技术成果市场化水平 / %	0.00	0.00	2	3
人均技术市场成交合同金额	0.00	0.00	2	3
科技合作交流 / %	1.96	13.73	9	4
项目合作系数	0.12	0.82	9	3
论文论著合作系数	0.00	0.00	2	3
创新绩效 / %	50.73	41.40	2	2
科技服务 / %	83.45	86.88	1	1
科技服务系数	0.67	0.70	1	1
产学研结合 / %	0.00	16.67	8	7
产学研结合系数	0.00	0.20	8	7
创造效益 / %	47.84	17.00	4	4
经济效益系数	478.37	340.06	4	4

（二）贵州省矿山安全科学研究院

年末从业人员345人；高学历以上人员36人，占年末从业人员的比例为10.43%，居第5位；高职称以上人员89人，占年末从业人员的比例为25.80%，居第3位；大型科学仪器设备原值142.00万元，人均大型科学仪器设备原值0.41万元，居14位。

科研经费1 313.50万元，人均科研经费3.81万元，居第7位；R&D经费75.00万元，人均R&D经费0.22万元，居第12位。

发表科技论文20篇（一般科技论文3篇、核心期刊16篇、三大检索工具收录1篇），科技论文系数为3.00，居第2位；省内合作项目55项，项目合作系数为6.47，居第1位。

科技培训人数412人，对外科技咨询项数55项，科技服务系数为0.07，居第3位；知识产权创造的直接效益70.00万元，生产性收入434.00万元，经济效益系数为76.46，居第9位。

贵州省矿山安全科学研究院综合科技创新水平指数为34.72%，居开发类科研院所第3位，与上年相比，监测值上升2.66个百分点，位次不变。4个一级指标中，科技投入指数和创新绩效指数较上年分别提高33.77个百分点和1.58个百分点，位次均上升3位；科技创新环境和基础指数、科技产出指数较上年分别下降4.15个百分点和16.89个百分点，位次分别位不变和下降1位（表4-35）。

表4-35　贵州省矿山安全科学研究院各级监测指标和位次与上年比较

指标名称	三级指标值		位次	
	2016年	2015年	2016年	2015年
综合科技创新水平指数 / %	34.72	32.06	3	2
科技创新环境和基础 / %	42.27	46.42	2	2
人力资源 / %	43.60	45.01	1	4
高层次科技人才系数	0.00	0.00	1	5
高学历以上人员占年末从业人员的比例 / %	10.43	10.46	5	5
高职称以上人员占年末从业人员的比例 / %	25.80	22.19	3	4
创新条件及平台 / %	41.38	47.36	2	2
人均大型科学仪器设备原值 / 万元	0.41	0.44	14	14
省级以上创新平台及载体系数	0.17	0.17	1	1
科技投入 / %	69.54	35.77	2	5
人力投入 / %	39.99	11.69	5	12
R&D人员占年末从业人员的比重 / %	84.93	10.20	12	13
创新人才团队总量系数 / %	0.00	0.00	3	3
经费投入 / %	82.21	46.09	2	4
人均科研经费 / 万元	3.81	2.11	7	10
人均R&D经费 / 万元	0.22	0.09	12	8

续表

指标名称	三级指标值		位次	
	2016年	2015年	2016年	2015年
科技产出 / %	18.33	35.22	2	1
知识产出 / %	66.66	77.37	1	1
科技论文系数	3.00	2.74	2	2
知识产权系数	0.73	1.22	1	3
科技奖励 / %	0.00	0.00	2	1
科技成果系数	0.00	0.00	2	2
技术成果市场化水平 / %	0.00	49.15	2	1
人均技术市场成交合同金额	0.00	0.23	2	2
科技合作交流 / %	50.00	50.00	1	1
项目合作系数	6.47	4.00	1	1
论文论著合作系数	0.00	0.00	2	3
创新绩效 / %	6.33	4.75	10	13
科技服务 / %	8.25	7.57	3	3
科技服务系数	0.07	0.06	3	3
产学研结合 / %	0.00	0.00	8	9
产学研结合系数	0.00	0.00	8	9
创造效益 / %	7.65	4.66	9	8
经济效益系数	76.46	93.28	9	8

（三）贵州省冶金设计研究院

年末从业人员734人；高学历以上人员24人，占年末从业人员的比例为2.88%，居第11位；高职称以上人员86人，占年末从业人员的比例为10.31%，居第11位；大型科学仪器设备原值610.00万元，人均大型科学仪器设备原值0.73万元，居第11位。

R&D经费75.00万元，人均R&D经费0.09万元，居第14位；发表科技论文11篇（一般科技论文7篇、核心期刊4篇），科技论文系数为1.00，居第5位。

知识产权创造的直接效益9 672.00万元，技术服务收入3 224.00万元，生产性收入19 344.00万元，经济效益系数为8 432.00，居第1位。

贵州省冶金设计研究院综合科技创新水平指数为33.27%，居开发类科研院所第4位，与上年相比，监测值提高8.35个百分点，位次上升1位。4个一级指标中，科技创新环境和基础指数、科技投入指数和创新绩效指数较上年分别提高15.78个百分点、22.62个百分点，位次分别上升3位和1位；创新绩效指数较上年保持不变，位次下降3位；科技产出指数较上年下降4.17个百分点，位次下降2位（表4-36）。

表4-36 贵州省冶金设计研究院各级监测指标和位次与上年比较

指标名称	三级指标值		位次	
	2016年	2015年	2016年	2015年
综合科技创新水平指数 / %	33.27	24.92	4	5
科技创新环境和基础 / %	53.34	37.56	1	4
人力资源 / %	34.08	34.81	3	5
高层次科技人才系数	0.00	0.00	1	5
高学历以上人员占年末从业人员的比例 / %	2.88	3.21	11	11
高职称以上人员占年末从业人员的比例 / %	10.31	14.46	11	7
创新条件及平台 / %	66.18	39.39	1	4
人均大型科学仪器设备原值 / 万元	0.73	0.72	11	11
省级以上创新平台及载体系数	0.17	0.00	1	3
科技投入 / %	33.34	10.72	11	12
人力投入 / %	40.00	35.75	2	2
R&D人员占年末从业人员的比重 / %	85.01	37.48	9	11
创新人才团队总量系数 / %	0.00	0.00	3	3
经费投入 / %	30.48	0.00	14	13
人均科研经费 / 万元	0.00	0.00	12	13
人均R&D经费 / 万元	0.09	0.00	14	13
科技产出 / %	8.67	12.84	6	4
知识产出 / %	43.34	64.21	4	3
科技论文系数	1.00	1.42	5	5
知识产权系数	0.67	1.00	2	4
科技奖励 / %	0.00	0.00	2	1
科技成果系数	0.00	0.00	2	1
技术成果市场化水平 / %	0.00	0.00	2	3
人均技术市场成交合同金额	0.00	0.00	2	3
科技合作交流 / %	0.00	0.00	10	11
项目合作系数	0.00	0.00	10	11
论文论著合作系数	0.00	0.00	2	3
创新绩效 / %	45.00	45.00	4	1
科技服务 / %	0.00	0.00	13	14
科技服务系数	0.00	0.00	13	14
产学研结合 / %	0.00	0.00	8	9
产学研结合系数	0.00	0.00	8	9
创造效益 / %	100.00	100.00	1	1
经济效益系数	8 432.00	5 194.62	1	1

（四）贵州省生物技术研究开发基地

年末从业人员27人；高学历以上人员4人，占年末从业人员的比例为14.81%，居第4位；高职称以上人员3人，占年末从业人员的比例为11.11%，居第10位；大型科学仪器设备原值324.00万元，人均大型科学仪器设备原值12.00万元，居第1位。

科研经费750.00万元，人均科研经费27.78万元，居第1位；科R&D经费75.00万元，人均R&D经费2.78万元，居第5位。

发表科技论文3篇（核心期刊3篇），科技论文系数为0.47，居第7位；省内合作项目3项，产学研项目3项，项目合作系数为0.53，居第3位。

科技培训人数87人，对外科技咨询项数10项，科技服务系数为0.02，居第5位；知识产权创造的直接效益1 200.00万元，技术服务收入8.00万元，生产性收入2 774.00万元，经济效益系数为954.31，居第3位。

贵州省生物技术研究开发基地综合科技创新水平指数为39.42%，居开发类科研院所第1位，与上年相比，监测值提高10.37个百分点，位次上升2位。4个一级指标中，科技投入指数和创新绩效指数较上年分别提高28.40个百分点和25.17个百分点，位次分别上升3位和1位；科技创新环境和基础指数、科技产出指数较上年分别下降6.41个百分点和0.55个百分点，位次分别为不变和上升1位（表4-37）。

表4-37　贵州省生物技术研究开发基地各级监测指标和位次与上年比较

指标名称	三级指标值		位次	
	2016年	2015年	2016年	2015年
综合科技创新水平指数/%	39.42	29.05	1	3
科技创新环境和基础/%	17.79	24.20	8	8
人力资源/%	6.56	7.52	11	10
高层次科技人才系数	0.00	0.00	1	5
高学历以上人员占年末从业人员的比例/%	14.81	18.52	4	2
高职称以上人员占年末从业人员的比例/%	11.11	11.11	10	11
创新条件及平台/%	25.28	35.31	8	6
人均大型科学仪器设备原值/万元	12.00	12.02	1	1
省级以上创新平台及载体系数	0.00	0.00	4	3
科技投入/%	66.31	37.91	3	4
人力投入/%	37.18	32.65	6	5
R&D人员占年末从业人员的比重/%	85.19	62.96	8	10
创新人才团队总量系数/%	0.36	0.36	2	2
经费投入/%	78.80	40.17	4	5
人均科研经费/万元	27.78	14.90	1	4

续表

指标名称	三级指标值		位次	
	2016年	2015年	2016年	2015年
人均R&D经费/万元	2.78	0.56	5	4
科技产出/%	22.22	22.77	1	2
知识产出/%	31.40	31.40	6	10
科技论文系数	0.47	0.47	7	11
知识产权系数	0.53	0.53	5	8
科技奖励/%	0.00	0.00	2	1
科技成果系数	0.00	0.00	2	1
技术成果市场化水平/%	46.70	43.11	1	2
人均技术市场成交合同金额	2.41	2.22	1	1
科技合作交流/%	19.24	35.54	3	2
项目合作系数	0.53	0.88	3	2
论文论著合作系数	0.12	0.25	1	1
创新绩效/%	58.64	33.47	1	4
科技服务/%	2.00	2.64	5	5
科技服务系数	0.02	0.02	5	5
产学研结合/%	75.00	75.00	2	2
产学研结合系数	0.90	0.90	2	2
创造效益/%	95.43	38.98	3	3
经济效益系数	954.31	779.58	3	3

（五）贵州省交通科学研究院

年末从业人员567人；高学历以上人员24人，占年末从业人员的比例为4.23%，居第8位；高职称以上人员70人，占年末从业人员的比例为12.35，居第7位；大型科学仪器设备原值1 662.00万元，人均大型科学仪器设备原值2.93万元，居第6位。

科研经费420.00万元，人均科研经费0.74万元，居第4位。R&D经费75.00万元，人均R&D经费0.13万元，居第11位。

发表科技论文230篇（一般科技论文216篇、核心期刊14篇），科技论文系数为13.58，居第7位；省外合作项目1项，产学研项目2项，项目合作系数为6.12，居第9位。

科技培训人数63人；技术服务收入5 053.00万元，经济效益系数为1 554.77，居第4位。

贵州省交通科学研究院综合科技创新水平指数为32.90%，居开发类科研院所第5位，与上年相比，监测值提高4.78个百分点，位次下降1位。4个一级指标中，科技投入指数和创新绩效指数较上年分别提高21.85个百分点和10.09个百分点，位次分别上升3位和不变；科技创新环境和基础指数、科技产出指数较上年下降9.74个百分点和0.88个百分点，位次分别为不变和上升2位（表4-38）。

表4-38 贵州省交通科学研究院各级监测指标和位次与上年比较

指标名称	三级指标值		位次	
	2016年	2015年	2016年	2015年
综合科技创新水平指数 / %	32.90	28.12	5	4
科技创新环境和基础 / %	35.04	44.78	3	3
人力资源 / %	34.59	45.43	4	3
高层次科技人才系数	0.00	0.03	1	3
高学历以上人员占年末从业人员的比例 / %	4.23	4.59	3	8
高职称以上人员占年末从业人员的比例 / %	12.35	12.35	7	10
创新条件及平台 / %	35.35	44.34	4	3
人均大型科学仪器设备原值 / 万元	2.93	2.93	6	7
省级以上创新平台及载体系数	0.00	0.00	4	3
科技投入 / %	45.20	23.35	8	11
人力投入 / %	40.00	34.96	2	3
R&D人员占年末从业人员的比重 / %	85.01	29.63	1	12
创新人才团队总量系数 / %	0.00	0.00	3	3
经费投入 / %	47.43	18.37	1	10
人均科研经费 / 万元	0.74	0.72	4	12
人均R&D经费 / 万元	0.13	0.01	11	12
科技产出 / %	11.58	12.46	4	6
知识产出 / %	54.44	58.89	9	4
科技论文系数	13.58	13.58	7	1
知识产权系数	0.09	0.18	7	12
科技奖励 / %	0.00	0.00	2	1
科技成果系数	0.00	0.00	2	1
技术成果市场化水平 / %	0.00	0.00	2	3
人均技术市场成交合同金额	0.00	0.00	2	3
科技合作交流 / %	6.86	6.86	9	7
项目合作系数	0.12	0.41	9	7
论文论著合作系数	0.00	0.00	2	3
创新绩效 / %	46.85	36.76	3	3
科技服务 / %	0.51	0.32	1	10
科技服务系数	0.00	0.00	1	10
产学研结合 / %	8.33	8.33	8	8
产学研结合系数	0.10	0.10	8	8
创造效益 / %	100.00	77.74	4	2
经济效益系数	1 554.77	1 554.77	4	2

（六）贵州省建筑材料科学研究设计院

年末从业人员103人；高学历以上人员3人，占年末从业人员的比例为2.91%，居第10位；高职称以上人员29人，占年末从业人员的比例为28.16%，居第2位；大型科学仪器设备原值551.00万元，人均大型科学仪器设备原值5.35万元，居第4位。

科研经费24.00万元，人均科研经费0.23万元，居第11位；R&D经费75.00万元，人均R&D经费0.73万元，居第10位。

发表科技论文18篇（一般科技论文18篇），科技论文系数为0.95，居第6位；省内合作项目3项，项目合作系数为0.35，居第7位。

科技培训人数80人，对外科技咨询项目186项，科技服务系数为0.20，居第2位；知识产权创造的直接效益56.00万元，技术服务收入984.00万元，经济效益系数为337.23，居第5位。

贵州省建筑材料科学研究设计院综合科技创新水平指数为22.95%，居开发类科研院所第7位，与上年相比，监测值上升0.16个百分点，位次不变。4个一级指标中，科技投入指数和创新绩效指数较上年分别提高0.02个百分点和11.47个百分点，位次分别下降4位和上升2位；科技创新环境和基础指数、科技产出指数较上年下降1.18个百分点和6.16个百分点，位次分别上升1位和下降4位（表4-39）。

表4-39 贵州省建筑材料科学研究设计院各级监测指标和位次与上年比较

指标名称	三级指标值		位次	
	2016年	2015年	2016年	2015年
综合科技创新水平指数 / %	22.95	22.79	7	7
科技创新环境和基础 / %	27.24	28.42	5	6
人力资源 / %	14.84	15.12	6	7
高层次科技人才系数	0.00	0.00	1	5
高学历以上人员占年末从业人员的比例 / %	2.91	3.97	10	9
高职称以上人员占年末从业人员的比例 / %	28.16	23.02	2	3
创新条件及平台 / %	35.50	37.28	5	5
人均大型科学仪器设备原值 / 万元	5.35	4.07	4	6
省级以上创新平台及载体系数	0.00	0.00	4	6
科技投入 / %	35.34	35.32	10	6
人力投入 / %	36.16	33.91	7	4
R&D人员占年末从业人员的比重 / %	85.44	77.78	6	5
创新人才团队总量系数 / %	0.00	0.00	3	3
经费投入 / %	34.99	35.93	13	8
人均科研经费 / 万元	0.23	5.74	11	7
人均R&D经费 / 万元	0.73	0.06	10	9

续表

指标名称	三级指标值		位次	
	2016 年	2015 年	2016 年	2015 年
科技产出 / %	8.48	14.64	7	3
知识产出 / %	39.47	66.32	5	2
科技论文系数	0.95	1.63	6	4
知识产权系数	0.60	2.18	3	1
科技奖励 / %	0.00	0.00	2	1
科技成果系数	0.00	0.00	2	1
技术成果市场化水平 / %	0.00	0.00	2	3
人均技术市场成交合同金额	0.00	0.00	2	3
科技合作交流 / %	5.88	13.73	7	4
项目合作系数	0.35	0.82	7	3
论文论著合作系数	0.00	0.00	2	3
创新绩效 / %	23.80	12.33	5	7
科技服务 / %	24.64	15.28	2	2
科技服务系数	0.20	0.12	2	2
产学研结合 / %	0.00	0.00	8	9
产学研结合系数	0.00	0.00	8	9
创造效益 / %	33.72	15.52	5	5
经济效益系数	337.23	310.46	5	5

（七）贵州省冶金化工研究所

年末从业人员44人；高学历以上人员14人，占年末从业人员的比例为31.82%，居第1位；高职称以上人员9人，占年末从业人员的比例为20.45%，居第6位；大型科学仪器设备原值327.50万元，人均大型科学仪器设备原值7.44万元，居第3位。

科研经费753.00万元，人均科研经费17.11万元，居第2位；R&D经费75.00万元，人均R&D经费1.70万元，居第7位。

发表科技论文14篇（一般科技论文3篇、核心期刊11篇），科技论文系数为1.89，居第3位；省内合作项目8项，产学研合作项目7项，项目合作系数为1.35，居第2位。

科技培训人数12人；技术服务收入113.60万元，经济效益系数为34.95，居第11位。

贵州省冶金化工研究所综合科技创新水平指数为28.52%，居开发类科研院所第6位，与上年相比，监测值提高5.38个百分点，位次不变。4个一级指标中，科技投入指数、科技产出指数和创新绩效指数较上年分别提高22.61个百分点、3.04个百分点和3.71个百分点，位次分别下降1位、上升6位和下降1位；科技创新环境和基础指数较上年下降7.72个百分点，位次下降2位（表4-40）。

表4-40 贵州省冶金化工研究所各级监测指标和位次与上年比较

指标名称	三级指标值		位次	
	2016年	2015年	2016年	2015年
综合科技创新水平指数 / %	28.52	23.14	6	6
科技创新环境和基础 / %	22.06	29.78	7	5
人力资源 / %	16.96	24.31	5	6
高层次科技人才系数	0.00	0.02	1	4
高学历以上人员占年末从业人员的比例 / %	31.82	31.82	1	1
高职称以上人员占年末从业人员的比例 / %	20.45	20.45	6	5
创新条件及平台 / %	25.47	33.42	7	7
人均大型科学仪器设备原值 / 万元	7.44	7.44	3	2
省级以上创新平台及载体系数	0.00	0.00	4	3
科技投入 / %	61.17	38.56	4	3
人力投入 / %	19.75	15.81	10	8
R&D人员占年末从业人员的比重 / %	84.09	72.73	13	8
创新人才团队总量系数 / %	0.00	0.00	3	3
经费投入 / %	78.92	48.30	3	3
人均科研经费 / 万元	17.11	17.44	2	2
人均R&D经费 / 万元	1.70	0.23	7	7
科技产出 / %	12.42	9.38	3	9
知识产出 / %	22.28	35.79	7	9
科技论文系数	1.89	2.58	3	3
知识产权系数	0.07	0.20	11	11
科技奖励 / %	14.28	0.00	1	1
科技成果系数	0.07	0.00	1	1
技术成果市场化水平 / %	0.00	0.00	2	3
人均技术市场成交合同金额	0.00	0.00	2	3
科技合作交流 / %	22.55	22.18	2	3
项目合作系数	1.35	0.71	2	5
论文论著合作系数	0.00	0.13	2	2
创新绩效 / %	19.94	16.23	6	5
科技服务 / %	0.10	0.04	10	11
科技服务系数	0.00	0.00	10	11
产学研结合 / %	91.67	79.17	1	1
产学研结合系数	1.10	0.95	1	1
创造效益 / %	3.50	0.85	11	12
经济效益系数	34.95	16.92	11	12

（八）贵州省新材料研究开发基地

年末从业人员25人；高学历以上人员4人，占年末从业人员的比例为16.00%，居第2位；高职称以上人员6人，占年末从业人员的比例为24.00%，居第4位；大型科学仪器设备原值192.68万元，人均大型科学仪器设备原值7.71万元，居第2位。

科研经费36.20万元，人均科研经费1.45，居第9位；R&D经费75.00万元，人均R&D经费3.00万元，居第4位。

发表科技论文6篇（核心期刊2篇、三大检索工具收录4篇），科技论文系数为1.58，居第4位。省内合作项目1项，产学研合作项目1项，项目合作系数为0.18，居第8位；生产性收入4 060.80万元，经济效益系数为312.37，居第6位。

贵州省新材料研究开发基地综合科技创新水平指数为17.72%，居开发类科研院所第11位，与上年相比，监测值提高2.24个百分点，位次不变。4个一级指标中，科技投入指数、科技产出指数和创新绩效指数较上年分别提高3.16个百分点、0.39个百分点和8.70个百分点，位次分别下降4位、上升5位和1位；科技创新环境和基础指数和较上年下降1.65个百分点，位次不变（表4-41）。

表4-41 贵州省新材料研究开发基地各级监测指标和位次与上年比较

指标名称	三级指标值		位次	
	2016年	2015年	2016年	2015年
综合科技创新水平指数 / %	17.72	15.48	11	11
科技创新环境和基础 / %	14.85	16.50	9	9
人力资源 / %	9.71	9.71	7	8
高层次科技人才系数	0.00	0.00	1	5
高学历以上人员占年末从业人员的比例 / %	16.00	16.00	2	3
高职称以上人员占年末从业人员的比例 / %	24.00	24.00	4	2
创新条件及平台 / %	18.28	21.03	9	8
人均大型科学仪器设备原值 / 万元	7.71	6.40	2	3
省级以上创新平台及载体系数	0.00	0.00	4	3
科技投入 / %	32.77	29.61	12	8
人力投入 / %	14.63	14.67	11	9
R&D人员占年末从业人员的比重 / %	84.00	100.00	14	1
创新人才团队总量系数 / %	0.00	0.00	3	3
经费投入 / %	40.55	36.02	10	7
人均科研经费 / 万元	1.45	18.02	9	1
人均R&D经费 / 万元	3.00	0.28	4	5

续表

指标名称	三级指标值		位次	
	2016 年	2015 年	2016 年	2015 年
科技产出 / %	9.45	9.06	5	10
知识产出 / %	45.79	44.30	3	8
科技论文系数	1.58	1.26	4	6
知识产权系数	0.60	0.63	3	7
科技奖励 / %	0.00	0.00	2	1
科技成果系数	0.00	0.00	2	1
技术成果市场化水平 / %	0.00	0.00	2	3
人均技术市场成交合同金额	0.00	0.00	2	3
科技合作交流 / %	2.94	1.96	8	8
项目合作系数	0.18	0.12	8	8
论文论著合作系数	0.00	0.00	2	3
创新绩效 / %	14.89	6.19	7	8
科技服务 / %	0.01	0.02	12	13
科技服务系数	0.00	0.00	12	13
产学研结合 / %	4.17	0.00	6	9
产学研结合系数	0.05	0.00	6	9
创造效益 / %	31.24	13.74	6	6
经济效益系数	312.37	274.87	6	6

（九）贵州省工艺美术研究所

年末从业人员22人；高职称以上人员2人，占年末从业人员的比例为9.09%，居第13位；大型科学仪器设备原值10.20万元，人均大型科学仪器设备原值0.46万元，居第12位。

科研经费160.00万元，人均科研经费7.27万元，居第6位；R&D经费75.00万元，人均R&D经费3.41万元，居第3位。

科技培训人数115人，科技服务系数为0.01，居第8位。

贵州省工艺美术研究所综合科技创新水平指数为10.23%，居开发类科研院所第13位，与上年相比，监测值提供0.81个百分点，位次下降1位。4个一级指标中，科技投入指数较上年提高12.93个百分点，位次不变；科技创新环境和基础指数、科技产出指数和创新绩效指数较上年分别下降4.53个百分点、0.99个百分点和4.93个百分点，位次分别下降为不变、下降1位和2位（表4–42）。

表4-42 贵州省工艺美术研究所各级监测指标和位次与上年比较

指标名称	三级指标值		位次	
	2016年	2015年	2016年	2015年
综合科技创新水平指数 / %	10.23	9.42	13	12
科技创新环境和基础 / %	1.48	6.01	13	13
人力资源 / %	2.09	2.83	13	13
高层次科技人才系数	0.00	0.00	1	5
高学历以上人员占年末从业人员的比例 / %	0.00	3.85	12	10
高职称以上人员占年末从业人员的比例 / %	9.09	7.69	13	12
创新条件及平台 / %	1.07	8.13	13	14
人均大型科学仪器设备原值 / 万元	0.46	0.67	12	12
省级以上创新平台及载体系数	0.00	0.00	4	3
科技投入 / %	39.20	26.27	9	9
人力投入 / %	14.08	14.67	12	9
R&D人员占年末从业人员的比重 / %	86.36	96.15	2	2
创新人才团队总量系数 / %	0.00	0.00	3	3
经费投入 / %	49.96	31.24	7	9
人均科研经费 / 万元	7.27	13.73	6	5
人均R&D经费 / 万元	3.41	0.27	3	6
科技产出 / %	0.00	0.99	14	13
知识产出 / %	0.00	1.05	13	13
科技论文系数	0.00	0.11	13	13
知识产权系数	0.00	0.00	12	13
科技奖励 / %	0.00	0.00	2	1
科技成果系数	0.00	0.00	2	1
技术成果市场化水平 / %	0.00	0.00	2	3
人均技术市场成交合同金额	0.00	0.00	2	3
科技合作交流 / %	0.00	7.84	10	6
项目合作系数	0.00	0.47	10	6
论文论著合作系数	0.00	0.00	2	3
创新绩效 / %	0.33	5.26	13	11
科技服务 / %	0.94	0.75	8	8
科技服务系数	0.01	0.01	8	8
产学研结合 / %	0.00	25.00	8	4
产学研结合系数	0.00	0.30	8	4
创造效益 / %	0.00	0.00	14	14
经济效益系数	0.00	0.00	14	14

（十）贵州省机电研究设计院

年末从业人员73人；高学历以上人员5人，占年末从业人员的比例为6.85%，居第6位；高职称以上人员12人，占年末从业人员的比例为16.44%，居第8位；大型科学仪器设备原值170.00万元，人均大型科学仪器设备原值2.33万元，居第8位。

科研经费571.16万元，人均科研经费7.82万元，居第5位；R&D经费75.00万元，人均R&D经费1.03万元，居第9位。

发表科技论文8篇（一般科技论文8篇），科技论文系数为0.42，居第9位；科技培训人数30人，对外科技咨询项数15项，科技服务系数为0.02，居第4位；技术服务收入433.16万元，生产性收入299.00万元，经济效益系数为156.28，居第7位。

贵州省机电研究设计院综合科技创新水平指数为18.35%，居开发类科研院所第9位，与上年相比，监测值提高1.57个百分点，位次不变。4个一级指标中，科技投入指数和创新绩效指数较上年分别提高18.64个百分点和2.61个百分点，位次分别上升1位和3位；科技创新环境和基础指数和科技产出指数较上年分别下降5.12个百分点和7.75个百分点，位次分别为不变和下降3位（表4-43）。

表4-43　贵州省机电研究设计院各级监测指标和位次与上年比较

指标名称	三级指标值		位次	
	2016年	2015年	2016年	2015年
综合科技创新水平指数 / %	18.35	16.78	9	9
科技创新环境和基础 / %	10.85	15.97	10	10
人力资源 / %	9.52	9.32	8	9
高层次科技人才系数	0.00	0.00	1	5
高学历以上人员占年末从业人员的比例 / %	6.85	5.41	6	7
高职称以上人员占年末从业人员的比例 / %	16.44	17.57	8	6
创新条件及平台 / %	11.73	20.40	11	9
人均大型科学仪器设备原值 / 万元	2.33	2.30	8	8
省级以上创新平台及载体系数	0.00	0.00	4	3
科技投入 / %	52.92	34.28	6	7
人力投入 / %	27.83	23.71	8	6
R&D人员占年末从业人员的比重 / %	84.93	79.73	11	4
创新人才团队总量系数 / %	0.00	0.00	3	3
经费投入 / %	63.67	38.82	6	6
人均科研经费 / 万元	7.82	4.60	5	8
人均R&D经费 / 万元	1.03	0.59	9	3
科技产出 / %	2.84	10.59	10	7

续表

指标名称	三级指标值		位次	
	2016年	2015年	2016年	2015年
知识产出 / %	14.21	52.95	10	6
科技论文系数	0.42	0.68	9	9
知识产权系数	0.20	0.92	8	5
科技奖励 / %	0.00	0.00	2	1
科技成果系数	0.00	0.00	2	1
技术成果市场化水平 / %	0.00	0.00	2	3
人均技术市场成交合同金额	0.00	0.00	2	3
科技合作交流 / %	0.00	0.00	10	11
项目合作系数	0.00	0.00	10	11
论文论著合作系数	0.00	0.00	2	3
创新绩效 / %	7.79	5.19	9	12
科技服务 / %	2.18	7.49	4	4
科技服务系数	0.02	0.06	4	4
产学研结合 / %	0.00	0.00	8	9
产学研结合系数	0.00	0.00	8	9
创造效益 / %	15.63	5.70	7	7
经济效益系数	156.28	113.94	7	7

（十一）贵州省轻工业科学研究所

年末从业人员41人；高学历以上人员2人，占年末从业人员的比例为4.88%，居第7位；高职称以上人员9人，占年末从业人员的比例为21.95%，居第5位；大型科学仪器设备原值70.01万元，人均大型科学仪器设备原值1.71万元，居第10位。

科研经费130.00万元，人均科研经费3.17万元，居第8位；R&D经费75.00万元，人均R&D经费1.83万元，居第6位。

发表科技论文5篇（一般科技论文5篇），科技论文系数为0.26，居第10位；科技培训人数120人，科技服务系数为0.01，居第7位；知识产权创造的直接效益40.00万元，技术服务收入105.30万元，生产性收入646.60万元，经济效益系数为106.75，居第8位。

贵州省轻工业科学研究所综合科技创新水平指数为21.74%，居开发类科研院所第8位，与上年相比，监测值提高5.58百分点，位次上升2位。4个一级指标中，科技创新环境和基础指数、科技投入指数和创新绩效指数较上年分别提高1.91个百分点、27.29个百分点、3.41个百分点，位次分别上升1位、3位和1位；科技产出指数较上年下降8.01个百分点，位次下降3位（表4-44）。

表4-44 贵州省轻工业科学研究所各级监测指标和位次与上年比较

指标名称	三级指标值		位次	
	2016年	2015年	2016年	2015年
综合科技创新水平指数 / %	21.74	16.16	8	10
科技创新环境和基础 / %	26.55	24.64	6	7
人力资源 / %	7.84	45.47	9	2
高层次科技人才系数	0.00	0.12	1	1
高学历以上人员占年末从业人员的比例 / %	4.88	2.50	7	12
高职称以上人员占年末从业人员的比例 / %	21.95	12.50	5	9
创新条件及平台 / %	39.03	10.77	3	12
人均大型科学仪器设备原值 / 万元	1.71	0.88	10	10
省级以上创新平台及载体系数	0.17	0.00	1	3
科技投入 / %	50.72	23.43	7	10
人力投入 / %	62.84	64.39	1	1
R&D人员占年末从业人员的比重 / %	85.37	66.25	7	9
创新人才团队总量系数 / %	0.73	0.73	1	1
经费投入 / %	45.53	5.88	9	11
人均科研经费 / 万元	3.17	1.25	8	11
人均R&D经费 / 万元	1.83	0.03	6	11
科技产出 / %	1.86	9.87	11	8
知识产出 / %	9.30	49.36	11	7
科技论文系数	0.26	1.16	10	7
知识产权系数	0.13	0.76	9	6
科技奖励 / %	0.00	0.00	2	1
科技成果系数	0.00	0.00	2	1
技术成果市场化水平 / %	0.00	0.00	2	3
人均技术市场成交合同金额	0.00	0.00	2	3
科技合作交流 / %	0.00	0.00	10	11
项目合作系数	0.00	0.00	10	11
论文论著合作系数	0.00	0.00	2	3
创新绩效 / %	9.31	5.90	8	9
科技服务 / %	0.98	1.76	7	6
科技服务系数	0.01	0.01	7	6
产学研结合 / %	20.83	20.83	3	5
产学研结合系数	0.25	0.25	3	5
创造效益 / %	10.68	2.50	8	9
经济效益系数	106.75	49.93	8	9

（十二）贵州省新技术研究所

年末从业人员50人；高学历以上人员2人，占年末从业人员的比例为4.00%，居第9位；高职称以上人员5人，占年末从业人员的比例为10.00%，居第12位；大型科学仪器设备原值87.60万元，人均大型科学仪器设备原值1.75万元，居第9位。

科研经费653.00万元，人均科研经费13.06万元，居第3位；R&D经费75.00万元，人均R&D经费1.50万元，居第8位。

发表科技论文3篇（一般科技论文2篇、核心期刊1篇），科技论文系数为0.26，居第10位；省内合作项目1项，产学研合作项目1项，项目合作系数为0.47，居第4位；技术服务收入139.60万元，生产性收入137.30万元，经济效益系数为53.52，居第10位。

贵州省新技术研究所综合科技创新水平指数为18.07%，居开发类科研院所第10位，与上年相比，监测值下降4.12个百分点，位次下降2位。4个一级指标中，科技创新环境和基础指数、科技投入指数、科技产出指数和创新绩效指数较上年分别下降5.70个百分点、1.16个百分点、1.02个百分点和10.53个百分点，位次分别为不变、下降3位、上升3位和下降6位（表4-45）。

表4-45　贵州省新技术研究所各级监测指标和位次与上年比较

指标名称	三级指标值		位次	
	2016年	2015年	2016年	2015年
综合科技创新水平指数/%	18.07	22.19	10	8
科技创新环境和基础/%	5.84	11.54	12	12
人力资源/%	4.60	5.48	12	12
高层次科技人才系数	0.00	0.00	1	5
高学历以上人员占年末从业人员的比例/%	4.00	6.15	9	6
高职称以上人员占年末从业人员的比例/%	10.00	7.69	12	12
创新条件及平台/%	6.67	15.58	12	11
人均大型科学仪器设备原值/万元	1.75	1.35	9	9
省级以上创新平台及载体系数	0.00	0.00	4	3
科技投入/%	57.99	59.15	5	2
人力投入/%	21.76	21.03	9	7
R&D人员占年末从业人员的比重/%	86.00	76.92	3	6
创新人才团队总量系数/%	0.00	0.00	3	3
经费投入/%	73.52	75.50	5	2
人均科研经费/万元	13.06	10.77	3	6
人均R&D经费/万元	1.50	1.68	8	2

续表

指标名称	三级指标值		位次	
	2016 年	2015 年	2016 年	2015 年
科技产出 / %	4.87	5.89	8	11
知识产出 / %	20.41	28.95	8	11
科技论文系数	0.26	0.89	10	8
知识产权系数	0.36	0.40	6	9
科技奖励 / %	0.00	0.00	2	1
科技成果系数	0.00	0.00	2	1
技术成果市场化水平 / %	0.00	0.00	2	3
人均技术市场成交合同金额	0.00	0.00	2	3
科技合作交流 / %	7.84	0.98	4	10
项目合作系数	0.47	0.00	4	10
论文论著合作系数	0.00	0.00	2	3
创新绩效 / %	3.24	13.77	12	6
科技服务 / %	0.00	0.53	13	9
科技服务系数	0.00	0.00	13	9
产学研结合 / %	4.17	62.50	6	3
产学研结合系数	0.05	0.75	6	3
创造效益 / %	5.35	2.41	10	10
经济效益系数	53.52	48.13	10	10

（十三）贵州省电子工业研究所

年末从业人员21人；高职称以上人员7人，占年末从业人员的比例为33.33%，居第1位；大型科学仪器设备原值111.60万元，人均大型科学仪器设备原值5.31万元，居第5位。

R&D经费75.00万元，人均3.57万元，居第2位；科研项目1项，人均科研项目0.05项，居第10位。

发表科技论文1篇（一般科技论文1篇），科技论文系数为0.05，居第12位；省外合作项目1项，省内合作项目1项，项目合作系数为0.41，居第5位；科技培训人数80人，对外科技咨询项数10项，科技服务系数为0.02，居第6位；技术服务收入105.00万元，经济效益系数为32.31，居第12位。

贵州省电子工业研究所综合科技创新水平指数为11.68%，居开发类科研院所第12位，与上年相比，监测值提高3.98个百分点，位次上升1位。科技投入指数和创新绩效指数较较上年分别提高23.73个百分点和0.97个百分点，位次分别为不变和下降1位；科技创新环境和基础指数、科技产出指数较上年分别下降4.10个百分点和3.72个百分点，位次均不变（表4-46）。

表4-46 贵州省电子工业研究所各级监测指标和位次与上年比较

指标名称	三级指标值		位次	
	2016年	2015年	2016年	2015年
综合科技创新水平指数 / %	11.68	7.70	12	13
科技创新环境和基础 / %	10.02	14.12	11	11
人力资源 / %	7.00	7.00	10	11
高层次科技人才系数	0.00	0.00	1	5
高学历以上人员占年末从业人员的比例 / %	0.00	0.00	12	13
高职称以上人员占年末从业人员的比例 / %	33.33	33.33	1	1
创新条件及平台 / %	12.03	18.87	10	10
人均大型科学仪器设备原值 / 万元	5.31	5.31	5	4
省级以上创新平台及载体系数	0.00	0.00	4	3
科技投入 / %	30.73	7.00	13	13
人力投入 / %	13.76	11.89	13	11
R&D人员占年末从业人员的比重 / %	85.71	76.19	4	7
创新人才团队总量系数 / %	0.00	0.00	3	3
经费投入 / %	38.00	4.91	11	12
人均科研经费 / 万元	0.00	2.38	12	9
人均R&D经费 / 万元	3.57	0.05	2	10
科技产出 / %	0.79	4.51	12	12
知识产出 / %	0.53	21.58	12	12
科技论文系数	0.05	0.16	12	12
知识产权系数	0.00	0.40	12	9
科技奖励 / %	0.00	0.00	2	1
科技成果系数	0.00	0.00	2	1
技术成果市场化水平 / %	0.00	0.00	2	3
人均技术市场成交合同金额	0.00	0.00	2	3
科技合作交流 / %	6.86	1.96	5	8
项目合作系数	0.41	0.12	5	8
论文论著合作系数	0.00	0.00	2	3
创新绩效 / %	6.30	5.33	11	10
科技服务 / %	1.94	1.71	6	7
科技服务系数	0.02	0.01	6	7
产学研结合 / %	20.83	20.83	3	5
产学研结合系数	0.25	0.25	3	5
创造效益 / %	3.23	1.25	12	11
经济效益系数	32.31	24.92	12	11

（十四）贵州省商业科学研究所

年末从业人员7人；大型科学仪器设备原值3.20万元，人均大型科学仪器设备原值0.46万元，居第13位；R&D经费75.00万元，人均R&D经费10.71万元，居第1位；科技培训人数4人；技术服务收入15万元，经济效益系数为4.62，居第13位。

贵州省商业科学研究所综合科技创新水平指数为7.54%，居开发类科研院所第14位，与上年相比，监测值提高5.52个百分点，位次不变。4个一级指标中，科技投入指数和创新绩效指数较上年分别提高26.70和0.13个百分点，位次均不变；科技产出指数较上年保持不变，位次上升1位；科技创新环境和基础指数较上年下降4.70个百分点，位次不变（表4-47）。

表4-47 贵州省商业科学研究所各级监测指标和位次与上年比较

指标名称	三级指标值		位次	
	2016年	2015年	2016年	2015年
综合科技创新水平指数 / %	7.54	2.02	14	14
科技创新环境和基础 / %	0.42	5.12	14	14
人力资源 / %	0.00	0.00	14	14
高层次科技人才系数	0.00	0.00	1	5
高学历以上人员占年末从业人员的比例 / %	0.00	0.00	12	13
高职称以上人员占年末从业人员的比例 / %	0.00	0.00	14	14
创新条件及平台 / %	0.69	8.54	14	13
人均大型科学仪器设备原值 / 万元	0.46	0.46	13	13
省级以上创新平台及载体系数	0.00	0.00	4	3
科技投入 / %	29.58	2.88	14	14
人力投入 / %	9.92	9.60	14	13
R&D人员占年末从业人员的比重 / %	85.71	85.71	4	3
创新人才团队总量系数 / %	0.00	0.00	3	3
经费投入 / %	38.00	0.00	11	13
人均科研经费 / 万元	0.00	0.00	12	13
人均R&D经费 / 万元	10.71	0.00	1	13
科技产出 / %	0.00	0.00	13	14
知识产出 / %	0.00	0.00	13	14
科技论文系数	0.00	0.00	13	14
知识产权系数	0.00	0.00	12	13
科技奖励 / %	0.00	0.00	2	1
科技成果系数	0.00	0.00	2	1
技术成果市场化水平 / %	0.00	0.00	2	3
人均技术市场成交合同金额	0.00	0.00	2	3

续表

指标名称	三级指标值		位次	
	2016年	2015年	2016年	2015年
科技合作交流/%	0.00	0.00	10	11
项目合作系数	0.00	0.00	10	11
论文论著合作系数	0.00	0.00	2	3
创新绩效/%	0.22	0.09	14	14
科技服务/%	0.04	0.02	11	12
科技服务系数	0.00	0.00	11	12
产学研结合/%	0.00	0.00	8	9
产学研结合系数	0.00	0.00	8	9
创造效益/%	0.46	0.18	13	13
经济效益系数	4.62	3.69	13	13

第五部分　产业园区科技进步状况评价

2016年，全省112家产业园区[①]科技进步统计监测评价结果如下。

一、产业园区综合科技进步水平

根据综合科技进步水平指数，我们将112家产业园区划分为3类（图5-1）。

第1类：综合科技进步水平指数高于30.00%的产业园区有14家，占全部产业园区的12.50%。

第2类：综合科技进步水平指数低于30.00%，但高于平均水平（15.24%）的产业园区有26家，占全部产业园区的23.21%。

第3类：综合科技进步水平指数低于平均水平（15.24%）的产业园区有72家，占全部产业园区的64.29%。

2016年与2015年监测结果相比，综合科技进步水平指数平均水平比上年提高了1.34个百分点，贵州贵阳国家农业科技示范园区，独山麻尾工业园区（独山高新技术产业园区），贵州昌明经济开发区（贵定县城北工业园区、昌明工业园区），贵州龙里经济开发区（龙里工业园区），贵州开阳经济开发区（开阳磷煤化工生态工业示范基地）等46家产业园区高于这一增幅。贵州丹寨金钟经济开发区（丹寨金钟工业园区），贵州仁怀经济开发区（遵义市仁怀名酒工业园区），贵州福泉经济开发区（福泉市工业园区、贵州黔南磷煤化工高新技术产业化基地），贵州钟山经济开发区，贵州苟江经济开发区（遵义市苟江冶金工业园区）等产业园区降幅相对较大。

与2015年综合科技进步水平指数排序相比，独山麻尾工业园区（独山高新技术产业园区），贵州贵阳国家农业科技示范园区，剑河工业园区，镇宁自治县产业园区（辖镇宁县轻工产业园和安顺红星精细化工产业园），贵州昌明经济开发区（贵定县城北工业园区、昌明工业园区）等产业园区位次上升较快。贵州苟江经济开发区（遵义市苟江冶金工业园区），贞丰县工业园区，贵州洛贯经济开发区（从江洛贯工业园区、从江洛贯产业承接区），贵州江口果蔬农业科技示范园区，贵州钟

---

① 产业园区是指工业园区、经济开发区、高（新）技术产业（化）园区（基地）及农业科技园区，涉及多个名称的产业园区，本报告中仅列出其中一个，具体见排位表。

山经济开发区等产业园区位次相比上年下降较多。

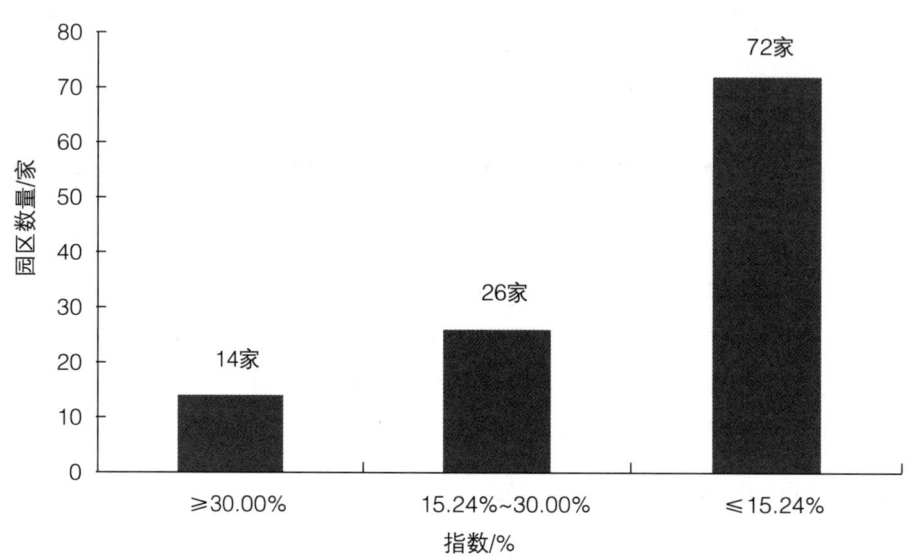

图5-1 产业园区综合科技进步水平指数分布

二、产业园区科技进步一级指标评价

（一）科技创新环境

在科技创新环境指数的分布中，有30家产业园区高于平均水平（8.99%），其中，高于30.00%的有7家，8.99%~30.00%的有23家。有82家产业园区低于平均水平（图5-2）。

2016年监测结果与2015年的相比，科技创新环境指数平均水平比上年下降了3.81个百分点，贵州贵阳国家农业科技示范园区，花溪产业园区，贵州龙里经济开发区（龙里工业园区），贵州仁怀经济开发区（遵义市仁怀名酒工业园区），贵州湄潭经济开发区（遵义市湄潭绿色食品工业园区、湄潭县绿色食品科技特色产业示范基地）等33家产业园区高于去年水平。贵州钟山经济开发区，贵州修文经济开发区（贵州修文新材料科技产业示范基地），贵州福泉经济开发区（福泉市工业园区、贵州黔南磷煤化工高新技术产业化基地），贵州茍江经济开发区（遵义市茍江冶金工业园区），松桃经济开发区（松桃工业园区）等55家产业园区低于上年水平。

参照2015年科技创新环境指数的排序，贵州湄潭经济开发区（遵义市湄潭绿色食品工业园区、湄潭县绿色食品科技特色产业示范基地），贵州湄潭国家农业科技园区，长顺县威远工业园区，余庆县现代高效观光农业科技示范园，贵州贵阳国家农业科技示范园区等产业园区位次上升较快。贞丰县工业园区、贵州纳雍经济开发区（纳雍县产业园区）、贵州茍江经济开发区（遵义市茍江冶金工业园区）、六盘水水月产业园区、贵州钟山经济开发区等产业园区相比上年位次下降较多。

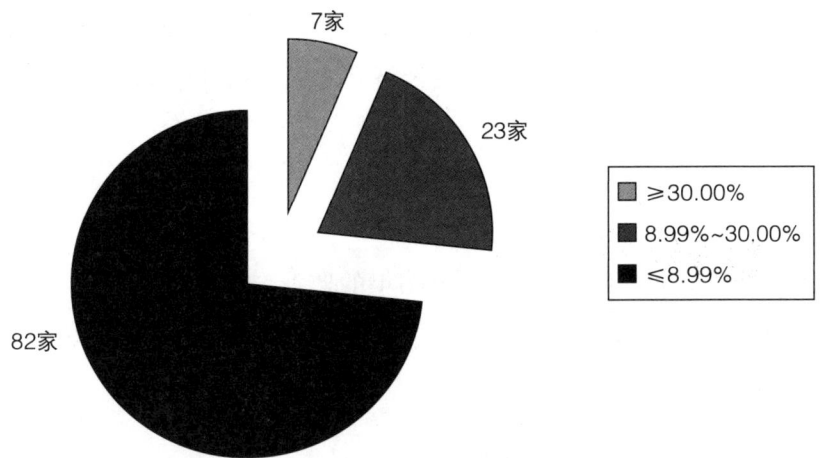

图5-2 产业园区科技创新环境指数分布

（二）科技投入

在科技投入指数的分布中，有43家产业园区高于平均水平（11.36%），其中，高于30.00%的有9家，11.36%~30.00%的有34家。有69家产业园区低于平均水平（图5-3）。

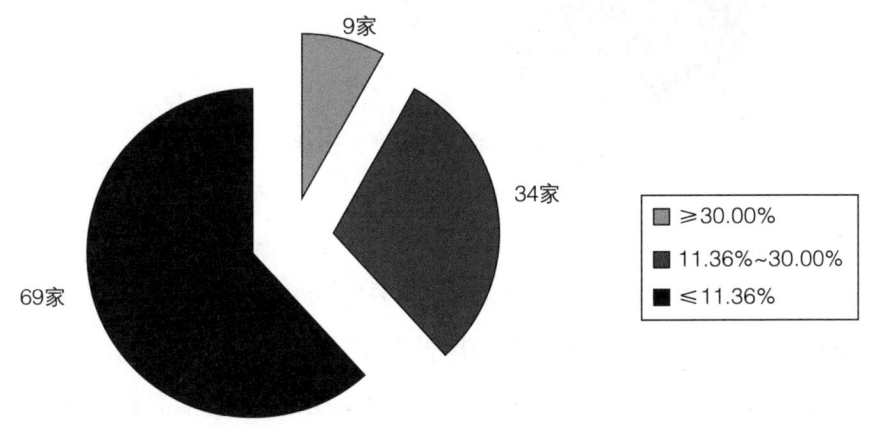

图5-3 产业园区科技投入指数分布

2016年监测结果与2015年的相比，科技投入指数平均水平比上年降低了0.06个百分点，花溪产业园区，贵州福泉经济开发区（福泉市工业园区、贵州黔南磷煤化工高新技术产业化基地），独山麻尾工业园区（独山高新技术产业园区），贵州三穗经济开发区，贵州独山经济开发区等40家产业园区高于去年水平。贵州大方经济开发区，贵州息烽经济开发区（息烽磷煤化工生态工业基地），贵州沿河经济开发区（沿河县工业园区），贵州洛贯经济开发区（从江洛贯工业园区、从江洛贯产业承接区）、贵州苟江经济开发区（遵义市苟江冶金工业园区）等37家产业园区低于上年水平。

参照2015年科技投入指数的排序，花溪产业园区、贵州独山经济开发区、独山麻尾工业园区（独山高新技术产业园区）、江口县凯德特色产业园区、石阡县工业园区等产业园区位次上升较快。贵州钟山经济开发区，贵州江口果蔬农业科技示范园区，贵州苟江经济开发区（遵义市苟江冶金工业园区），贵州大方经济开发区，贵州洛贯经济开发区（从江洛贯工业园区、从江洛贯产业承接区）等产业园区相比上年位次下降较多。

（三）创新产出

创新产出指数是新调整的一级指标，在2016年的监测结果中，创新产出指数的平均水平是11.70%。有41家产业园区高于平均水平，其中，高于30.00%的有8家，13.70%~30.00%的有33家。有71家产业园区低于平均水平（图5-4）。

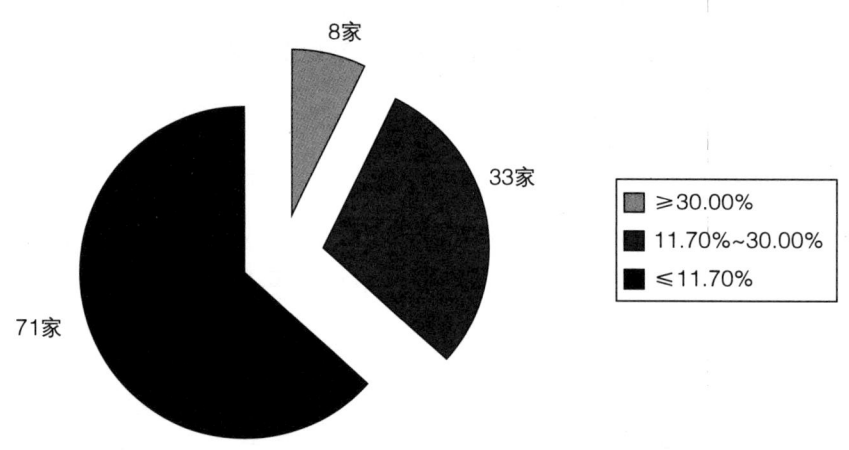

图5-4 产业园区创新产出指数分布

（四）创新绩效

在创新绩效指数的分布中，有47家产业园区高于平均水平（32.65%），其中，高于45.00%的有33家，32.65%~45.00%的有14家。有65家产业园区低于平均水平（图5-5）。

2016年监测结果与2015年的相比，创新绩效指数平均水平比上年提高了16.26个百分点，贵州新蒲经济开发区（新蒲新区高新技术工业园区），贵州贵阳国家农业科技示范园区，贵州息烽经济开发区（息烽磷煤化工生态工业基地），贵州修文经济开发区（贵州修文新材料科技产业示范基地），贵州惠水经济开发区[惠水县长田园区、惠水（长田）创新企业科技产业示范基地]等39家产业园区高于这一增幅。但习水煤电化循环经济工业园区，贵州白云农业科技示范园区，贵州洛贯经济开发区（从江洛贯工业园区、从江洛贯产业承接区），贵州仁怀经济开发区（遵义市仁怀名酒工业园区）等6家产业园区低于上年水平。

参照2015年创新绩效指数的排序，贵州贵阳国家农业科技示范园区、贵州三穗经济开发区、贵州六枝经济开发区、花溪产业园区、普安县工业园区等产业园区位次上升较快。贵州威宁经济开发区（威宁县产业园区），贵州钟山经济开发区，习水煤电化循环经济工业园区，榕江工业园区，贵州洛贯经济开发区（从江洛贯工业园区、从江洛贯产业承接区）等产业园区相比上年位次下降较多。

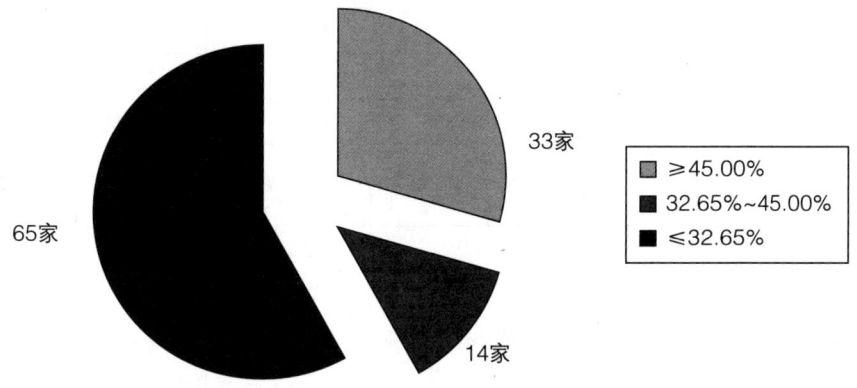

图5-5 产业园区创新绩效指数分布

三、产业园区科技进步统计监测指数排位

(一)产业园区综合科技进步水平指数排位

综合科技进步水平指数是由科技创新环境、科技投入、创新产出和创新绩效4个一级指数加权综合而成。

产业园区综合科技进步水平指数排位,如表5-1所示。

表5-1 产业园区综合科技进步水平指数排位

产业园区名称	2016年		增降幅	
	指数/%	位次	提高百分点	位次
贵阳国家级高新技术开发区(麦架—沙文高新技术产业园)	88.00	1	0.29	0
贵阳国家经济技术开发区[国家军民结合(装备制造)高新技术产业化基地、小河—孟关装备制造业生态工业园]	83.73	2	5.37	0
乌当工业园区	58.52	3	—	—
贵州安顺西秀经济开发区(西秀产业园区)	45.22	4	8.09	5
贵州修文经济开发区(贵州修文新材料科技产业示范基地)	43.33	5	5.16	3
贵州开阳经济开发区(开阳磷煤化工生态工业示范基地)	41.89	6	11.64	6
安顺高新区(黎阳高新技术工业园区)	39.39	7	—	—
贵州福泉经济开发区(福泉市工业园区、贵州黔南磷煤化工高新技术产业化基地)	38.89	8	−10.05	−2
贵州贵阳国家农业科技示范园区	36.78	9	27.43	49
贵州省六盘水国家农业科技园区	35.52	10	—	—
贵州龙里经济开发区(龙里工业园区)	35.50	11	11.77	7
贵州仁怀经济开发区(遵义市仁怀名酒工业园区)	34.63	12	−7.17	−5
花溪产业园区	34.42	13	3.39	−2

续表

产业园区名称	2016年		增降幅	
	指数/%	位次	提高百分点	位次
贵州息烽经济开发区（息烽磷煤化工生态工业基地）	30.60	14	7.23	5
贵州三穗经济开发区	28.10	15	9.39	11
贵州惠水经济开发区[惠水县长田园区、惠水（长田）创新企业科技产业示范基地]	27.76	16	7.20	8
贵州湄潭国家农业科技园区	27.70	17	8.88	8
贵州昌明经济开发区（贵定县城北工业园区、昌明工业园区）	27.02	18	14.73	26
贵州万山经济开发区（万山转型工业园区、贵州铜仁精细化工高新技术产业化基地）	26.46	19	1.29	−6
贵州德江经济开发区（德江工业园区）	23.06	20	8.63	18
六盘水水月产业园区	22.29	21	7.93	18
贵州玉屏经济开发区（玉屏县承接转移产业园区、贵州玉屏新材料高新技术产业化基地）	21.98	22	3.65	5
贵州印江经济开发区（印江自治县工业园区）	21.16	23	4.01	9
松桃经济开发区（松桃工业园区）	21.13	24	−0.59	−2
贵州独山经济开发区	21.11	25	8.82	18
安顺经济技术开发区（安顺民用航空产业国家高技术产业基地）	20.91	26	−0.39	−3
贵州金沙经济开发区（金沙县产业园区）	20.85	27	−1.15	−6
贵州瓮安经济开发区（瓮安工业园区）	20.60	28	−3.54	−12
贵州新蒲经济开发区（新蒲新区高新技术工业园区）	20.02	29	5.45	8
贵州黔南国家农业科技园区	19.27	30	—	—
贵州丹寨金钟经济开发区（丹寨金钟工业园区）	19.09	31	−6.07	−17
贵州湄潭经济开发区（遵义市湄潭绿色食品工业园区、湄潭县绿色食品科技特色产业示范基地）	18.36	32	0.78	−2
红果经济开发区[盘县红果（两河）产业新区]	17.94	33	0.74	−2
独山麻尾工业园区（独山高新技术产业园区）	17.93	34	14.88	64
贵州岑巩经济开发区（岑巩工业园区）	17.45	35	5.64	10
贵州纳雍经济开发区（纳雍县产业园区）	16.91	36	4.46	6
贵州苟江经济开发区（遵义市苟江冶金工业园区）	16.48	37	−19.24	−27
贵州碧江经济开发区（铜仁市碧江区循环经济工业园区）	16.40	38	−5.74	−18
水城经济开发区（董地工业园区）	16.17	39	1.33	−3
贵州凤冈经济开发区（凤冈有机生态工业园区）	15.87	40	7.22	24
贵州习水经济开发区	15.14	41	−0.96	−8
贵州思南经济开发区（思南工业园区）	15.10	42	6.35	19
贵州大方经济开发区	14.82	43	4.37	7
盘北经济开发区（鸡场坪工业园区）	14.46	44	—	—
榕江工业园区	14.11	45	−1.29	−10

续表

产业园区名称	2016年		增降幅	
	指数/%	位次	提高百分点	位次
白云铝及铝加工基地	13.68	46	—	—
贵州余庆经济开发区（余庆龙溪工业园区、余庆县工业园区）	13.50	47	5.04	18
贵州黔东经济开发区（镇远黔东工业园区）	12.93	48	2.93	6
七星关果蔬农业科技示范园区	12.45	49	—	—
贵州沿河经济开发区（沿河县工业园区）	12.30	50	1.10	-3
贵州威宁经济开发区（威宁县产业园区）	12.26	51	0.62	-5
贵州娄山关高新技术产业开发区（贵州娄山关经济开发区、遵义市桐梓煤电化工业园区）	11.49	52	1.98	5
长顺县威远工业园区	11.16	53	1.01	-1
余庆县现代高效观光农业科技示范园	11.06	54	0.01	-6
镇宁自治县产业园区（辖镇宁县轻工产业园和安顺红星精细化工产业园）	10.89	55	5.45	27
贵州和平经济开发区（遵义市和平工业园区）	10.86	56	5.21	23
罗甸县工业园区	10.83	57	3.37	12
修文县猕猴桃农业科技示范园区	10.68	58	2.66	10
贵州黔东南国家农业科技园区	10.65	59	—	—
贵州兴仁经济开发区（兴仁县工业区）	10.58	60	1.88	3
贵州锦屏经济开发区（锦屏工业园区）	10.21	61	1.95	6
贵州省施秉农业科技园区	10.09	62	2.91	8
安龙县工业园区	9.43	63	—	—
贵州丹寨铁皮石斛农业科技示范园区	9.29	64	—	—
水城县发耳煤电化产业园区	8.78	65	4.22	21
贵州都匀毛尖茶农业科技示范园区	8.16	66	1.18	6
正安县白茶园区	8.12	67	—	—
石阡县工业园区	7.97	68	0.96	3
贵州安顺绿色生态畜禽农业科技园区	7.91	69	-0.81	-7
贵州黔西经济开发区（黔西县循环经济产业园、毕节试验区黔西承接产业转移基地）	7.64	70	—	—
六盘水盘南产业园区	7.52	71	1.96	10
贵州黎平经济开发区（黎平工业园区）	7.51	72	2.12	11
贵州（独山）外向型特色蔬菜农业科技园区	7.40	73	—	—
贵州普定经济开发区[普定循环经济工业基地（含么铺—黄桶物流园）]	7.27	74	2.85	15
贵州六枝经济开发区	7.27	75	4.51	24
普安县工业园区	7.20	76	2.72	12
剑河工业园区	7.13	77	5.35	28

续表

产业园区名称	2016年 指数/%	2016年 位次	增降幅 提高百分点	增降幅 位次
贵州炉碧经济开发区	7.08	78	—	—
罗甸县农业科技示范园区	6.82	79	—	—
江口县凯德特色产业园区	6.70	80	1.61	4
晴隆县工业园区	6.17	81	1.13	4
赫章县产业园区	6.15	82	2.13	8
贵州洛贯经济开发区（从江洛贯工业园区、从江洛贯产业承接区）	5.92	83	-4.77	-34
贵州省绥阳县金银花农业科技示范园区	5.12	84	—	—
黔东南国家农业科技园区岑巩杂交水稻制种产业核心区	5.06	85	—	—
六盘水大河经济开发区	5.05	86	—	—
贵州钟山经济开发区	5.03	87	-13.03	-59
贞丰县工业园区	4.94	88	-4.07	-28
贵州白云农业科技示范园区	4.93	89	2.18	11
织金县产业园	4.75	90	-0.82	-10
贵州正安经济开发区（正安瑞濠工业园区）	4.71	91	2.77	12
贵州江口果蔬农业科技示范园区	4.37	92	-6.03	-41
平塘工业园区	4.37	93	0.53	1
荔波工业园区	3.74	94	-0.28	-3
都匀经济开发区	3.67	95	0.52	2
贵州黔西南国家农业科技园区	3.35	96	—	—
贵阳国家现代化服务业数字内容产业化基地	3.32	97	—	—
天柱工业园区	3.31	98	1.17	4
普定县农业示范园区	3.14	99	—	—
紫云工业园区	3.06	100	1.76	12
息烽县农业园区办	2.95	101	—	—
关岭产业园区	2.91	102	-1.06	-10
三都水族自治县交梨工业园区	2.34	103	1.18	11
黄平工业园区	1.98	104	0.13	0
习水煤电化循环经济工业园区	1.96	105	-1.73	-10
册亨县工业园区	1.74	106	0.81	10
贵州黎平农业科技示范园区	1.69	107	—	—
贵州织金经济开发区（织金新型能源化工基地）	1.32	108	0.55	9
遵义市务正道煤电铝循环经济工业园区	1.30	109	0.03	4
六枝路喜循环经济产业示范园区	1.23	110	-0.44	-3
望谟县工业园区	0.63	111	-0.79	-1
贵州娘娘山高原湿地生态农业示范园	0.28	112	—	—

注：增降幅一栏中"—"表示2015年未纳入统计监测的产业园区，2016年无增降幅数据。

（二）产业园区科技进步统计监测一级指数排位

产业园区科技创新环境指数排位，如表5-2所示。

表5-2 产业园区科技创新环境指数排位

产业园区名称	科技创新环境		万名从业人员发明专利申请量		创新创业平台系数	
	指数/%	位次	指标值/项	位次	指标值	位次
贵阳国家级高新技术开发区（麦架—沙文高新技术产业园）	94.52	1	97.74	19	3.84	1
贵阳国家经济技术开发区[国家军民结合（装备制造）高新技术产业化基地、小河—孟关装备制造业生态工业园]	72.12	2	34.24	38	2.39	2
花溪产业园区	51.50	3	183.75	5	0.12	28
贵州贵阳国家农业科技示范园区	47.87	4	30.48	41	2.19	3
乌当工业园区	40.32	5	109.84	18	1.16	6
贵州龙里经济开发区（龙里工业园区）	39.30	6	151.48	10	0.12	28
贵州安顺西秀经济开发区（西秀产业园区）	38.23	7	120.97	14	0.53	7
贵州开阳经济开发区（开阳磷煤化工生态工业示范基地）	29.66	8	20.85	45	1.81	4
贵州仁怀经济开发区（遵义市仁怀名酒工业园区）	29.65	9	51.26	32	0.15	25
贵州万山经济开发区（万山转型工业园区、贵州铜仁精细化工高新技术产业化基地）	27.37	10	1 117.65	3	0.17	22
长顺县威远工业园区	22.02	11	139.82	12	0.00	54
贵州湄潭经济开发区（遵义市湄潭绿色食品工业园区、湄潭县绿色食品科技特色产业示范基地）	21.55	12	90.76	20	0.52	8
贵州湄潭国家农业科技园区	20.41	13	74.22	22	0.33	14
贵州洛贯经济开发区（从江洛贯工业园区、从江洛贯产业承接区）	19.60	14	169.73	8	0.00	54
贵州玉屏经济开发区（玉屏县承接转移产业园区、贵州玉屏新材料高新技术产业化基地）	19.59	15	133.28	13	0.04	35
贵州黔东南国家农业科技园区	19.43	16	183.13	6	0.15	25
余庆县现代高效观光农业科技示范园	19.20	17	150.72	11	0.00	54
安顺高新区（黎阳高新技术工业园区）	17.66	18	6.45	66	1.27	5
安顺经济技术开发区（安顺民用航空产业国家高技术产业基地）	17.14	19	65.06	26	0.44	11
石阡县工业园区	17.10	20	158.98	9	0.00	54
贵州省施秉农业科技园区	16.70	21	180.11	7	0.00	54
贵州黔南国家农业科技园区	14.30	22	12.44	54	0.29	16

续表

产业园区名称	科技创新环境		万名从业人员发明专利申请量		创新创业平台系数	
	指数/%	位次	指标值/项	位次	指标值	位次
贵州昌明经济开发区（贵定县城北工业园区、昌明工业园区）	14.05	23	63.76	27	0.04	35
贵州惠水经济开发区[惠水县长田园区、惠水(长田)创新企业科技产业示范基地]	14.05	24	53.20	31	0.16	23
贵州兴仁经济开发区（兴仁县工业区）	11.30	25	118.56	15	0.04	35
独山麻尾工业园区（独山高新技术产业园区）	11.28	26	56.68	29	0.04	35
荔波工业园区	11.20	27	241.94	4	0.00	54
贵州丹寨铁皮石斛农业科技示范园区	11.10	28	5 238.10	1	0.00	54
贵州黔东经济开发区（镇远黔东工业园区）	10.63	29	74.89	21	0.11	31
黔东南国家农业科技园区岑巩杂交水稻制种产业核心区	10.40	30	1 290.32	2	0.00	54
正安县白茶园区	9.91	31	19.68	48	0.00	54
贵州德江经济开发区（德江工业园区）	9.68	32	44.13	34	0.19	21
贵州凤冈经济开发区（凤冈有机生态工业园区）	9.23	33	34.99	37	0.32	15
贵州修文经济开发区（贵州修文新材料科技产业示范基地）	8.95	34	13.71	53	0.43	12
贵州省六盘水国家农业科技园区	8.87	35	4.59	68	0.45	10
罗甸县工业园区	8.87	36	55.01	30	0.24	19
贵州娄山关高新技术产业开发区（贵州娄山关经济开发区、遵义市桐梓煤电化工业园区）	8.79	37	50.82	33	0.04	35
贵州都匀毛尖茶农业科技示范园区	8.65	38	72.82	23	0.08	32
贵州丹寨金钟经济开发区（丹寨金钟工业园区）	8.50	39	20.05	46	0.29	16
贵州安顺绿色生态畜禽农业科技园区	8.36	40	110.38	16	0.04	35
镇宁自治县产业园区（辖镇宁县轻工产业园和安顺红星精细化工产业园）	8.28	41	62.70	28	0.00	54
贵州独山经济开发区	7.49	42	37.34	36	0.04	35
罗甸县农业科技示范园区	7.43	43	109.89	17	0.00	54
贵州福泉经济开发区（福泉市工业园区、贵州黔南磷煤化工高新技术产业化基地）	6.74	44	6.66	64	0.40	13
贵州思南经济开发区（思南工业园区）	6.61	45	3.10	71	0.48	9
贵州息烽经济开发区（息烽磷煤化工生态工业基地）	5.89	46	19.35	49	0.04	35
贵州（独山）外向型特色蔬菜农业科技园区	5.66	47	69.83	24	0.00	54
贵州三穗经济开发区	5.44	48	66.67	25	0.00	54
贵州沿河经济开发区（沿河县工业园区）	5.41	49	18.20	50	0.28	18
白云铝及铝加工基地	4.81	50	42.11	35	0.00	54

续表

产业园区名称	科技创新环境		万名从业人员发明专利申请量		创新创业平台系数	
	指数/%	位次	指标值/项	位次	指标值	位次
贵州碧江经济开发区（铜仁市碧江区循环经济工业园区）	4.60	51	4.57	69	0.24	19
普定县农业示范园区	4.24	52	11.11	57	0.04	35
六盘水大河经济开发区	4.13	53	20.00	47	0.00	54
松桃经济开发区（松桃工业园区）	3.93	54	7.99	59	0.04	35
贵州黎平经济开发区（黎平工业园区）	3.51	55	22.64	43	0.04	35
贵州瓮安经济开发区（瓮安工业园区）	3.36	56	7.91	61	0.15	25
贵州黔西南国家农业科技园区	3.34	57	30.62	40	0.00	54
贵州炉碧经济开发区	3.20	58	28.57	42	0.00	54
安龙县工业园区	3.14	59	33.58	39	0.00	54
贵州印江经济开发区（印江自治县工业园区）	2.67	60	14.59	52	0.00	54
贵州六枝经济开发区	2.63	61	21.43	44	0.00	54
红果经济开发区[盘县红果（两河）产业新区]	2.58	62	11.64	56	0.00	54
贵州苟江经济开发区（遵义市苟江冶金工业园区）	2.10	63	7.55	62	0.04	35
榕江工业园区	2.00	64	0.00	80	0.16	23
贵州和平经济开发区（遵义市和平工业园区）	1.83	65	12.42	55	0.04	35
贵州江口果蔬农业科技示范园区	1.62	66	1.82	73	0.08	32
普安县工业园区	1.60	67	15.01	51	0.00	54
修文县猕猴桃农业科技示范园区	1.60	68	5.94	67	0.00	54
贵州新蒲经济开发区（新蒲新区高新技术工业园区）	1.50	69	0.00	80	0.12	28
水城经济开发区（董地工业园区）	1.21	70	1.63	75	0.04	35
江口县凯德特色产业园区	1.17	71	7.05	63	0.04	35
贵州纳雍经济开发区（纳雍县产业园区）	1.16	72	0.89	77	0.08	32
贵州锦屏经济开发区（锦屏工业园区）	0.95	73	8.24	58	0.00	54
贞丰县工业园区	0.94	74	6.54	65	0.00	54
贵州普定经济开发区[普定循环经济工业基地（含幺铺—黄桶物流园）]	0.93	75	7.94	60	0.00	54
贵州岑巩经济开发区（岑巩工业园区）	0.70	76	4.47	70	0.00	54
贵州金沙经济开发区（金沙县产业园区）	0.69	77	1.36	76	0.04	35
盘北经济开发区（鸡场坪工业园区）	0.62	78	1.76	74	0.00	54
贵州白云农业科技示范园区	0.50	79	0.00	80	0.04	35
贵州余庆经济开发区（余庆龙溪工业园区、余庆县工业园区）	0.50	79	0.00	80	0.04	35
七星关果蔬农业科技示范园区	0.33	81	0.00	80	0.03	53

续表

产业园区名称	科技创新环境		万名从业人员发明专利申请量		创新创业平台系数	
	指数/%	位次	指标值/项	位次	指标值	位次
贵州习水经济开发区	0.24	82	0.54	78	0.00	54
天柱工业园区	0.23	83	1.95	72	0.00	54
六盘水水月产业园区	0.13	84	0.39	79	0.00	54
贵州大方经济开发区	0.00	85	0.00	80	0.00	54
贵州黔西经济开发区（黔西县循环经济产业园、毕节试验区黔西承接产业转移基地）	0.00	85	0.00	80	0.00	54
剑河工业园区	0.00	85	0.00	80	0.00	54
黄平工业园区	0.00	85	0.00	80	0.00	54
贵州威宁经济开发区（威宁县产业园区）	0.00	85	0.00	80	0.00	54
三都水族自治县交梨工业园区	0.00	85	0.00	80	0.00	54
织金县产业园	0.00	85	0.00	80	0.00	54
赫章县产业园区	0.00	85	0.00	80	0.00	54
贵阳国家现代化服务业数字内容产业化基地	0.00	85	0.00	80	0.00	54
息烽县农业园区办	0.00	85	0.00	80	0.00	54
贵州钟山经济开发区	0.00	85	0.00	80	0.00	54
六枝路喜循环经济产业示范园区	0.00	85	0.00	80	0.00	54
水城县发耳煤电化产业园区	0.00	85	0.00	80	0.00	54
六盘水盘南产业园区	0.00	85	0.00	80	0.00	54
贵州省绥阳县金银花农业科技示范园区	0.00	85	0.00	80	0.00	54
贵州正安经济开发区（正安瑞濠工业园区）	0.00	85	0.00	80	0.00	54
遵义市务正道煤铝循环经济工业园区	0.00	85	0.00	80	0.00	54
习水煤电化循环经济工业园区	0.00	85	0.00	80	0.00	54
关岭产业园区	0.00	85	0.00	80	0.00	54
紫云工业园区	0.00	85	0.00	80	0.00	54
贵州织金经济开发区（织金新型能源化工基地）	0.00	85	0.00	80	0.00	54
晴隆县工业园区	0.00	85	0.00	80	0.00	54
望谟县工业园区	0.00	85	0.00	80	0.00	54
册亨县工业园区	0.00	85	0.00	80	0.00	54
贵州黎平农业科技示范园区	0.00	85	0.00	80	0.00	54
都匀经济开发区	0.00	85	0.00	80	0.00	54
平塘工业园区	0.00	85	0.00	80	0.00	54
贵州娘娘山高原湿地生态农业示范园	0.00	85	0.00	80	0.00	54

产业园区科技投入指数排位，如表5-3所示。

表5-3 产业园区科技投入指数排位

产业园区名称	科技投入		园区R&D投入占园区总产值的比重		万名从业人员科技活动人员数	
	指数/%	位次	指标值/%	位次	指标值/人	位次
贵阳国家经济技术开发区[国家军民结合（装备制造）高新技术产业化基地、小河—孟关装备制造业生态工业园]	84.93	1	2.11	28	2629.26	17
贵阳国家级高新技术开发区（麦架—沙文高新技术产业园）	81.68	2	5.04	10	1627.35	26
贵州省六盘水国家农业科技园区	65.24	3	2.14	26	2861.53	14
贵州福泉经济开发区（福泉市工业园区、贵州黔南磷煤化工高新技术产业化基地）	46.66	4	2.08	30	4155.10	8
贵州三穗经济开发区	40.30	5	3.47	15	1866.67	22
贵州修文经济开发区（贵州修文新材料科技产业示范基地）	39.46	6	1.54	41	3200.00	10
贵州开阳经济开发区（开阳磷煤化工生态工业示范基地）	39.26	7	1.57	40	132.54	66
乌当工业园区	31.86	8	1.81	37	1631.64	25
花溪产业园区	31.05	9	0.15	80	8914.73	1
贵州湄潭国家农业科技园区	29.47	10	3.25	17	2758.62	16
贵州仁怀经济开发区（遵义市仁怀名酒工业园区）	29.10	11	0.68	56	688.03	42
安顺高新区（黎阳高新技术工业园区）	29.09	12	2.27	24	1028.97	30
贵州丹寨金钟经济开发区（丹寨金钟工业园区）	27.74	13	4.62	11	2271.42	19
贵州息烽经济开发区（息烽磷煤化工生态工业基地）	25.46	14	1.41	43	370.98	52
贵州贵阳国家农业科技示范园区	24.62	15	1.95	32	909.39	33
松桃经济开发区（松桃工业园区）	23.17	16	2.13	27	712.61	41
六盘水水月产业园区	22.65	17	1.28	45	30.81	77
贵州德江经济开发区（德江工业园区）	22.19	18	4.12	13	882.65	35
贵州安顺西秀经济开发区（西秀产业园区）	21.51	19	0.52	63	3253.37	9
独山麻尾工业园区（独山高新技术产业园区）	20.75	20	0.20	76	6583.81	4
贵州金沙经济开发区（金沙县产业园区）	19.96	21	2.57	22	528.53	48
贵州（独山）外向型特色蔬菜农业科技园区	19.70	22	10.79	6	5272.35	6
修文县猕猴桃农业科技示范园区	19.11	23	7.60	7	792.08	39
贵州独山经济开发区	17.79	24	0.31	70	5641.75	5
贵州余庆经济开发区（余庆龙溪工业园区、余庆县工业园区）	17.45	25	3.21	18	1428.57	28

续表

产业园区名称	科技投入		园区R&D投入占园区总产值的比重		万名从业人员科技活动人员数	
	指数/%	位次	指标值/%	位次	指标值/人	位次
贵州习水经济开发区	17.34	26	2.71	21	140.56	65
七星关果蔬农业科技示范园区	16.62	27	13.60	5	2 916.67	13
罗甸县农业科技示范园区	16.25	28	13.79	4	1 868.13	21
贵州丹寨铁皮石斛农业科技示范园区	15.91	29	15.62	3	2 380.95	18
贵州黔东经济开发区（镇远黔东工业园区）	15.67	30	1.70	39	2 929.29	12
贵州万山经济开发区（万山转型工业园区、贵州铜仁精细化工高新技术产业化基地）	15.54	31	2.22	25	4 617.65	7
贵州省绥阳县金银花农业科技示范园区	15.42	32	60.00	2	500.00	49
余庆县现代高效观光农业科技示范园	15.35	33	80.88	1	352.23	53
贵州黔南国家农业科技园区	15.22	34	4.54	12	38.07	76
贵州沿河经济开发区（沿河县工业园区）	14.19	35	5.91	8	78.00	72
贵州锦屏经济开发区（锦屏工业园区）	14.15	36	3.65	14	422.25	50
贵州凤冈经济开发区（凤冈有机生态工业园区）	12.95	37	1.26	46	3 173.65	11
贵州威宁经济开发区（威宁县产业园区）	12.80	38	1.82	36	0.00	86
贵州瓮安经济开发区（瓮安工业园区）	12.72	39	0.76	55	948.62	32
贵州昌明经济开发区（贵定县城北工业园区、昌明工业园区）	12.43	40	0.88	52	980.39	31
贵州惠水经济开发区[惠水县长田园区、惠水（长田）创新企业科技产业示范基地]	12.05	41	0.88	51	791.09	40
贵州岑巩经济开发区（岑巩工业园区）	11.84	42	0.91	50	2 788.08	15
贵州印江经济开发区（印江自治县工业园区）	11.40	43	1.88	35	568.14	44
榕江工业园区	11.26	44	1.95	33	1 323.08	29
贵州纳雍经济开发区（纳雍县产业园区）	10.31	45	1.97	31	102.79	69
贵州湄潭经济开发区（遵义市湄潭绿色食品工业园区、湄潭县绿色食品科技特色产业示范基地）	10.29	46	1.89	34	0.00	86
贵州玉屏经济开发区（玉屏县承接转移产业园区、贵州玉屏新材料高新技术产业化基地）	9.56	47	1.75	38	151.57	64
贵州安顺绿色生态畜禽农业科技园区	8.57	48	5.76	9	0.00	86
江口县凯德特色产业园区	8.38	49	2.44	23	1 798.94	24
水城经济开发区（董地工业园区）	8.33	50	0.24	74	818.75	37
红果经济开发区[盘县红果（两河）产业新区]	7.23	51	0.54	60	25.87	79
贵阳国家现代化服务业数字内容产业化基地	6.62	52	0.29	71	7 878.79	3
黔东南国家农业科技园区岑巩杂交水稻制种产业核心区	6.50	53	0.32	66	8 387.10	2

续表

产业园区名称	科技投入		园区R&D投入占园区总产值的比重		万名从业人员科技活动人员数	
	指数/%	位次	指标值/%	位次	指标值/人	位次
安顺经济技术开发区（安顺民用航空产业国家高技术产业基地）	6.38	54	0.55	59	376.11	51
贵州都匀毛尖茶农业科技示范园区	6.24	55	3.45	16	540.96	46
贵州娄山关高新技术产业开发区（贵州娄山关经济开发区、遵义市桐梓煤电化工业园区）	6.04	56	1.44	42	156.62	63
贵州炉碧经济开发区	5.79	57	0.95	49	123.05	67
贵州黎平农业科技示范园区	5.53	58	2.83	20	2 058.82	20
贵州龙里经济开发区（龙里工业园区）	5.44	59	0.15	81	887.10	34
贵州思南经济开发区（思南工业园区）	4.79	60	0.86	54	43.34	75
贵州黔东南国家农业科技园区	4.35	61	2.08	29	530.12	47
息烽县农业园区办	4.29	62	2.99	19	0.00	86
贵州苟江经济开发区（遵义市苟江冶金工业园区）	4.23	63	0.31	68	0.00	86
晴隆县工业园区	3.85	64	1.06	47	646.46	43
盘北经济开发区（鸡场坪工业园区）	3.80	65	0.31	67	0.00	86
贵州碧江经济开发区（铜仁市碧江区循环经济工业园区）	3.55	66	0.38	64	88.62	71
白云铝及铝加工基地	3.04	67	0.31	69	800.00	38
石阡县工业园区	2.66	68	0.00	91	1 813.70	23
贵州省施秉农业科技园区	2.45	69	1.40	44	75.27	73
贵州兴仁经济开发区（兴仁县工业区）	2.43	70	0.54	61	0.00	86
天柱工业园区	2.23	71	0.67	57	111.42	68
正安县白茶园区	2.05	72	1.00	48	24.49	80
平塘工业园区	1.90	73	0.08	85	1 493.03	27
镇宁自治县产业园区（辖镇宁县轻工产业园和安顺红星精细化工产业园）	1.59	74	0.56	58	90.23	70
贵州黔西南国家农业科技园区	1.53	75	0.87	53	54.18	74
长顺县威远工业园区	1.46	76	0.17	78	276.34	57
剑河工业园区	1.24	77	0.34	65	339.94	55
遵义市务正道煤电铝循环经济工业园区	1.05	78	0.53	62	21.93	81
贵州黎平经济开发区（黎平工业园区）	1.01	79	0.19	77	0.00	86
水城县发耳煤电化产业园区	1.00	80	0.12	82	173.02	60
关岭产业园区	1.00	81	0.28	72	285.71	56
六枝路喜循环经济产业示范园区	0.77	82	0.00	91	847.29	36

续表

产业园区名称	科技投入		园区R&D投入占园区总产值的比重		万名从业人员科技活动人员数	
	指数/%	位次	指标值/%	位次	指标值/人	位次
贵州和平经济开发区（遵义市和平工业园区）	0.73	83	0.11	83	166.46	61
罗甸县工业园区	0.67	84	0.17	79	0.00	86
安龙县工业园区	0.66	85	0.00	91	559.70	45
贵州六枝经济开发区	0.60	86	0.00	89	350.00	54
贵州娘娘山高原湿地生态农业示范园	0.56	87	0.25	73	227.27	58
贵州江口果蔬农业科技示范园区	0.56	88	0.21	75	2.18	85
贵州洛贯经济开发区（从江洛贯工业园区、从江洛贯产业承接区）	0.35	89	0.00	91	213.93	59
赫章县产业园区	0.34	90	0.08	84	0.00	86
贞丰县工业园区	0.32	91	0.00	91	162.09	62
贵州新蒲经济开发区（新蒲新区高新技术工业园区）	0.20	92	0.01	88	29.65	78
普定县农业示范园区	0.15	93	0.06	86	2.22	84
贵州白云农业科技示范园区	0.07	94	0.02	87	17.39	82
织金县产业园	0.01	95	0.00	91	2.98	83
贵州正安经济开发区（正安瑞濠工业园区）	0.01	96	0.00	90	0.00	86
贵州大方经济开发区	0.00	97	0.00	91	0.00	86
贵州黔西经济开发区（黔西县循环经济产业园、毕节试验区黔西承接产业转移基地）	0.00	98	0.00	91	0.00	86
黄平工业园区	0.00	98	0.00	91	0.00	86
三都水族自治县交梨工业园区	0.00	98	0.00	91	0.00	86
荔波工业园区	0.00	98	0.00	91	0.00	86
贵州钟山经济开发区	0.00	98	0.00	91	0.00	86
六盘水大河经济开发区	0.00	98	0.00	91	0.00	86
六盘水盘南产业园区	0.00	98	0.00	91	0.00	86
习水煤电化循环经济工业园区	0.00	98	0.00	91	0.00	86
贵州普定经济开发区[普定循环经济工业基地（含幺铺—黄桶物流园）]	0.00	98	0.00	91	0.00	86
紫云工业园区	0.00	98	0.00	91	0.00	86
贵州织金经济开发区（织金新型能源化工基地）	0.00	98	0.00	91	0.00	86
普安县工业园区	0.00	98	0.00	91	0.00	86
望谟县工业园区	0.00	98	0.00	91	0.00	86
册亨县工业园区	0.00	98	0.00	91	0.00	86
都匀经济开发区	0.00	98	0.00	91	0.00	86

产业园区创新产出指数排位，如表5-4所示。

表5-4 产业园区创新产出指数排位

产业园区名称	创新产出		万名从业人员发明专利拥有量		高新技术企业数占企业总数比重		拥有省级以上知名品牌或著名商标的企业数占园区总企业数比重	
	指数/%	位次	指标值/项	位次	指标值/%	位次	指标值/%	位次
贵阳国家经济技术开发区[国家军民结合（装备制造）高新技术产业化基地、小河—孟关装备制造业生态工业园]	86.97	1	70.94	13	6.88	11	7.89	34
贵阳国家级高新技术开发区（麦架—沙文高新技术产业园）	86.71	2	102.98	8	1.28	29	0.41	75
乌当工业园区	76.46	3	156.16	4	46.38	1	79.71	2
贵州安顺西秀经济开发区（西秀产业园区）	56.59	4	140.53	5	8.15	8	6.52	39
贵州修文经济开发区（贵州修文新材料科技产业示范基地）	36.63	5	3.05	59	8.24	7	15.29	14
安顺高新区（黎阳高新技术工业园区）	33.29	6	9.21	39	5.20	14	6.80	36
贵州万山经济开发区（万山转型工业园区、贵州铜仁精细化工高新技术产业化基地）	33.16	7	308.82	2	0.78	38	19.53	10
贵州龙里经济开发区（龙里工业园区）	31.87	8	30.51	19	4.55	16	4.20	56
贵州湄潭国家农业科技园区	26.47	9	26.93	21	0.85	37	26.27	9
贵州印江经济开发区（印江自治县工业园区）	26.43	10	1.72	68	11.59	4	17.39	12
贵州开阳经济开发区（开阳磷煤化工生态工业示范基地）	25.07	11	20.85	25	11.59	4	8.70	30
贵州贵阳国家农业科技示范园区	24.25	12	14.00	30	1.55	27	2.13	66
贵州惠水经济开发区[惠水县长田园区、惠水（长田）创新企业科技产业示范基地]	23.62	13	5.63	48	2.61	22	5.97	43
贵州仁怀经济开发区（遵义市仁怀名酒工业园区）	23.39	14	7.98	42	0.00	48	68.11	3
白云铝及铝加工基地	22.62	15	183.16	3	0.00	48	14.29	18
贵州凤冈经济开发区（凤冈有机生态工业园区）	22.40	16	26.55	22	1.68	26	13.45	22
贵州昌明经济开发区（贵定县城北工业园区、昌明工业园区）	21.48	17	2.06	65	0.58	45	17.92	11

续表

产业园区名称	创新产出		万名从业人员发明专利拥有量		高新技术企业数占企业总数比重		拥有省级以上知名品牌或著名商标的企业数占园区总企业数比重	
	指数/%	位次	指标值/项	位次	指标值/%	位次	指标值/%	位次
镇宁自治县产业园区（辖镇宁县轻工产业园和安顺红星精细化工产业园）	20.79	18	82.58	10	0.00	48	52.38	4
榕江工业园区	20.55	19	0.00	75	7.29	10	8.33	31
贵州德江经济开发区（德江工业园区）	20.37	20	3.01	61	0.00	48	26.32	8
贵州黔南国家农业科技园区	19.58	21	3.05	58	0.66	42	11.18	27
贵州思南经济开发区（思南工业园区）	19.29	22	2.32	64	6.84	12	5.13	50
贵州纳雍经济开发区（纳雍县产业园区）	18.84	23	4.43	53	3.45	19	17.24	13
七星关果蔬农业科技示范园区	18.66	24	83.33	9	28.57	2	28.57	7
贵州湄潭经济开发区（遵义市湄潭绿色食品工业园区、湄潭县绿色食品科技特色产业示范基地）	17.84	25	3.03	60	0.65	43	10.97	28
贵州玉屏经济开发区（玉屏县承接转移产业园区、贵州玉屏新材料高新技术产业化基地）	17.16	26	75.79	11	0.97	34	6.80	37
贵州和平经济开发区（遵义市和平工业园区）	17.06	27	111.80	7	3.12	20	6.25	40
贵州福泉经济开发区（福泉市工业园区、贵州黔南磷煤化工高新技术产业化基地）	16.93	28	33.81	17	1.71	25	3.43	59
贵州碧江经济开发区（铜仁市碧江区循环经济工业园区）	15.82	29	26.02	23	0.53	46	4.26	55
花溪产业园区	15.47	30	53.40	16	0.00	48	0.68	74
安顺经济技术开发区（安顺民用航空产业国家高技术产业基地）	15.35	31	71.30	12	0.20	47	0.07	77
贵州省施秉农业科技园区	15.33	32	21.51	24	14.29	3	14.29	18
贵州大方经济开发区	14.79	33	0.00	75	0.89	35	11.61	25
贵州三穗经济开发区	14.38	34	133.33	6	0.00	48	14.29	18
贵州白云农业科技示范园区	14.04	35	0.00	75	5.00	15	15.00	15
贵州都匀毛尖茶农业科技示范园区	13.90	36	57.22	15	0.00	48	30.43	6
贵州黔东南国家农业科技园区	13.28	37	28.92	20	2.74	21	6.85	35
正安县白茶园区	13.26	38	3.20	57	0.00	48	90.91	1
贵州息烽经济开发区（息烽磷煤化工生态工业基地）	12.98	39	1.89	67	7.89	9	5.26	49

第五部分 产业园区科技进步状况评价

续表

产业园区名称	创新产出		万名从业人员发明专利拥有量		高新技术企业数占企业总数比重		拥有省级以上知名品牌或著名商标的企业数占园区总企业数比重	
	指数/%	位次	指标值/项	位次	指标值/%	位次	指标值/%	位次
贵州余庆经济开发区（余庆龙溪工业园区、余庆县工业园区）	12.69	40	0.00	75	4.05	17	5.41	48
贵州娄山关高新技术产业开发区（贵州娄山关经济开发区、遵义市桐梓煤电化工业园区）	11.84	41	0.00	75	9.23	6	0.00	78
六盘水水月产业园区	11.39	42	1.16	71	3.51	18	2.63	63
贵州瓮安经济开发区（瓮安工业园区）	10.50	43	7.91	43	1.08	33	3.76	58
贵州省六盘水国家农业科技园区	10.48	44	2.69	63	0.00	48	9.00	29
红果经济开发区[盘县红果（两河）产业新区]	9.96	45	19.40	27	0.00	48	5.51	47
贵州独山经济开发区	9.94	46	4.15	55	0.00	48	2.76	62
贵州岑巩经济开发区（岑巩工业园区）	9.77	47	17.87	29	1.18	30	5.88	44
贵州沿河经济开发区（沿河县工业园区）	9.36	48	0.00	75	0.00	48	14.81	16
贵州兴仁经济开发区（兴仁县工业区）	9.12	49	4.09	56	0.00	48	12.31	24
水城经济开发区（董地工业园区）	8.97	50	0.00	75	0.60	44	4.82	53
贵州安顺绿色生态畜禽农业科技园区	8.78	51	66.23	14	0.00	48	50.00	5
贵州黔西经济开发区（黔西县循环经济产业园、毕节试验区黔西承接产业转移基地）	8.69	52	0.00	75	0.00	48	11.43	26
剑河工业园区	8.64	53	0.00	75	6.67	13	0.00	78
贵州丹寨铁皮石斛农业科技示范园区	8.32	54	1 904.76	1	0.00	48	0.00	78
贵州丹寨金钟经济开发区（丹寨金钟工业园区）	7.68	55	5.73	46	2.08	23	2.08	67
松桃经济开发区（松桃工业园区）	7.54	56	9.64	37	0.00	48	1.57	69
贵州黎平经济开发区（黎平工业园区）	7.32	57	18.11	28	0.00	48	3.80	57
贵州六枝经济开发区	7.12	58	8.93	40	1.49	28	4.48	54
盘北经济开发区（鸡场坪工业园区）	6.97	59	0.70	72	0.00	48	13.89	21
长顺县威远工业园区	6.89	60	4.40	54	0.67	41	3.33	60
贵州新蒲经济开发区（新蒲新区高新技术工业园区）	6.34	61	10.50	36	1.14	31	2.27	64

续表

产业园区名称	创新产出		万名从业人员发明专利拥有量		高新技术企业数占企业总数比重		拥有省级以上知名品牌或著名商标的企业数占园区总企业数比重	
	指数/%	位次	指标值/项	位次	指标值/%	位次	指标值/%	位次
贵州江口果蔬农业科技示范园区	6.16	62	0.00	75	0.00	48	14.81	16
普定县农业示范园区	5.80	63	6.67	45	0.00	48	8.33	31
贵州苟江经济开发区（遵义市苟江冶金工业园区）	5.78	64	2.74	62	0.00	48	6.67	38
织金县产业园	5.61	65	0.00	75	0.00	48	8.06	33
赫章县产业园区	5.20	66	0.00	75	0.00	48	6.02	42
晴隆县工业园区	5.09	67	12.12	33	0.00	48	5.56	45
贵州习水经济开发区	4.89	68	0.54	73	0.76	39	2.27	64
余庆县现代高效观光农业科技示范园	4.56	69	4.91	51	0.00	48	12.50	23
贵州威宁经济开发区（威宁县产业园区）	4.45	70	5.58	49	1.14	31	1.14	71
贵州正安经济开发区（正安瑞濠工业园区）	4.23	71	0.00	75	0.00	48	5.13	50
江口县凯德特色产业园区	3.97	72	0.00	75	2.08	23	0.00	78
贵州黔东经济开发区（镇远黔东工业园区）	3.82	73	12.19	32	0.00	48	1.60	68
罗甸县工业园区	3.76	74	12.50	31	0.76	39	0.76	73
独山麻尾工业园区（独山高新技术产业园区）	3.28	75	5.67	47	0.00	48	0.36	76
六盘水大河经济开发区	3.13	76	20.00	26	0.00	48	0.00	78
贵州黔西南国家农业科技园区	2.65	77	9.42	38	0.00	48	5.56	45
贵州洛贯经济开发区（从江洛贯工业园区、从江洛贯产业承接区）	2.53	78	5.30	50	0.00	48	6.25	40
贞丰县工业园区	2.38	79	1.31	70	0.00	48	3.23	61
安龙县工业园区	2.21	80	33.58	18	0.00	48	0.00	78
贵州金沙经济开发区（金沙县产业园区）	2.17	81	1.36	69	0.87	36	0.00	78
贵州炉碧经济开发区	1.88	82	10.99	35	0.00	48	0.94	72
荔波工业园区	1.80	83	0.00	75	0.00	48	5.00	52
修文县猕猴桃农业科技示范园区	1.16	84	0.50	74	0.00	48	1.28	70
贵州普定经济开发区[普定循环经济工业基地(含幺铺—黄桶物流园)]	1.01	85	11.91	34	0.00	48	0.00	78
平塘工业园区	0.52	86	8.20	41	0.00	48	0.00	78

第五部分 产业园区科技进步状况评价

续表

产业园区名称	创新产出		万名从业人员发明专利拥有量		高新技术企业数占企业总数比重		拥有省级以上知名品牌或著名商标的企业数占园区总企业数比重	
	指数/%	位次	指标值/项	位次	指标值/%	位次	指标值/%	位次
贵州（独山）外向型特色蔬菜农业科技园区	0.39	87	6.98	44	0.00	48	0.00	78
石阡县工业园区	0.36	88	4.48	52	0.00	48	0.00	78
天柱工业园区	0.17	89	1.95	66	0.00	48	0.00	78
黄平工业园区	0.00	90	0.00	75	0.00	48	0.00	78
三都水族自治县交梨工业园区	0.00	90	0.00	75	0.00	48	0.00	78
贵州锦屏经济开发区（锦屏工业园区）	0.00	90	0.00	75	0.00	48	0.00	78
贵阳国家现代化服务业数字内容产业化基地	0.00	90	0.00	75	0.00	48	0.00	78
息烽县农业园区办	0.00	90	0.00	75	0.00	48	0.00	78
贵州钟山经济开发区	0.00	90	0.00	75	0.00	48	0.00	78
六枝路喜循环经济产业示范园区	0.00	90	0.00	75	0.00	48	0.00	78
水城县发耳煤电化产业园区	0.00	90	0.00	75	0.00	48	0.00	78
六盘水盘南产业园区	0.00	90	0.00	75	0.00	48	0.00	78
贵州省绥阳县金银花农业科技示范园区	0.00	90	0.00	75	0.00	48	0.00	78
遵义市务正道煤电铝循环经济工业园区	0.00	90	0.00	75	0.00	48	0.00	78
习水煤电化循环经济工业园区	0.00	90	0.00	75	0.00	48	0.00	78
关岭产业园区	0.00	90	0.00	75	0.00	48	0.00	78
紫云工业园区	0.00	90	0.00	75	0.00	48	0.00	78
贵州织金经济开发区（织金新型能源化工基地）	0.00	90	0.00	75	0.00	48	0.00	78
普安县工业园区	0.00	90	0.00	75	0.00	48	0.00	78
望谟县工业园区	0.00	90	0.00	75	0.00	48	0.00	78
册亨县工业园区	0.00	90	0.00	75	0.00	48	0.00	78
黔东南国家农业科技园区岑巩杂交水稻制种产业核心区	0.00	90	0.00	75	0.00	48	0.00	78
贵州黎平农业科技示范园区	0.00	90	0.00	75	0.00	48	0.00	78
都匀经济开发区	0.00	90	0.00	75	0.00	48	0.00	78
罗甸县农业科技示范园区	0.00	90	0.00	75	0.00	48	0.00	78
贵州娘娘山高原湿地生态农业示范园	0.00	90	0.00	75	0.00	48	0.00	78

产业园区创新绩效指数排位，如表5-5所示。

表5-5 产业园区创新绩效指数排位

产业园区名称	创新绩效		高新技术产业产值占园区总产值比重		园区人均工业增加值		园区进出口总额占园区总产值比重		每平方千米园区产值		园区利税总额占园区总产值的比例	
	指数/%	位次	指标值/%	位次	指标值/万元	位次	指标值/%	位次	指标值/万元	位次	指标值/%	位次
贵州修文经济开发区（贵州修文新材料科技产业示范基地）	93.56	1	27.71	13	36.60	17	2.32	24	168 700.00	17	11.47	36
贵阳国家级高新技术开发区（麦架—沙文高新技术产业园）	92.92	2	55.74	7	16.56	54	1.50	28	158 492.00	19	9.91	46
贵州福泉经济开发区（福泉市工业园区，贵州黔南磷煤化工高新技术产业化基地）	92.33	3	20.79	20	30.90	28	2.13	25	196 953.60	10	9.65	48
乌当工业园区	89.78	4	62.10	5	36.20	18	1.02	39	180 402.20	14	4.32	79
贵州息烽经济开发区（息烽煤磷化工生态工业基地）	89.47	5	25.01	16	28.30	31	0.88	43	336 583.20	5	5.49	67
贵州新蒲经济开发区（新蒲区高新技术工业园区）	88.77	6	99.57	1	23.52	37	11.53	5	46 161.54	63	4.06	82
贵阳国家技术开发区［国家军民结合（装备制造）高新技术产业化基地，小河—孟关装备制造业生态工业园］	88.70	7	68.72	3	18.24	49	0.94	41	51 727.57	58	3.91	85
安顺高新区（黎阳高新技术工业园区）	85.70	8	30.10	11	20.72	42	2.75	20	18 215.52	85	5.45	68
贵州开阳经济开发区（开阳磷煤化工生态工业示范基地）	83.28	9	30.03	12	45.16	13	0.02	70	82 417.49	43	11.00	41
贵州龙里经济开发区（龙里工业园区）	82.24	10	19.89	21	30.58	29	0.07	64	283 341.30	6	5.08	71
贵州惠水经济开发区［惠水县长田园区，惠水（长田）创新企业科技产业示范基地］	71.26	11	25.91	14	22.43	39	0.19	60	127 428.00	24	4.32	78

续表

产业园区名称	创新绩效		高新技术产业产值占园区总产值比重		园区人均工业增加值		园区进出口总额占园区总产值比重		每平方千米园区产值		园区利税总额占园区总产值的比例	
	指数/%	位次	指标值/%	位次	指标值/万元	位次	指标值/%	位次	指标值/万元	位次	指标值/%	位次
贵州安顺西秀经济开发区（西秀产业园区）	70.73	12	13.23	28	25.45	34	1.25	32	74 873.87	48	1.76	101
贵州金沙经济开发区（金沙县产业园区）	70.37	13	24.30	19	57.92	7	9.40	7	42 645.54	68	20.51	17
贵州昌明经济开发区（贵定县城北工业园区、昌明工业园区）	70.20	14	13.71	27	30.17	30	0.40	57	20 2355.10	9	15.67	27
贵州苟江经济开发区（遵义市苟江冶金工业园区）	65.31	15	2.81	51	34.16	22	4.42	14	171 051.20	15	4.16	80
贵州瓮安经济开发区（瓮安工业园区）	64.83	16	7.04	37	50.21	12	1.17	34	20 717.83	84	8.73	50
贵州仁怀经济开发区（遵义市仁怀名酒工业园区）	64.77	17	0.00	67	109.09	2	4.36	15	137 016.90	20	12.11	34
贵州贵阳国家农业科技示范园区	62.75	18	56.36	6	2.60	87	0.17	62	7 232.25	95	7.18	60
红果经济开发区[盘县红果（两河）产业新区]	61.35	19	5.12	43	50.98	11	0.05	65	134 479.10	22	11.40	37
六盘水月亮河产业园区	60.23	20	0.24	63	15.50	60	1.11	37	170 329.40	16	3.98	83
贵州独山经济开发区	56.45	21	9.52	32	21.01	41	0.86	44	135 313.00	21	22.98	13
松桃经济开发区（松桃工业园区）	55.64	22	6.36	39	7.21	81	6.58	11	60 395.35	55	8.65	51
盘北经济开发区（鸡场坪工业园区）	55.55	23	0.00	67	20.64	43	0.00	72	6 817 500.00	1	7.08	61
贵州省六盘水国家农业科技园区	55.16	24	0.62	60	11.53	71	0.84	45	3 464.54	96	3.59	88
安顺经济技术开发区（安顺民用航空产业国家高新技术产业基地）	54.83	25	24.93	17	21.99	40	0.00	72	38 558.23	73	2.28	98
贵州岑巩经济开发区（岑巩工业园区）	54.15	26	10.91	29	20.42	44	16.66	3	191 496.30	11	10.50	43
水城经济开发区（董地工业园区）	53.67	27	0.13	65	14.43	63	1.34	30	101 250.00	32	3.93	84
贵州三穗经济开发区	53.02	28	0.00	67	215.13	1	6.93	10	360 416.70	4	2.41	97

续表

产业园区名称	创新绩效		高新技术产业产值占园区总产值比重		园区人均工业增加值		园区进出口总额占园区总产值比重		每平方千米园区产值		园区利税总额占园区总产值的比例	
	指数/%	位次	指标值/%	位次	指标值/万元	位次	指标值/%	位次	指标值/万元	位次	指标值/%	位次
贵州大方经济开发区	51.89	29	0.02	66	0.00	101	0.01	71	183 487.40	13	1.02	104
花溪产业园区	50.80	30	54.17	8	1.55	90	0.00	72	43 466.67	67	3.27	92
贵州玉屏经济开发区（玉屏县承接转移产业园区、贵州玉屏新材料高新技术产业化基地）	50.22	31	15.51	24	15.91	58	8.20	9	39 361.36	71	22.84	14
贵州碧江经济开发区（铜仁市碧江区循环经济工业园区）	48.33	32	3.19	46	11.68	70	1.12	36	25 889.68	79	26.12	11
贵州印江经济开发区（印江自治县工业园区）	46.36	33	9.61	31	19.34	45	2.72	21	115 070.90	26	26.20	10
水城县发耳煤电化产业园区	42.40	34	0.00	67	57.59	8	0.00	72	3 607 031.00	2	19.81	20
独山麻尾工业园区（独山高新技术产业园区）	42.31	35	2.91	50	8.74	76	1.89	27	14 080.04	88	1.02	103
贵州习水经济开发区	42.14	36	0.34	62	17.61	51	0.00	72	109 213.20	29	20.26	19
贵州德江经济开发区（德江工业园区）	41.78	37	18.82	22	1.67	89	1.03	38	107 336.00	30	19.28	23
安龙县工业园区	39.72	38	0.00	67	61.40	6	8.93	8	41 555.55	69	44.00	4
贵州纳雍经济开发区（纳雍县产业园区）	39.63	39	5.82	40	12.84	66	0.03	66	16 4890.50	18	25.99	12
罗甸县工业园区	38.66	40	46.68	9	23.93	36	0.00	72	88 962.41	38	12.30	33
六盘水盘南产业园区	37.62	41	0.00	67	81.64	4	0.00	72	91 940.08	36	5.17	70
贵州威宁经济开发区（威宁县产业园区）	35.41	42	1.30	57	17.51	52	0.98	40	85 194.91	42	6.25	63
普安县工业园区	34.42	43	0.00	67	35.49	21	2.48	23	130 884.00	23	48.06	3
贵州湄潭国家农业科技园区	34.17	44	2.96	49	15.04	62	0.60	55	86 594.91	40	7.86	56

第五部分 产业园区科技进步状况评价

续表

产业园区名称	创新绩效		高新技术产业产值占园区总产值比重		园区人均工业增加值		园区进出口总额占园区总产值比重		每平方千米园区产值		园区利税总额占园区总产值的比例	
	指数/%	位次	指标值/%	位次	指标值/万元	位次	指标值/%	位次	指标值/万元	位次	指标值/%	位次
贵州普定经济开发区[普定循环经济工业基地（含么铺—黄桶物流园）]	33.92	45	0.00	67	36.13	19	0.00	72	110 666.70	28	35.74	5
贵州丹寨金钟经济开发区（丹寨金钟工业园区）	33.80	46	15.75	23	6.55	82	0.65	52	71 498.60	51	15.22	29
贵州思南经济开发区（思南工业园区）	32.76	47	9.46	33	12.59	67	4.05	16	63 930.68	54	4.83	75
贵州万山经济开发区（万山转型工业园区、贵州铜仁精细化工高新技术产业化基地）	31.89	48	5.23	42	102.55	3	0.70	51	185 982.60	12	8.14	54
贵州黔南国家农业科技园	29.84	49	24.70	18	0.08	100	17.16	2	121.85	109	9.50	49
贵州锦屏经济开发区（锦屏工业园区）	28.89	50	0.00	67	31.15	26	0.02	68	80 590.20	46	21.60	16
贵州湄潭经济开发区（遵义市湄潭绿色食品工业园、湄潭县绿色食品科技特色产业示范基地）	28.04	51	2.98	48	18.92	47	0.60	54	87 992.44	39	7.21	59
贵州和平经济开发区（遵义市和平工业园区）	25.80	52	2.24	52	53.62	10	0.76	48	122 326.10	25	7.90	55
贵州黔西经济开发区（黔西县循环经济产业园、毕节试验区黔西承接产业转移基地）	25.15	53	0.00	67	32.63	24	0.00	72	47 716.83	61	10.56	42
贵州钟山经济开发区	25.14	54	0.00	67	0.00	101	2.01	26	270 802.70	7	0.00	110
白云铝及铝加工基地	25.13	55	3.81	45	7.58	79	2.58	22	94 483.16	34	2.58	95
贵州黔东经济开发区（镇远黔东工业园区）	24.78	56	0.00	67	57.41	9	0.74	50	53 369.70	57	1.92	100
贵州兴仁经济开发区（兴仁县工业区）	24.28	57	0.00	67	62.80	5	0.63	53	114 314.90	27	8.17	53
赫章县产业园区	22.41	58	0.00	67	36.09	20	0.00	72	73 005.97	50	11.00	40

续表

产业园区名称	创新绩效		高新技术产业产值占园区总产值比重		园区人均工业增加值		园区进出口总额占园区总产值比重		每平方千米园区产值		园区利税总额占园区总产值的比例	
	指数/%	位次	指标值/%	位次	指标值/万元	位次	指标值/%	位次	指标值/万元	位次	指标值/%	位次
贵州六枝经济开发区	22.12	59	0.60	61	27.60	32	1.13	35	23 962.06	83	5.81	65
贵州娄山关高新技术产业开发区(贵州娄山关经济开发区、遵义市桐梓煤电化工业园区)	21.84	60	13.97	26	10.50	74	1.42	29	69 668.16	53	4.92	73
贵州余庆经济开发区(余庆龙溪工业园区、余庆县工业园区)	21.79	61	9.00	34	13.11	65	0.29	58	96 833.34	33	4.32	77
贵州黎平经济开发区(黎平工业园区)	21.56	62	1.10	59	18.59	48	1.21	33	44 131.84	66	4.73	76
修文县猕猴桃农业科技示范园区	21.41	63	0.00	67	0.09	99	0.00	72	1 086.96	103	78.40	1
长顺县威远工业园区	21.25	64	5.24	41	16.42	55	0.02	69	12 158.93	89	5.44	69
榕江工业园区	20.86	65	15.00	25	12.33	68	0.03	67	31 329.63	76	4.15	81
剑河工业园区	20.84	66	62.19	4	15.29	61	1.25	31	93 286.00	35	4.87	74
贵州沿河经济开发区(沿河县工业园区)	20.76	67	3.04	47	18.23	50	13.39	4	38 948.45	72	18.37	24
贵州炉碧经济开发区	20.69	68	2.07	54	40.00	16	0.19	61	90 120.45	37	1.14	102
贞丰县工业经济开发区	19.72	69	0.00	67	44.01	14	0.00	72	79 757.14	47	2.87	93
都匀县经济开发区	18.33	70	0.00	67	7.41	80	11.38	6	14 824.51	87	12.35	32
石阡县工业园区	18.22	71	0.00	67	15.91	57	0.00	72	70 456.29	52	20.26	18
平塘工业园区	18.19	72	25.75	15	18.93	46	0.92	42	47 920.54	60	11.84	35
晴隆县工业园区	17.42	73	1.66	55	34.15	23	0.00	72	38 307.69	74	16.53	25
贵州正安经济开发区(正安瑞豪工业园区)	17.18	74	0.00	67	25.72	33	3.08	18	44 537.03	64	8.50	52
贵州凤冈经济开发区(凤冈有机生态工业园区)	17.11	75	1.26	58	13.25	64	0.00	72	49 510.50	59	3.39	90
六盘水大河经济开发区	16.44	76	0.00	67	12.14	69	0.00	72	1 558.36	101	7.52	57

第五部分 产业园区科技进步状况评价

续表

产业园区名称	创新绩效 指数/%	创新绩效 位次	高新技术产业产值占园区总产值比重 指标值/%	高新技术产业产值占园区总产值比重 位次	园区人均工业增加值 指标值/万元	园区人均工业增加值 位次	园区进出口总额占园区总产值比重 指标值/%	园区进出口总额占园区总产值比重 位次	每平方千米园区产值 指标值/万元	每平方千米园区产值 位次	园区利税总额占园区总产值的比例 指标值/%	园区利税总额占园区总产值的比例 位次
织金县产业园	15.30	77	0.00	67	7.93	78	0.75	49	26 097.18	78	10.00	44
紫云工业园区	15.30	78	0.00	67	9.68	75	0.00	72	39 835.07	70	61.54	2
江口县凯德特色产业园区	13.82	79	7.07	36	17.35	53	0.00	72	205 000.00	8	3.60	87
关岭产业园区	13.04	80	0.00	67	11.43	72	0.00	72	59 745.76	56	21.84	15
天柱工业园区	12.72	81	0.00	67	15.61	59	0.00	72	85 342.86	41	6.97	62
镇宁自治县产业园区（辖镇宁县轻工产业园和安顺红星精细化工产业园）	12.60	82	0.00	67	7.97	77	2.84	19	27 067.66	77	12.66	31
三都水族自治县交梨工业园区	11.71	83	0.00	67	10.82	73	5.31	12	35 880.95	75	28.54	8
贵州江口果蔬农业科技示范园区	10.14	84	0.00	67	0.00	101	0.00	72	817.35	105	14.08	30
黄平工业园区	9.92	85	0.00	67	23.40	38	5.15	13	44 497.11	65	2.14	99
习水煤电化循环经济工业园区	9.82	86	0.00	67	30.97	27	0.00	72	81 911.27	45	3.38	91
七星关果蔬农业科技示范园区	9.01	87	40.00	10	0.00	101	0.00	72	7 462.69	93	15.60	28
册亨县工业园区	8.71	88	0.00	67	31.41	25	0.00	72	82 174.77	44	5.80	66
息烽县农业园区办	8.30	89	83.58	2	0.00	101	0.00	72	1 000.00	104	11.19	38
正安县白茶园区	7.73	90	0.00	67	0.83	91	3.65	17	2 939.29	98	16.04	26
贵州黔东南国家农业科技园区	7.34	91	6.71	38	0.35	94	0.00	72	755.02	106	19.40	22
贵州黔西南国家农业科技园区	7.13	92	0.00	67	0.10	98	0.25	59	7 237.24	94	28.46	9
贵州省施秉农业科技园区	7.05	93	7.50	35	0.28	95	0.00	72	1 879.24	100	19.40	21
贵阳国家现代化化服务业数字内容产业化基地	6.68	94	0.00	67	0.00	101	0.15	63	1 650 000.00	3	0.95	105
贵州织金经济开发区（织金新型能源化工基地）	6.62	95	0.00	67	16.36	56	0.00	72	74 808.20	49	3.57	89
余庆县现代高效观光农业科技示范园	6.24	96	0.00	67	0.10	97	38.05	1	114.13	110	29.41	7

续表

产业园区名称	创新绩效		高新技术产业产值占园区总产值比重			园区人均工业增加值			园区进出口总额占园区总产值比重			每平方千米园区产值			园区利税总额占园区总产值的比例		
	指数/%	位次	指标值/%	位次		指标值/万元	位次		指标值/%	位次		指标值/万元	位次		指标值/%	位次	
贵州洛贯经济开发区（从江洛贯工业园区、从江洛贯产业承接区）	5.69	97	2.23	53		4.83	85		0.00	72		8 133.33	91		7.48	58	
贵州安顺绿色生态畜禽农业科技园区	5.18	98	0.00	67		0.00	101		0.00	72		104 717.30	31		9.87	47	
黔东南国家农业科技园区岑巩杂交水稻制种产业核心区	5.14	99	4.59	44		0.00	101		0.00	72		94.48	111		30.05	6	
六枝路善循环经济产业示范园区	4.98	100	0.00	67		24.16	35		0.00	72		10 481.50	90		11.15	39	
遵义市务正道煤电铝循环经济工业园区	4.93	101	0.00	67		5.02	84		0.53	56		47 450.00	62		4.95	72	
荔波工业园区	4.78	102	0.00	67		40.64	15		0.00	72		15 626.20	86		2.57	96	
望谟县工业园区	3.16	103	0.00	67		5.23	83		0.00	72		25 718.80	80		2.66	94	
贵州白云农业科技示范园区	2.99	104	0.18	64		0.00	101		0.00	72		24 737.63	82		0.00	110	
普定县农业示范园区	2.53	105	0.00	67		0.00	101		0.00	72		7 791.51	92		0.52	106	
贵州省绥阳县金银花农业科技示范园区	2.50	106	0.00	67		2.25	88		0.00	72		25 000.00	81		10.00	44	
罗甸县农业科技示范园区	2.31	107	9.71	30		0.53	93		0.00	72		2 965.83	97		0.44	107	
贵州都匀毛尖茶农业科技示范园区	1.94	108	1.47	56		0.81	92		0.80	46		1 887.10	99		3.89	86	
贵州（独山）外向型特色蔬菜农业科技园区	1.23	109	0.00	67		0.15	96		0.77	47		1 203.49	102		6.17	64	
贵州娘娘山高原湿地生态农业示范园区	0.54	110	0.00	67		0.00	101		0.00	72		168.83	108		0.12	109	
贵州黎平农业科技示范园区	0.13	111	0.00	67		3.53	86		0.00	72		0.00	112		0.33	108	
贵州丹寨铁皮石斛农业科技示范园区	-0.98	112	0.00	67		0.00	101		0.00	72		640.00	107		-6.25	112	

注：一级指数是由二级指标值经综合指数法计算得到对应的指标监测值，再加权综合而成。

第六部分 重点企业科技进步状况评价

2016年,全省234家重点企业科技进步统计监测评价结果如下。

一、重点企业综合科技进步水平评价

根据综合科技进步水平指数,可将全省234家重点企业分为3类(图6-1)。

第1类:综合科技进步水平指数高于30.00%的重点企业有17家,占全部重点企业的7.26%。

第2类:综合科技进步水平指数低于30.00%,但高于平均水平(12.22%)的重点企业有64家,占全部重点企业的27.35%。

第3类:综合科技进步水平指数低于平均水平(12.22%)的重点企业有153家,占全部重点企业的65.38%。

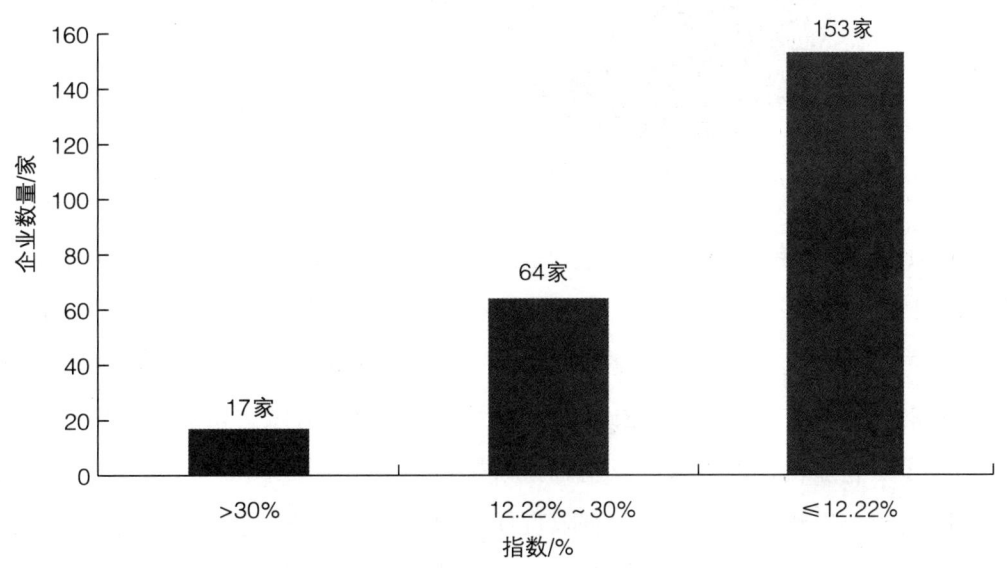

图6-1 重点企业综合科技进步水平指数分布

2016年与2015年监测结果相比,重点企业综合科技进步水平指数平均水平较上年提高1.32个百分点,中国电建集团贵阳勘测设计研究院有限公司、贵州益佰制药股份有限公司、贵阳铝镁设计研究院有限公司、贵州安大航空锻造有限责任公司等57家企业高于这一增幅。有37家企业低于上年水平，贵州禾睦福种子有限公司、贵州开磷控股（集团）有限责任公司、贵州全世通精密机械科技有限公司、中国振华集团永光电子有限公司降幅相对较大。

参照2015年重点企业综合科技进步水平指数排序，贵州精忠橡塑实业有限公司、贵州卓霖科技有限公司和贵州金玖生物技术有限公司位次上升较快。安顺新金秋科技股份有限公司、贵州禾睦福种子有限公司和赤水市信天中药产业开发有限公司位次下降较快。

二、重点企业科技进步一级指标评价

（一）科技进步条件及基础

在科技进步条件及基础指数的分布中，高于30.00%的重点企业有42家，占全部重点企业的17.95%；低于30.00%但高于平均水平（15.75%）的重点企业有41家，占全部重点企业的17.52%；低于平均水平的重点企业有151家，占全部重点企业的64.53%（图6-2）。

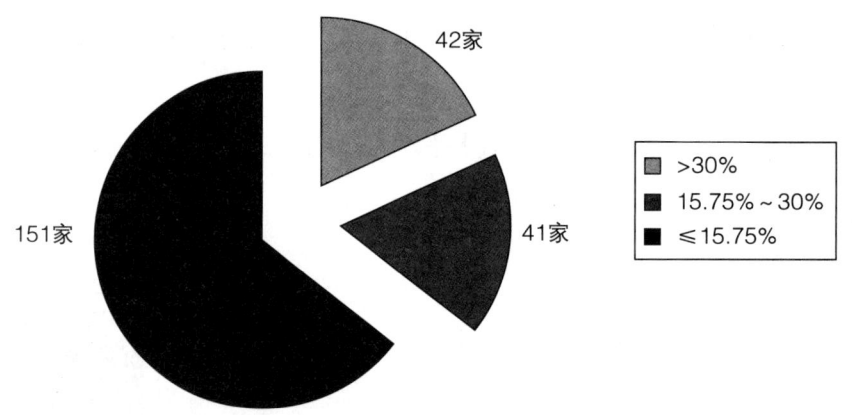

图6-2 重点企业科技进步条件及基础指数分布

2016年与2015年监测结果相比，重点企业综合科技进步条件及基础指数平均水平较上年提高2.96个百分点，中国电建集团贵阳勘测设计研究院有限公司、贵阳铝镁设计研究院有限公司、贵州钢绳股份有限公司等49家重点企业高于这一增幅。有50家企业低于上年水平，贵州禾睦福种子有限公司、首钢水城钢铁（集团）有限责任公司、贵阳天龙摩擦材料有限公司的降幅相对较大。

参照2015年重点企业科技进步条件及基础指数排序，贵州维康子帆药业股份有限公司、贵州金玖生物技术有限公司、贵州航天南海科技有限责任公司位次上升较快。贵州禾睦福种子有限公司、贵阳天龙摩擦材料有限公司、赤水市元甲光电有限公司位次下降较快。

（二）创新产出

在创新产出指数分布中，高于30.00%的重点企业有16家，占全部重点企业的6.84%；低于

30.00%但高于平均水平（8.59%）的重点企业有52家，占全部重点企业的22.22%；低于平均水平的重点企业有166家，占全部重点企业的70.94%（图6-3）。

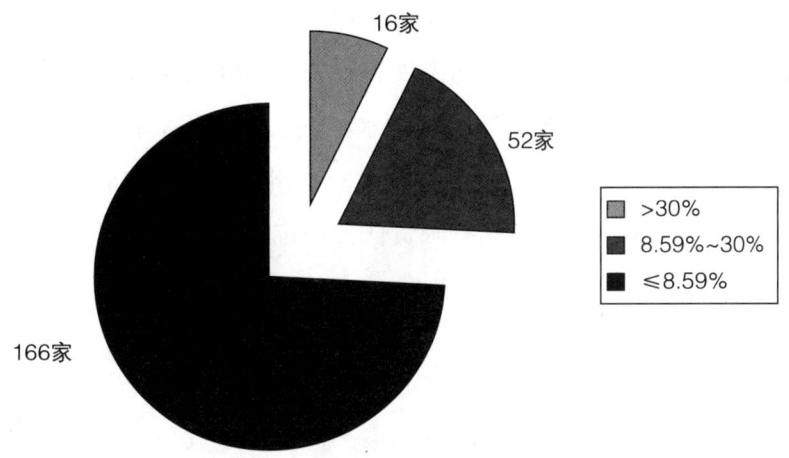

图6-3　重点企业创新产出指数分布

2016年与2015年监测结果相比，重点企业创新产出指数平均水平较上年提高0.78个百分点，贵州益佰制药股份有限公司、贵州黎阳航空动力有限公司、贵州卓霖科技有限公司等68家重点企业高于这一增幅。有32家企业低于上年水平，贵阳广航铸造有限公司、贵州全世通精密机械科技有限公司、贵州建工集团有限公司的降幅相对较大。

参照2015年重点企业创新产出指数排序，贵州卓霖科技有限公司、贵州东华工程股份有限公司、智立达资源循环利用科技股份有限公司位次上升较快。贵阳广航铸造有限公司、遵义行远陶瓷有限责任公司、贵州全世通精密机械科技有限公司位次下降较快。

（三）创新效益

在创新效益指数的分布中，高于30.00%的重点企业有42家，占全部重点企业的17.95%；低于30.00%但高于平均水平（17.51%）的重点企业有36家，占全部重点企业的15.38%；低于平均水平的重点企业有156家，占全部重点企业的66.67%（图6-4）。

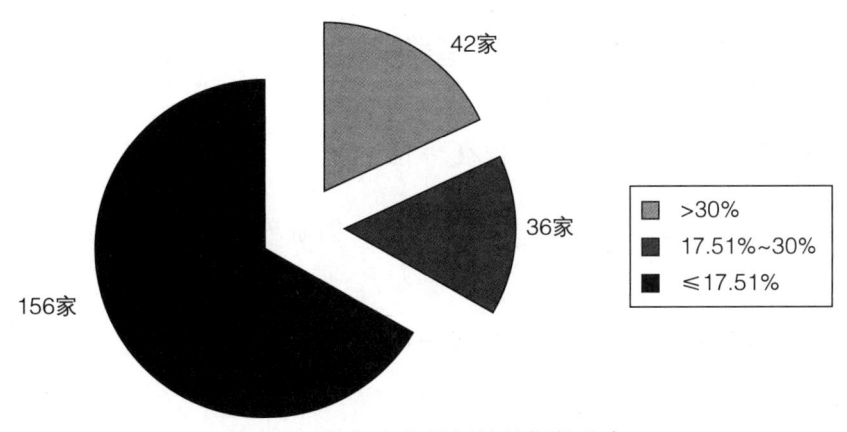

图6-4　重点企业创新效益指数分布

2016年与2015年监测结果相比，重点企业创新效益指数平均水平较上年提高4.29个百分点，贵州健兴药业有限公司、中国电建集团贵阳勘测设计研究院有限公司、贵州红星发展股份有限公司等44家重点企业高于这一增幅。有35家企业低于上年水平，贵州开磷控股（集团）有限责任公司、贵州盘江投资控股集团有限公司、贵州昌昊中药发展有限公司的降幅相对较大。

参照2015年重点企业创新产出指数排序，首钢水城钢铁（集团）有限责任公司、贵州红星发展股份有限公司、遵义钛业股份有限公司位次上升较快。贵州盘江投资控股集团有限公司、贵州全世通精密机械科技有限公司、首钢贵阳特殊钢有限责任公司位次下降较快。

（四）科技投入

在科技投入指数的分布中，高于30.00%的重点企业有13家，占全部重点企业的5.56%；低于30.00%但高于平均水平（8.82%）的重点企业有48家，占全部重点企业的20.51%；低于平均水平的重点企业有173家，占全部重点企业的73.93%（图6-5）。

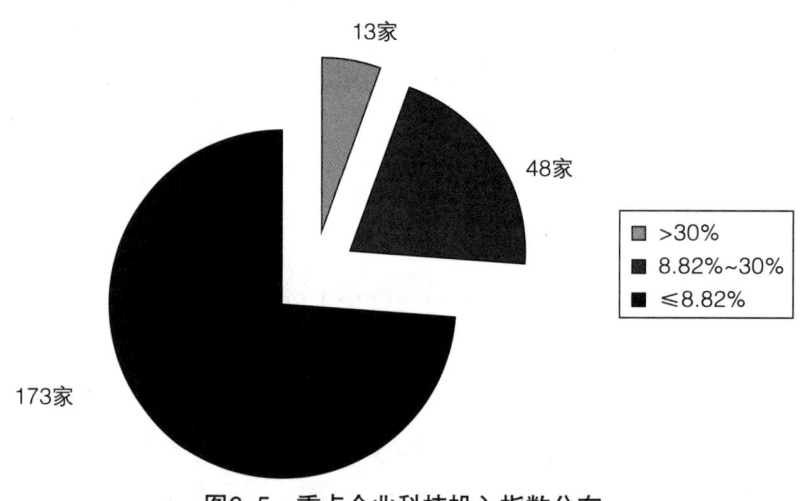

图6-5 重点企业科技投入指数分布

三、重点企业科技进步统计监测指数排位

（一）重点企业综合科技进步水平指数排位

综合科技进步水平指数是由科技进步条件及基础、创新产出、创新效益和科技投入4个一级指数加权综合而成。

重点企业综合科技进步水平指数排序，如表6-1所示。

表6-1 重点企业综合科技进步水平指数排位

企业名称	指数/%	位次	增降幅 提高百分点	位次
中国电建集团贵阳勘测设计研究院有限公司	56.22	2	26.86	11
瓮福（集团）有限责任公司	50.01	3	−1.97	−1
中国贵州茅台酒厂（集团）有限责任公司	49.52	4	−2.02	−1
贵州黎阳航空动力有限公司	48.36	5	10.68	1
贵州开磷控股（集团）有限责任公司	47.52	6	−7.15	−5
贵州百灵企业集团制药股份有限公司	43.91	7	6.22	−2
贵阳铝镁设计研究院有限公司	40.96	8	15.25	11
贵州钢绳股份有限公司	37.45	9	12.26	11
际华三五三七制鞋有限责任公司	37.20	10	−1.95	−6
贵州信邦制药股份有限公司	36.81	11	4.44	−1
中航贵州飞机有限责任公司	36.41	12	—	—
贵州建工集团有限公司	34.74	13	3.22	−2
贵阳朗玛信息技术股份有限公司	34.24	14	13.34	13
贵州新联爆破工程集团有限公司	32.32	15	—	—
贵州安大航空锻造有限责任公司	32.12	16	14.60	18
贵州盘江投资控股集团有限公司	30.73	17	0.52	−5
贵州航天林泉电机有限公司	28.81	18	2.92	0
中国振华集团云科电子有限公司	27.26	19	3.19	4
贵州航天电子科技有限公司	27.21	20	—	—
国药集团同济堂（贵州）制药有限公司	27.18	21	—	—
贵州航天天马机电科技有限公司	26.94	22	−0.81	−7
贵州川恒化工股份有限公司	26.24	23	1.60	−1
贵州中科汉天下电子有限公司	25.29	24	7.79	11
贵阳时代沃顿科技有限公司	25.15	25	−0.81	−8
贵州风雷航空军械有限责任公司	25.09	26	13.23	41
贵州航天精工制造有限公司	24.90	27	—	—
遵义钛业股份有限公司	24.26	28	3.34	−2
贵州省交通规划勘察设计研究院股份有限公司	24.23	29	−0.54	−8
贵州泰邦生物制品有限公司	24.09	30	—	—
中国振华（集团）新云电子元器件有限责任公司	23.87	31	4.12	−2
贵州华尚高新技术有限公司	23.80	32	—	—
联塑科技发展（贵阳）有限公司	23.66	33	—	—
中航力源液压股份有限公司	23.24	34	—	—

续表

企业名称	指数/%	位次	增降幅	
			提高百分点	位次
首钢水城钢铁（集团）有限责任公司	22.88	35	2.18	−7
贵州航天凯山石油仪器有限公司	22.61	36	10.04	23
贵州苗药生物技术有限公司	22.41	37	7.87	10
贵州永红航空机械有限责任公司	21.82	38	—	—
贵州航宇科技发展股份有限公司	21.73	39	—	—
贵州久联民爆器材发展股份有限公司	21.48	40	4.12	−4
贵州航天乌江机电设备有限责任公司	21.03	41	7.54	12
贵州振华群英电器有限公司（国营第八九一厂）	20.79	42	4.61	−1
贵州维康子帆药业股份有限公司	20.72	43	12.19	50
贵州红星发展股份有限公司	20.29	44	10.39	35
贵阳新天药业股份有限公司	20.14	45	8.20	20
贵州合润铝业新材料科技股份有限公司	19.81	46	—	—
贵州健兴药业有限公司	19.38	47	—	—
中国水利水电第九工程局有限公司	19.30	48	3.01	−10
贵州吉丰种业有限责任公司	18.35	49	—	—
中国振华集团永光电子有限公司	18.20	50	−5.27	−27
贵州汇通华城股份有限公司	18.15	51	—	—
贵州联盛药业有限公司	17.47	52	1.21	−13
贵州乌江水电开发有限责任公司	17.34	53	0.69	−17
贵州万顺堂药业有限公司	16.99	54	—	—
贵州昌昊中药发展有限公司	16.88	55	−1.79	−24
贵州省水利水电勘测设计研究院	16.69	56	3.78	0
贵阳普天物流技术有限公司	16.66	57	7.36	26
贵州双木农机有限公司	16.22	58	—	—
贵州精忠橡塑实业有限公司	15.95	59	10.82	70
贵州赤天化桐梓化工有限公司	15.85	60	—	—
贵州西牛王印务有限公司	15.79	61	−3.60	−32
贵州兴国新动力科技有限公司	15.64	62	—	—
贵州凯科特材料有限公司	15.44	63	4.06	5
贵州航天南海科技有限责任公司	15.17	64	8.55	46
贵州柯维建材开发有限公司	15.16	65	—	—
贵州交勘生态园林有限责任公司	14.54	66	—	—
贵州劲嘉新型包装材料有限公司	14.48	67	—	—

续表

企业名称	指数 / %	位次	增降幅	
			提高百分点	位次
贵州威顿晶磷电子材料股份有限公司	14.41	68	−0.95	−26
贵州雅光电子科技股份有限公司	14.34	69	7.20	39
贵州西南工具（集团）有限公司	14.33	70	0.74	−19
贵州彩阳电暖科技有限公司	14.22	71	1.66	−12
七冶建设有限责任公司	14.10	72	−1.04	−29
贵州天保生态股份有限公司	13.54	73	—	—
贵阳永青仪电科技有限公司	13.34	74	4.30	12
贵州铝城铝业原材料研究发展有限公司	12.93	75	—	—
贵州安凯达实业股份有限公司	12.70	76	—	—
遵义金业机械铸造有限公司	12.66	77	—	—
贵州三力制药股份有限公司	12.58	78	—	—
贵州安泰再生资源科技有限公司	12.55	79	—	—
贵州道元生物技术有限公司	12.49	80	—	—
中节能（贵州）建筑能源有限公司	12.30	81	—	—
贵州黔驰信息股份有限公司	12.06	82	1.99	−4
贵州卓霖科技有限公司	11.93	83	7.93	61
贵州水城矿业控股集团有限责任公司	11.70	84	−2.68	−36
贵州欧瑞欣合环保股份有限公司	11.69	85	—	—
贵州三泓药业股份有限公司	11.68	86	3.33	10
贵州远程制药有限责任公司	11.59	87	−2.78	−38
贵州省惠水川东化工有限公司	11.38	88	0.24	−18
贵州苗仁堂制药有限责任公司	11.27	89	2.29	−2
中复连众（贵州）复合材料有限公司	11.13	90	—	—
遵义长征汽车零部件有限公司	10.91	91	1.45	−10
贵州科伦药业有限公司	10.65	92	—	—
贵州恩纬西光电科技发展有限公司	10.42	93	—	—
贵州剑河园方林业投资开发有限公司	10.39	94	—	—
贵州省煤矿设计研究院	9.98	95	2.73	12
贵州振华华联电子有限公司	9.93	96	1.52	−2
贵州恒瑞辰科技股份有限公司	9.85	97	2.83	12
贵州伟力达电子有限公司	9.79	98	—	—
贵州宏宇药业有限公司	9.78	99	—	—
贵州枫阳液压有限责任公司	9.77	100	—	—

续表

企业名称	指数/%	位次	增降幅	
			提高百分点	位次
毕节市力帆骏马振兴车辆有限公司	9.70	101	9.7	−102
遵义春华新材料科技有限公司	9.68	102	—	—
贵州宏达环保科技有限公司	9.66	103	0.89	−14
绥阳县耐环铝业有限公司	9.52	104	—	—
贵阳顺络迅达电子有限公司	9.38	105	0.64	−15
贵州航天风华实业有限公司	9.28	106	—	—
遵义廖元和堂药业有限公司	9.16	107	−1	−30
贵州天安药业股份有限公司	9.10	108	—	—
贵州长征电器成套有限公司	9.02	109	—	—
贵州石博士科技有限公司	8.85	110	—	—
贵阳绿洲苑建材有限公司	8.75	111	—	—
贵州网尚世纪信息技术有限责任公司	8.58	112	—	—
贵州精立航太科技有限公司	8.56	113	2.18	−1
贵州黔龙图视科技有限公司	8.54	114	—	—
贵州实德门窗建筑装饰工程有限公司	8.40	115	—	—
贵阳华恒机械制造有限公司	8.40	116	—	—
贵州金玖生物技术有限公司	8.35	117	5.54	57
贵州荣清工具有限公司	8.34	118	—	—
贵州凯襄新材料有限公司	8.29	119	—	—
贵州博虹科技有限公司	8.26	120	—	—
贵州东华工程股份有限公司	8.09	121	4.41	30
贵阳明通炉料有限公司	8.08	122	−0.28	−27
贵州源隆新型环保墙体建材有限公司	8.06	123	—	—
首钢贵阳特殊钢有限责任公司	8.05	124	−0.37	−31
贵州金磨科工贸发展有限公司	8.05	125	—	—
赫章县金川锌业有限公司	8.03	126	—	—
贵州黎阳国际制造制造有限公司	8.03	127	—	—
贵州东方世纪科技股份有限公司	7.97	128	−1.27	−44
西南能矿集团股份有限公司	7.73	129	2.97	3
贵州格林耐特科技股份有限公司	7.64	130	—	—
贵州振华红云电子有限公司	7.61	131	—	—
贵阳高新新普能源科技有限公司	7.60	132	—	—
贵州省建筑设计研究院有限责任公司	7.46	133	1.17	−20
贵州众智物联科技有限公司	7.41	134	—	—

续表

企业名称	指数 / %	位次	增降幅	
			提高百分点	位次
贵州展能科技有限责任公司	7.41	135	—	—
智立达资源循环利用科技股份有限公司	7.35	136	4.91	43
贵州正方实业有限公司	7.27	137	—	—
贵州中小乾信金融信息服务有限公司	7.24	138	—	—
贵州亿蓝达科技有限公司	6.98	139	—	—
贵州迦太利华信息科技有限公司	6.91	140	—	—
贵州力创科技发展有限公司	6.77	141	3.22	13
贵州鑫湄纳米科技有限公司	6.51	142	—	—
贵阳电气控制设备有限公司	6.38	143	0.53	−24
贵州赤天化股份有限公司	6.15	144	—	—
贵州虹山虹飞轴承有限责任公司	6.14	145	—	—
贵州大龙汇成新材料有限公司	6.01	146	3.46	31
贵州博大数据科技有限公司	6.01	147	—	—
赤水市信天中药产业开发有限公司	5.95	148	5.95	−149
贵州中移通信技术工程有限公司	5.92	149	—	—
贵州良济药业有限公司	5.92	150	—	—
贵州华烽汽车零部件有限公司	5.84	151	—	—
贵阳天龙摩擦材料有限公司	5.84	152	−2.09	−50
贵州省煤层气页岩气工程技术研究中心	5.83	153	—	—
贵州皓科新型材料有限公司	5.82	154	1.25	−16
力源液压系统（贵阳）有限公司	5.81	155	—	—
遵义精星航天电器有限责任公司	5.78	156	−2.15	−56
贵州祥宇泵阀制造有限公司	5.77	157	—	—
贵阳新奇微波工业有限责任公司	5.74	158	2.77	12
贵州华城楼宇科技有限公司	5.64	159	—	—
贵州中部能源集团安顺市西秀区博吉板业有限责任公司	5.53	160	—	—
安顺新金秋科技股份有限公司	5.39	161	5.39	−162
习水县西科电脑科技有限公司	5.28	162	—	—
贵州中航聚电科技有限公司	5.27	163	−0.03	−37
贵阳市启沃富科技有限公司	5.26	164	—	—
贵阳锐泰电力科技有限公司	5.23	165	0.48	−32
贵州鑫鑫曙光科技有限公司	5.18	166	—	—
贵州西南管业有限公司	5.07	167	—	—
遵义怡康机械制造有限公司	5.05	168	—	—

续表

企业名称	指数 / %	位次	增降幅	
			提高百分点	位次
贵州凯峰科技有限责任公司	5.05	169	−1.49	−58
遵义航天娄山电器化工有限公司	5.03	170	1.76	−12
贵州全世通精密机械科技有限公司	4.78	171	−6.28	−100
贵州鼎成熔鑫科技有限公司	4.76	172	0.99	−24
赤水市元甲光电有限公司	4.76	173	−3.53	−74
贵州中航转向系统有限公司	4.74	174	—	—
贵州庞源机械工程有限公司	4.71	175	—	—
贵州恒力源林业科技有限公司	4.69	176	—	—
都匀东方机床有限公司	4.69	177	—	—
贵州鑫阳科技股份有限公司	4.67	178	—	—
贵阳思普信息技术有限公司	4.67	179	—	—
贵州微源科技有限公司	4.66	180	—	—
仁怀市云侠网络科技有限公司	4.63	181	—	—
贵州黄平富城实业有限公司	4.62	182	—	—
贵州旺林环保材料科技有限公司	4.56	183	—	—
贵阳鑫恒泰实业有限公司	4.51	184	−0.21	−48
贵阳联合高温材料有限公司	4.39	185	1.25	−20
贵州固达电缆有限公司	4.34	186	—	—
贵州合石电子商务有限公司	4.28	187	—	—
贵阳精腾重机有限公司	4.28	188	—	—
食品安全与营养（贵州）信息科技有限公司	4.20	189	—	—
贵州卓讯软件股份有限公司	4.17	190	−0.85	−61
贵州晟扬管道科技有限公司	4.17	191	—	—
贵州家诚药业有限责任公司	4.14	192	2.41	−5
贵州汇强科技有限公司	4.13	193	—	—
贵州普利英吉科技有限公司	4.10	194	1.01	−27
贵阳高新益舸电子有限公司	4.03	195	—	—
贵州富巨炉具有限责任公司	3.95	196	—	—
贵州志为信科技有限公司	3.90	197	—	—
贵州省仁怀市西科电脑科技有限公司	3.88	198	—	—
贵州坤盾天成科技有限公司	3.83	199	−1.85	−79
遵义仁科信息技术有限公司	3.82	200	—	—
贵州黎平奥捷炭素有限公司	3.78	201	—	—

续表

企业名称	指数 / %	位次	增降幅	
			提高百分点	位次
贵阳新希望农业科技有限公司	3.77	202	—	—
贵州绿太阳制药有限公司	3.72	203	0.15	−50
贵阳博烁科技有限公司	3.71	204	—	—
贵州双升制药有限公司	3.66	205	—	—
贵州海跃模具有限公司	3.64	206	1.05	−30
贵阳白云高原紧固件有限公司	3.60	207	0.70	−35
贵阳广航铸造有限公司	3.55	208	−3.75	−102
贵阳新洋诚义齿有限公司	3.49	209	—	—
贵州天虹志远电线电缆有限公司	3.35	210	—	—
贵州电子商务云运营有限责任公司	3.29	211	—	—
遵义市贵科科技有限公司	3.18	212	−0.93	−71
贵州亿程交通信息有限公司	2.92	213	—	—
多彩贵州网有限责任公司	2.90	214	—	—
贵州天地荣科技有限公司	2.84	215	—	—
贵州迪宝尔科技有限公司	2.83	216	—	—
遵义行远陶瓷有限责任公司	2.77	217	−1.16	−71
贵州东太伟业科技发展有限公司	2.72	218	—	—
贵州永昊热能设备制造有限公司	2.69	219	—	—
遵义朝宇锅炉有限公司	2.66	220	—	—
贵州木易精细陶瓷有限责任公司	2.58	221	0.63	−38
贵州禾睦福种子有限公司	2.51	222	−9.53	−158
遵义市仕昌电子有限公司	2.41	223	—	—
贵阳彩翅科技有限公司	2.34	224	—	—
贵州中科博智科技有限公司	2.11	225	−2.62	−91
贵州德良方股份药业有限公司	2.09	226	0.82	−33
贵阳险峰机床有限责任公司	1.87	227	−0.82	−52
贵州中建科技建材有限公司	1.57	228	4.41	−31
贵州地道药业有限公司	1.54	229	−0.11	−40
贵阳高新泰丰航空航天科技有限公司	1.48	230	—	—
贵阳白云中航紧固件有限公司	1.46	231	−0.28	−46
贵阳华烽有色铸造有限公司	1.41	232	−0.55	−50
贵州天地药业有限责任公司	1.17	233	−0.57	−47
贵州顺康路桥咨询有限公司	1.15	234	—	—

注：增降幅一栏中"—"表示2015年未纳入统计监测的重点企业，2016年无增降幅数据。

（二）重点企业科技进步统计监测一级指数排位

重点企业科技进步条件及基础指数排位，如表6-2所示。

表6-2 重点企业科技进步条件及基础指数排位

企业名称	科技进步条件及基础		创新平台系数		人均发明专利申请量	
	指数 / %	位次	指标值 / %	位次	指标值 / 项	位次
中国电建集团贵阳勘测设计研究院有限公司	98.46	1	0.31	8	0.09	13
贵阳铝镁设计研究院有限公司	87.20	2	0.36	5	0.07	17
贵州开磷控股（集团）有限责任公司	85.94	3	0.36	5	0.01	102
贵州钢绳股份有限公司	78.70	4	0.25	13	0.01	91
贵阳朗玛信息技术股份有限公司	78.66	5	0.24	16	0.03	48
贵州黎阳航空动力有限公司	67.81	6	0.19	21	0.01	81
贵州盘江投资控股集团有限公司	67.56	7	0.31	8	0.00	124
瓮福（集团）有限责任公司	66.93	8	0.58	1	0.00	110
贵州航天林泉电机有限公司	61.26	9	0.25	13	0.02	67
贵州信邦制药股份有限公司	59.50	10	0.27	10	0.00	114
贵州益佰制药股份有限公司	58.69	11	0.58	1	0.00	112
贵州百灵企业集团制药股份有限公司	56.39	12	0.39	4	0.00	111
贵州航天乌江机电设备有限责任公司	56.18	13	0.32	7	0.01	88
中航贵州飞机有限责任公司	55.72	14	0.20	18	0.01	105
贵州航天电子科技有限公司	55.50	15	0.07	44	0.06	24
贵州风雷航空军械有限公司	55.34	16	0.14	29	0.02	55
中国贵州茅台酒厂（集团）有限责任公司	54.58	17	0.27	10	0.00	125
中国振华集团云科电子有限公司	54.11	18	0.07	44	0.07	18
贵州新联爆破工程集团有限公司	53.72	19	0.24	16	0.02	68
贵州建工集团有限公司	51.20	20	0.41	3	0.00	126
贵州安大航空锻造有限责任公司	49.68	21	0.05	67	0.04	35
贵州昌昊中药发展有限公司	45.20	22	0.27	10	0.00	129
贵州航天精工制造有限公司	44.82	23	0.19	21	0.01	75
贵州振华群英电器有限公司（国营第八九一厂）	43.66	24	0.20	18	0.01	87
贵州中科汉天下电子有限公司	42.37	25	0.25	13	0.00	129
贵阳时代沃顿科技有限公司	40.47	26	0.12	34	0.04	39
贵州航宇科技发展股份有限公司	40.09	27	0.17	24	0.02	54
贵阳普天物流技术有限公司	38.39	28	0.20	18	0.01	101
贵州航天南海科技有限责任公司	37.93	29	0.08	40	0.03	43
贵州航天天马机电科技有限公司	37.81	30	0.10	35	0.01	71
贵州汇通华城股份有限公司	36.28	31	0.19	21	0.02	60

续表

企业名称	科技进步条件及基础		创新平台系数		人均发明专利申请量	
	指数 / %	位次	指标值 / %	位次	指标值 / 项	位次
贵州维康子帆药业股份有限公司	36.00	32	0.00	163	0.14	6
贵州西牛王印务有限公司	35.73	33	0.05	67	0.06	25
国药集团同济堂（贵州）制药有限公司	34.93	34	0.14	29	0.00	108
贵州兴国新动力科技有限公司	34.60	35	0.17	24	0.01	83
贵州航天凯山石油仪器有限公司	34.14	36	0.07	44	0.07	19
中航力源液压股份有限公司	33.96	37	0.07	44	0.01	84
际华三五三七制鞋有限责任公司	33.02	38	0.07	44	0.01	79
贵州永红航空机械有限责任公司	32.32	39	0.05	67	0.03	42
贵州安泰再生资源科技有限公司	31.30	40	0.00	163	0.05	29
贵阳永青仪电科技有限公司	30.82	41	0.14	29	0.02	70
贵州欧瑞欣合环保股份有限公司	30.65	42	0.02	89	0.14	5
遵义钛业股份有限公司	29.61	43	0.17	24	0.00	119
中国振华（集团）新云电子元器件有限责任公司	29.56	44	0.10	35	0.01	102
贵州道元生物技术有限公司	29.51	45	0.03	83	0.08	16
贵州恩纬西光电科技发展有限公司	29.06	46	0.15	27	0.01	93
贵州凯科特材料有限公司	27.87	47	0.14	29	0.02	59
贵州西南工具（集团）有限公司	27.77	48	0.07	44	0.01	93
贵州苗药生物技术有限公司	27.15	49	0.02	89	0.36	2
贵州川恒化工股份有限公司	26.90	50	0.14	29	0.01	106
贵州长征电器成套有限公司	26.26	51	0.02	89	0.09	10
贵州雅光电子科技股份有限公司	26.20	52	0.08	40	0.03	52
贵州华尚高新技术有限公司	25.98	53	0.02	89	0.26	3
贵州省煤矿设计研究院	25.42	54	0.15	27	0.00	129
贵州伟力达电子有限公司	24.82	55	0.02	89	0.15	4
贵州苗仁堂制药有限责任公司	24.44	56	0.02	89	0.09	13
贵州省水利水电勘测设计研究院	24.01	57	0.10	35	0.01	96
贵州省交通规划勘察设计研究院股份有限公司	23.74	58	0.05	67	0.02	69
遵义春华新材料科技有限公司	22.48	59	0.02	89	0.40	1
贵州振华华联电子有限公司	22.31	60	0.05	67	0.01	72
贵州劲嘉新型包装材料有限公司	21.26	61	0.07	44	0.03	47
贵州省惠水川东化工有限公司	21.14	62	0.07	44	0.03	49
贵州精忠橡塑实业有限公司	20.91	63	0.07	44	0.02	65
贵州金玖生物技术有限公司	20.76	64	0.05	67	0.04	41
贵州双木农机有限公司	20.72	65	0.02	89	0.06	26

续表

企业名称	科技进步条件及基础		创新平台系数		人均发明专利申请量	
	指数/%	位次	指标值/%	位次	指标值/项	位次
贵州枫阳液压有限责任公司	20.48	66	0.05	67	0.01	88
贵州吉丰种业有限责任公司	20.15	67	0.02	89	0.13	8
贵州航天风华实业有限公司	20.14	68	0.02	89	0.05	28
中国振华集团永光电子有限公司	19.40	69	0.07	44	0.01	98
贵州黔驰信息股份有限公司	19.16	70	0.07	44	0.03	44
贵阳高新新普能源科技有限公司	18.98	71	0.02	89	0.10	9
联塑科技发展（贵阳）有限公司	18.55	72	0.07	44	0.02	66
贵州久联民爆器材发展股份有限公司	18.45	73	0.07	44	0.00	121
贵州赤天化桐梓化工有限公司	18.40	74	0.08	40	0.01	107
贵州荣清工具有限公司	17.62	75	0.02	89	0.09	11
贵州三泓药业股份有限公司	17.49	76	0.02	89	0.07	19
贵州合润铝业新材料科技股份有限公司	17.38	77	0.07	44	0.02	53
贵州安凯达实业股份有限公司	17.26	78	0.02	89	0.05	31
首钢水城钢铁（集团）有限责任公司	17.21	79	0.07	44	0.00	123
首钢贵阳特殊钢有限责任公司	16.95	80	0.10	35	0.00	129
贵州红星发展股份有限公司	16.95	81	0.10	35	0.00	129
贵州彩阳电暖科技有限公司	16.80	82	0.07	44	0.01	77
毕节市力帆骏马振兴车辆有限公司	16.21	83	0.07	44	0.00	118
贵州联盛药业有限公司	15.37	84	0.07	44	0.01	81
贵州实德门窗建筑装饰工程有限公司	15.21	85	0.00	163	0.06	23
中国水利水电第九工程局有限公司	14.94	86	0.07	44	0.00	122
贵阳明通炉料有限公司	14.83	87	0.00	163	0.08	15
贵州众智物联科技有限公司	14.80	88	0.00	163	0.09	11
贵州精立航太科技有限公司	14.46	89	0.02	89	0.05	32
贵州力创科技发展有限公司	14.19	90	0.00	163	0.06	22
贵州科伦药业有限公司	14.12	91	0.08	40	0.00	129
贵州中小乾信金融信息服务有限公司	14.00	92	0.02	89	0.04	40
贵州祥宇泵阀制造有限公司	13.76	93	0.03	83	0.04	37
贵州石博士科技有限公司	13.72	94	0.02	89	0.06	26
贵阳顺络迅达电子有限公司	13.62	95	0.05	67	0.01	85
贵州振华红云电子有限公司	12.83	96	0.07	44	0.00	113
贵州宏达环保科技有限公司	12.31	97	0.00	163	0.03	46
赫章县金川锌业有限公司	12.01	98	0.00	163	0.06	21
贵州格林耐特科技股份有限公司	11.48	99	0.02	89	0.05	30

续表

企业名称	科技进步条件及基础		创新平台系数		人均发明专利申请量	
	指数 / %	位次	指标值 / %	位次	指标值 / 项	位次
遵义长征汽车零部件有限公司	11.30	100	0.07	44	0.00	129
都匀东方机床有限公司	11.30	101	0.07	44	0.00	129
贵州泰邦生物制品有限公司	11.30	102	0.07	44	0.00	129
西南能矿集团股份有限公司	11.06	103	0.05	67	0.00	115
绥阳县耐环铝业有限公司	11.03	104	0.02	89	0.04	36
贵州源隆新型环保墙体建材有限公司	10.86	105	0.03	83	0.02	60
贵州凯襄新材料有限公司	10.70	106	0.02	89	0.04	38
贵州黔龙图视科技有限公司	10.31	107	0.03	83	0.02	56
贵州远程制药有限责任公司	9.81	108	0.05	67	0.00	120
七冶建设有限责任公司	9.66	109	0.05	67	0.00	126
贵州乌江水电开发有限责任公司	9.59	110	0.00	163	0.00	115
贵州交勘生态园林有限责任公司	9.38	111	0.02	89	0.03	45
贵州鑫湄纳米科技有限公司	9.31	112	0.00	163	0.05	32
贵州东方世纪科技股份有限公司	9.30	113	0.02	89	0.02	58
贵州富巨炉具有限责任公司	9.10	114	0.02	89	0.03	50
贵州天安药业股份有限公司	8.47	115	0.05	67	0.00	129
贵阳新天药业股份有限公司	8.47	116	0.05	67	0.00	129
贵州展能科技有限责任公司	8.47	117	0.05	67	0.00	129
贵州威顿晶磷电子材料股份有限公司	8.47	118	0.05	67	0.00	129
遵义精星航天电器有限责任公司	8.47	119	0.05	67	0.00	129
贵州鑫阳科技股份有限公司	8.00	120	0.02	89	0.02	62
贵州全世通精密机械科技有限公司	8.00	121	0.02	89	0.02	62
贵州华城楼宇科技有限公司	7.96	122	0.02	89	0.02	64
贵州皓科新型材料有限公司	7.69	123	0.00	163	0.04	34
贵州水城矿业控股集团有限责任公司	6.83	124	0.03	83	0.00	128
贵州正方实业有限公司	6.47	125	0.02	89	0.01	92
遵义航天娄山电器化工有限公司	6.28	126	0.00	163	0.03	50
贵州黎平奥捷炭素有限公司	6.16	127	0.02	89	0.01	72
贵阳绿洲苑建材有限公司	6.04	128	0.02	89	0.01	76
贵州中移通信技术工程有限公司	5.86	129	0.02	89	0.01	80
贵州卓霖科技有限公司	5.65	130	0.03	83	0.00	129
贵州宏宇药业有限公司	5.42	131	0.02	89	0.01	90
贵州万顺堂药业有限公司	5.26	132	0.02	89	0.01	95
遵义金业机械铸造有限公司	5.18	133	0.02	89	0.01	97

续表

企业名称	科技进步条件及基础		创新平台系数		人均发明专利申请量	
	指数/%	位次	指标值/%	位次	指标值/项	位次
贵州合石电子商务有限公司	5.00	134	0.02	89	0.01	99
贵州天虹志远电线电缆有限公司	4.99	135	0.02	89	0.01	100
贵阳新奇微波工业有限责任公司	4.50	136	0.00	163	0.02	57
贵阳新希望农业科技有限公司	3.97	137	0.00	163	0.01	86
贵州凯峰科技有限责任公司	3.31	138	0.00	163	0.01	74
贵州黎阳国际制造制造有限公司	3.22	139	0.00	163	0.01	104
贵州恒瑞辰科技股份有限公司	3.16	140	0.00	163	0.01	77
贵州剑河园方林业投资开发有限公司	2.95	141	0.00	163	0.00	109
贵州华烽汽车零部件有限公司	2.82	142	0.02	89	0.00	129
贵州双升制药有限公司	2.82	142	0.02	89	0.00	129
贵州东太伟业科技发展有限公司	2.82	142	0.02	89	0.00	129
贵州天地荣科技有限公司	2.82	142	0.02	89	0.00	129
贵州天保生态股份有限公司	2.82	142	0.02	89	0.00	129
贵阳思普信息技术有限公司	2.82	142	0.02	89	0.00	129
贵阳锐泰电力科技有限公司	2.82	142	0.02	89	0.00	129
贵阳广航铸造有限公司	2.82	142	0.02	89	0.00	129
贵阳鑫恒泰实业有限公司	2.82	142	0.02	89	0.00	129
贵州健兴药业有限公司	2.82	142	0.02	89	0.00	129
力源液压系统（贵阳）有限公司	2.82	142	0.02	89	0.00	129
贵阳华恒机械制造有限公司	2.82	142	0.02	89	0.00	129
贵州中航转向系统有限公司	2.82	142	0.02	89	0.00	129
贵州铝城铝业原材料研究发展有限公司	2.82	142	0.02	89	0.00	129
贵州博虹科技有限公司	2.82	142	0.02	89	0.00	129
贵州旺林环保材料科技有限公司	2.82	142	0.02	89	0.00	129
多彩贵州网有限责任公司	2.82	142	0.02	89	0.00	129
贵州电子商务云运营有限责任公司	2.82	142	0.02	89	0.00	129
贵州庞源机械工程有限公司	2.82	142	0.02	89	0.00	129
贵阳高新益舸电子有限公司	2.82	142	0.02	89	0.00	129
贵州博大数据科技有限公司	2.82	142	0.02	89	0.00	129
贵州省煤层气页岩气工程技术研究中心	2.82	142	0.02	89	0.00	129
贵州坤盾天成科技有限公司	2.82	142	0.02	89	0.00	129
遵义仁科信息技术有限公司	2.82	142	0.02	89	0.00	129
贵州家诚药业有限责任公司	2.82	142	0.02	89	0.00	129
遵义市仕昌电子有限公司	2.82	142	0.02	89	0.00	129

续表

企业名称	科技进步条件及基础		创新平台系数		人均发明专利申请量	
	指数/%	位次	指标值/%	位次	指标值/项	位次
习水县西科电脑科技有限公司	2.82	142	0.02	89	0.00	129
贵州省仁怀市西科电脑科技有限公司	2.82	142	0.02	89	0.00	129
仁怀市云侠网络科技有限公司	2.82	142	0.02	89	0.00	129
贵州中部能源集团安顺市西秀区博吉板业有限责任公司	2.82	142	0.02	89	0.00	129
安顺新金秋科技股份有限公司	2.82	142	0.02	89	0.00	129
贵州三力制药股份有限公司	2.82	142	0.02	89	0.00	129
贵州大龙汇成新材料有限公司	2.82	142	0.02	89	0.00	129
贵州黄平富城实业有限公司	2.82	142	0.02	89	0.00	129
贵州晟扬管道科技有限公司	2.82	142	0.02	89	0.00	129
贵州良济药业有限公司	2.82	142	0.02	89	0.00	129
贵州永昊热能设备制造有限公司	2.82	142	0.02	89	0.00	129
贵州中航聚电科技有限公司	2.82	142	0.02	89	0.00	129
贵阳市启沃富科技有限公司	2.82	142	0.02	89	0.00	129
贵州赤天化股份有限公司	1.42	181	0.00	163	0.00	115
贵州地道药业有限公司	0.00	182	0.00	163	0.00	129
贵州绿太阳制药有限公司	0.00	182	0.00	163	0.00	129
贵阳高新泰丰航空航天科技有限公司	0.00	182	0.00	163	0.00	129
贵州德良方股份药业有限公司	0.00	182	0.00	163	0.00	129
贵阳博烁科技有限公司	0.00	182	0.00	163	0.00	129
贵州卓讯软件股份有限公司	0.00	182	0.00	163	0.00	129
贵州鑫鑫曙光科技有限公司	0.00	182	0.00	163	0.00	129
贵州省建筑设计研究院有限责任公司	0.00	182	0.00	163	0.00	129
贵州东华工程股份有限公司	0.00	182	0.00	163	0.00	129
贵州亿蓝达科技有限公司	0.00	182	0.00	163	0.00	129
贵州顺康路桥咨询有限公司	0.00	182	0.00	163	0.00	129
贵州中建科技建材有限公司	0.00	182	0.00	163	0.00	129
贵阳新洋诚义齿有限公司	0.00	182	0.00	163	0.00	129
贵州金磨科工贸发展有限公司	0.00	182	0.00	163	0.00	129
贵阳联合高温材料有限公司	0.00	182	0.00	163	0.00	129
贵州普利英吉科技有限公司	0.00	182	0.00	163	0.00	129
贵阳白云中航紧固件有限公司	0.00	182	0.00	163	0.00	129
贵阳华烽有色铸造有限公司	0.00	182	0.00	163	0.00	129
贵阳电气控制设备有限公司	0.00	182	0.00	163	0.00	129

续表

企业名称	科技进步条件及基础		创新平台系数		人均发明专利申请量	
	指数/%	位次	指标值/%	位次	指标值/项	位次
贵阳精腾重机有限公司	0.00	182	0.00	163	0.00	129
贵州迪宝尔科技有限公司	0.00	182	0.00	163	0.00	129
贵阳彩翅科技有限公司	0.00	182	0.00	163	0.00	129
贵州亿程交通信息有限公司	0.00	182	0.00	163	0.00	129
贵州网尚世纪信息技术有限责任公司	0.00	182	0.00	163	0.00	129
贵州中科博智科技有限公司	0.00	182	0.00	163	0.00	129
贵州微源科技有限公司	0.00	182	0.00	163	0.00	129
贵州志为信科技有限公司	0.00	182	0.00	163	0.00	129
贵州鼎成熔鑫科技有限公司	0.00	182	0.00	163	0.00	129
贵州西南管业有限公司	0.00	182	0.00	163	0.00	129
贵州木易精细陶瓷有限责任公司	0.00	182	0.00	163	0.00	129
贵阳天龙摩擦材料有限公司	0.00	182	0.00	163	0.00	129
食品安全与营养（贵州）信息科技有限公司	0.00	182	0.00	163	0.00	129
贵州禾睦福种子有限公司	0.00	182	0.00	163	0.00	129
遵义廖元和堂药业有限公司	0.00	182	0.00	163	0.00	129
遵义朝宇锅炉有限公司	0.00	182	0.00	163	0.00	129
遵义怡康机械制造有限公司	0.00	182	0.00	163	0.00	129
遵义行远陶瓷有限责任公司	0.00	182	0.00	163	0.00	129
赤水市信天中药产业开发有限公司	0.00	182	0.00	163	0.00	129
赤水市元甲光电有限公司	0.00	182	0.00	163	0.00	129
贵州汇强科技有限公司	0.00	182	0.00	163	0.00	129
贵州虹山虹飞轴承有限责任公司	0.00	182	0.00	163	0.00	129
贵州固达电缆有限公司	0.00	182	0.00	163	0.00	129
贵州天地药业有限责任公司	0.00	182	0.00	163	0.00	129
智立达资源循环利用科技股份有限公司	0.00	182	0.00	163	0.00	129
中复连众（贵州）复合材料有限公司	0.00	182	0.00	163	0.00	129
贵州柯维建材开发有限公司	0.00	182	0.00	163	0.00	129
贵州迦太利华信息科技有限公司	0.00	182	0.00	163	0.00	129
贵阳白云高原紧固件有限公司	0.00	182	0.00	163	0.00	129
贵阳险峰机床有限责任公司	0.00	182	0.00	163	0.00	129
中节能（贵州）建筑能源有限公司	0.00	182	0.00	163	0.00	129
贵州恒力源林业科技有限公司	0.00	182	0.00	163	0.00	129
遵义市贵科科技有限公司	0.00	182	0.00	163	0.00	129
贵州海跃模具有限公司	0.00	182	0.00	163	0.00	129

重点企业创新产出指数排位，如表6-3所示。

表6-3 重点企业创新产出指数排位

企业名称	创新产出		知识产权系数		人均发明专利拥有量		科技成果（奖励）系数		品牌建设系数	
	指数/%	位次	指标值/%	位次	指标值/项	位次	指标值/%	位次	指标值/项当量	位次
贵州益佰制药股份有限公司	77.26	1	7.88	6	0.05	59	0.43	1	1.15	4
中国电建集团贵阳勘测设计研究院有限公司	50.11	2	31.68	1	0.04	66	0.09	6	0.00	84
贵州百灵企业集团制药股份有限公司	49.08	3	1.40	61	0.04	76	0.06	13	0.58	5
际华三五三七制鞋有限责任公司	47.63	4	3.33	20	0.03	80	0.00	17	0.57	9
中航贵州飞机有限责任公司	47.62	5	9.81	4	0.01	138	0.43	1	0.00	33
瓮福（集团）有限责任公司	47.22	6	2.69	22	0.07	50	0.00	17	0.57	13
贵州信邦制药股份有限公司	46.73	7	2.56	27	0.01	133	0.00	17	0.57	6
贵州黎阳航空动力有限公司	43.43	8	8.69	5	0.02	97	0.17	3	0.00	84
国药集团同济堂（贵州）制药有限公司	42.84	9	0.80	89	0.01	118	0.06	13	1.72	3
贵阳铝镁设计研究院有限公司	42.32	10	7.35	7	0.74	5	0.09	6	0.00	84
贵州钢绳股份有限公司	40.26	11	3.88	14	0.00	144	0.09	6	0.57	13
中国贵州茅台酒厂（集团）有限责任公司	39.15	12	2.27	37	0.00	159	0.00	17	3.16	1
遵义钛业股份有限公司	37.36	13	0.55	118	0.04	78	0.00	17	0.57	8
贵州开磷控股（集团）有限责任公司	35.11	14	16.05	2	0.00	163	0.00	17	0.57	11

续表

企业名称	创新产出		知识产权系数		人均发明专利拥有量		科技成果（奖励）系数		品牌建设系数	
	指数/%	位次	指标值/%	位次	指标值/项	位次	指标值/%	位次	指标值/项当量	位次
中国振华(集团)新云电子元器件有限责任公司	34.91	15	4.89	8	0.03	85	0.09	6	0.00	39
贵州交勘生态园林有限责任公司	31.33	16	0.91	81	0.77	4	0.00	17	0.00	84
贵州安大航空锻造有限责任公司	29.98	17	4.39	10	0.09	41	0.00	17	0.00	84
贵州航天天马机电科技有限公司	29.04	18	3.63	17	0.06	54	0.00	17	0.00	84
中国振华集团永光电子有限公司	27.88	19	2.40	34	0.07	49	0.00	17	0.00	39
贵州航天精工制造有限公司	27.32	20	1.87	45	0.06	51	0.00	17	0.00	68
中航力源液压股份有限公司	27.28	21	2.11	38	0.02	93	0.00	17	0.00	84
贵阳新天药业股份有限公司	27.11	22	1.79	49	0.04	71	0.00	17	0.00	20
贵州永红航空机械有限责任公司	26.98	23	1.36	63	0.09	33	0.00	17	0.00	84
贵州省交通规划勘察设计研究院股份有限公司	26.12	24	4.77	9	0.03	83	0.14	4	0.00	68
贵州红星发展股份有限公司	26.12	25	0.56	115	0.08	47	0.00	17	0.00	84
贵州风雷航空军械有限责任公司	25.34	26	2.60	26	0.03	79	0.00	17	0.00	84
贵州航宇科技发展股份有限公司	25.24	27	1.21	69	0.13	24	0.00	17	0.00	84
贵州昌昊中药发展有限公司	24.59	28	0.23	172	0.09	37	0.00	17	2.14	2
贵州远程制药有限责任公司	24.24	29	0.12	192	0.01	128	0.00	17	0.57	12
贵州航天凯山石油仪器有限公司	23.48	30	3.45	19	0.18	17	0.00	17	0.00	84
贵州久联民爆器材发展股份有限公司	23.19	31	1.89	42	0.01	141	0.00	17	0.00	39

续表

企业名称	创新产出		知识产权系数		人均发明专利拥有量		科技成果（奖励）系数		品牌建设系数	
	指数/%	位次	指标值/%	位次	指标值/项	位次	指标值/%	位次	指标值/项当量	位次
贵阳时代沃顿科技有限公司	22.51	32	2.51	30	0.09	35	0.00	17	0.00	28
贵州赤天化股份有限公司	21.86	33	0.25	163	0.01	137	0.00	17	0.57	9
贵州航天电子科技有限公司	21.66	34	2.61	24	0.04	69	0.00	17	0.00	84
贵州川恒化工股份有限公司	21.63	35	0.57	113	0.06	55	0.00	17	0.00	22
贵州彩阳电暖科技有限公司	21.00	36	0.61	109	0.01	131	0.00	17	0.57	7
贵州赤天化桐梓化工有限公司	20.71	37	0.39	137	0.00	150	0.00	17	0.57	13
贵州卓霖科技有限公司	20.58	38	0.20	180	0.50	6	0.00	17	0.00	84
贵州振华群英电器有限公司（国营第八九一厂）	20.36	39	10.19	3	0.02	95	0.00	17	0.00	84
中国振华集团云科电子有限公司	19.04	40	4.28	11	0.04	68	0.06	13	0.00	39
智立达资源循环利用科技股份有限公司	18.89	41	0.64	105	1.12	1	0.00	17	0.00	84
遵义金业机械铸造有限公司	18.64	42	0.95	79	0.04	72	0.00	17	0.43	16
首钢水城钢铁（集团）有限责任公司	17.55	43	2.09	40	0.00	156	0.09	6	0.00	25
贵阳普天物流技术有限公司	15.89	44	1.16	72	0.05	62	0.00	17	0.00	84
贵州宏宇药业有限公司	14.98	45	0.41	131	0.20	12	0.00	17	0.00	22
贵州柯维建材开发有限公司	14.87	46	0.59	112	0.00	163	0.00	17	0.43	17
贵州航天林泉电机有限公司	14.76	47	2.09	40	0.02	94	0.00	17	0.00	84
贵州新联爆破工程集团有限公司	14.28	48	2.48	31	0.02	103	0.09	6	0.00	84

续表

企业名称	创新产出		知识产权系数		人均发明专利拥有量		科技成果（奖励）系数		品牌建设系数	
	指数/%	位次	指标值/%	位次	指标值/项	位次	指标值/%	位次	指标值/项当量	位次
贵州东华工程股份有限公司	14.20	49	0.13	191	0.13	23	0.00	17	0.00	84
贵州黎阳国际制造制造有限公司	12.67	50	0.77	92	0.03	82	0.09	6	0.00	84
贵阳朗玛信息技术股份有限公司	12.42	51	2.28	36	0.01	120	0.00	17	0.00	19
贵州虹山虹飞轴承有限责任公司	12.01	52	0.08	199	0.28	7	0.00	17	0.00	68
贵州威顿晶磷电子材料股份有限公司	11.65	53	0.84	85	0.12	27	0.00	17	0.00	84
贵州万顺堂药业有限公司	11.48	54	0.04	203	0.04	70	0.14	4	0.00	33
遵义长征汽车零部件有限公司	11.45	55	0.00	208	0.12	26	0.00	17	0.00	84
贵州鑫鑫曙光科技有限公司	11.15	56	0.65	104	0.88	3	0.00	17	0.00	84
绥阳县耐环铝业有限公司	10.82	57	0.91	81	0.25	9	0.00	17	0.00	84
贵州汇通华城股份有限公司	10.42	58	4.19	12	0.09	39	0.00	17	0.00	39
贵州盘江投资控股集团有限公司	10.42	59	4.16	13	0.00	161	0.00	17	0.00	39
贵州金磨科工贸发展有限公司	10.29	60	0.16	185	1.00	2	0.00	17	0.00	39
遵义廖元和堂药业有限公司	10.28	61	0.77	92	0.11	30	0.00	17	0.00	39
贵州维康子帆药业股份有限公司	9.95	62	2.47	32	0.09	42	0.00	17	0.00	39
贵州三泓药业股份有限公司	9.61	63	0.71	100	0.20	13	0.00	17	0.00	39
贵州航天乌江机电设备有限责任公司	9.29	64	1.57	54	0.03	84	0.00	17	0.00	84
贵州欧瑞欣合环保股份有限公司	9.21	65	1.33	66	0.14	21	0.00	17	0.00	68

续表

企业名称	创新产出		知识产权系数		人均发明专利拥有量		科技成果（奖励）系数		品牌建设系数	
	指数/%	位次	指标值/%	位次	指标值/项	位次	指标值/%	位次	指标值/项当量	位次
贵州西南工具（集团）有限公司	8.74	66	1.80	46	0.01	134	0.00	17	0.00	28
贵州雅光电子科技股份有限公司	8.62	67	2.11	38	0.04	76	0.00	17	0.00	39
贵州凯科特材料有限公司	8.61	68	2.36	35	0.09	34	0.00	17	0.00	39
贵州正方实业有限公司	8.16	69	0.29	157	0.05	61	0.00	17	0.00	84
贵州联盛药业有限公司	8.15	70	1.47	59	0.06	56	0.00	17	0.00	20
贵州大龙汇成新材料有限公司	8.05	71	0.21	175	0.05	65	0.00	17	0.00	84
贵州建工集团有限公司	7.84	72	1.57	54	0.00	154	0.00	17	0.00	84
贵州航天南海科技有限责任公司	7.81	73	3.33	20	0.02	110	0.00	17	0.00	84
贵州庞源机械工程有限公司	7.70	74	0.11	196	0.19	16	0.00	17	0.00	84
贵州良济药业有限公司	7.55	75	0.24	166	0.06	53	0.00	17	0.00	33
贵州宏达环保科技有限公司	7.31	76	0.79	90	0.04	73	0.00	17	0.00	84
贵州省煤矿设计研究院	7.07	77	0.00	208	0.03	87	0.00	17	0.00	84
贵州乌江水电开发有限责任公司	6.78	78	1.15	75	0.00	154	0.00	17	0.00	84
贵州精忠橡塑实业有限公司	6.52	79	2.64	23	0.02	105	0.00	17	0.00	68
贵州泰邦生物制品有限公司	6.44	80	0.00	208	0.03	91	0.00	17	0.00	39
贵州苗药生物技术有限公司	6.31	81	1.59	53	0.23	10	0.00	17	0.00	68
联塑科技发展（贵阳）有限公司	6.26	82	0.35	145	0.04	74	0.00	17	0.00	26

续表

企业名称	创新产出		知识产权系数		人均发明专利拥有量		科技成果（奖励）系数		品牌建设系数	
	指数 / %	位次	指标值 / %	位次	指标值 / 项	位次	指标值 / %	位次	指标值 / 项当量	位次
毕节市力帆骏马振兴车辆有限公司	6.16	83	3.64	16	0.00	158	0.00	17	0.00	39
贵州道元生物技术有限公司	6.14	84	1.35	65	0.06	57	0.00	17	0.00	26
赤水市元甲光电有限公司	5.95	85	0.20	180	0.11	31	0.00	17	0.00	84
贵州黔龙图视科技有限公司	5.90	86	1.17	71	0.14	22	0.00	17	0.00	68
贵州吉丰种业有限责任公司	5.89	87	2.61	24	0.20	13	0.00	17	0.00	84
贵阳精腾重机有限公司	5.58	88	0.00	208	0.26	8	0.00	17	0.00	84
贵州伟力达电子有限公司	5.52	89	0.72	98	0.15	20	0.00	17	0.00	84
贵州振华红云电子有限公司	5.49	90	0.36	143	0.01	136	0.06	13	0.00	39
贵州实德门窗建筑装饰工程有限公司	5.36	91	1.80	46	0.06	52	0.00	17	0.00	84
首钢贵阳特殊钢有限责任公司	5.31	92	0.28	159	0.00	149	0.00	17	0.00	68
贵州健兴药业有限公司	5.30	93	1.36	63	0.03	90	0.00	17	0.00	68
贵州合润铝业新材料科技股份有限公司	5.18	94	0.19	183	0.09	36	0.00	17	0.00	68
贵阳永青仪电科技有限公司	4.88	95	1.64	50	0.02	107	0.00	17	0.00	84
贵阳明通炉料有限公司	4.82	96	0.24	166	0.21	11	0.00	17	0.00	84
贵州精立航太科技有限公司	4.72	97	0.48	124	0.07	48	0.00	17	0.00	84
中国水利水电第九工程局有限公司	4.52	98	0.76	94	0.00	156	0.00	17	0.00	84

续表

企业名称	创新产出		知识产权系数		人均发明专利拥有量		科技成果（奖励）系数		品牌建设系数	
	指数/%	位次	指标值/%	位次	指标值/项	位次	指标值/%	位次	指标值/项当量	位次
贵州黔驰信息股份有限公司	4.25	99	3.55	18	0.01	127	0.00	17	0.00	39
贵州枫阳液压有限责任公司	4.24	100	1.08	76	0.01	141	0.00	17	0.00	84
贵阳顺络迅达电子有限公司	4.02	101	1.41	60	0.01	111	0.00	17	0.00	68
贵州华尚高新技术有限公司	3.99	102	1.33	66	0.11	29	0.00	17	0.00	39
赫章县金川锌业有限公司	3.94	103	1.39	62	0.10	32	0.00	17	0.00	84
贵州航天风华实业有限公司	3.89	104	2.55	28	0.01	116	0.00	17	0.00	84
贵州普利英吉科技有限公司	3.86	105	0.24	166	0.16	19	0.00	17	0.00	84
贵州东方世纪科技股份有限公司	3.85	106	1.16	72	0.03	88	0.00	17	0.00	68
贵州西牛王印务有限公司	3.84	107	1.89	42	0.01	122	0.00	17	0.00	84
贵州兴国新动力科技有限公司	3.83	108	2.53	29	0.01	141	0.00	17	0.00	68
贵州安泰再生资源科技有限公司	3.79	109	3.79	15	0.00	163	0.00	17	0.00	84
贵州双升制药有限公司	3.77	110	0.04	203	0.09	40	0.00	17	0.00	84
贵州振华华联电子有限公司	3.71	111	1.80	46	0.00	146	0.00	17	0.00	84
贵州中科汉天下电子有限公司	3.57	112	1.63	51	0.01	126	0.00	17	0.00	84
贵州绿太阳制药有限公司	3.56	113	0.72	98	0.05	64	0.00	17	0.00	68
贵州安凯达实业股份有限公司	3.49	114	0.75	95	0.03	81	0.00	17	0.00	39
贵州天安药业股份有限公司	3.38	115	0.73	97	0.02	98	0.00	17	0.00	33
贵州中航聚电科技有限公司	3.36	116	0.29	157	0.08	45	0.00	17	0.00	84

续表

企业名称	创新产出		知识产权系数		人均发明专利拥有量		科技成果（奖励）系数		品牌建设系数	
	指数/%	位次	指标值/%	位次	指标值/项	位次	指标值/%	位次	指标值/项当量	位次
贵州省煤层气页岩气工程技术研究中心	3.34	117	0.27	161	0.08	45	0.00	17	0.00	84
贵州鼎成熔鑫科技有限公司	3.32	118	0.24	166	0.08	44	0.00	17	0.00	84
贵阳联合高温材料有限公司	3.31	119	0.01	206	0.11	28	0.00	17	0.00	84
贵州双木农机有限公司	3.25	120	1.89	42	0.01	112	0.00	17	0.00	39
贵阳险峰机床有限责任公司	3.16	121	0.00	208	0.00	144	0.00	17	0.00	84
贵州地道药业有限公司	2.89	122	0.00	208	0.05	60	0.00	17	0.00	39
七冶建设有限责任公司	2.84	123	0.33	147	0.00	159	0.00	17	0.00	84
贵州省惠水川东化工有限公司	2.80	124	1.48	58	0.01	123	0.00	17	0.00	84
贵州劲嘉新型包装材料有限公司	2.80	125	0.81	87	0.02	106	0.00	17	0.00	84
贵州凯襄新材料有限公司	2.65	126	0.39	137	0.06	58	0.00	17	0.00	84
贵阳白云高原紧固件有限公司	2.65	127	0.00	208	0.20	13	0.00	17	0.00	84
贵州荣清工具有限公司	2.64	128	0.12	192	0.18	17	0.00	17	0.00	84
西南能矿集团股份有限公司	2.53	129	0.64	105	0.00	152	0.00	17	0.00	84
贵州金玖生物技术有限公司	2.43	130	0.43	127	0.02	104	0.00	17	0.00	68
贵州鑫阳科技股份有限公司	2.28	131	0.89	83	0.02	99	0.00	17	0.00	84
贵州苗仁堂制药有限责任公司	2.27	132	0.75	95	0.03	91	0.00	17	0.00	18
贵州华城楼宇科技有限公司	2.21	133	0.83	86	0.02	102	0.00	17	0.00	84

续表

企业名称	创新产出		知识产权系数		人均发明专利拥有量		科技成果（奖励）系数		品牌建设系数	
	指数/%	位次	指标值/%	位次	指标值/项	位次	指标值/%	位次	指标值/项当量	位次
贵州汇强科技有限公司	2.12	134	0.00	208	0.12	25	0.00	17	0.00	84
贵州皓科新型材料有限公司	2.11	135	0.25	163	0.09	37	0.00	17	0.00	84
贵州全世通精密机械科技有限公司	1.94	136	0.56	115	0.02	99	0.00	17	0.00	84
贵州省水利水电勘测设计研究院	1.85	137	0.57	113	0.00	151	0.00	17	0.00	84
贵阳新奇微波工业有限责任公司	1.84	138	0.28	159	0.04	67	0.00	17	0.00	84
遵义航天娄山电器化工有限公司	1.77	139	0.32	149	0.03	89	0.00	17	0.00	28
贵州木易精细陶瓷有限责任公司	1.68	140	0.08	199	0.05	63	0.00	17	0.00	84
贵州源隆新型环保墙体建材有限公司	1.65	141	0.95	79	0.01	128	0.00	17	0.00	33
贵州剑河园方林业投资开发有限公司	1.63	142	0.35	145	0.00	148	0.00	17	0.00	84
贵州长征电器成套有限公司	1.62	143	1.61	52	0.00	163	0.00	17	0.00	39
贵阳新希望农业科技有限公司	1.57	144	0.24	166	0.01	121	0.00	17	0.00	84
贵阳锐泰电力科技有限公司	1.55	145	1.55	56	0.00	163	0.00	17	0.00	84
贵州志为信科技有限公司	1.49	146	1.49	57	0.00	163	0.00	17	0.00	84
贵州天虹志远电线电缆有限公司	1.46	147	0.79	90	0.01	140	0.00	17	0.00	84
贵州水城矿业控股集团有限责任公司	1.42	148	0.17	184	0.00	162	0.00	17	0.00	84
贵州迪宝尔科技有限公司	1.29	149	0.40	133	0.04	75	0.00	17	0.00	84

续表

企业名称	创新产出		知识产权系数		人均发明专利拥有量		科技成果（奖励）系数		品牌建设系数	
	指数/%	位次	指标值/%	位次	指标值/项	位次	指标值/%	位次	指标值/项当量	位次
贵州家诚药业有限责任公司	1.26	150	0.00	208	0.00	153	0.00	17	0.00	84
贵州中部能源集团安顺市西秀区博吉板业有限责任公司	1.26	151	0.49	123	0.02	96	0.00	17	0.00	84
贵州恩纬西光电科技发展有限公司	1.26	152	0.60	110	0.00	146	0.00	17	0.00	39
贵阳思普信息技术有限公司	1.23	153	1.23	68	0.00	163	0.00	17	0.00	84
贵州中小乾信金融信息服务有限公司	1.20	154	1.20	70	0.00	163	0.00	17	0.00	68
贵州格林耐特科技股份有限公司	1.17	155	1.16	72	0.00	163	0.00	17	0.00	39
贵州华烽汽车零部件有限公司	1.08	156	0.40	133	0.01	132	0.00	17	0.00	84
遵义怡康机械制造有限公司	1.07	157	1.07	77	0.00	163	0.00	17	0.00	84
贵州合石电子商务有限公司	1.01	158	0.33	147	0.01	138	0.00	17	0.00	84
贵州石博士科技有限公司	0.99	159	0.16	185	0.03	86	0.00	17	0.00	84
贵阳鑫恒泰实业有限公司	0.96	160	0.96	78	0.00	163	0.00	17	0.00	84
贵州恒瑞辰科技股份有限公司	0.94	161	0.23	172	0.01	116	0.00	17	0.00	84
贵州凯峰科技有限责任公司	0.93	162	0.20	180	0.01	112	0.00	17	0.00	84
贵阳天龙摩擦材料有限公司	0.89	163	0.16	185	0.02	108	0.00	17	0.00	84
力源液压系统（贵阳）有限公司	0.86	164	0.11	196	0.02	101	0.00	17	0.00	84

续表

企业名称	创新产出		知识产权系数		人均发明专利拥有量		科技成果（奖励）系数		品牌建设系数	
	指数/%	位次	指标值/%	位次	指标值/项	位次	指标值/%	位次	指标值/项当量	位次
贵州亿程交通信息有限公司	0.85	165	0.85	84	0.00	163	0.00	17	0.00	84
贵阳绿洲苑建材有限公司	0.84	166	0.12	192	0.01	114	0.00	17	0.00	84
贵阳电气控制设备有限公司	0.83	167	0.12	192	0.01	124	0.00	17	0.00	39
食品安全与营养（贵州）信息科技有限公司	0.81	168	0.81	87	0.00	163	0.00	17	0.00	84
贵阳华恒机械制造有限公司	0.73	169	0.01	206	0.01	114	0.00	17	0.00	84
贵阳高新益舸电子有限公司	0.73	170	0.00	208	0.02	109	0.00	17	0.00	84
中复连众（贵州）复合材料有限公司	0.71	171	0.00	208	0.01	119	0.00	17	0.00	84
贵州众智物联科技有限公司	0.71	172	0.71	100	0.00	163	0.00	17	0.00	84
贵阳新洋诚义齿有限公司	0.70	173	0.00	208	0.01	125	0.00	17	0.00	84
都匀东方机床有限公司	0.70	174	0.00	208	0.01	130	0.00	17	0.00	39
遵义春华新材料科技有限公司	0.69	175	0.69	102	0.00	163	0.00	17	0.00	84
贵州祥宇泵阀制造有限公司	0.69	176	0.69	102	0.00	163	0.00	17	0.00	84
贵州黄平富城实业有限公司	0.68	177	0.00	208	0.01	134	0.00	17	0.00	84
贵州天保生态股份有限公司	0.64	178	0.64	105	0.00	163	0.00	17	0.00	84
遵义朝宇锅炉有限公司	0.64	179	0.64	105	0.00	163	0.00	17	0.00	84
遵义精星航天电器有限责任公司	0.60	180	0.60	110	0.00	163	0.00	17	0.00	84
贵州海跃模具有限公司	0.56	181	0.56	115	0.00	163	0.00	17	0.00	84

续表

企业名称	创新产出		知识产权系数		人均发明专利拥有量		科技成果（奖励）系数		品牌建设系数	
	指数/%	位次	指标值/%	位次	指标值/项	位次	指标值/%	位次	指标值/项当量	位次
贵州天地药业有限责任公司	0.54	182	0.53	119	0.00	163	0.00	17	0.00	39
贵阳博烁科技有限公司	0.53	183	0.53	119	0.00	163	0.00	17	0.00	84
贵州中移通信技术工程有限公司	0.52	184	0.52	121	0.00	163	0.00	17	0.00	84
贵州力创科技发展有限公司	0.51	185	0.51	122	0.00	163	0.00	17	0.00	84
遵义仁科信息技术有限公司	0.48	186	0.48	124	0.00	163	0.00	17	0.00	84
遵义市仕昌电子有限公司	0.48	187	0.48	124	0.00	163	0.00	17	0.00	84
贵州亿蓝达科技有限公司	0.43	188	0.43	127	0.00	163	0.00	17	0.00	84
贵州电子商务云运营有限责任公司	0.43	189	0.43	127	0.00	163	0.00	17	0.00	84
贵阳彩翅科技有限公司	0.43	190	0.43	127	0.00	163	0.00	17	0.00	84
贵州德良方股份药业有限公司	0.41	191	0.40	133	0.00	163	0.00	17	0.00	28
贵州旺林环保材料科技有限公司	0.41	192	0.41	131	0.00	163	0.00	17	0.00	84
贵州禾睦福种子有限公司	0.40	193	0.40	133	0.00	163	0.00	17	0.00	84
贵州天地荣科技有限公司	0.39	194	0.39	137	0.00	163	0.00	17	0.00	84
多彩贵州网有限责任公司	0.37	195	0.37	140	0.00	163	0.00	17	0.00	84
贵州博大数据科技有限公司	0.37	196	0.37	140	0.00	163	0.00	17	0.00	84
贵州微源科技有限公司	0.37	197	0.37	140	0.00	163	0.00	17	0.00	84
贵阳高新新普能源科技有限公司	0.36	198	0.36	143	0.00	163	0.00	17	0.00	84

续表

企业名称	创新产出		知识产权系数		人均发明专利拥有量		科技成果（奖励）系数		品牌建设系数	
	指数/%	位次	指标值/%	位次	指标值/项	位次	指标值/%	位次	指标值/项当量	位次
贵州展能科技有限责任公司	0.32	199	0.32	149	0.00	163	0.00	17	0.00	84
贵州东太伟业科技发展有限公司	0.32	200	0.32	149	0.00	163	0.00	17	0.00	84
贵州坤盾天成科技有限公司	0.32	201	0.32	149	0.00	163	0.00	17	0.00	84
习水县西科电脑科技有限公司	0.32	202	0.32	149	0.00	163	0.00	17	0.00	84
贵州省仁怀市西科电脑科技有限公司	0.32	203	0.32	149	0.00	163	0.00	17	0.00	84
仁怀市云侠网络科技有限公司	0.32	204	0.32	149	0.00	163	0.00	17	0.00	84
贵州迦太利华信息科技有限公司	0.32	205	0.32	149	0.00	163	0.00	17	0.00	84
赤水市信天中药产业开发有限公司	0.27	206	0.27	161	0.00	163	0.00	17	0.00	39
贵州富巨炉具有限责任公司	0.26	207	0.24	166	0.00	163	0.00	17	0.00	24
贵州科伦药业有限公司	0.25	208	0.25	163	0.00	163	0.00	17	0.00	84
安顺新金秋科技股份有限公司	0.24	209	0.23	172	0.00	163	0.00	17	0.00	28
贵州省建筑设计研究院有限责任公司	0.21	210	0.21	175	0.00	163	0.00	17	0.00	84
贵阳广航铸造有限公司	0.21	211	0.21	175	0.00	163	0.00	17	0.00	84
贵州博虹科技有限公司	0.21	212	0.21	175	0.00	163	0.00	17	0.00	84
贵州晟扬管道科技有限公司	0.21	213	0.21	175	0.00	163	0.00	17	0.00	84
贵阳华烽有色铸造有限公司	0.16	214	0.16	185	0.00	163	0.00	17	0.00	84

续表

企业名称	创新产出		知识产权系数		人均发明专利拥有量		科技成果（奖励）系数		品牌建设系数	
	指数/%	位次	指标值/%	位次	指标值/项	位次	指标值/%	位次	指标值/项当量	位次
贵州鑫湄纳米科技有限公司	0.16	215	0.16	185	0.00	163	0.00	17	0.00	84
中节能（贵州）建筑能源有限公司	0.16	216	0.16	185	0.00	163	0.00	17	0.00	84
贵州顺康路桥咨询有限公司	0.11	217	0.11	196	0.00	163	0.00	17	0.00	84
贵州固达电缆有限公司	0.09	218	0.08	199	0.00	163	0.00	17	0.00	39
贵州卓讯软件股份有限公司	0.05	219	0.05	202	0.00	163	0.00	17	0.00	84
贵州黎平奥捷炭素有限公司	0.04	220	0.04	203	0.00	163	0.00	17	0.00	84
贵州三力制药股份有限公司	0.01	221	0.00	208	0.00	163	0.00	17	0.00	33
贵阳高新泰丰航空航天科技有限公司	0.00	222	0.00	208	0.00	163	0.00	17	0.00	84
贵州中建科技建材有限公司	0.00	222	0.00	208	0.00	163	0.00	17	0.00	84
贵州中航转向系统有限公司	0.00	222	0.00	208	0.00	163	0.00	17	0.00	84
贵州铝城铝业原材料研究发展有限公司	0.00	222	0.00	208	0.00	163	0.00	17	0.00	84
贵阳白云中航紧固件有限公司	0.00	222	0.00	208	0.00	163	0.00	17	0.00	84
贵州网尚世纪信息技术有限责任公司	0.00	222	0.00	208	0.00	163	0.00	17	0.00	84
贵州中科博智科技有限公司	0.00	222	0.00	208	0.00	163	0.00	17	0.00	84
贵州西南管业有限公司	0.00	222	0.00	208	0.00	163	0.00	17	0.00	84
遵义行远陶瓷有限责任公司	0.00	222	0.00	208	0.00	163	0.00	17	0.00	84

续表

企业名称	创新产出		知识产权系数		人均发明专利拥有量		科技成果（奖励）系数		品牌建设系数	
	指数/%	位次	指标值/%	位次	指标值/项	位次	指标值/%	位次	指标值/项当量	位次
贵州永昊热能设备制造有限公司	0.00	222	0.00	208	0.00	163	0.00	17	0.00	84
贵州恒力源林业科技有限公司	0.00	222	0.00	208	0.00	163	0.00	17	0.00	84
遵义市贵科科技有限公司	0.00	222	0.00	208	0.00	163	0.00	17	0.00	84
贵阳市启沃富科技有限公司	0.00	222	0.00	208	0.00	163	0.00	17	0.00	84

重点企业创新效益指数排位，如表6-4所示。

表6-4 重点企业创新效益指数排位

企业名称	创新效益		利税总额占主营业务收入比重		高新技术产品销售收入占主营业务收入的比重		全员劳动生产率	
	指数/%	位次	指标值/%	位次	指标值/%	位次	指标值/万元	位次
贵州泰邦生物制品有限公司	90.24	1	53.51	8	100.00	1	160.28	7
联塑科技发展（贵阳）有限公司	78.54	2	20.67	47	75.93	109	120.06	10
贵州健兴药业有限公司	78.53	3	16.74	59	98.40	46	96.72	11
中国贵州茅台酒厂（集团）有限责任公司	65.00	4	105.73	4	0.00	195	193.56	3
瓮福（集团）有限责任公司	64.24	5	10.79	88	64.54	138	27.73	50
贵州合润铝业新材料科技股份有限公司	64.08	6	0.00	180	100.00	1	339.54	1
中国电建集团贵阳勘测设计研究院有限公司	62.63	7	14.23	67	67.22	127	41.02	28
贵州新联爆破工程集团有限公司	61.85	8	23.18	38	64.97	136	55.83	21
贵州乌江水电开发有限责任公司	60.38	9	33.93	17	0.00	195	138.07	8
贵州百灵企业集团制药股份有限公司	58.71	10	0.00	180	91.70	66	69.40	17
中节能（贵州）建筑能源有限公司	56.26	11	83.08	5	100.00	1	165.88	6
贵州建工集团有限公司	55.52	12	2.26	158	0.00	195	174.12	5
贵州川恒化工股份有限公司	55.41	13	24.33	34	98.66	45	41.09	27
中复连众（贵州）复合材料有限公司	54.57	14	195.23	2	100.00	1	73.80	16
贵州三力制药股份有限公司	54.04	15	0.00	180	94.78	56	86.67	14
贵州铝城铝业原材料研究发展有限公司	53.31	16	0.29	175	100.00	1	309.32	2

续表

企业名称	创新效益		利税总额占主营业务收入比重		高新技术产品销售收入占主营业务收入的比重		全员劳动生产率	
	指数/%	位次	指标值/%	位次	指标值/%	位次	指标值/万元	位次
贵州益佰制药股份有限公司	48.93	17	0.00	180	98.94	43	40.00	29
中国水利水电第九工程局有限公司	46.59	18	2.91	146	15.18	178	30.02	46
贵州安大航空锻造有限责任公司	45.26	19	8.77	103	70.42	118	20.14	73
贵阳新天药业股份有限公司	44.86	20	25.03	31	99.88	36	22.63	65
贵州柯维建材开发有限公司	43.80	21	0.00	180	100.00	1	175.58	4
贵州省交通规划勘察设计研究院股份有限公司	43.26	22	22.99	40	0.00	195	87.26	13
贵州黎阳航空动力有限公司	42.93	23	4.89	129	95.52	55	8.00	154
贵州省水利水电勘测设计研究院	42.55	24	10.34	92	60.72	145	29.84	47
贵州剑河园方林业投资开发有限公司	40.56	25	0.00	180	99.67	38	85.89	15
贵州恒瑞辰科技股份有限公司	40.54	26	4.25	134	89.34	73	90.72	12
七冶建设有限责任公司	38.25	27	5.10	123	0.00	195	42.56	26
贵州维康子帆药业股份有限公司	38.24	28	33.18	18	96.27	54	49.90	23
贵州劲嘉新型包装材料有限公司	38.09	29	44.61	13	96.76	50	57.56	20
际华三五三七制鞋有限责任公司	38.05	30	22.24	42	85.93	78	14.51	97
贵州威顿晶磷电子材料股份有限公司	37.62	31	28.80	23	0.72	190	136.48	9
贵州开磷控股（集团）有限责任公司	34.76	32	2.89	147	0.25	193	22.76	64
贵阳朗玛信息技术股份有限公司	33.80	33	29.77	22	100.00	1	17.83	79
贵州科伦药业有限公司	33.52	34	46.28	12	67.72	124	30.78	43
贵州安凯达实业股份有限公司	33.10	35	12.81	73	94.58	57	57.58	19
贵州红星发展股份有限公司	32.37	36	21.19	46	85.35	82	21.09	70
贵州久联民爆器材发展股份有限公司	32.07	37	12.54	76	8.55	183	12.58	115
贵州航天天马机电科技有限公司	31.42	38	5.74	115	59.63	151	17.95	78
贵阳时代沃顿科技有限公司	31.32	39	26.69	26	0.00	195	67.17	18
首钢水城钢铁（集团）有限责任公司	30.58	40	-0.74	214	17.19	176	11.45	120
贵州信邦制药股份有限公司	30.50	41	11.83	83	0.00	195	19.07	75
中航力源液压股份有限公司	30.21	42	12.28	78	96.52	51	13.50	111
中国振华集团云科电子有限公司	29.28	43	19.02	50	65.71	131	33.33	42
贵阳绿洲苑建材有限公司	28.86	44	7.58	106	89.50	71	47.25	24
遵义廖元和堂药业有限公司	27.76	45	31.07	20	100.00	1	35.66	38
中航贵州飞机有限责任公司	26.71	46	-12.43	224	74.81	111	4.43	189
贵州天安药业股份有限公司	26.14	47	42.49	15	79.33	104	24.94	60
贵阳电气控制设备有限公司	25.91	48	13.45	69	64.68	137	44.31	25
贵州航天电子科技有限公司	24.93	49	6.01	114	98.10	47	12.91	113
贵州西牛王印务有限公司	24.79	50	25.68	29	66.48	128	34.21	41

续表

企业名称	创新效益		利税总额占主营业务收入比重		高新技术产品销售收入占主营业务收入的比重		全员劳动生产率	
	指数/%	位次	指标值/%	位次	指标值/%	位次	指标值/万元	位次
贵州迦太利华信息科技有限公司	24.57	51	11.69	85	85.47	81	34.80	40
贵州水城矿业控股集团有限责任公司	24.30	52	4.96	126	0.46	191	8.27	153
贵州航天林泉电机有限公司	24.13	53	6.85	111	68.09	122	14.59	95
贵州西南管业有限公司	23.68	54	8.81	102	45.00	161	36.12	36
贵州航天凯山石油仪器有限公司	23.29	55	23.15	39	97.38	48	27.29	52
贵州省惠水川东化工有限公司	22.25	56	0.00	180	78.42	106	26.59	55
贵州汇通华城股份有限公司	21.66	57	26.38	27	60.01	150	36.77	34
赤水市信天中药产业开发有限公司	21.42	58	12.07	80	100.00	35	30.67	45
国药集团同济堂（贵州）制药有限公司	21.21	59	36.94	16	0.00	195	19.23	74
贵州西南工具（集团）有限公司	20.99	60	14.90	64	67.68	125	9.11	144
贵州赤天化桐梓化工有限公司	20.74	61	-30.78	229	99.08	40	-0.84	225
贵州源隆新型环保墙体建材有限公司	20.36	62	3.82	138	80.63	93	37.56	33
贵州华尚高新技术有限公司	20.29	63	320.76	1	100.00	1	17.68	80
贵州联盛药业有限公司	20.21	64	20.45	48	52.93	156	36.15	35
贵州凯科特材料有限公司	20.19	65	11.75	84	67.50	126	28.08	49
贵州凯襄新材料有限公司	19.68	66	18.84	52	75.53	110	30.74	44
贵阳顺络迅达电子有限公司	19.57	67	27.60	25	80.00	97	24.69	62
贵阳铝镁设计研究院有限公司	19.53	68	46.88	11	0.00	195	39.97	30
中国振华（集团）新云电子元器件有限责任公司	19.39	69	10.82	87	14.57	179	23.75	63
贵州航天精工制造有限公司	19.37	70	4.56	133	88.74	74	10.92	127
贵州雅光电子科技股份有限公司	19.19	71	0.12	178	60.13	149	38.24	32
贵州亿蓝达科技有限公司	18.77	72	0.00	180	0.00	195	53.62	22
贵州宏达环保科技有限公司	18.46	73	16.44	60	85.88	80	18.60	76
贵州省建筑设计研究院有限责任公司	18.41	74	28.01	24	0.00	195	27.26	53
贵州微源科技有限公司	18.06	75	21.75	43	100.00	1	26.37	56
贵州苗药生物技术有限公司	18.02	76	12.25	79	50.00	158	38.59	31
中国振华集团永光电子有限公司	17.91	77	10.44	90	39.00	164	22.12	68
贵州石博士科技有限公司	17.91	78	12.77	75	93.01	61	25.18	58
遵义长征汽车零部件有限公司	17.30	79	0.00	180	99.12	39	21.47	69
安顺新金秋科技股份有限公司	17.14	80	15.26	63	85.92	79	24.97	59
贵州恒力源林业科技有限公司	16.74	81	0.00	180	100.00	1	20.89	71
贵州宏宇药业有限公司	16.38	82	24.52	32	88.70	75	16.56	85
贵州格林耐特科技股份有限公司	16.27	83	3.16	144	100.00	1	22.50	67
贵州航天乌江机电设备有限责任公司	16.09	84	7.26	107	72.20	113	13.81	104

续表

企业名称	创新效益		利税总额占主营业务收入比重		高新技术产品销售收入占主营业务收入的比重		全员劳动生产率	
	指数/%	位次	指标值/%	位次	指标值/%	位次	指标值/万元	位次
贵州金磨科工贸发展有限公司	16.00	85	17.54	55	81.55	91	25.52	57
贵州中部能源集团安顺市西秀区博吉板业有限责任公司	15.74	86	0.00	180	79.68	102	27.43	51
贵州永红航空机械有限责任公司	15.62	87	15.74	62	0.00	195	35.24	39
力源液压系统（贵阳）有限公司	15.54	88	21.39	44	73.36	112	22.51	66
贵州安泰再生资源科技有限公司	15.06	89	23.72	37	0.00	195	26.71	54
贵州中科汉天下电子有限公司	14.73	90	19.88	49	90.18	68	6.41	170
贵州天保生态股份有限公司	14.72	91	16.11	61	98.85	44	11.47	119
贵州东方世纪科技股份有限公司	14.56	92	17.47	56	84.87	84	13.51	110
贵州展能科技有限责任公司	14.53	93	68.41	6	100.00	1	7.69	157
贵阳永青仪电科技有限公司	14.53	94	0.00	180	65.00	133	15.23	90
贵州中小乾信金融信息服务有限公司	14.33	95	10.43	91	100.00	1	15.12	91
贵州黄平富城实业有限公司	14.30	96	25.70	28	67.83	123	16.99	84
贵阳新洋诚义齿有限公司	13.99	97	48.43	10	96.43	52	9.24	142
贵阳新奇微波工业有限责任公司	13.70	98	18.63	53	86.67	77	17.00	83
贵州中航转向系统有限公司	13.70	99	4.91	127	0.16	194	35.99	37
贵州家诚药业有限责任公司	13.43	100	12.95	71	80.00	99	8.38	151
遵义钛业股份有限公司	13.42	101	−12.29	223	93.61	59	−3.93	229
贵阳联合高温材料有限公司	13.38	102	17.72	54	97.00	49	13.94	101
贵州中移通信技术工程有限公司	13.37	103	14.40	66	100.00	1	10.92	126
贵州正方实业有限公司	13.35	104	3.48	140	68.64	120	17.45	81
贵州华烽汽车零部件有限公司	13.24	105	5.13	122	84.05	85	12.59	114
贵州苗仁堂制药有限责任公司	13.06	106	42.63	14	66.17	130	13.82	103
贵州三泓药业股份有限公司	12.97	107	9.07	100	65.00	134	15.85	88
贵州固达电缆有限公司	12.85	108	−0.44	213	100.00	1	9.39	140
贵州兴国新动力科技有限公司	12.77	109	7.09	108	82.33	89	6.87	164
贵州万顺堂药业有限公司	12.21	110	16.98	58	99.00	41	7.80	155
贵阳高新益舸电子有限公司	12.18	111	12.49	77	99.81	37	9.97	133
贵州吉丰种业有限责任公司	12.18	112	11.91	81	83.03	86	14.84	93
贵州实德门窗建筑装饰工程有限公司	11.99	113	1.32	164	100.00	1	5.30	179
贵州东华工程股份有限公司	11.98	114	22.76	41	68.61	121	13.56	108
毕节市力帆骏马振兴车辆有限公司	11.77	115	0.40	171	2.45	188	8.78	146
赤水市元甲光电有限公司	11.75	116	1.18	167	93.73	58	11.03	123
遵义怡康机械制造有限公司	11.65	117	51.29	9	100.00	1	2.92	205

续表

企业名称	创新效益		利税总额占主营业务收入比重		高新技术产品销售收入占主营业务收入的比重		全员劳动生产率	
	指数/%	位次	指标值/%	位次	指标值/%	位次	指标值/万元	位次
贵州良济药业有限公司	11.64	118	5.55	117	71.71	114	10.93	125
贵州彩阳电暖科技有限公司	11.59	119	9.57	98	82.42	88	7.36	161
贵州亿程交通信息有限公司	11.52	120	24.08	36	79.80	100	9.32	141
贵州大龙汇成新材料有限公司	11.28	121	4.68	132	63.64	139	9.82	135
遵义春华新材料科技有限公司	11.27	122	17.35	57	100.00	1	8.54	150
遵义行远陶瓷有限责任公司	11.25	123	9.49	99	79.35	103	9.83	134
贵州晟扬管道科技有限公司	11.19	124	0.00	180	92.51	62	9.75	137
贵州航天南海科技有限责任公司	11.00	125	1.91	160	32.72	167	12.29	117
贵州风雷航空军械有限责任公司	10.91	126	5.67	116	34.98	166	3.67	197
贵州精忠橡塑实业有限公司	10.87	127	12.78	74	80.03	96	6.93	163
贵阳鑫恒泰实业有限公司	10.85	128	6.29	112	83.00	87	8.55	149
贵州枫阳液压有限责任公司	10.76	129	18.84	51	29.78	168	10.81	128
贵州鼎成熔鑫科技有限公司	10.69	130	10.16	94	100.00	1	7.15	162
贵阳广航铸造有限公司	10.62	131	−28.08	228	100.00	1	4.95	182
贵州中航聚电科技有限公司	10.55	132	10.87	86	65.15	132	13.39	112
贵州黔龙图视科技有限公司	10.54	133	190.53	3	46.37	160	0.53	222
贵阳博烁科技有限公司	10.16	134	0.00	180	96.36	53	9.55	139
贵州交勘生态园林有限责任公司	10.11	135	0.63	169	0.00	195	28.58	48
绥阳县耐环铝业有限公司	10.10	136	5.52	119	98.97	42	6.69	166
贵阳华恒机械制造有限公司	9.84	137	13.22	70	76.69	108	9.23	143
贵州合石电子商务有限公司	9.68	138	9.99	96	0.00	195	24.73	61
贵阳锐泰电力科技有限公司	9.68	139	2.29	155	86.92	76	9.01	145
贵州海跃模具有限公司	9.63	140	14.59	65	89.87	69	6.01	173
贵州振华群英电器有限公司（国营第八九一厂）	9.48	141	12.93	72	17.47	175	14.66	94
贵州凯峰科技有限责任公司	9.37	142	0.00	180	100.00	1	5.34	178
贵州振华红云电子有限公司	9.03	143	−10.65	222	70.68	117	10.16	132
贵州华城楼宇科技有限公司	9.02	144	4.90	128	42.00	163	10.24	131
贵州黎平奥捷炭素有限公司	8.88	145	0.00	180	100.00	1	4.33	191
贵州卓霖科技有限公司	8.73	146	4.74	131	100.00	1	3.46	201
赫章县金川锌业有限公司	8.70	147	5.05	124	100.00	1	3.52	200
贵州祥宇泵阀制造有限公司	8.62	148	0.26	176	92.45	64	5.26	180
贵州力创科技发展有限公司	8.61	149	4.77	130	43.19	162	13.86	102
贵州精立航太科技有限公司	8.43	150	8.12	104	77.41	107	5.75	175
贵州航天风华实业有限公司	8.43	151	0.18	177	22.75	173	13.66	107

续表

企业名称	创新效益		利税总额占主营业务收入比重		高新技术产品销售收入占主营业务收入的比重		全员劳动生产率	
	指数/%	位次	指标值/%	位次	指标值/%	位次	指标值/万元	位次
贵州坤盾天成科技有限公司	8.11	152	4.23	135	57.57	153	8.65	147
贵州钢绳股份有限公司	8.05	153	6.88	110	0.00	195	11.17	122
贵阳思普信息技术有限公司	8.05	154	8.08	105	60.37	148	8.62	148
贵州皓科新型材料有限公司	7.92	155	3.95	136	62.92	141	8.36	152
贵阳高新新普能源科技有限公司	7.91	156	0.00	180	100.00	1	2.56	208
贵州天地荣科技有限公司	7.88	157	0.04	179	80.03	95	5.49	177
贵州双木农机有限公司	7.86	158	5.53	118	81.24	92	4.22	192
贵州荣清工具有限公司	7.84	159	3.75	139	79.78	101	5.51	176
贵州航宇科技发展股份有限公司	7.81	160	-27.20	227	89.40	72	0.56	221
贵阳白云高原紧固件有限公司	7.71	161	0.00	180	100.00	1	2.00	214
贵阳新希望农业科技有限公司	7.70	162	5.46	120	7.18	184	13.76	105
贵阳市启沃富科技有限公司	7.69	163	3.20	143	100.00	1	1.31	219
贵州众智物联科技有限公司	7.69	164	-1.99	217	100.00	1	2.17	211
贵州虹山虹飞轴承有限责任公司	7.68	165	6.22	113	82.30	90	3.66	198
贵州恩纬西光电科技发展有限公司	7.65	166	0.80	168	9.22	182	10.55	130
贵阳明通炉料有限公司	7.58	167	1.86	161	3.44	187	20.42	72
贵州电子商务云运营有限责任公司	7.54	168	3.90	137	20.08	174	16.14	87
贵州绿太阳制药有限公司	7.50	169	21.38	45	0.00	195	16.38	86
贵州振华华联电子有限公司	7.44	170	14.21	68	6.31	185	13.72	106
遵义金业机械铸造有限公司	7.43	171	6.91	109	62.01	143	6.40	171
贵州鑫阳科技股份有限公司	7.40	172	0.00	180	100.00	1	0.28	223
贵州省煤层气页岩气工程技术研究中心	7.39	173	31.34	19	0.00	195	14.53	96
贵阳彩翅科技有限公司	7.39	174	8.91	101	63.14	140	6.42	168
习水县西科电脑科技有限公司	7.36	175	0.00	180	91.86	65	2.63	207
遵义精星航天电器有限责任公司	7.35	176	1.82	162	61.88	144	4.94	184
贵州旺林环保材料科技有限公司	7.20	177	5.03	125	89.57	70	1.59	216
贵州志为信科技有限公司	7.19	178	10.00	95	80.00	97	2.50	209
贵州永昊热能设备制造有限公司	7.09	179	2.81	150	70.99	116	4.61	186
贵州伟力达电子有限公司	7.07	180	24.22	35	48.25	159	4.45	187
遵义市贵科科技有限公司	6.95	181	-1.06	215	85.11	83	2.89	206
贵阳天龙摩擦材料有限公司	6.90	182	11.87	82	29.67	169	10.68	129
首钢贵阳特殊钢有限责任公司	6.80	183	1.56	163	0.00	195	18.26	77
遵义航天娄山电器化工有限公司	6.77	184	3.39	141	71.34	115	3.75	194
贵州普利英吉科技有限公司	6.72	185	24.51	33	0.00	195	14.04	100

续表

企业名称	创新效益		利税总额占主营业务收入比重		高新技术产品销售收入占主营业务收入的比重		全员劳动生产率	
	指数/%	位次	指标值/%	位次	指标值/%	位次	指标值/万元	位次
贵州省仁怀市西科电脑科技有限公司	6.70	186	0.00	180	62.81	142	6.41	169
贵州金玖生物技术有限公司	6.58	187	10.47	89	0.00	195	14.99	92
贵州远程制药有限责任公司	6.51	188	5.13	121	1.76	189	11.72	118
贵州卓讯软件股份有限公司	6.44	189	53.65	7	0.00	195	7.53	159
仁怀市云侠网络科技有限公司	6.44	190	0.00	180	69.65	119	4.44	188
贵阳精腾重机有限公司	6.39	191	−9.25	221	92.49	63	1.48	218
贵州长征电器成套有限公司	6.25	192	−2.22	218	66.46	129	3.18	203
贵州迪宝尔科技有限公司	6.14	193	0.00	180	64.98	135	4.15	193
贵州庞源机械工程有限公司	6.05	194	0.00	180	0.00	195	17.27	82
多彩贵州网有限责任公司	6.02	195	31.02	21	0.00	195	9.58	138
遵义仁科信息技术有限公司	5.97	196	−1.93	216	79.13	105	1.53	217
贵州黔驰信息股份有限公司	5.88	197	−39.17	231	90.51	67	5.88	174
贵州富巨炉具有限责任公司	5.75	198	2.87	148	0.00	195	15.64	89
贵州网尚世纪信息技术有限责任公司	5.56	199	0.00	180	55.17	154	4.83	185
贵州黎阳国际制造制造有限公司	5.51	200	2.26	157	4.37	186	12.41	116
贵阳普天物流技术有限公司	5.37	201	−5.75	219	54.36	155	−4.11	230
贵州道元生物技术有限公司	5.29	202	−26.23	226	100.00	1	0.18	224
西南能矿集团股份有限公司	5.21	203	2.19	159	0.39	192	3.57	199
贵阳高新泰丰航空航天科技有限公司	5.15	204	2.54	154	0.00	195	14.17	99
贵州木易精细陶瓷有限责任公司	5.14	205	2.83	149	50.69	157	3.72	196
遵义市仕昌电子有限公司	5.07	206	−7.07	220	60.68	146	2.93	204
贵州盘江投资控股集团有限公司	4.97	207	0.00	180	0.00	195	14.19	98
都匀东方机床有限公司	4.90	208	2.56	153	80.30	94	−3.11	227
贵阳白云中航紧固件有限公司	4.81	209	0.00	180	11.45	180	7.66	158
贵州省煤矿设计研究院	4.78	210	0.34	174	0.00	195	13.55	109
贵州博虹科技有限公司	4.62	211	9.73	97	36.50	165	3.74	195
贵州顺康路桥咨询有限公司	4.16	212	3.08	145	0.00	195	11.01	124
贵州汇强科技有限公司	4.12	213	25.14	30	0.00	195	6.69	167
贵州天虹志远电线电缆有限公司	4.10	214	1.19	166	0.00	195	11.22	121
贵州德良方股份药业有限公司	3.97	215	0.00	180	100.00	1	−9.45	232
贵州欧瑞欣合环保股份有限公司	3.64	216	2.63	151	0.00	195	9.82	136
食品安全与营养（贵州）信息科技有限公司	3.45	217	10.22	93	0.00	195	7.73	156
贵州全世通精密机械科技有限公司	3.41	218	0.00	180	9.61	181	6.82	165
贵州中建科技建材有限公司	3.03	219	−13.29	225	93.47	60	−9.09	231

续表

企业名称	创新效益		利税总额占主营业务收入比重		高新技术产品销售收入占主营业务收入的比重		全员劳动生产率	
	指数/%	位次	指标值/%	位次	指标值/%	位次	指标值/万元	位次
遵义朝宇锅炉有限公司	2.69	220	2.28	156	25.38	171	2.04	213
贵州鑫湄纳米科技有限公司	2.59	221	0.00	180	26.06	170	2.15	212
贵州双升制药有限公司	2.56	222	−50.22	232	100.00	1	−3.15	228
贵州天地药业有限责任公司	2.56	223	−0.17	212	0.00	195	7.37	160
贵州博大数据科技有限公司	2.24	224	0.37	173	0.00	195	6.33	172
贵州鑫鑫曙光科技有限公司	2.13	225	3.26	142	15.88	177	2.22	210
贵州东太伟业科技发展有限公司	2.06	226	0.56	170	24.35	172	0.84	220
贵州禾睦福种子有限公司	1.83	227	0.00	180	0.00	195	5.22	181
贵阳华烽有色铸造有限公司	1.76	228	0.38	172	0.00	195	4.94	183
贵阳险峰机床有限责任公司	1.66	229	1.24	165	0.00	195	4.36	190
智立达资源循环利用科技股份有限公司	0.67	230	0.00	180	0.00	195	1.91	215
贵州地道药业有限公司	−1.20	231	−33.80	230	0.00	195	3.41	202
贵州中科博智科技有限公司	−4.55	232	−155.82	234	100.00	1	−1.82	226
贵州赤天化股份有限公司	−7.22	233	−72.59	233	60.45	147	−14.07	233
贵州昌昊中药发展有限公司	−19.78	234	2.61	152	59.07	152	−77.51	234

重点企业科技投入指数排位，如表6-5所示。

表6-5 科技投入指数排位

企业名称	科技投入		企业R&D投入占企业主营业务收入的比重		研发人员占企业年末从业人员数比重		技术成果引进、转化金额占企业主营业务收入比重	
	指数/%	位次	指标值/%	位次	指标值/%	位次	指标值/%	位次
贵州华尚高新技术有限公司	48.18	1	153.80	4	55.56	30	153.80	1
贵州益佰制药股份有限公司	44.54	2	83.54	11	37.43	68	0.00	57
中国贵州茅台酒厂（集团）有限责任公司	44.50	3	1.68	182	6.38	224	0.03	55
贵州中科汉天下电子有限公司	42.74	4	32.79	22	83.33	6	81.16	7
贵州苗药生物技术有限公司	40.51	5	6.13	96	31.82	86	100.00	2
贵州黎阳航空动力有限公司	39.17	6	25.75	28	14.08	186	0.00	57
贵州万顺堂药业有限公司	39.14	7	7.67	77	21.37	142	98.52	4
贵州盘江投资控股集团有限公司	38.89	8	0.95	194	15.27	173	0.00	57
贵州天保生态股份有限公司	38.79	9	5.73	104	18.18	161	98.85	3
贵州吉丰种业有限责任公司	36.45	10	3.79	155	73.33	18	83.23	5

续表

企业名称	科技投入		企业 R&D 投入占企业主营业务收入的比重		研发人员占企业年末从业人员数比重		技术成果引进、转化金额占企业主营业务收入比重	
	指数 /%	位次	指标值 /%	位次	指标值 /%	位次	指标值 /%	位次
贵州开磷控股（集团）有限责任公司	34.19	11	1.02	191	9.59	216	0.27	51
贵州双木农机有限公司	33.97	12	22.51	32	17.86	163	81.24	6
贵州建工集团有限公司	33.92	13	2.43	177	10.28	213	0.50	47
贵州网尚世纪信息技术有限责任公司	29.87	14	39.66	20	66.67	22	55.17	11
首钢水城钢铁（集团）有限责任公司	28.81	15	1.60	184	21.52	140	3.25	33
贵州联盛药业有限公司	28.57	16	4.74	131	30.64	95	65.99	9
际华三五三七制鞋有限责任公司	28.17	17	4.25	145	8.63	219	67.25	8
贵州精忠橡塑实业有限公司	26.39	18	15.57	40	12.17	197	62.56	10
贵州博虹科技有限公司	26.27	19	99.56	7	57.14	27	38.50	13
瓮福（集团）有限责任公司	25.06	20	4.31	144	30.10	97	0.29	50
贵阳华恒机械制造有限公司	22.02	21	41.37	18	21.92	138	41.37	12
中国水利水电第九工程局有限公司	19.58	22	3.22	166	20.87	147	0.00	57
贵州黔驰信息股份有限公司	19.29	23	86.28	10	75.73	14	16.66	19
贵州博大数据科技有限公司	19.00	24	24.18	30	100.00	1	29.03	17
贵州水城矿业控股集团有限责任公司	18.84	25	0.95	193	8.47	220	0.55	45
遵义金业机械铸造有限公司	17.15	26	4.36	142	24.00	129	37.65	14
贵州航天林泉电机有限公司	16.94	27	10.41	57	38.46	62	15.90	20
贵阳天龙摩擦材料有限公司	16.79	28	10.03	60	40.00	59	29.67	16
贵阳朗玛信息技术股份有限公司	16.34	29	10.29	59	42.11	54	8.79	24
贵州钢绳股份有限公司	16.34	30	5.58	107	25.20	124	0.00	57
中国电建集团贵阳勘测设计研究院有限公司	16.20	31	4.17	150	35.99	72	0.00	57
贵州省建筑设计研究院有限责任公司	14.87	32	0.04	208	56.84	29	0.12	54
贵州鑫湄纳米科技有限公司	14.45	33	5.57	108	11.63	203	34.59	15
贵州久联民爆器材发展股份有限公司	13.99	34	0.37	203	21.71	139	0.14	52
贵州百灵企业集团制药股份有限公司	13.40	35	6.15	95	28.66	107	0.00	57
贵州兴国新动力科技有限公司	13.15	36	3.90	152	22.47	133	25.39	18
食品安全与营养（贵州）信息科技有限公司	13.08	37	91.30	8	68.12	21	0.00	57
七冶建设有限责任公司	12.75	38	0.04	209	27.28	110	0.00	57
西南能矿集团股份有限公司	12.66	39	0.60	197	55.50	32	0.37	49
贵州亿蓝达科技有限公司	12.40	40	201.77	2	80.00	9	0.00	57
贵州中科博智科技有限公司	12.09	41	183.05	3	53.33	34	0.00	57
贵阳市启沃富科技有限公司	12.08	42	131.42	5	80.00	9	0.00	57
习水县西科电脑科技有限公司	12.04	43	73.48	13	66.67	22	0.00	57

续表

企业名称	科技投入		企业R&D投入占企业主营业务收入的比重		研发人员占企业年末从业人员数比重		技术成果引进、转化金额占企业主营业务收入比重	
	指数/%	位次	指标值/%	位次	指标值/%	位次	指标值/%	位次
遵义钛业股份有限公司	11.87	44	5.76	103	26.91	114	14.80	21
贵州卓讯软件股份有限公司	11.44	45	50.87	14	77.78	12	0.00	57
中航贵州飞机有限责任公司	11.39	46	8.34	72	9.17	217	0.00	57
贵州汇强科技有限公司	10.68	47	45.66	16	50.00	40	0.00	57
贵州省煤层气页岩气工程技术研究中心	10.60	48	40.42	19	87.76	5	0.00	57
贵州卓霖科技有限公司	10.40	49	90.45	9	33.33	78	0.00	57
贵州航宇科技发展股份有限公司	10.28	50	23.84	31	26.92	113	5.44	29
贵阳铝镁设计研究院有限公司	10.25	51	12.32	49	80.78	8	0.00	57
仁怀市云侠网络科技有限公司	10.18	52	41.46	17	80.00	9	0.00	57
贵州永红航空机械有限责任公司	10.07	53	18.37	35	28.79	106	0.00	57
贵州航天天马机电科技有限公司	9.97	54	5.10	120	33.27	81	0.00	57
遵义怡康机械制造有限公司	9.60	55	39.22	21	37.50	66	3.03	35
贵州航天凯山石油仪器有限公司	9.49	56	10.01	62	72.12	20	2.34	36
贵州黎阳国际制造制造有限公司	9.30	57	11.00	53	43.40	51	0.00	57
贵州展能科技有限责任公司	9.18	58	30.70	23	100.00	1	0.00	57
贵州旺林环保材料科技有限公司	9.18	58	24.96	29	63.64	25	1.56	40
贵州新联爆破工程集团有限公司	8.92	60	3.35	165	38.40	64	0.00	57
贵州道元生物技术有限公司	8.86	61	670.30	1	14.63	178	0.00	57
贵州华烽汽车零部件有限公司	8.66	62	13.12	48	73.81	17	0.00	57
中国振华集团云科电子有限公司	8.65	63	5.26	114	29.95	101	6.69	27
贵州昌昊中药发展有限公司	8.65	64	6.42	91	52.17	36	3.40	32
中国振华(集团)新云电子元器件有限责任公司	8.50	65	5.27	113	20.29	150	0.00	57
贵阳锐泰电力科技有限公司	8.50	66	4.61	135	34.29	74	10.56	22
赫章县金川锌业有限公司	8.44	67	6.00	98	51.61	38	4.73	30
贵州黔龙图视科技有限公司	8.35	68	79.39	12	18.60	159	0.00	57
贵州凯峰科技有限责任公司	8.29	69	30.19	24	40.00	59	0.00	57
贵州禾睦福种子有限公司	8.09	70	14.37	42	63.75	24	0.00	57
贵阳时代沃顿科技有限公司	8.06	71	15.09	41	11.08	209	0.00	57
贵州志为信科技有限公司	8.04	72	20.00	33	50.00	40	0.00	57
遵义精星航天电器有限责任公司	8.04	73	6.73	89	34.29	74	6.08	28
贵阳思普信息技术有限公司	7.95	74	45.76	15	25.00	125	0.00	57
贵州众智物联科技有限公司	7.86	75	17.73	37	72.73	19	0.00	57
贵州川恒化工股份有限公司	7.80	76	4.50	139	29.82	102	1.52	42
贵州柯维建材开发有限公司	7.75	77	26.90	26	35.29	73	0.00	57

第六部分 重点企业科技进步状况评价

续表

企业名称	科技投入		企业 R&D 投入占企业主营业务收入的比重		研发人员占企业年末从业人员数比重		技术成果引进、转化金额占企业主营业务收入比重	
	指数 /%	位次	指标值 /%	位次	指标值 /%	位次	指标值 /%	位次
遵义朝宇锅炉有限公司	7.70	78	101.74	6	11.76	201	0.00	57
贵州迦太利华信息科技有限公司	7.60	79	7.11	86	51.72	37	0.00	57
贵州振华群英电器有限公司（国营第八九一厂）	7.50	80	7.44	81	34.24	76	0.00	57
贵州苗仁堂制药有限责任公司	7.45	81	17.92	36	43.59	49	0.00	57
贵州航天电子科技有限公司	7.41	82	5.01	123	30.39	96	1.54	41
贵州凯科特材料有限公司	7.40	83	17.28	38	31.37	90	0.00	57
贵州精立航太科技有限公司	7.38	84	11.10	52	20.93	146	9.79	23
贵州三泓药业股份有限公司	7.33	85	7.26	84	53.33	34	0.00	57
贵州信邦制药股份有限公司	7.28	86	0.35	204	10.35	212	0.00	57
贵州省交通规划勘察设计研究院股份有限公司	7.24	87	3.15	170	27.04	112	0.00	57
遵义市贵科科技有限公司	7.15	88	13.83	44	47.37	45	0.00	57
遵义仁科信息技术有限公司	7.11	89	10.63	56	83.33	6	0.00	57
贵州金磨科工贸发展有限公司	7.04	90	9.78	63	100.00	1	0.00	57
贵州振华华联电子有限公司	7.03	91	7.54	78	32.03	85	0.00	57
贵州省仁怀市西科电脑科技有限公司	6.98	92	9.14	67	75.00	15	0.00	57
贵州固达电缆有限公司	6.97	93	4.67	133	54.93	33	0.00	57
贵州红星发展股份有限公司	6.96	94	3.58	160	29.32	103	0.39	48
力源液压系统（贵阳）有限公司	6.94	95	6.16	94	50.94	39	0.00	57
贵州皓科新型材料有限公司	6.72	96	5.17	118	91.30	4	0.00	57
贵州安大航空锻造有限责任公司	6.63	97	3.50	161	16.57	168	0.00	57
贵州鼎成熔鑫科技有限公司	6.51	98	29.51	25	27.08	111	0.00	57
贵州中移通信技术工程有限公司	6.50	99	0.00	210	77.50	13	0.00	57
贵州航天精工制造有限公司	6.49	100	6.87	87	26.74	115	0.00	57
贵州省水利水电勘测设计研究院	6.49	101	3.03	172	25.82	120	0.00	57
贵州汇通华城股份有限公司	6.48	102	0.00	210	57.69	26	0.00	57
贵州普利英吉科技有限公司	6.41	103	5.25	115	48.00	44	0.00	57
遵义春华新材料科技有限公司	6.37	104	8.88	68	40.00	59	1.78	39
赤水市信天中药产业开发有限公司	6.34	105	4.18	149	46.30	46	0.00	57
遵义航天娄山电器化工有限公司	6.31	106	9.59	64	42.11	54	0.00	57
贵州东方世纪科技股份有限公司	6.31	107	10.03	61	37.09	69	0.00	57
贵州荣清工具有限公司	6.30	108	7.93	73	45.45	48	0.00	57
贵州铝城铝业原材料研究发展有限公司	6.25	109	0.56	199	57.14	27	0.00	57
智立达资源循环利用科技股份有限公司	6.20	110	1.08	190	75.00	15	0.00	57

续表

企业名称	科技投入		企业R&D投入占企业主营业务收入的比重		研发人员占企业年末从业人员数比重		技术成果引进、转化金额占企业主营业务收入比重	
	指数/%	位次	指标值/%	位次	指标值/%	位次	指标值/%	位次
贵州海跃模具有限公司	6.20	111	0.00	210	55.56	30	0.00	57
贵州石博士科技有限公司	6.17	112	7.27	83	42.86	53	0.00	57
贵阳博烁科技有限公司	6.06	113	0.00	210	50.00	40	0.00	57
贵州全世通精密机械科技有限公司	6.06	114	8.79	70	15.24	174	7.55	25
贵州东太伟业科技发展有限公司	6.05	115	0.00	210	50.00	40	0.00	57
绥阳县耐环铝业有限公司	5.99	116	5.94	99	43.14	52	0.00	57
贵州风雷航空军械有限责任公司	5.89	117	5.28	112	19.45	155	0.00	57
毕节市力帆骏马振兴车辆有限公司	5.79	118	0.87	196	5.09	226	0.00	57
贵州中航聚电科技有限公司	5.76	119	26.79	27	22.45	134	0.00	57
联塑科技发展（贵阳）有限公司	5.75	120	3.36	164	24.03	128	0.00	57
贵州东华工程股份有限公司	5.73	121	7.82	75	36.54	70	0.00	57
贵阳明通炉料有限公司	5.65	122	0.50	202	45.83	47	0.00	57
贵州鑫鑫曙光科技有限公司	5.63	123	0.00	210	37.50	66	3.08	34
贵州坤盾天成科技有限公司	5.62	124	9.21	66	36.36	71	0.00	57
中国振华集团永光电子有限公司	5.61	125	4.87	126	22.02	137	0.00	57
贵州彩阳电暖科技有限公司	5.60	126	6.06	97	34.22	77	0.00	57
贵州航天风华实业有限公司	5.54	127	0.00	210	42.00	56	0.00	57
贵州健兴药业有限公司	5.53	128	3.03	171	21.30	144	0.00	57
贵州雅光电子科技股份有限公司	5.45	129	6.78	88	31.72	88	0.00	57
贵州力创科技发展有限公司	5.40	130	10.91	54	33.33	78	0.00	57
国药集团同济堂（贵州）制药有限公司	5.40	131	3.18	168	11.89	200	0.00	57
贵阳鑫恒泰实业有限公司	5.37	132	8.67	71	32.08	84	0.00	57
贵州恒力源林业科技有限公司	5.37	133	0.00	210	41.27	57	0.00	57
贵阳精腾重机有限公司	5.30	134	0.00	210	43.48	50	0.00	57
贵州新奇微波工业有限责任公司	5.28	135	5.82	102	37.78	65	0.00	57
贵州双升制药有限公司	5.27	136	19.23	34	25.86	119	0.00	57
贵州中部能源集团安顺市西秀区博吉板业有限责任公司	5.19	137	1.20	189	29.17	104	4.01	31
贵州中航转向系统有限公司	5.18	138	0.06	207	41.27	57	0.00	57
贵州泰邦生物制品有限公司	5.15	139	4.65	134	17.18	165	0.00	57
贵阳永青仪电科技有限公司	5.09	140	5.87	100	26.35	117	0.00	57
贵州威顿晶磷电子材料股份有限公司	5.08	141	13.80	45	25.36	123	0.00	57
贵州白云高原紧固件有限公司	5.06	142	14.29	43	30.00	99	0.00	57
贵州恩纬西光电科技发展有限公司	4.98	143	0.56	200	15.22	175	7.03	26
贵州枫阳液压有限责任公司	4.91	144	11.25	51	13.15	191	0.00	57

续表

企业名称	科技投入		企业 R&D 投入占企业主营业务收入的比重		研发人员占企业年末从业人员数比重		技术成果引进、转化金额占企业主营业务收入比重	
	指数 /%	位次	指标值 /%	位次	指标值 /%	位次	指标值 /%	位次
贵阳普天物流技术有限公司	4.90	145	4.23	146	25.55	122	0.00	57
贵州迪宝尔科技有限公司	4.87	146	1.68	181	38.46	62	0.00	57
贵阳绿洲苑建材有限公司	4.86	147	3.82	154	32.88	82	0.00	57
遵义长征汽车零部件有限公司	4.77	148	4.67	132	31.03	92	0.00	57
安顺新金秋科技股份有限公司	4.76	149	11.51	50	21.05	145	2.19	37
贵州华城楼宇科技有限公司	4.75	150	3.18	169	32.71	83	0.00	57
贵州德良方股份药业有限公司	4.69	151	17.25	39	22.55	132	0.00	57
贵阳高新新普能源科技有限公司	4.66	152	10.33	58	30.00	99	0.00	57
贵州晟扬管道科技有限公司	4.66	153	5.60	106	31.75	87	0.00	57
贵州格林耐特科技股份有限公司	4.66	154	13.68	46	25.00	125	0.00	57
贵州绿太阳制药有限公司	4.62	155	5.08	122	31.71	89	0.00	57
贵州航天南海科技有限责任公司	4.59	156	1.83	180	25.70	121	0.00	57
贵州金玖生物技术有限公司	4.44	157	3.21	167	28.82	105	0.00	57
贵州合润铝业新材料科技股份有限公司	4.38	158	0.94	195	31.25	91	0.00	57
贵州维康子帆药业股份有限公司	4.34	159	0.00	210	33.33	78	0.00	57
贵州三力制药股份有限公司	4.26	160	0.55	201	30.05	98	0.00	57
贵州剑河园方林业投资开发有限公司	4.21	161	6.25	93	20.33	149	0.03	56
贵州木易精细陶瓷有限责任公司	4.20	162	7.91	74	27.50	108	0.00	57
贵阳华烽有色铸造有限公司	4.02	163	5.87	101	27.45	109	0.00	57
中节能（贵州）建筑能源有限公司	4.02	164	4.04	151	26.67	116	0.00	57
贵州虹山虹飞轴承有限责任公司	4.00	165	9.53	65	24.14	127	0.00	57
贵州航天乌江机电设备有限责任公司	3.91	166	4.34	143	19.70	154	0.00	57
贵州中建科技建材有限公司	3.87	167	1.34	187	30.77	93	0.00	57
贵阳电气控制设备有限公司	3.81	168	4.81	128	22.34	135	0.00	57
贵州电子商务云运营有限责任公司	3.80	169	5.08	121	26.00	118	0.00	57
贵州振华红云电子有限公司	3.80	170	3.89	153	21.46	141	0.00	57
贵州微源科技有限公司	3.72	171	0.00	210	30.77	93	0.00	57
贵阳新天药业股份有限公司	3.69	172	3.70	157	10.05	214	0.00	57
贵州地道药业有限公司	3.65	173	7.51	79	22.97	131	0.00	57
贵州赤天化桐梓化工有限公司	3.55	174	3.60	159	7.12	222	0.00	57
贵州凯襄新材料有限公司	3.54	175	4.21	147	22.22	136	0.55	46
多彩贵州网有限责任公司	3.50	176	7.50	80	18.97	157	0.00	57
首钢贵阳特殊钢有限责任公司	3.43	177	1.99	179	9.08	218	0.00	57
贵州黄平富城实业有限公司	3.42	178	5.46	110	20.74	148	0.00	57
贵阳顺络迅达电子有限公司	3.41	179	7.81	76	15.81	170	0.00	57

续表

企业名称	科技投入		企业 R&D 投入占企业主营业务收入的比重		研发人员占企业年末从业人员数比重		技术成果引进、转化金额占企业主营业务收入比重	
	指数/%	位次	指标值/%	位次	指标值/%	位次	指标值/%	位次
贵州天虹志远电线电缆有限公司	3.37	180	3.46	162	20.00	151	0.00	57
贵州乌江水电开发有限责任公司	3.32	181	0.14	206	4.77	228	0.00	57
贵州省惠水川东化工有限公司	3.22	182	6.47	90	11.76	201	0.00	57
贵州合石电子商务有限公司	3.16	183	0.00	210	23.97	130	0.00	57
贵州源隆新型环保墙体建材有限公司	3.11	184	5.14	119	19.23	156	0.00	57
贵州交勘生态园林有限责任公司	3.09	185	3.43	163	18.31	160	0.00	57
贵阳新希望农业科技有限公司	3.08	186	3.00	173	15.22	175	0.00	57
贵州西牛王印务有限公司	2.99	187	4.81	129	13.98	187	0.00	57
贵州天安药业股份有限公司	2.98	188	4.78	130	14.35	183	0.00	57
贵阳彩翅科技有限公司	2.94	189	7.22	85	18.18	161	0.00	57
贵阳联合高温材料有限公司	2.88	190	7.31	82	17.14	166	0.00	57
贵州长征电器成套有限公司	2.88	191	5.52	109	17.65	164	0.00	57
贵州安凯达实业股份有限公司	2.86	192	1.59	185	19.83	153	0.00	57
贵州劲嘉新型包装材料有限公司	2.83	193	5.21	116	13.74	188	0.00	57
贵州宏达环保科技有限公司	2.79	194	4.60	136	14.17	185	0.00	57
贵州赤天化股份有限公司	2.73	195	2.65	174	12.89	192	0.00	57
贵阳高新益舸电子有限公司	2.69	196	8.81	69	13.64	189	0.00	57
都匀东方机床有限公司	2.69	197	13.52	47	10.00	215	0.00	57
贵州恒瑞辰科技股份有限公司	2.69	198	0.00	210	21.33	143	0.00	57
贵州宏宇药业有限公司	2.64	199	4.83	127	15.38	172	0.00	57
贵阳广航铸造有限公司	2.61	200	4.43	141	12.06	198	0.00	57
赤水市元甲光电有限公司	2.52	201	0.00	210	20.00	151	0.00	57
贵州大龙汇成新材料有限公司	2.52	202	4.20	148	12.85	193	0.00	57
贵州良济药业有限公司	2.51	203	3.78	156	14.44	181	0.00	57
贵州实德门窗建筑装饰工程有限公司	2.37	204	0.00	210	18.75	158	0.00	57
贵阳险峰机床有限责任公司	2.35	205	0.00	210	11.56	204	0.00	57
贵州安泰再生资源科技有限公司	2.31	206	1.35	186	11.94	199	0.13	53
贵州西南工具（集团）有限公司	2.27	207	4.55	138	3.22	231	0.00	57
贵州永昊热能设备制造有限公司	2.26	208	6.30	92	12.70	194	0.00	57
贵州远程制药有限责任公司	2.26	209	1.33	188	4.55	229	2.01	38
贵州省煤矿设计研究院	2.21	210	2.51	176	8.42	221	1.40	43
遵义市仕昌电子有限公司	2.20	211	4.89	125	12.25	196	0.00	57
贵州欧瑞欣合环保股份有限公司	2.13	212	0.00	210	16.88	167	0.00	57
贵州正方实业有限公司	2.13	213	4.46	140	10.62	211	0.00	57
遵义廖元和堂药业有限公司	2.09	214	0.00	210	16.03	169	0.00	57

续表

企业名称	科技投入		企业 R&D 投入占企业主营业务收入的比重		研发人员占企业年末从业人员数比重		技术成果引进、转化金额占企业主营业务收入比重	
	指数 /%	位次	指标值 /%	位次	指标值 /%	位次	指标值 /%	位次
遵义行远陶瓷有限责任公司	2.09	215	5.32	111	10.67	210	0.00	57
中航力源液压股份有限公司	2.08	216	3.63	158	3.09	232	0.00	57
贵州伟力达电子有限公司	2.07	217	2.07	178	15.00	177	0.00	57
贵州中小乾信金融信息服务有限公司	2.06	218	0.00	210	15.71	171	0.00	57
贵州鑫阳科技股份有限公司	2.01	219	5.18	117	11.43	206	0.00	57
贵州天地药业有限责任公司	1.99	220	0.00	210	12.36	195	0.00	57
贵阳白云中航紧固件有限公司	1.99	221	0.00	210	14.41	182	0.00	57
贵州庞源机械工程有限公司	1.96	222	4.57	137	11.54	205	0.00	57
贵阳新洋诚义齿有限公司	1.95	223	4.94	124	11.11	208	0.00	57
贵州黎平奥捷炭素有限公司	1.82	224	0.00	210	14.49	180	0.00	57
贵阳高新泰丰航空航天科技有限公司	1.81	225	0.00	210	14.58	179	0.00	57
贵州富巨炉具有限责任公司	1.79	226	0.96	192	13.16	190	0.00	57
贵州天地荣科技有限公司	1.78	227	0.57	198	14.29	184	0.00	57
贵州祥宇泵阀制造有限公司	1.59	228	10.64	55	3.85	230	0.00	57
贵州家诚药业有限责任公司	1.48	229	2.58	175	5.36	225	0.00	57
贵州亿程交通信息有限公司	1.43	230	0.00	210	11.22	207	0.00	57
贵州科伦药业有限公司	1.36	231	1.66	183	4.78	227	0.00	57
贵州西南管业有限公司	1.33	232	0.17	205	7.03	223	1.01	44
贵州顺康路桥咨询有限公司	1.16	233	5.64	105	2.55	233	0.00	57
中复连众（贵州）复合材料有限公司	0.00	234	0.00	210	0.00	234	0.00	57

附录A 科技进步统计监测指标体系

表A.1 市（州）科技进步统计监测指标体系

一级指标	二级指标	统计指标	监测指标
科技进步环境和基础	科技意识	科技型企业备案/个	科技型企业备案/个
		发明专利申请量/件、年末总人口数/人	万人发明专利申请量/件
	科技创新条件及载体	市州及以上科研机构数/个、工程技术研究中心/个、企业技术研究中心/个、重点实验室/个	万名就业人员拥有的创新机构数/个
		就业人员数/人	
		规模以上工业企业办科研机构数/个	规模以上工业企业办科研机构数占规模以上工业企业数的比重/%
		规模以上工业企业数/个	
		国家（省）级高新技术产业开发区、国家（省）级高新技术产业基地、国家（省）级高技术产业基地、国家（省）级工业园区、国家（省）级经济技术开发区、国家（省）级农业科技园区及科技孵化器个数	创新园区系数
科技投入	人力投入	大专以上学历人数/人	万人大专以上学历人数/人
		年末总人口数/人	
		全社会口径科技活动人员数/人	万人科技活动人员数/人
科技投入	财力投入	规模以上工业企业R&D经费支出/万元、规模以上工业企业技术改造经费支出/万元	规模以上工业企业R&D经费支出和技术改造经费支出占主营业务收入比重/%
		规模以上工业企业主营业务收入/万元	
科技产出	创新成果	获国家科学技术奖数/个、获省级科学技术奖数/个	获上级部门科技成果（奖励）系数
		发明专利授权量/件	万人发明专利授权量/件
		发明专利拥有量/件	万人发明专利拥有量/件
	高新技术产业化	高新技术产业产值/万元	高新技术产业产值占工业总产值比重/%
		规模以上工业企业总产值/亿元	
		规模以上工业企业新产品销售收入/万元	规模以上工业企业新产品销售收入占主营业务收入比重/%

附录 A
科技进步统计监测指标体系

续表

一级指标	二级指标	统计指标	监测指标
科技促进经济社会发展	经济发展方式转变	就业人员数 / 人	全社会劳动生产率 / (万元 / 人)
		能源消费总量 / 吨标准煤	综合能耗产出率 / (万元 / 吨标准煤)
	环境改善	城市空气环境质量达到二级以上天数 / 天，二氧化硫去除率 /%、化学需氧量去除率 /%、氮氧化物去除率 /%	环境质量指数 / %
		工业二氧化硫去除量 / 吨、工业二氧化硫排放量 / 吨、工业烟尘粉尘去除量 / 吨、工业烟尘粉尘排放量 / 吨、一般工业固体废物综合利用量 / 吨、一般工业固体废物处置量 / 吨、一般工业固体废物产生量 / 吨	环境污染治理指数 / %
	社会生活信息化	电信业务总量 / 亿元	人均电信业务总量 / 元
		年末互联网宽带接入用户数 / 户	万人互联网宽带接入用户数 / 户
		年末固定电话用户数 / 户	百人固定电话和移动电话用户数 / 户

表A.2　县（市、区、特区）科技进步统计监测指标体系

一级指标	统计指标	监测指标
科技进步环境及基础	生产力促进中心 / 个、科技企业孵化器 / 个、国家级企业技术中心 / 个、省级企业技术中心 / 个	科技创新服务体系系数
	新增科技型企业备案数 / 个	新增科技型企业备案数 / 个
	大专以上学历人数 / 人	万人大专以上学历人数 / 人
	年末常住人口数 / 人	
科技投入	专业技术人员数 / 人	万人专业技术人员数 / 人
	财政支出中科学技术支出 / 万元	财政支出中科学技术支出占公共财政支出比重 / %
	公共财政支出 / 万元	
科技进步	规模以上工业增加值 / 万元	规模以上工业能耗产出率 /(万元 / 吨标准煤)
	规模以上工业能源消费总量 / 吨标准煤	
	发明专利申请量 / 件	万人发明专利申请量 / 件
	发明专利授权量 / 件	万人发明专利授权量 / 件
	发明专利拥有量 / 件	万人发明专利拥有量 / 件
	二氧化硫去除量 / 吨、二氧化硫排放量 / 吨、烟尘粉尘去除量 / 吨、烟尘粉尘排放量 / 吨、一般工业固体废物综合利用量 / 吨、一般工业固体废物处置量 / 吨、一般工业固体废物产生量 / 吨	环境污染治理指数 / %

表A.3　高等院校、科研院所科技创新统计监测指标体系

一级指标	二级指标	统计指标	监测指标
科技创新环境和基础	人力资源	院士/人、国家千人计划入选者/人、长江学者/人、百人计划入选者/人、万人计划入选者/人、国家杰出青年科学基金获得者/人、国家青年千人计划入选者/人、百千万人才/人、十百千人才/人、省核心专家/人、省管专家/人、国务院津贴/人、人才基地/人、优秀青年科技人才/人	高层次科技人才系数
		硕士以上学位人数/人	高学历以上人员占年末从业人员的比例/%
		年末从业人员/人	
		高职称以上人数/人	高职称以上人员占年末从业人员的比例/%
	创新条件及平台	大型科学仪器设备原值/万元	人均大型科学仪器设备原值/万元
		工程技术研究中心数/个、重点实验室数/个	省级以上创新平台及载体系数
		重点学科/个	学科建设系数
		硕士以上在校生人数/人、总在校生人数/人	硕士以上在校生人数占总在校生人数的比重/%
科技投入	人力投入	R&D人员/人	R&D人员占年末从业人员的比重/%
		科技创新人才团队/个、人才基地/个	创新人才团队总量系数
	经费投入	省级以上科技项目经费、企业委托项目经费/万元	人均科研经费/万元
		R&D经费/万元	人均R&D经费/万元
科技产出	知识产出	发表科技论文数/篇	科技论文系数
		专利申请量/项、专利授权量/项、发明专利拥有量/项、形成标准数/项、软件著作权数/项、集成电路布图设计登记数/项、新药证书数/项、农作物新品种授予数/项、植物新品种权授予数/项、科技著作数/项	知识产权系数
	科技奖励	国家科学技术奖、省级科学技术奖	科技成果系数
	技术成果市场化水平	技术市场成交合同金额/万元	人均技术市场成交合同金额/万元
	科技合作交流	境外合作项目/项、省外合作项目/项、省内合作项目/项、产学研项目/项	项目合作系数
		境外论文论著合作/篇、省外论文论著合作/篇、省内论文论著合作/篇	论文论著合作系数
创新绩效	科技服务	科技培训人员/人、科技特派员/人、对外科技咨询项数/项	科技服务系数
	产学研结合	与企业联合建立平台/项、与企业组建产学研战略联盟/项、产学研项目/项	产学研结合系数
	创造效益	知识产权创造的直接效益/万元、技术服务收入/万元、生产性收入/万元	经济效益系数

附录 A
科技进步统计监测指标体系

表A.4　产业园区科技进步统计监测指标体系

一级指标	监测指标	统计指标
科技创新环境	万人从业人员专利申请量 / 项	专利申请量 / 项
	创新创业平台数	科技企业孵化器 / 个、众创空间 / 个、星创天地 / 个、工程技术研究中心 / 个、工程研究中心 / 个、工程实验室 / 个、重点实验室 / 个、企业技术中心个数 / 个
科技投入	园区 R&D 投入占园区总产值的比重 / %	园区 R&D 投入 / 万元，园区总产值 / 万元
	万人从业人员科技活动人员数	年末从业人员 / 人、科技活动人员 / 人
创新产出	万人从业人员专利拥有量 / 项	专利拥有量 / 项
	高新技术企业数占企业总数比重 / %	高新技术企业数 / 个
	拥有省级以上知名品牌或著名商标的企业数占园区总企业数比重 / %	拥有省级以上知名品牌或著名商标的企业数 / 个
创新绩效	高新技术产业产值占园区总产值比重 / %	高新技术产业产值 / 万元
	园区人均工业增加值 / 万元	园区工业增加值 / 万元
	园区进出口总额占园区总产值比重 / %	园区进出口总额 / 万元
	每平方千米园区产值 / 万元	园区占地面积 / 平方千米
	园区利税总额占园区总产值的比例 / %	园区利税总额 / 万元

表A.5　重点企业科技进步统计监测指标体系

一级指标	监测指标	统计指标
科技进步条件及基础	创新平台系数	国家工程技术研究中心 / 个、省工程技术研究中心 / 个、国家级工程研究中心 / 个、国家地方联合工程研究中心 / 个、省级工程研究中心 / 个、国家级工程实验室 / 个、国家地方联合工程实验室 / 个、省级工程实验室 / 个、国家重点实验室 / 个、省重点实验室 / 个、国家级企业技术中心 / 个、省级企业技术中心 / 个、研发机构 / 个
	人均发明专利申请量 / 件	发明专利申请量 / 项
科技投入	技术成果引进 /%、转化金额占企业主营业务收入比重 / %	技术成果引进金额 / 万元、技术成果转化金额 / 万元、企业主营业务收入 / 万元
	研发人员占年末从业人员数比重 / %	研发人员 / 人、年末从业人员数 / 人
	企业 R&D 投入占企业主营业务收入的比例 / %	企业 R&D 投入 / 万元、企业主营业务收入 / 万元
创新产出	知识产权系数	发明专利申请量 / 项、实用型新专利申请量 / 项、外观设计专利申请量 / 项、发明专利授权量 / 项、实用型新专利授权量 / 项、外观设计专利授权量 / 项、形成国家标准数 / 项、形成行业标准数 / 项、形成地方标准数 / 项、形成企业标准数 / 项、软件著作权数 / 项、集成电路布图设计登记数 / 项、新药证书数 / 项、农作物新品种授予数 / 项、植物新品种权授予数 / 项
	人均发明专利拥有量 / 件	发明专利拥有量 / 项、年末从业人员数 / 人

续表

一级指标	监测指标	统计指标
创新产出	品牌建设系数	有效注册商标数、贵州省著名商标数、驰名商标数、地理标志产品数/件
	科技成果（奖励）系数	国家科学技术奖/项、省级科学技术最高奖/项、省级科学技术一等奖/项、省级科学技术二等奖/项、省级科学技术三等奖/项
创新效益	新产品销售收入占企业主营业务收入比重/%	新产品销售收入/万元、企业主营业务收入/万元
	利税总额占企业主营业务收入比重/%	利税总额/万元、企业主营业务收入/万元
	全员劳动生产率/（万元/人）	劳动者报酬/万元、生产税净额/万元、固定资产折旧/万元、营业盈余/万元

附录B 监测方法

综合评价的方法很多,每种方法都有其理论价值和实际价值,但也存在一定的局限性。课题组经过几种方法的对比研究,结合我省的实际情况,采用与《全国科技进步统计监测报告》中同样的方法——综合指数法,对各级指标进行合成。各级监测值均可称为"指数",计算方法如下。

1. 将各三级指标除以相应的监测标准,得到三级指标的监测值,即为三级指标相应的指数,计算方法如式(B.1)所示:

$$d_{ijk} = \frac{x_{ijk}}{x_k} \times 100\% \tag{B.1}$$

其中:x_{ijk}为第i个一级指标下、第j个二级指标下的第k个三级指标;x_k为第k个三级指标相应的标准值;当$d_{ijk} \geq 100$时,取100为其上限值。

2. 二级指标监测值(二级指数)d_{ij}由三级指标监测值加权综合而成,如式(B.2)所示:

$$d_{ij} = \sum_{k=1}^{nj} w_{ijk} d_{ijk} \tag{B.2}$$

其中:w_{ijk}为各三级指标监测值相应的权数,n_j为第j个二级指标下设的三级指标的个数。

3. 一级指标监测值(一级指数)由二级指标监测值加权综合而成,如式(B.3)所示:

$$d_i = \sum_{k=1}^{nj} w_{ij} d_{ij} \tag{B.3}$$

其中:w_{ij}为各二级指标监测值相应的权数;n_i为第i个一级指标下设的二级指标的个数。

4. 总监测值(总指数)由一级指标加权综合而成,如式(B.4)所示:

$$d = \sum_{i=1}^{n} w_i d_i \tag{B.4}$$

其中:w_i为各一级指标监测值相应的权数;n为一级指标的个数。

附录C 主要指标解释

1. 科研机构数：指有明确的研究方向和任务，有一定水平的学术带头人和一定数量、质量的研究人员，有开展研究工作的基本条件，长期有组织地从事研究与开发活动的机构数。

2. 科技企业孵化器：指以促进科技成果转化和产业化，培育科技型中小企业和高新技术人才为宗旨的科技创业服务机构。本指标界定为省级以上科技企业孵化器，由科技部或省科技厅认定并挂牌。

3. 企业技术中心：包括国家级企业技术中心（根据《国家认定企业技术中心管理办法》，由省发改委牵头挂牌认定）和省级企业技术中心（由省经济和信息化委牵头挂牌认定）。

4. 众创空间：指为小微创新企业成长和个人创新创业提供低成本、便利化、全要素的开放式综合服务平台。由科技部或省科技厅挂牌认定。

5. 大学科技园：以具有较强科研实力的大学为依托，将大学的综合智力资源优势与其他社会优势资源相结合，为高等学校科技成果转化、高新技术企业孵化、创新创业人才培养、产学研结合提供支撑的平台和服务的机构。由科技部（省科技厅）和教育部（省教育厅）联合认定。

6. 科技活动人员数：指报告年度调查单位直接从事科技活动，以及从事科技活动管理和为科技活动提供服务的人员数。

7. 年末常住人口数：指本地区每年12月31日24时的常住人口数。

8. 全社会R&D经费支出：指调查单位在报告年度用于内部开展R&D活动（基础研究、应用研究和实验发展）的实际支出。包括用于R&D项目（课题）活动的直接支出，以及间接用于R&D活动的管理费、服务费，与R&D有关的基本建设支出及外协加工费等。不包括生产性活动支出、归还贷款支出及与外单位合作或委托外单位进行R&D活动而转拨给对方的经费支出。

9. 财政支出中科学技术支出：财政支出中用于科学技术方面的支出，包括科学技术管理事务、基础研究、应用研究、技术研究与开发、科技条件与服务、社会科学、科学技术普及、科技交流与合作等方面的支出。

10. 公共财政支出：指政府为履行职能需要，用于维持政权运转及支持各项社会事业发展等方面的支出。主要包括一般公共服务、外交、国防、公共安全、教育、科学技术、文化教育与传媒、社会保障和就业、医疗卫生、环境保护、城乡社区事务、农林水事务、交通运输、工业商业金融等事务方面的支出。

11. 能源消费总量：是一定时期内本地区各行业和居民生活消费的各种能源总量。

12. 规模以上工业能源消费总量：指一定时期内本地区年主营业务收入2 000万元以上工业企业在生产过程中消费的各种能源总和。

13. 规模以上工业增加值：指一定时期内本地区年主营业务收入2 000万元以上工业企业在报告期内以货币表现的工业生产活动的最终结果。

14. 科技型企业备案数：是指符合《贵州省科技型企业备案标准》，在贵州科技资源服务网进行注册、信息填报，并通过市（州）、省直管县（市）科技主管部门初审，省科技厅复核备案的科技型企业数量（以生成贵州省科技型企业备案电子证书为备案成功依据）。

15. 发明专利申请量：该指标为当年数，是指调查单位在报告年度向国内外知识产权行政部门提出申请并被受理的发明专利件数。

16. 发明专利授权量：该指标为当年数，指报告年度由国内外知识产权行政部门向调查单位授予发明专利权的件数。

17. 发明专利拥有量：是指拥有经国内外知识产权行政部门授权且在有效期内的发明专利件数。

18. 新产品：指采用新技术原理、新设计构思研制、生产的全新产品或在结构、材质、工艺等某一方面有所突破或较原产品有明显改进，从而显著提高了产品性能或扩大了使用功能，并对提高经济效益具有一定作用的产品，由省经济和信息化委认定。

19. 高新技术产业产值：指按照省科技厅、省统计局联合制定的《贵州省高新技术产业统计分类目录》统计的产值。

20. 高新技术企业：是指按照《高新技术企业认定管理办法》在国家重点支持的高新技术领域内，持续进行研究开发与技术成果转化，形成企业核心自主知识产权，并以此为基础开展经营活动，在中国境内（不包括港、澳、台地区）注册一年以上的居民企业，并经《高新技术企业认定管理工作指引》评选，国家科技部批复认定的企业。

21. 城市空气达到二级以上天数：一年内城市空气环境质量到达《环境空气质量标准》（GB 3095－96）二级标准的天数。

22. 工业二氧化硫排放量：指报告期内企业在燃料燃烧和生产工艺过程中排入大气的二氧化硫总量，计算公式为：工业二氧化硫排放量=燃料燃烧过程中二氧化硫排放量+生产工艺过程中二氧化硫排放量。

23. 工业烟尘粉尘排放量：指企业厂区内燃料燃烧过程中产生的烟气中夹带的颗粒物排放量和在生产工艺过程中排放的能在空气中悬浮一定时间的固体颗粒物排放量，不包括电厂排入大气的烟尘。

24. 一般工业固体废物综合利用量：指通过回收、加工、循环、交换等方式，从固体废物中提取或者使其转化为可以利用的资源、能源和其他原材料的固体废物量（包括当年利用往年的工业固体废物累计储存量）。

25. 一般工业固体废物处置量：指报告期内企业将固体废物焚烧或者最终置于符合环境保护规定要求的场所，并不再回取的工业固体废物量（包括当年处置往年的工业固体废物储存量）。处置的方式有填埋（其中危险废物应安全填埋）、焚烧、专业储存场（库）封场处理、深层灌注、回填矿井及海洋处置（经海洋管理部门同意填海处置）等。

26. 企业研发人员：指参与研究与试验发展项目研究、管理和辅助工作的人员，包括项目组（课题）人员、企业科技行政管理人员和直接为项目（课题）活动提供服务的辅助人员。不包括全年从事研究与试验发展活动工作量不到0.1年的人员。反映投入从事拥有自主知识产权的研究开发活动的人力规模。

27. 创新型企业：包括国家创新型企业（由科技部、国务院国有资产监督管理委员会和中华全国总工会认定）和省创新型企业（由省科技厅、省经信委、省国资委和省总工会认定）。

28. 园区R&D投入：指统计年度内园区用于基础研究、应用研究和试验发展的经费之和，包括实际用于研究与试验发展活动的人员劳务费、原材料费、固定资产购建费、管理费及其他费用支出。

29. 新产品产值：指报告年度园区内企业生产的新产品的产值。新产品是指采用新技术原理、新设计构思研制、生产的全新产品或在结构、材质、工艺等某一方面有所突破或较原产品有明显改进，从而显著提高了产品性能或扩大了使用功能，并对提高经济效益具有一定作用的产品，由省经信委认定并在有效期之内的产品。

30. 园区总产值：指园区在一定时期内生产的所有最终商品和劳务的市场价值的总和。

31. 工业总产值：指园区内工业企业在本年度生产的以货币形式表现的工业最终产品和提供工业劳务活动的总价值量。

32. 园区进出口总额：指园内企业实际进出我国国境的货物（包括贸易和非贸易）的价值总和。主要包括对外贸易实际进出口货物，来料加工装配、补偿贸易、进料加工进出口货物，国家间及国际组织无偿援助物资和赠送品，华侨、港澳台同胞和外籍华人捐赠品，租赁期满归承租人所有的租赁货物，边境地方贸易及边境地区小额贸易进出口货物（边民互市贸易除外），中外合资、合作经营企业、外商独资经营企业进出口货物和公用物品，到、离岸价格在规定限额以上的进出口货样和广告品（无商业价值、无使用价值和免费提供出口的除外），从保税仓库提取在中国境内销售的进出口货物，以及其他进出口货物。其汇率参照2014年国家外汇管理局官方网站公布的12月的人民币对美元汇率。

33. 园区工业增加值：是园内工业企业在报告期内以货币形式表现的工业生产活动的最终成果，是企业生产过程中新增加的价值。

34. 园区占地面积：指园区已经完成建设的用地总面积。

35. 利税总额：指园区内企业利润总额与税金总额之和。

36. 利润总额：指企业在生产经营过程中各种收入扣除各种耗费后的盈余，反映企业在报告期内实现的亏盈总额，包括营业利润、补贴收入、投资净收益和营业外收支净额。根据会计"利润表"中对应指标的本期累计数填列。

37. 税金总额：是指企业在报告期应上交的各项税金，本年应交增值税大于零时，税金总额=主营业务税金及附加+本年应交增值税；本年应交增值税小于零时，税金总额=主营业务税金及附加。

38. 主营业务收入：指企业在销售商品、提供劳务等日常活动中所产生的收入总额，根据会计"利润表"中"主营业务收入"项的本年累计数填报。

39. 技术成果引进金额：指企业在报告期内用于购买国外技术的费用支出，包括产品设计、工艺流程、图纸、配方、专利等技术资料的费用支出，以及购买关键设备、仪器、样机和样件等的费用支出。

40. 技术成果转化金额：指用于技术成果转化的经费。

41. 国家科学技术奖：指获得的中华人民共和国颁发的最高科学技术奖、国家自然科学奖、国家科学技术发明奖、国家科学技术进步奖、中华人民共和国国际科学技术合作奖。

42. 省级科学技术奖：指获得的省人民政府颁发的科学技术奖，包括省最高科学技术奖、省科学进步奖、省科学技术成果转化奖、省科学技术合作奖。

43. 有效注册商标数：是指商标所有人在商标注册成功后，从核准注册日或续展日开始算起，有效期为10年之内的商标注册数。

44. 贵州省著名商标数：根据《贵州省著名商标认定和保护办法》，通过贵州省著名商标评审委员会的评审，并由省工商局发布公告并颁发贵州省著名商标证书且在有效期内的商标数目。

45. 驰名商标：是国家工商行政管理总局，根据《商标法》认定的商标。

46. 地理标志：根据《地理标志产品保护规定》《商标法》《农产品地理标志管理办法》，由当地县级以上人民政府指定的地理标志产品保护申请机构或人民政府认定的协会和企业（以下简称申请人）提出申请，并经相关部门审查通过、公告的产品数目。

47. 软件著作权数：指报告年度内调查单位向国家版权局提出登记申请并被受理登记的软件著作权数。

48. 集成电路布图设计登记数：指报告年度内调查单位向知识产权行政部门提出登记申请并受理登记的集成电路布图设计的项数。

49. 新药证书数：指新药经申请、检验、审评、生产现场检查合格后，由国家食品药品监督管理局（SFDA）审核发给的证书数目。

50. 植物新品种权授予数：指报告年度内调查单位向农业、林业行政部门（审批机关）提出申请并被授予植物新品种的项数。

51. 农作物新品种授予数：指通过省或国家农作物品种审定委员会审定通过的品种数。

52. 形成标准数：指报告年度内调查单位在自主研发或自主知识产权基础上形成的国家或行业标准，且经有关部门批准后的数目。

53. 劳动者报酬：指劳动者从事生产活动而获得的各种形式的报酬，包括工资、奖金、福利费、实物报酬、各种补贴、津贴及单位为劳动者缴纳的社会保险费等。个体劳动者通过生产经营获得的纯收入全部视为劳动者报酬，包括个人所得的劳动报酬和经营获得的利润。

54. 生产税净额：是生产税减生产补贴后的差额。生产税指政府对生产单位从事生产、销售和经营活动及因从事这些活动使用某些生产要素所征收的各种税、附加费和规费。具体包括销售税金及附加、增值税、营业税、管理费中列支的各种税、应缴纳的排污费、教育费附加和水电费附加、烟酒专卖上缴政府的专项收入等。补贴是政府对生产单位在生产经营活动中由于政策性原因而产生的亏损所给予的财政补贴，通常包括国家财政对企业的政策性亏损补贴等。与生产税相反，补贴作为负税处理。

55. 固定资产折旧：指生产单位在核算期内因生产经营活动而损耗的固定资产价值，反映了固定资产在当期生产中的价值转移。各类企业的固定资产折旧是指从成本费用中实际提取的折旧费，包括对固定资产提取的折旧，也包括按产量提取的更新改造基金、油田维护费、补提折旧等。对不计提折旧的政府机关、学校、医院、部队等非营利性的行政事业单位和居民住房，其固定资产折旧按照一定的折旧率乘固定资产原值计算得出。原则上，固定资产折旧应以按重置价值估价的固定资产为基础来计算，但是由于我国目前尚不具备对全社会固定资产进行重估价的条件，所以目前固定资产折旧以固定资产原值为基础来确定。

56. 营业盈余：它是一个平衡项，等于总产出减去中间投入后，再减劳动报酬、固定资产折旧和生产税净额后的余额。实际上，营业盈余等于常住单位所创造的增加值在对劳动者进行了分配，上缴国家税收（不包括所得税），对固定资产进行价值补偿后，所余下的由单位从事增加值创造而应得到的份额。营业盈余相当于企业的营业利润，但是要扣除从利润中支付给劳动者个人的部分。

57. 院士：通常是指中国科学院院士或中国工程院院士。

58. 国家千人计划入选者：经中央组织部国家海外高层次人才引进工作小组批准入选的中央层面的海外高层次人才。

59. 长江学者：是指教育部根据《长江学者奖励计划》入选聘用的特聘教授。

60. 百人计划入选者：是指中国科学院1994年开始实施的"百人计划"，由中国科学院"百人计划"专家评审委员会评选的优秀人才。

61. 万人计划入选者：简称"国家特支计划"由中央组织部、人力资源和社会保障部等11个部委根据该"计划"用10年时间面向国内分批次遴选1万名左右的自然科学、工程技术和哲学社会科学领域的杰出人才、领军人才和青年拔尖人才。

62. 国家杰出青年科学基金获得者：根据《国家杰出青年科学基金项目管理办法》的有关规定，申请获得科学基金资助的优秀青年学者。

63. 国家青年千人计划入选者：根据《青年海外高层次人才引进工作细则》的规定，在海外高层次人才引进工作专项办公室组织实施的"青年千人计划"项目中入选的优秀青年人才。

64. 百千万人才：2004年人事部、科技部、教育部等七部委为进一步加强高层次专业技术人才队伍建设，培养造就数百名具有世界科技前沿水平的杰出科学家、工程技术专家和理论家；数千名具有国内领先水平，在各学科、各技术领域有较高学术技术造诣的带头人；数万名在各学科领域里成绩显著、起骨干作用、具有发展潜能的优秀年轻人才。

65. 十百千人才：根据《贵州省高层次创新型人才遴选培养实施办法（试行）》，到2018年每年遴选一批分3个层次的人才进行培养，计划培养10名左右国家级人才，100名左右领军人才，1 000名左右学术技术带头人。

66. 省核心专家：由省委组织部根据《贵州省省管专家选拔管理实施办法》选拔认定的专家。

67. 人才基地：由省委组织部认定的人才基地。

68. 优秀青年科技人才：根据《贵州省优秀青年科技人才选拔办法》，并由省科技厅认定的科技人才。

69. 科技创新人才团队：根据《贵州省科技创新人才团队管理办法》，并由省科技厅认定的人才团队。

70. 大型科学仪器设备原值：从事科技活动的人员直接使用的科研仪器设备的资产原值。

71. 省级特色重点学科：省教育厅（根据省里产业发展需求）评定的特色重点学科。

72. 省级重点学科：省教育厅评选的重点学科。

73. 省级重点支持学科：省教育厅评选的重点关注、支持的重点学科。

74. 硕士在校生人数（含专业学位）：全日制在校研究生人数。

75. 企业委托项目数：企业委托高校或科研院所做的科研项目数。

76. 企业委托项目经费：企业委托高校或科研院所做的科研项目经费。

77. 境外合作项目数：本高校、科研机构与港澳台高校、科研机构、企业两方或多方合作的科研项目数。

78. 境外合作项目经费：本高校、科研机构与国外高校、科研机构、企业两方或多方合作的科研项目经费。

79. 科技培训人数：包括对农民、农技人员、企业开展的技术培训及科技管理干部的培训人数。

80. 对外科技咨询项数：在国内或者境外所开展的科技咨询业务或项目数。

81. 与企业联合建立平台数：与企业的产业发展开展的技术平台数。

82. 与企业组建产学研战略联盟数：与企业联合建立的科研产业技术创新战略联盟。

与企业组建国家级产学研战略联盟数：由省科技部认定的与企业联合建立的科研产业技术创新战略联盟。

与企业组建省级产学研战略联盟数：由省科技厅认定的与企业联合建立的科研产业技术创新战略联盟。

83. 知识产权创造的直接效益：指本机构对拥有的知识产权进行技术转让、推广或是出售某一部分知识产权资产所获得的直接收入。

84. 技术服务收入：指高校、科研院所通过技术成果转让及相关的技术培训、技术咨询、技术承包所获得的技术性收入。

85. 生产性收入：指本机构从事经营业务活动取得的收入。包括产品（商品）销售收入、劳务服务收入、营运收入及其他收入。